AF592126

ABRÉGÉ ÉLÉMENTAIRE D'ASTRONOMIE,

DE PHYSIQUE,

D'HISTOIRE NATURELLE, DE CHYMIE, D'ANATOMIE, DE GÉOMÉTRIE ET DE MÉCHANIQUE.

ABRÉGÉ ÉLÉMENTAIRE D'ASTRONOMIE,

DE PHYSIQUE,

D'HISTOIRE NATURELLE, DE CHYMIE, D'ANATOMIE, DE GÉOMÉTRIE ET DE MÉCHANIQUE.

Par M. T. B.

Quod, inquis, erit pretium operæ? Quo nullum majus est: nosse naturam.

Senec. nat quest. lib. VI. cap. iv.

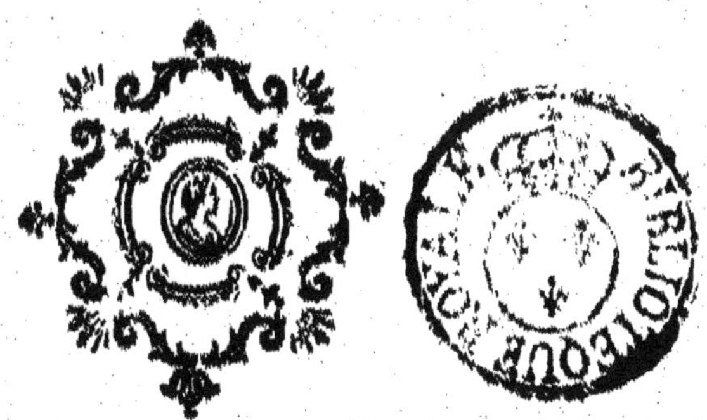

A PARIS,

Chez FROULLÉ, Libraire, pont Notre-Dame.

M. DCC. LXXVII.

AVEC APPROBATION, ET PRIVILEGE DU ROI.

EXPLICATION *de quelques ſignes principaux qui ſervent d'expreſſion en Mathématiques.*

$+$ ſignifie *plus.*
$-$ ſignifie *moins.*
$\times$ ſignifie *multiplié par.*
$=$ ſignifie *eſt égal.*
$\surd$ ſignifie l'*extraction d'une racine.*
$>$ ce ſigne placé entre deux grandeurs ſignifie que la premiere eſt *plus grande* que la ſeconde.
$<$ celui-ci, qui eſt d'un côté oppoſé, ſignifie que la premiere grandeur eſt *moindre* que la ſeconde.

AVERTISSEMENT.

On sera peut-être surpris, qu'après un si grand nombre d'Ouvrages qui ont paru sur les différentes matieres que je traite, je me sois déterminé à publier celui-ci. Je ne puis me défendre des raisons qui m'y ont excité, ne fussent que les conseils de quelques amis à qui je l'ai communiqué; car je puis assurer que je n'avois entrepris cet Ouvrage que pour ma propre utilité. Je serai bien récompensé s'il peut être utile à la jeunesse avide de tout connoître & de tout embrasser; aussi ce n'est qu'à elle seule que je le dédie. On peut donc juger de ma dédicace par le peu d'ordre qui regne dans les articles de chaque matiere; & j'ai cru en cela me conformer au caractere & aux dispositions des jeunes gens qui, semblables à ces êtres légers, sans être volages, voltigent autour de quelques fleurs pour s'y reposer, & les quittent pour y revenir. Je dois aussi rendre justice aux différens auteurs qui m'ont guidé dans mon plan. Ils se reconnoîtront aisément dans plusieurs endroits de cet Ouvrage. C'est d'après eux que j'ai agi. Si quelquefois je les ai combattus, je ne leur en dois pas moins la reconnoissance.

ABRÉGÉ *ÉLÉMENTAIRE* D'ASTRONOMIE, *DE PHYSIQUE*, D'HISTOIRE NATURELLE, DE CHYMIE, D'ANATOMIE, DE GÉOMÉTRIE, DE MÉCHANIQUE.

PRÉLIMINAIRE.

CONTEMPLER la Nature, c'est admirer l'Être suprême dans ses œuvres. Etudier le beau spectacle qu'elle présente, approfondir sa marche constante & toujours réguliere, c'est faire usage des facultés que l'homme a reçues pour la comprendre dans ses loix.

Jamais l'esprit humain n'a fait des progrès plus rapides, que depuis qu'il s'est élevé jusqu'à la science, en cessant de confondre les actes d'intelligence, avec des impulsions matérielles bornées dans leurs principes comme dans leurs effets. Il n'est pas besoin de dire que les sciences intellectuelles ont fait passer à la raison humaine les limites des sens; qu'elles ont perfectionné ses affections sensibles en les dirigeant à la connoissance du vrai; que le principal but de l'homme est de voir &

de connoître ; que cette connoiſſance acquiſe eſt une regle ſûre, qui détermine ſes progrès dans la ſcience, & qui lui fait embraſſer l'ordre tel qu'il le conçoit, au moyen du flambeau qui l'éclaire.

Par-tout où l'homme porte ſes pas, par-tout où il s'arrête, il y voit l'empreinte parfaite d'une main bienfaiſante qui dirige l'univers. De-là il conçoit une premiere impulſion à laquelle toutes les cauſes ſont enchaînées ; il admire un moteur dans le vaſte plan que le monde lui préſente ; il apperçoit un mouvement émané des loix premieres ; il contemple l'univers en grand, & ſon ſpectacle offre à ſa curioſité les détails infinis du plus bel enſemble. Si portant ſes idées au-delà du ſenſible, il éleve des regards curieux en voulant pénétrer l'immenſité des cauſes ; ſes ſens ſeuls goûtent la jouiſſance d'une ſatisfaction douce, mais ſon ame peu ſatisfaite encore, héſite & commence à deſirer ; il apperçoit ces aſtres, ces planetes, ces millions de ſoleils, dont le mouvement régulier & diſtinct eſt deſtiné à leur faire parcourir les orbites, ou à leur faire compléter le nombre déterminé des fixes ; il les voit pour en regretter la connoiſſance, & ſa ſeule ſcience eſt d'admirer & de ſe taire.

L'homme philoſophe conſidere bien différemment la nature. Forcé de remonter à une cauſe premiere par le raiſonnement, & de reconnoître en elle une cauſe intelligente, active, indépendante de tout ce qui exiſte hors nous, il voit dans ce grand tout, un enchaînement de principes & d'effets, dont la ſcience lui fait calculer les regles & lui donne des réſultats ; s'il voit de l'ordre dans la nature, il y apperçoit auſſi un déſordre, dont la ſeule apparence n'eſt qu'une ſuite de différentes loix. S'il meſure les intervalles, les produits lui donnent des diſtances, & ſa ſeule conſtance dans les recherches lui préſente des ſyſtêmes dont la ſcience lui développe les vérités. S'il apperçoit le firmament étaler à ses yeux toute sa grandeur, il voit en détail les phénomenes d'un globe visible exécuter ses phases, ses accroissemens, ses décroissemens graduels & périodiques de la lumiere ; ces points étincelans dont le ciel est semé, devenir autant de soleils que le Tout-Puissant a suspendus dans l'espace, pour éclairer les mondes qui tournent autour d'eux. Il voit l'assemblage de ces grands corps se diviser en autant de systêmes, dont le nombre égale peut-être celui des grains de sable que la mer lance sur ses bords. Il calcule que chaque systême possede à son centre une étoile ou un soleil qui brille d'une lumiere propre, & autour duquel circulent différens globes opaques qui réfléchissent avec plus ou moins d'éclat, la lumiere qu'ils empruntent en les rendant visibles. Il considere dans les globes qui paroissent errer dans les cieux, des planetes dont les principales ont le soleil pour centre commun de leur rotation périodique, & dont les autres, qu'il nomme *secondaires*, tournent autour d'une planete principale, qu'elles accompagnent comme des satellites dans sa révolution annuelle. Il voit des planetes exécuter autour du soleil les révolutions périodiques qui reglent le cours des années, en en exécutant une autre sur elles-mêmes qui détermine les alternatives des jours & des nuits. Il considere dans la pesanteur, cet agent puissant, le principe universel de l'équilibre & des mouvemens qui pénetre intimement tous les corps. En vertu de cette force, ils tendent, les uns vers les autres, dans une proportion relative à leur distance, à leur masse. Les planetes tendent donc vers le centre commun du systême, & elles s'y feroient bientôt précipitées, si le Créateur, en les formant, ne leur eût imprimé un mouvement projectile & centrifuge, qui tend continuellement à les éloigner du centre. Chaque planete obéit à-la-fois à ces deux forces, en décrivant une courbe qui en est le produit ; cette courbe est une ellipse plus ou moins alongée, à un des foyers de laquelle est placé le soleil ou une planete principale. Ainsi la même force qui détermine la chûte d'une pierre, devient le principe fécond des mouvemens célestes, méchanisme admirable qui étonne les yeux en éclairant l'esprit sur sa cause.

Si le firmament & tout ce qui embellit l'espace, laisse à l'homme une haute idée de l'ordre universel des causes & de la dépendance de leurs effets ; l'histoire de la nature, à l'égard des êtres qui la composent & des productions qu'elle contient, ajoute encore à ces phénomenes un nouveau degré de curiosité. Les changemens qui sont arrivés au globe terrestre, considérés comme des révolutions soumises à l'action du tems, sont toujours, à les bien examiner, une espece de regle que la nature suit constamment, sans que le Créateur se soit contraint de varier ses périodes. Il semble qu'il ait jetté tout-à-la-fois sur la terre, en la formant, différens modes d'êtres & de productions, une infinité de combinaisons harmoniques & diverses, une perpétuité de destructions & de renouvellemens. Si cette immensité de merveilles attire l'admiration des hommes, le méchanisme, l'art, l'ordre & le désordre apparent de tous ces mouvemens, les surprennent autant par la variété du dessin & par l'infinité des moyens d'exécution. Cet enchantement, suite nécessaire de la connoissance des faits, pénetre à jamais le spectateur émerveillé du spectacle des cieux. Dès ce moment il apperçoit, dans le nouveau jour qui l'éclaire, la terre, ce globe si vaste, que tant de millions d'hommes & d'animaux habitent, & qui n'est cependant qu'un point en comparaison d'autres globes qu'il conçoit à peine, à l'aide des instrumens qui semblent les lui rapprocher.

Que cette matiere productrice & régénératrice des êtres caractérise bien l'artiste dont elle tient son essence!

Le globe divisé extérieurement en terres & en mers presque égales en surface, est formé intérieurement, du moins jusqu'à une certaine profondeur, de lits à-peu-près paralleles de matieres hétérogenes, plus ou moins denses. La surface de la terre présente de grandes inégalités, comme des plaines, des collines, des vallons. Du sein des montagnes naissent des fleuves, des étangs & des lacs, qui déchargent sans cesse le superflu de leurs eaux dans la mer, en lui rendant ce que l'évaporation lui avoit enlevé. La mer, par ses isles & par ses rochers, offre autant d'inégalités que les parties terrestres; mais son plus beau spectacle est ce mouvement si régulier & si admirable, par lequel, suivant la pression qu'elles reçoivent de la lune & du soleil, ses eaux s'élevent & se baissent dans des tems marqués. Dans d'autres instans, la mer s'élevant tout-à-coup comme les plus hautes montagnes, semble vouloir passer ses limites, ses flots se dissipent & retombent dans ses gouffres profonds. Cependant les terres & les mers, malgré les révolutions, sont toujours peuplées des êtres & des productions qui leur sont propres, & qui servent à l'homme, soit en le secondant dans ses travaux, soit en aidant à sa subsistance. Ce qui contribue à l'existence & à la génération des êtres, c'est une substance rare, élastique & transparente qui environne la terre de toutes parts jusqu'à une certaine hauteur. Cet atmosphere est le séjour des vents, réservoirs immenses de vapeurs & d'exhalaisons, qui toutes rassemblées en nuages plus ou moins épais, embellissent le ciel par leur figure & leur couleur, ou nous étonnent par leurs feux & par leurs éclats; tantôt se résolvant en pluies, en rosées, *&c.* ils rendent à la terre ce qui s'en étoit exhalé; tantôt ces vapeurs bienfaisantes se répandent & pénetrent dans le sein de la terre en la rafraîchissant ; & comme une trop grande fraîcheur pourroit nuire à ses productions, elle est bientôt modifiée par l'action du soleil qui ranime tous les êtres.

Que dirons-nous de ce feu central reconnu & adopté par la physique pour être une cause aussi évidente de la reproduction & de la conservation des végétaux, de ces météores dont l'infinité & la bizarrerie ont suspendu long-tems le jugement des savans, mais dont ils ont donné dans les siecles nouveaux des définitions si satisfaisantes ; de tous les phénomenes enfin qui s'offrant tous les jours à nos yeux, se succedent & se répetent sans interruption, & qui dans tous les cas sont le fondement de nos connoissances physiques ? Ces effets & leurs causes sont pour nous les vraies loix de la nature, & son spectacle présente sans cesse à l'esprit le vaste tableau de l'univers.

C'est ainsi que l'homme sage déduit tous les phénomenes de la nature d'une seule loi ; qu'il démontre une premiere impulsion d'où résulte cette force essentielle répandue dans chaque partie de la matiere. Comme ses connoissances sont le fruit de ses observations continuelles, le spectacle de la nature, plus satisfaisant pour lui que pour le commun des hommes qui en jouissent sans la connoître, éclaire successivement sa curiosité, en l'élevant lui-même vers une premiere cause.

Que l'homme compare donc ses découvertes & les recherches qu'il a faites, dirigé par l'esprit au-delà du sensible ; qu'il prononce sur l'infinité de ses œuvres, & sur la force expansive de son intelligence ; il sera encore forcé d'admettre que ses travaux & sa science ne peuvent toutefois être mis dans la balance avec les faits de l'Eternel.

ASTRONOMIE.

L'ASTRONOMIE est la connoissance du ciel & des phénomenes célestes ; elle est, à proprement parler, une partie des mathématiques mixtes, qui nous apprend à connoître les corps célestes, leurs grandeur, mouvemens, distances, périodes, éclipses, &c. Les auteurs varient sur l'invention & l'origine de l'Astronomie. Plusieurs l'ont attribuée aux premiers rois qui la cultiverent ; mais il paroît que cette science nous est plutôt venue des bergers oisifs, & des cultivateurs, à qui le besoin la rendoit, en quelque façon, nécessaire. Des hommes plus instruits ont perfectionné cette science avec le tems ; elle est parvenue, après un grand nombre de siecles, au degré où nous la voyons aujourd'hui.

1. *CIEL.*

Il se dit vulgairement de cet orbe azuré & diaphane qui environne la terre que nous habitons, & au-dedans duquel paroissent se mouvoir tous les corps célestes : c'est-là l'idée populaire du ciel ; mais l'astronomie le considere différemment. Le ciel étoilé ou la région éthérée est cette région immense que les étoiles, les planetes & les cometes occupent. On distribue le ciel en trois principales parties : savoir, le zodiaque, qui est la partie du milieu, & qui renferme douze constellations ; la partie septentrionale, qui en renferme vingt-une, & la partie méridionale, qui en renferme vingt-sept, dont il y en a douze qui ne sont point visibles sur notre hémisphere. A l'égard de la nature des cieux, comme on a reconnu divers changemens dans les corps célestes, comme on a apperçu dans le soleil & dans des étoiles des taches différentes qui ne sont autre chose qu'un amas de matieres considérables qui paroissent, se détruisent & se corrompent ; il est évident que la corruption de la matiere doit s'étendre à tous les corps ; car il y a par-tout l'univers un principe de génération & de corruption. M. Newton a démontré que les cieux sont à peine capables de la moindre résistance, & qu'ils sont par conséquent dépourvus de toute matiere. Il l'a prouvé par les phénomenes des corps célestes, par les mouvemens continuels des planetes, dans la vitesse desquelles on ne s'apperçoit d'aucun rallentissement, & par le passage libre des cometes vers toutes les parties des cieux, quelle que puisse être leur direction. En un mot, les planetes se meuvent dans un grand vuide, si ce n'est que les rayons de lumiere & les exhalaisons des différens corps célestes, mêlent un peu de matiere à des espaces immatériels presque infinis. La démonstration géométrique s'en trouve dans les ouvrages de MM. Newton, Keill, Grégori, & celui de Roger Cotès, qui paroît le plus simple.

2. FIRMAMENT.

On donne ce nom à cette voûte céleste & de couleur bleue, où les étoiles paroissent comme attachées. A la vérité, les étoiles ne sont attachées à aucune surface sphérique ; c'est notre imagination & nos sens qui nous trompent là-dessus : toutes les étoiles étant à une prodigieuse distance de nous, nous les jugeons à la même distance, quoiqu'elles ne le soient pas. A l'égard de la couleur bleue du firmament, cette couleur n'est autre chose que celle de l'atmosphere épurée, vue à une très grande profondeur ; elle est la même que celle de l'eau de la mer : c'est ce qui a fait présumer que l'air & l'eau ont la propriété de laisser passer à une grande profondeur les rayons bleus en plus grande quantité que les autres; on peut voir sur tout cela les conjectures de M. Smith, & après lui, M. de Mairan dans les Mémoires de l'académie de 1740. Quoiqu'ils ne donnent encore que des solutions très-bornées & très-incomplettes d'un problême proposé sur la figure apparente & sur la nature de la voûte azurée du firmament, leurs conjectures cependant ont pu être adoptées par la plupart des savans.

3. SOLEIL.

La substance du soleil est une matiere ignée; il n'est pas un feu pur, mais mêlé de particules hétérogenes. Il est igné, parce que ses rayons rassemblés par des miroirs concaves ou des verres convexes, brûlent, consument & fondent les corps les plus solides, & les convertissent en cendres ou en verre. L'astronomie a déterminé que le soleil étoit 1,200,000 fois plus gros que la terre, & qu'il en étoit éloigné de 34,000,000 de lieues. La plus grande hauteur des étoiles sur l'horizon est toujours la même; il n'en est pas ainsi des planetes, & sur-tout du soleil, dont l'élévation varie suivant les tems, c'est-à-dire, qu'elle est plus grande en été, & plus petite en hiver. A l'égard de sa figure, elle est celle d'un sphéroïde plus élevé dans son équateur que sous ses poles. Le soleil est le centre du systême planétaire & des cometes, autour duquel toutes les planetes & les cometes, & entr'autres notre terre, font leurs révolutions en des tems différens, suivant leur différente distance de cet astre. Quoiqu'il soit généralement reconnu que le soleil soit privé d'un mouvement que les anciens lui supposoient autour de la terre, il n'est cependant point parfaitement en repos; car il est évident, par l'observation qu'on a faite de ses taches, qu'il a un mouvement de rotation autour de son axe, & l'on a observé que, différentes de celles de la lune qui sont fixes, les taches qui ont paru un jour au bord du disque du soleil, étoient placées quelques jours après d'un côté opposé; après un délai de quatorze jours, elles reparoissent à la place où on les avoit laissées d'abord, & recommencent leur cours; elles finissent ainsi tout leur circuit en vingt-sept jours: d'où on a conclu avec vraisemblance que ce tems est celui de la rotation du soleil sur son axe; ces taches se meuvent d'occident en orient, ce qui suppose le même mouvement au soleil. Si quelquefois ses taches paroissent se dissoudre & disparoître au milieu du disque du soleil, leur matiere, c'est-à-dire leurs exhalaisons solaires, retourneront donc au soleil; d'où il est évident qu'il doit se faire différentes altérations dans la matiere de cet astre. Comme il y a des tems où l'on découvre au soleil beaucoup de ces taches, & d'autres où l'on en a peu ou point apperçu, on en a conclu qu'elles pouvoient être des exhalaisons terrestres, homogenes au soleil, qu'il consume à mesure qu'il les attire; ce qui fait croire aussi que le soleil est continuellement accompagné d'un fluide environnant qui forme par le tems des corps opaques qui servent d'aliment à cet astre. Les planetes pesent vers le soleil, comme il pese vers elles, en les attirant vers lui. Mais si les planetes l'attirent à leur tour, elles doivent aussi le déranger du lieu qu'il occupe; & ce dérangement, quoique peu considérable, vu son immensité, l'est assez pour produire une inégalité dans le cours des planetes. Cette attraction du soleil & des planetes environnantes doit donc leur conserver à toutes un équilibre qui les maintient, en dirigeant leurs cours ou leur mouvement de rotation. Pour ce qui est du mouvement annuel que le soleil paroît avoir autour de la terre, on sait en astronomie que c'est le mouvement annuel de la terre qui occasionne cette apparence.

4. LUNE.

La lune, ainsi que les autres planetes, tiennent leur marche, & sont dirigées par l'effet de l'attraction. Celle-ci doit être considérée moins comme planete, que comme un satellite de la terre. La lune tourne autour de la terre, & se dirige toujours vers elle dans son mouvement, comme vers un centre. D'après les observations qu'on a faites sur la lune, on a conclu qu'elle n'avoit point de lumiere propre, mais qu'elle emprunte du soleil toute celle qu'elle nous envoie. Elle est, comme la terre, un corps opaque couvert de montagnes, de vallées & de mers, & l'on démontre en astronomie qu'en mesurant une de ses montagnes, on a calculé qu'elle avoit trois lieues de haut. L'on apperçoit dans la lune de grands espaces dont la surface unie & égale réfléchit moins de lumiere que ses autres parties irrégulieres; or, comme la surface des corps fluides est naturellement unie, ces corps transmettent une grande partie de la lumiere, & n'en réfléchissent que fort peu: c'est ce qui a fait conjecturer à quelques astronomes que les concavités que l'on apperçoit dans la lune étoient des mers & des lacs. La lune fait sa révolution en 27 jours 7 heures 43 minutes, ce qui est le tems précis de sa rotation autour de son axe. Son diametre est à celui de la terre comme 11 est à 40, c'est-à-dire, qu'il est d'environ 725 lieues. Sa surface contient environ 1,555,555 lieues quarrées, & sa moyenne distance à la terre est d'environ 60½ diametres de la terre, ce qui fait environ 80,000 lieues. La cause des variations de la lune, c'est qu'étant un corps opaque, obscur & sphérique, elle ne brille que de la lumiere qu'elle reçoit du soleil, ce qui fait qu'il n'y a que celle des deux moitiés qui est tournée vers cet astre, qui soit éclairée, la moitié opposée conservant toujours son obscurité naturelle. Ainsi la face de la lune qui est visible pour nous, est cette partie de son corps qui est tout à la fois tournée vers la terre, & éclairée du soleil : d'où il arrive que, suivant les différentes situations de la lune par rapport au soleil & à la terre, on en apperçoit une portion plus ou moins grande ; & c'est en observant sa marche que la géométrie a déterminé ses périodes. Comme la lune éclaire la terre de la lumiere qu'elle reçoit du soleil, de même elle est éclairée par la terre qui lui renvoie la lumiere par réflexion, & en plus grande abondance qu'elle n'en reçoit de la lune, car la surface de la terre est environ quinze fois plus grande que celle de la lune. Or, en supposant à chacune de ses surfaces une texture semblable, eu égard à l'aptitude de réfléchir les rayons, la terre enverra à la lune quinze fois plus de lumiere qu'elle n'en recevra d'elle. Quand la lune parvient en opposition avec le soleil, la terre vue de la lune doit paroître en conjonction avec lui ; alors la terre doit cesser d'être visible aux habitans de la lune, comme la lune cesse de l'être pour nous, lorsqu'elle est nouvelle, dans la conjonction avec le soleil, & le degré des révolutions se trouve de part & d'autre le même. A l'égard de la raison pourquoi la lumiere de la lune ne produit aucune chaleur sensible, on a observé que la lumiere de la lune rassemblée dans le foyer d'un miroir ardent, ne produit point de chaleur ; l'effet est que la surface de la lune absorbe la plus grande partie des rayons du soleil, & ne nous en envoie que la plus petite. On a observé aussi que la quantité de lumiere qui tombe sur l'hémisphere de la pleine-lune est dispersée, avant que d'arriver jusqu'à nous, dans une sphere cent quatre-vingt-huit fois plus grande de diametre que la lune ; & on a calculé que la lumiere de la lune est 104,368 fois plus foible que celle du soleil, qu'ainsi il faudroit qu'il y eût à-la-fois dans les cieux 104,368 pleines-lunes, pour donner une lumiere & une chaleur égales à celle du soleil à midi.

5. ÉTOILES.

Les étoiles sont des corps célestes qu'on distingue en fixes & en errantes. Les premieres observent perpétuellement la même distance les unes par rapport aux autres, & les dernieres changent continuellement de place. Les étoiles fixes sont si éloignées de nous, qu'il n'y a point de distance dans tout le systême planétaire qui puisse leur être comparé ; les observations qu'on a faites démontrent évidemment qu'elles sont plus éloignées que saturne, puisqu'il a un parallaxe & que les étoiles n'en ont point du tout. On a aussi calculé, en supposant à *sirius*, l'une des fixes, la même grandeur que le soleil, que sa distance à la terre est à celle du soleil comme 27664 est à 1. D'autres observateurs ont calculé qu'on peut trouver des étoiles douze mille fois plus loin de nous que le soleil & au-delà. La grandeur des étoiles fixes paroît être différente ; mais cette différence peut venir au moins en partie de la différence de leur distance, & non d'aucune diversité qu'il y eût dans leurs grandeurs réelles. A l'égard de leur nombre, on en compte mille trois cens quatre-vingt-douze à la vue simple, car, avec le télescope, on en apperçoit beaucoup plus. On divise aussi les étoiles par rapport à leur situation, en astérismes ou constellations, qui ne paroissent autre chose qu'un assemblage de plusieurs étoiles voisines qu'on considere comme formant des figures déterminées, comme celle d'un animal, d'où sont venues les différentes dénominations qu'on leur a données, les étoiles qui ne sont point rangées en astérismes & qui sont séparées, sont nommées *informes*. Celles qui ne paroissent que foiblement & en forme de petits nuages brillans sont appellées *nébuleuses*. En général

le ſoleil, comme vénus & mercure. Par l'obſervation des différentes phaſes & apparences des planetes, on trouve qu'elles ſont toutes parfaitement ſemblables à la lune, & que la lune a une reſſemblance parfaite avec notre terre ; d'où il s'enſuit que les planetes ſont auſſi des corps opaques & ſphériques. En obſervant vénus, mercure & mars avec le téleſcope, on ne voit briller que la partie de leur diſque qui eſt éclairée par le ſoleil ; ils ſont donc des corps éclairés par une lumiere empruntée du ſoleil & ſujettes à des révolutions ; & ſi ſaturne, avec ſon anneau & ſes ſatellites, ne donne qu'une foible lumiere, & conſidérablement plus foible que celle des étoiles fixes, on ne peut douter auſſi que ſaturne & ſes ſatellites, très-diſtans du ſoleil, ne ſoient des corps opaques; enfin les bandes de jupiter qui ſont plus brillantes que le reſte de ſon diſque, les taches différentes qu'on a obſervées à vénus & à mars, celles de mercure & de ſaturne, quoique ce dernier ſoit trop éloigné du ſoleil pour qu'on pût les appercevoir, & que ſaturne, ainſi que vénus, en ſoient à la plus grande proximité ; tous ces phénomenes prouvent évidemment que ces planetes ont un mouvement de rotation diurne autour de leur axe ; que ce ſont des corps ſemblables à la lune & à la terre, & que les planetes en général ſe meuvent tantôt plus vîte, tantôt plus lentement, ſelon qu'elles ſont plus proches ou plus éloignées du ſoleil. Vénus & mercure qui tournent autour du ſoleil à une moindre diſtance que la terre, ſe trouvent entre nous & le ſoleil à chaque révolution ſynodique ; & ſi ces planetes n'ont alors que peu de latitude, on voit ſur le ſoleil une tache noire & ronde, dont la largeur paroît occuper environ la trentieme partie de celle du ſoleil ſi c'eſt vénus, & ſeulement la cent cinquantieme ſi c'eſt mercure. Ces paſſages n'arrivent que lorſque vénus & mercure, dans leur conjonction intérieure, n'ont pas une latitude plus grande que le demi-diametre du soleil, c'est-à-dire lorsque la conjonction arrive fort près du nœud, tout-au-plus à la distance de $1^{d} \frac{3}{4}$ pour vénus.

Distance supposée de quelques planetes à la terre; par M. de la Lande.

Mercure, ...	13,456,204 lieues.
Vénus, ...	25,144,250.
Mars, ...	52,966,122.
Jupiter, ...	180,794,791.
Saturne, ...	331,604,504.

Leur grosseur par rapport à la terre.

Mercure, . . .	$\frac{7}{100}$.
Vénus, ...	$\frac{11}{12}$.
Mars, ...	$\frac{3}{10}$.
Jupiter, . . .	1479 fois aussi gros que la terre.
Saturne, . . .	1030 fois aussi gros que la terre.

7. COMETES.

Les cometes sont des corps célestes solides, fixes & durables; c'est une espece particuliere de planetes qui se meuvent librement, & vers toutes les parties du ciel dans des orbites très-excentriques; elles persévèrent dans leur mouvement aussi-bien quand elles vont contre le cours des planetes ordinaires, que lorsqu'elles se meuvent du même côté; leurs queues sont des vapeurs fort subtiles qui s'exhalent de la tête au noyau de la comete échauffée par le soleil. Les irrégularités dans la vîtesse apparente des cometes, viennent de ce qu'elles ne sont point dans les régions des fixes, mais dans celles des planetes, où, suivant qu'elles ont des mouvemens correspondans avec celui de la terre ou de direction opposée, elles doivent avoir les apparences d'accélération & de rétrogradation que l'on remarque dans les planetes. Suivant les observations, les cometes se meuvent dans des ellipses qui ont le soleil à un de leurs foyers, & l'on démontre que ce ne sont pas des astres errans de tourbillons en tourbillons, mais qu'elles font partie du systême solaire, & qu'elles reviennent sans cesse dans leurs mêmes orbes. Comme leurs orbites sont très-alongées & très-centriques, elles deviennent invisibles, lorsqu'elles sont dans la partie la plus éloignée du soleil; la lumiere de leur tête s'augmente en s'approchant du soleil, & cela s'accorde parfaitement avec les phénomenes des autres planetes.

8. ÉCLIPSES.

Il y a des éclipses de soleil, de lune & des étoiles par la lune & par d'autres planetes; ces dernieres s'appellent proprement occultations. Lorsqu'une planete, comme vénus & mercure, passe sur le soleil, comme elle n'en couvre qu'une petite partie, cela s'appelle passage. L'éclipse de lune est l'obscurité produite sur le disque de la lune par l'ombre de la terre, c'est-à-dire, lorsque la planete entre dans l'ombre de la terre, qui ne peut être éclairée par le soleil pendant le tems qu'elle la traverse. L'éclipse totale est celle où la lune est entiérement obscurcie; l'éclipse partiale est celle où une partie du disque de la lune conserve sa lumiere; l'éclipse centrale ou annulaire est celle qui a lieu quand l'opposition arrive dans le point même du nœud; la lune traverse alors par le centre même le cône d'ombre. Les astronomes observent dans les satellites de jupiter & de saturne des éclipses semblables à celles de notre lune, mais à la vérité plus fréquentes, parce que ces satellites font leur révolution autour de jupiter en bien moins de tems que la lune autour de nous. La durée de l'éclipse est le tems entre l'immersion & l'émersion.

L'immersion est le moment auquel le disque du soleil ou de la lune commence à se cacher ; & l'émersion, le moment où le corps lumineux éclipsé commence à reparoître. Il n'y a presque point d'année où il n'arrive des éclipses de lune ; en 1767 il n'y en a point eu, mais communément il y en a plusieurs chaque année. Les éclipses de lune n'arrivent que dans le tems de la pleine lune, parce qu'il n'y a que ce tems où la terre soit entre le soleil & la lune. Il n'y a cependant point d'éclipse à chaque pleine lune, ce qui vient de l'obliquité du cours de la lune par rapport à celui du soleil. En effet, le cercle ou l'orbite dans lequel la lune se meut, est élevé au-dessus du plan de l'orbite terrestre, de sorte que quand le soleil, la terre & la lune se trouvent dans le même plan perpendiculaire au plan de l'écliptique, la lune ne se trouve pas toujours pour cela dans la ligne droite avec le soleil & la terre ; elle est souvent assez élevée pour laisser tomber l'ombre de la terre au-dessous ou au-dessus d'elle, & n'y pas entrer, & pour lors il n'y a point d'éclipse ; il n'y en a que dans les pleines lunes qui arrivent aux nœuds ou proche des nœuds, c'est-à-dire, lorsque la lune se trouve dans l'écliptique ou très-proche de l'écliptique : car alors la somme des demi-diametres apparens de la lune & de l'ombre de la terre, est plus grande que la latitude de la lune, ou la distance entre le centre de la lune & celui de l'ombre ; d'où l'on voit que la lune doit entrer au moins en partie dans l'ombre de la terre, & être conséquemment éclipsée. Toutes les éclipses de lune sont universelles, c'est-à-dire visibles dans toutes les parties du globe qui ont la lune sur leur horizon ; elles paroissent en tous lieux de la même grandeur, elles commencent & finissent au même moment dans tous ces lieux ; il est évident que cela doit être ainsi : car cet astre entre dans l'ombre au même instant pour tous les peuples de la terre ; l'éclipſe doit donc commencer au même moment pour tous ces peuples, à-peu-près comme une lumiere qu'on éteint dans une chambre, diſparoît auſſi-tôt pour tous ceux qui y ſont. L'éclipſe du ſoleil vient de l'interpoſition de la lune qui cache aux habitans de la terre une partie du ſoleil & même tout entier. Comme la lune a ſenſiblement un parallaxe de latitude, les éclipſes du ſoleil arrivent ſeulement, quand la latitude de la lune vue de la terre eſt plus petite que la ſomme des demi-diametres apparens du ſoleil & de la lune. C'eſt pourquoi les éclipſes de ſoleil arrivent quand la lune eſt en conjonction avec lui, dans les nœuds ou proche les nœuds, c'eſt-à-dire dans la nouvelle lune. Les circonſtances des éclipſes ſolaires ſont qu'il n'y en a point d'univerſelles, c'eſt-à-dire qu'il n'y en a aucune qui ſoit vue par tout l'hémiſphere terreſtre, au-deſſus duquel eſt alors le ſoleil ; le diſque de la lune étant beaucoup trop petit & trop près de la terre pour cacher le ſoleil à tout le diſque de la terre, qui eſt quinze fois plus grande que la lune. L'éclipſe de ſoleil n'arrive pas en même tems à tous les lieux où elle eſt viſible, mais elle paroît plutôt aux parties occidentales de la terre, & plus tard aux parties orientales ; l'explication de ce phénomene ſe trouve naturellement dans le mouvement diurne qu'elle obſerve.

9. TERRE.

Les orbites de toutes les planetes renferment le ſoleil comme leur centre commun ; mais il n'y a que les orbites des planetes ſupérieures qui renferment la terre, laquelle n'eſt cependant placée au centre d'aucune de ces orbites. Comme il eſt prouvé que l'orbite de la terre eſt ſituée entre celle de vénus & de mars, il s'enſuit de-là que la terre doit faire ſa révolution autour du ſoleil, & qu'elle tourne autour de son axe en vingt-quatre heures ; car puisqu'elle est renfermée dans les orbites des planetes supérieures, leur mouvement pourroit à la vérité lui paroître inégal & irrégulier sans cette supposition ; mais au moins sans cela elles ne pourroient lui paroître stationnaires ni rétrogrades. Les orbites & les périodes des différentes planetes autour du soleil ; de la lune, autour de la terre ; des satellites de jupiter & de saturne, autour de ces deux planetes, prouvent que la loi de la gravitation sur la terre, sur jupiter & sur saturne, est la même que sur le soleil ; & que les tems périodiques des différens corps qui se meuvent autour de chacune de ces planetes, sont dans une certaine proportion avec leur distance respective. Il est démontré que toutes les planetes gravitent sur le soleil, & toutes les expériences confirment que le mouvement, soit de la terre autour du soleil, soit du soleil autour de la terre, se fait de maniere que les aires décrites par les rayons recteurs de celui de ces deux corps qui est mobile, sont égaux en tems égaux, ou sont proportionnels au tems ; mais il est démontré aussi que lorsque deux corps tournent l'un autour de l'autre, & que leurs mouvemens sont réglés par une pareille loi, l'un doit nécessairement graviter sur l'autre. Or si le soleil gravite, dans son mouvement, sur la terre, comme l'action & la réaction sont d'ailleurs égales & contraires, la terre devra donc pareillement graviter sur le soleil. De plus on a démontré que lorsque deux corps gravitent l'un sur l'autre, sans s'approcher directement l'un de l'autre, en ligne droite, il faut qu'ils tournent l'un & l'autre autour de leur centre commun de gravité. Le soleil & la terre tournent donc autour de leur centre commun de gravité, mais le soleil est un corps si grand par rapport à la terre, que le centre commun de gravité de ces deux corps doit se trouver dans le soleil même, & peu loin de son centre. La terre tourne donc autour d'un point qui est situé dans le corps du soleil, on peut dire par conséquent qu'elle tourne autour du soleil. A l'égard du lever du soleil par rapport à nous, on ne doit entendre que le retour de son apparition sur l'horizon, au-dessous duquel il avoit été caché. Par son coucher, on n'entend autre chose que son occultation au-dessous de l'horizon, après avoir été visible pendant un tems au-dessus. Après avoir ainsi prouvé le mouvement de la terre, on ne peut donc douter que la terre n'aille dans son orbite, de maniere que son axe se maintient constamment parallele à lui-même.

10. ABERRATION.

C'est un mouvement apparent qu'on observe dans les étoiles fixes, & dont la cause & les circonstances ont été découvertes en 1727 par M. Bradley, astronome Anglois. Il démontre fort clairement que ce mouvement est causé par le mouvement successif de la lumiere, combiné avec le mouvement de la terre.

11. DIAMETRE.

Les diametres des corps célestes sont ou apparens, c'est-à-dire tels qu'ils paroissent à l'œil, ou réels, c'est-à-dire tels qu'ils sont eux-mêmes. Les diametres apparens mesurés avec un micrometre, sont trouvés différens en plusieurs circonstances, & dans les différentes parties des orbites. Ces diametres apparens sont proprement les angles sous lesquels le diametre de la planete est vu de la terre ; cet angle est égal au diametre réel de la planete, divisé par sa distance à la terre ; car on sait qu'un angle est égal à un arc de cercle décrit du sommet de cet angle comme centre, divisé par le rayon de cet arc. Or comme tous les angles, sous lesquels nous voyons les planetes & les astres, sont fort petits; les diametres de ces planetes peuvent être pris sensiblement pour des arcs de cercle décrits de l'œil comme centre, & d'un rayon égal à la distance de ces planetes; donc les diametres apparens d'une planete sont en raison inverse de ses distances réelles.

12. *Secteur.*

Le secteur astronomique est un instrument qui sert à prendre avec facilité les différences d'ascension droite & de déclinaison de deux astres qui seroient trop grands pour être observés avec un télescope immobile. Il est préférable au micrometre.

13. *Micrometre.*

Le micrometre est généralement reconnu pour l'instrument le plus propre à déterminer le lieu d'une planete ou d'une comete, quand elles sont assez près d'une étoile connue, ce qui se fait en prenant les différences de leur ascension droite & de leur déclinaison à celle de l'étoile. Mais ceci étant souvent impraticable à cause du grand nombre d'espaces du ciel, qui sont entiérement vuides d'étoiles, dont les lieux soient connus; vu la difficulté d'avoir des instrumens de cette espece, il est évident qu'il est peu sûr & fort difficile de s'en servir: le secteur est le seul qui soit propre à toutes les observations principales.

14. *Circonpolaire.*

Les étoiles circonpolaires sont celles qui sont situées près de notre pole boréal, qui tournent autour de lui, sans se coucher jamais, que par rapport à nous, c'est-à-dire sans s'abaisser jamais au-dessous de notre horizon. Il est facile de déterminer la partie du ciel qui renferme les étoiles circonpolaires, par exemple pour Paris. Comme Paris est éloigné de l'équateur de 48d 50', on peut prendre depuis le pole arctique de part & d'autre de ce pole 48d 50', & toutes les étoiles qui seront renfermées dans cette zone de 97d 40', ne se coucheront jamais à Paris. Toutes les étoiles comprises dans l'hémisphere boréal ou septentrional sont circonpolaires pour les habitans du pole arctique, c'est-à-dire ne se couchent jamais pour eux.

15. ÉQUATION DU CENTRE.

Pour entendre clairement ce que c'est que cette équation, il suffit de comparer le mouvement d'une planete dans les divers points de son orbite, avec le mouvement d'un corps qui parcourroit la circonférence d'un cercle, d'un mouvement toujours égal & uniforme. Il faut aussi se ressouvenir que les planetes décrivent autour du soleil des ellipses, & que les aires décrites par les planetes sont proportionnelles au tems. Les astronomes ont calculé des tables de l'équation du centre, & c'est par le moyen de ces tables qu'on détermine le vrai lieu du soleil & des planetes pour chaque jour.

16. L'ÉCLIPTIQUE.

L'écliptique se dit particuliérement d'un cercle ou d'une ligne, sur la surface de la sphere du monde, dans laquelle le centre du soleil paroît avancer par son mouvement propre ; ou bien c'est la ligne que le centre du soleil paroît décrire dans sa période annuelle : dans le systême de Copernic, qui est aujourd'hui presque généralement reçu, le soleil est immobile au centre du monde ; ainsi c'est proprement la terre qui décrit l'écliptique. Elle se nomme autrement *orbite terrestre*, ou *orbite annuelle*, ou *grand orbe*, lorsqu'on la regarde comme le cercle que la terre décrit par son mouvement annuel. Elle est divisée en douze parties égales, qu'on nomme zodiaques, & dont la terre parcourt environ un par mois. L'écliptique a aussi un axe qui est perpendiculaire à ce grand cercle, & qui est différent de l'axe du monde ou de l'équateur ; & les extrémités de cet axe s'appellent les *poles de l'écliptique.* On appelle *nœuds* les endroits où l'écliptique est coupée par les orbites des planetes. L'écliptique est ainsi nommée à cause que toutes les éclipses arrivent quand la lune est dans ou proche les nœuds, c'est-à-dire proche de l'écliptique ; celle-ci est placée obliquement par rapport à l'équateur qu'elle coupe en deux points, c'est-à-dire au commencement d'*aries* & de *libra*, & en deux parties égales. Ainsi le soleil est deux fois chaque année dans l'équateur ; le reste de l'année, il est du côté du nord ou du côté du sud. Ces points qu'on nomme *équinoxiaux*, ne sont pas fixes, mais ils rétrogradent d'environ 50''. par an.

17. ÉQUINOXE.

C'est le tems auquel le soleil entre dans l'équateur, & par conséquent dans un des points équinoxiaux. Le tems où le soleil entre dans le point équinoxial du printems est appellé l'*équinoxe du printems* ; celui auquel le soleil entre dans le point équinoxial d'automne est appellé *équinoxe d'automne.* Les équinoxes arrivent quand le soleil est dans l'équateur, les jours sont pour lors égaux aux nuits par toute la terre, ce qui arrive deux fois par an, savoir vers le vingtieme jour de mars & le vingtieme de septembre. Depuis l'équinoxe du printems jusqu'à l'équinoxe d'automne les jours sont plus grands que les nuits ; le contraire arrive depuis l'équinoxe d'automne jusqu'à celui du printems. Suivant les remarques de M. Cassini, le soleil emploie cent quatre-vingt-six jours quatorze heures cinquante-trois minutes à parcourir les signes septentrionaux, &

cent soixante-dix-huit jours quatorze heures cinquante-six minutes à parcourir les méridionaux ; ainsi la différence est de sept jours vingt-trois heures cinquante-sept minutes : l'inégalité du mouvement du soleil occasionne cette vîtesse ou cette lenteur.

18. ÉQUATEUR.

L'équateur est un grand cercle de la sphere qui est également éloigné des deux poles du monde, ou dont les poles sont les mêmes que ceux du monde. On nomme ce cercle *équateur*, parce qu'il divise la sphere en deux parties égales, ou parce que quand le soleil est dans ce cercle, il y a égalité entre les jours & les nuits ; c'est pourquoi on l'appelle aussi *équinoxial* ; & quand il est tracé sur les cartes, on l'appelle la *ligne équinoxiale* ou simplement la *ligne*. Chaque point de l'équateur est éloigné d'un quart de cercle des poles du monde, d'où il s'ensuit que l'équateur divise la sphere en deux hémispheres, dans l'un desquels est le pole septentrional, & dans l'autre le méridional. L'équateur coupe la zone torride par le milieu ; le soleil décrit ce grand cercle le premier jour de printems & le premier jour d'automne ; ainsi il y revient deux fois par an ; les peuples qui l'habitent ont cependant, toute l'année, les jours égaux aux nuits ; car l'horizon des peuples qui habitent sous l'équateur passe par l'axe de la terre, & est perpendiculaire à tous les cercles paralleles à l'équateur dont le soleil paroît décrire un chaque jour ; d'où il s'ensuit qu'une moitié de ces cercles paralleles est au-dessus de l'horizon des habitans de l'équateur, & l'autre moitié au-dessous ; ainsi ils ont précisément autant de jours que de nuits, si ce n'est que le crépuscule du matin & du soir peut augmenter un peu leurs jours & diminuer leurs nuits. Les longues nuits sont très-nécessaires dans ces climats, dont le soleil ne s'éloigne jamais de plus de vingt-trois degrés & demi, de forte que quand il eſt plus éloigné du zénith des habitans de l'équateur, il eſt encore plus près qu'il ne l'eſt de notre zénith le jour du ſolſtice d'été, car il eſt éloigné alors de plus de vingt-cinq degrés. Or comme la longueur des jours & la briéveté des nuits eſt une des cauſes de la chaleur, il s'enſuit que la chaleur de l'équateur n'eſt pas à proportion auſſi grande qu'elle devroit l'être, eu égard à la poſition du ciel ; il y a même, dans ces climats, des pays qui jouiſſent d'une chaleur modérée, tels ſont certains endroits du Pérou ; le haut des montagnes y eſt auſſi exceſſivement froid, comme il arrive par-tout ailleurs.

19. *Orbite.*

Se dit de la ligne qu'une planete ou une comete décrit dans les cieux par ſon mouvement propre. L'orbite du ſoleil ou plutôt de la terre eſt la courbe qu'elle décrit dans ſa révolution annuelle, on l'appelle *écliptique*. L'orbite de la terre & celle de toutes les planetes premieres ſont des ellipſes, dont le ſoleil occupe le foyer commun. Chaque planete ſe meut dans ſon ellipſe, de maniere que ſon rayon recteur, c'eſt-à-dire celui que l'on peut tirer continuellement d'elle au ſoleil, décrit des aires ou ſecteurs proportionnels au tems. Lorſque la terre eſt à ſa plus petite diſtance du ſoleil, elle ſe meut réellement plus vîte que quand elle eſt à ſa plus grande diſtance de cet aſtre, & ſa vîteſſe apparente eſt à-peu-près en raiſon inverſe du carré de ſa diſtance au ſoleil, ou, ce qui revient au même, du carré du diametre apparent du ſoleil.

20. *Déclinaison.*

Signifie la diſtance qu'il y a du ſoleil, d'une étoile, d'une planete, ou de quelqu'autre point de la ſphere du monde, à l'équateur, soit vers le nord, soit vers le sud. La déclinaison est réelle ou apparente, selon que le lieu où l'on considere l'astre est son lieu vrai, ou son lieu apparent.

21. CANICULE.

Les jours caniculaires marquent proprement un certain nombre de jours qui précedent ou qui suivent celui où la canicule se leve le matin avec le soleil; la canicule est la dixieme étoile, elle est placée dans la queue du grand chien, elle est de la premiere grandeur, & la plus brillante de toutes les étoiles du ciel. Les anciens se sont répandus en chimeres sur les effets qu'ils attribuoient à la canicule; il nous en reste encore quelques préjugés sur la chaleur prétendue qu'elle occasionne dans nos climats. Mais si la canicule pouvoit avoir la propriété d'apporter le chaud, elle devroit être plutôt aux habitans de l'hémisphere méridional qu'à nous, puisque cette étoile est dans l'hémisphere méridional de l'autre côté de l'équateur. Cependant il est certain que les peuples de cet hémisphere sont alors en hiver. La canicule & les autres étoiles sont trop éloignées de nous pour produire aucuns effets sur notre systême planétaire, & pour répandre leurs influences jusqu'à nous. On ne peut attribuer la chaleur dans le tems de la canicule qu'à la direction plus perpendiculaire du soleil, par rapport à nous, que dans tout autre tems de l'année.

22. ASCENSION.

L'ascension est droite ou oblique. L'ascension droite du soleil ou d'une étoile est le degré de l'équateur qui se leve avec le soleil ou avec l'étoile dans la sphere droite, à compter depuis le commencement d'*aries*; ou c'est le degré & la minute de l'équateur, à compter depuis le commencement d'*aries*, qui passe par le méridien avec le soleil, une étoile, ou quelqu'autre point du ciel. L'ascension oblique est un arc de l'équateur compris entre le premier point d'*aries* & le point de l'équateur, qui se leve en même tems que l'autre, dans la sphere oblique.

23. *DESCENSION.*

La descension est droite ou oblique. La descension droite d'une étoile ou d'un signe est le point ou l'arc de l'équateur qui descend avec l'étoile ou avec le signe, sous l'horizon, dans la sphere droite. La descension oblique est le point ou l'arc de l'équateur, qui descend sous l'horizon en même tems que l'étoile, ou que le signe dans la sphere oblique.

24. *AXE.*

L'axe du monde est une ligne droite que l'on conçoit passer par le centre de la terre, & se terminer par l'une & l'autre de ses extrémités. L'axe de la terre est une ligne droite autour de laquelle elle acheve sa révolution journaliere d'occident en orient. L'axe de la terre est aussi une partie de l'axe du monde, il est toujours parallele à lui-même, & perpendiculaire au plan de l'équateur. L'axe d'une planete est donc une ligne qui passe par son centre, & autour de laquelle elle fait sa révolution.

25. *POLES.*

Se dit de chacune des extrémités de l'axe sur lequel la sphere du monde est censée faire sa révolution; ces deux points éloignés de l'équateur de 90^{d} chacun, sont aussi appellés les *poles du monde*. Celui des deux points qui nous est visible, & qui est élevé sur notre horizon s'appelle le *pole arctique* ou *septentrional*, & celui qui lui est opposé est appellé *antarctique* ou *méridional*.

26. ZÉNITH.

C'est un des points le plus nécessaire à considérer dans le ciel, & les astronomes en parlent à tout moment. C'est le point qui répond directement au-dessus de notre tête ; celui auquel va se diriger le fil à plomb lorsqu'on y suspend un poids, & que l'on imagine ce fil prolongé vers le haut jusques dans la concavité du ciel. Le zénith étant le point le plus élevé des cieux, il est toujours éloigné de 90d ou d'un quart de cercle, de tous les points de l'horizon. Si donc un autre paroît élevé au-dessus de l'horizon de 60d, il sera éloigné du zénith de 30, car 60 & 30 font les 90d, qu'il y a depuis l'horizon jusqu'au zénith. Ainsi on peut dire que la hauteur d'une étoile est le complément de sa distance au zénith, parce que le complément d'un arc est ce qui lui manque pour aller à 90d.

27. NADIR.

C'est le point inférieur de la sphere céleste, celui qui est directement opposé au zénith. Le nadir & le zénith étant directement opposés l'un à l'autre, si l'on conçoit un cercle qui fasse le tour du ciel, en passant par le zénith & le nadir, il y aura 180d, ou un demi-cercle d'un côté, & autant de l'autre. On appelle *vertical* un cercle allant ainsi du zénith au nadir, de quelque côté qu'il soit, comme on appelle *ligne verticale* celle que marque le fil à plomb, & dont la direction prolongée haut & bas va marquer le zénith & le nadir. Toutes les fois qu'on regarde le ciel, de quelqu'endroit bien découvert, on conçoit naturellement qu'en voyant une moitié du globe sur notre tête, il y en a aussi la moitié que nous ne voyons pas. Ainsi l'horizon est un grand cercle de la sphere qui, pour chaque lieu de la sphere, sépare la partie visible du ciel de celle qui ne l'est pas.

28.

28. CONJONCTION.

Se dit de la rencontre apparente de deux astres ou de deux planetes dans le même point des cieux, ou plutôt dans le même degré du zodiaque. Pour que deux astres soient en conjonction, il n'est pas nécessaire que leur latitude soit la même, mais bien leur longitude. Si deux astres se trouvent dans le même degré de longitude & de latitude, une ligne droite tirée du centre de la terre par celui de l'un des astres passera par le centre de l'autre ; la conjonction s'appellera alors vraie & centrale. Si la ligne qui passe par le centre des deux astres ne passe pas par le centre de la terre, on l'appelle *conjonction partiale*. Si les deux corps ne se rencontrent pas précisément dans le même degré de longitude, mais qu'il y manque quelque chose, la conjonction est dite *apparente*. Les astronomes se servent assez généralement du mot de *conjonction* pour exprimer la situation de deux astres, dont les centres se trouvent avec le centre de la terre, dans un même plan perpendiculaire au plan de l'écliptique. Il est bon de remarquer que, pour que deux astres soient en conjonction par rapport à la terre, il faut qu'ils se trouvent tous deux d'un même côté par rapport à la terre, au lieu que dans l'opposition la terre se trouve entre deux. Les observations des planetes, dans leur conjonction, sont très-importantes dans l'astronomie ; ce sont autant d'époques qui servent à déterminer les mouvemens des corps célestes. La lune se trouve en conjonction avec le soleil tous les mois ; on appelle ses conjonctions & ses oppositions du nom générique de *syzigies*. Il n'y a jamais d'éclipse de soleil que lorsque sa conjonction avec la lune se fait proche les nœuds de l'écliptique ou dans les nœuds même.

29. OPPOSITION.

Se dit de l'aspect ou de la situation de deux étoiles ou planetes, lorsqu'elles sont diamétralement opposées l'une à l'autre, c'est-à-dire éloignées de 180^d ou de l'étendue d'un demi-cercle. Quand la lune est diamétralement opposée au soleil, de sorte qu'elle nous montre son disque entier éclairé, elle est alors en opposition avec le soleil ; ce qu'on exprime en disant qu'*elle est dans son plein*, elle brille alors toute la nuit. Les éclipses de lune n'arrivent jamais que quand cette planete est en opposition avec le soleil, & qu'elle se trouve outre cela proche des nœuds de l'écliptique.

30. NŒUDS.

C'est le nom qu'on donne aux deux points où l'orbite d'une planete coupe l'écliptique. La ligne des nœuds de la lune se meut d'un mouvement rétrograde, & acheve sa révolution en dix-neuf ans, c'est-à-dire qu'elle met ce tems-là à revenir à un point de l'écliptique d'où elle est partie. Quand la lune est dans les nœuds, elle est aussi dans l'écliptique, ce qui arrive deux fois dans chaque période ; quand elle est à sa plus grande distance des nœuds, on dit alors qu'*elle est dans ses limites.* Quand il y a éclipse, soit de lune, soit de soleil, la lune doit être dans un des nœuds, ou au moins en être fort proche. On observe que les nœuds de l'orbite de saturne & de celle de jupiter ont aussi un mouvement, il vient de l'action que ces planetes exercent l'une sur l'autre, & qui les empêche de se mouvoir dans des plans exacts. Cette même action mutuelle des planetes doit affecter plus ou moins sensiblement leurs nœuds, & même ceux des cometes.

31. DISQUE.

C'est le corps du soleil ou de la lune, tel qu'il paroît à nos yeux. Le disque se divise en douze parties, qu'on appelle *doigts*, & c'est par-là qu'on mesure la grandeur d'une éclipse, qu'on dit être de tant de doigts, ou de tant de parties du disque du soleil ou de la lune. Ces doigts ne sont autre chose que les parties du diametre du disque & non de sa surface.

32. LIEU.

Le lieu optique, ou simplement le lieu d'une étoile ou d'une planete, est un plan dans la surface de la sphere du monde, auquel un spectateur placé rapporte le centre de l'étoile ou de la planete. Ce lieu se divise en vrai ou apparent. Le lieu vrai est le point de la surface de la sphere, où un spectateur placé au centre de la terre voit le centre de l'étoile; ce point se détermine par une ligne droite tirée du centre de la terre par le centre de l'étoile, & terminée à la sphere du monde. Le lieu apparent est le point de la surface de la sphere, où un spectateur placé sur la surface de la terre voit le centre de l'étoile; ce point se trouve par le moyen d'une ligne qui va de l'œil du spectateur à l'étoile, & se termine dans la sphere des étoiles. La distance entre ces deux lieux optiques, savoir le vrai & l'apparent, fait ce qu'on appelle la *parallaxe*. Le lieu astronomique du soleil, d'une étoile ou d'une planete signifie simplement le signe & le degré du zodiaque, où se trouve un de ces astres; ou bien, c'est le degré de l'écliptique, à compter du commencement d'*aries*, qui est rencontré par le cercle de longitude, de la planete ou de l'étoile, & qui par conséquent indique la longitude du soleil, de la planete ou de l'étoile. Le lieu de la lune est le point de son orbite où elle se trouve en un tems quelconque. Le lieu est assez long à calculer, à cause des grandes inégalités qui se rencontrent dans les mouvemens de la lune, ce qui exige un grand nombre d'équations & de réductions avant de trouver le lieu vrai. Le lieu excentrique d'une planete dans son orbite est le lieu de l'orbite où paroîtroit cette planete, si on la voyoit du soleil.

33. PARALLAXE.

C'est l'arc du ciel intercepté entre le vrai lieu d'un astre & son lieu apparent. Le vrai lieu d'une étoile est le point du ciel où un spectateur placé au centre de la terre verroit cette étoile. Le lieu apparent est celui où la même étoile paroît à un œil placé sur la surface de la terre. De tous les astres que nous observons dans les cieux, leurs lieux apparens, tels que nous les appercevons de la surface de la terre, doivent différer de leurs lieux véritables, c'est-à-dire de ceux que l'on observeroit du centre de la terre. Cette différence des lieux est ce qu'on appelle *parallaxe de hauteur* ou *parallaxe*; elle est donc un angle formé par deux rayons visuels, tirés, l'un du centre, & l'autre de la circonférence de la terre, par le centre de l'astre ou de l'étoile. Cet angle est mesuré par un arc d'un grand cercle intercepté entre deux points qui marquent le lieu vrai & le lieu apparent. La parallaxe diminue la hauteur d'une étoile, ou augmente sa distance au zénith: elle a donc un effet contraire à celui de la réfraction. La plus grande parallaxe est à l'horizon; au zénith, il n'y a point de parallaxe, le lieu apparent se confondant alors avec le lieu vrai. Les étoiles fixes n'ont point de parallaxe sensible, à cause de leur excessive distance, par rapport à laquelle le diametre de la terre n'est qu'un point. De-là il suit que plus un astre [illegible] proche de la terre, plus sa parallaxe est gran[illegible], en supposant une élévation égale au-dessus de l'horizon ; saturne est si élevé, qu'on a beaucoup de peine à y observer quelque parallaxe.

34. *APHÉLIE.*

C'est le point de l'orbite de la terre, ou d'une planete, où la distance de cette planete au soleil est la plus grande qu'il est possible. L'aphélie est le point diamétralement opposé au périhélie. Les aphélies des planetes premieres ne sont point en repos ; car l'action mutuelle qu'elles exercent les unes sur les autres, fait que ces points de leurs orbes sont dans un mouvement continuel, lequel est plus ou moins sensible. Ce mouvement se fait selon l'ordre des signes, & il est, selon M. Newton, en raison des distances de ces planetes au soleil, c'est-à-dire comme les racines carrées des cubes de ces distances. Le mouvement de l'aphélie des planetes étant peu considérable, il n'est pas encore parfaitement connu des astronomes ; & les auteurs sont peu d'accord les uns avec les autres sur ce sujet.

35. *PÉRIHÉLIE.*

C'est le point de l'orbite d'une planete, dans lequel elle a sa plus petite distance du soleil. Le périhélie est opposé à l'aphélie ; les anciens astronomes substituoient le périgée au périhélie, parce qu'ils mettoient la terre au centre. La terre est dans son périhélie, & conséquemment le soleil dans son périgée, lorsque le diametre du soleil nous paroît le plus grand ; car c'est alors que le soleil est plus près de nous qu'il est possible, puisque les objets les plus éloignés paroissent plus grands, à mesure qu'ils s'approchent.

36. *RÉFRACTION.*

C'est le détour, le changement de direction qui arrive à un mobile quand il tombe obliquement d'un milieu dans un autre, qu'il pénetre plus ou moins facilement, ce qui est cause que le mouvement de ce corps devient plus ou moins oblique qu'il n'étoit auparavant, & s'éloigne de sa rectitude. La réfraction des astres est le détour ou le changement de direction qui arrive aux rayons de ces corps lumineux, quand ces rayons passent dans notre atmosphere, ce qui fait que les astres paroissent plus élevés au-dessus de l'horizon qu'ils ne le sont en effet. Cette réfraction vient de ce que l'atmosphere est inégalement dense dans les différentes régions; qu'elle est plus rare, par exemple, dans la région la plus élevée, & plus dense dans les couches qui sont les plus voisines de la terre; & cette inégalité dans le même lieu le rend équivalent à plusieurs milieux d'inégale densité. Plusieurs observations astronomiques faites avec précision, prouvent que les astres souffrent une réfraction réelle. La plus simple de ces observations est que le soleil & la lune se levent plutôt & se couchent plus tard qu'ils ne doivent faire suivant les tables, & qu'ils paroissent encore sur l'horizon dans le tems qu'ils doivent être au-dessous. En effet comme la propagation de la lumiere se fait en lignes droites, les rayons qui partent d'un astre qui est au-dessus de l'horizon, ne peuvent parvenir à l'œil, à moins qu'ils ne se détournent de leur chemin en entrant dans notre atmosphere. Il est donc évident que les rayons souffrent une réfraction en passant par l'atmosphere, & c'est ce qui fait que les astres paroissent plus élevés qu'ils ne le sont en effet; de sorte qu'il est nécessaire, pour réduire par le calcul leurs hauteurs apparentes aux vraies, d'en retrancher la quantité de la réfraction. Il s'ensuit que nous ne voyons jamais le véritable lever ou coucher du soleil, & que nous n'en appercevons que le fantôme ou l'image, cet astre étant pour lors au-dessous de l'horizon.

37. PÉRIGÉE.

Il signifie le point de l'orbite du soleil ou de la lune où ces planetes sont le plus près de la terre, ou en général le point de la plus petite distance d'une planete à la terre.

38. APOGÉE.

C'est le point de l'orbite du soleil ou d'une planete le plus éloigné de la terre. L'apogée est un point dans les cieux placé à une des extrémités de la ligne des apsides. Lorsque le soleil ou une planete est à ce point, elle se trouve alors à la plus grande distance de la terre où elle puisse être pendant sa révolution entiere.

39. APSIDES.

Se dit de deux points de l'orbite des planetes où ces corps se trouvent, soit à la plus grande, soit à la plus petite distance possible ou de la terre ou du soleil. La lune étant plus éloignée de nous dans le tems de son apogée, son diametre apparent est alors le plus petit, il est de 29′ $\frac{1}{2}$ seulement ; quatorze jours après, il paroît sous un angle de 33′ $\frac{1}{2}$ lorsque la lune est périgée. Cela seul suffit pour faire juger du tems où la lune est dans ses apsides ; l'observation du diametre de la lune montre en même tems quel est le lieu de son apogée dans le ciel, & suffit pour en faire voir les changemens & la révolution.

40. AMPLITUDE.

L'amplitude d'un astre est l'arc de l'horizon compris entre le vrai levant ou le vrai couchant, & le point où cet astre se leve ou se couche en effet. Il y a deux sortes d'amplitudes ; l'amplitude orientale, qui est la distance entre le point où se leve l'astre, & le point du véritable orient, qui est un des points d'interſection de l'équateur & de l'horizon. L'amplitude occidentale eſt la diſtance entre le point où l'aſtre ſe couche & le point du vrai occident équinoxial.

41. ZODIAQUE.

Signes du zodiaque.

♈ ♉ ♊ ♋ ♌ ♍ ♎ ♏ ♐ ♑ ♒ ♓

C'eſt une bande ou zone ſphérique partagée en deux parties égales par l'écliptique, & terminée par deux cercles que les planetes ne paſſent jamais, même dans leurs plus grandes excurſions. Le ſoleil ne s'écarte jamais du milieu du zodiaque, c'eſt-à-dire de l'écliptique ; mais les planetes s'en écartent plus ou moins. Le zodiaque eſt diviſé en douze parties, appellées *ſignes* ; ſavoir, le bélier, le taureau, les gemeaux, l'écreviſſe, le lion, la vierge, la balance, le ſcorpion, le ſagittaire, le capricorne, le verſeau, les poiſſons ; en latin, *aries*, *taurus*, *gemini*, *cancer*, *leo*, *virgo*, *libra*, *ſcorpius*, *ſagittarius*, *capricornus*, *aquarius*, *piſces*. Ces ſignes ont les noms des conſtellations qui y répondoient autrefois. Le mouvement d'occident en orient, qui fait que les étoiles ne répondent plus aux mêmes parties du zodiaque, eſt ce qu'on appelle la *préceſſion des équinoxes*. Par ce mouvement, il eſt arrivé que toutes les conſtellations ont changé de place dans les cieux, & qu'elles ne nous paroiſſent plus dans le même lieu où les anciens aſtronomes les ont remarquées.

42. TROPIQUES.

Ce ſont deux petits cercles de la ſphere paralleles à l'équateur, & paſſant par les points ſolſticiaux, c'eſt-à-dire par des points éloignés de l'équateur de $23^{d}\frac{1}{2}$ environ. Les tropiques ſont auſſi les cercles paralleles à l'équateur que le soleil atteint lorsqu'il est dans sa plus grande déclinaison, soit septentrionale, soit méridionale. Celui de ces deux cercles qui passe par le premier point de *cancer* s'appelle *tropique du cancer*; & celui qui passe par le premier point du *capricorne* est appellé *tropique du capricorne*. Le soleil est vertical aux habitans du tropique du cancer le jour du solstice de l'été, & le jour du solstice d'hiver aux habitans du tropique du capricorne. Les tropiques renferment la route du mouvement du soleil dans l'écliptique, ce sont comme deux barrieres que cet astre ne passe jamais. C'est dans ces mêmes cercles que le soleil fait le plus long & le plus court jour de l'année, de même que la plus longue & la plus courte nuit. Ils marquent les lieux de l'écliptique où se font les solstices, & auxquels le soleil a sa plus grande déclinaison, sa plus grande & sa plus petite hauteur. Ils renferment l'espace de la terre, que l'on nomme *zone torride*, parce que les rayons du soleil, tombant à plomb sur cette zone, y causent d'excessives chaleurs. Ils déterminent les limites de la zone torride & des zones tempérées : suivant les observations, toute la variation de l'obliquité de l'écliptique ne va pas au-delà de 24^d. Copernic l'a observé de $23^d\ 28'$, Tycho Brahé de $23^d\ 31'$; elle est à présent moindre que $23^d\ 29'$.

43. SIGNES.

C'est la douzieme partie de l'écliptique ou du zodiaque, ou une portion de ce cercle qui contient 30^d : les signes du printems sont *aries*, *taurus*, *gemini*; ceux de l'été sont *cancer*, *leo*, *virgo*; ceux de l'automne sont *libra*, *scorpio*, *sagittarius*; ceux d'hiver sont *capricornus*, *aquarius*, *pisces*. Les signes du printems & ceux d'été sont nommés *septentrionaux*; ceux d'automne & d'hiver sont appellés *méridionaux*,

mais cette hypothese n'a pas encore déterminé l'opinion générale.

48. CRÉPUSCULE.

La lumiere crépusculaire, cette lumiere douce & tranquille de l'aurore qu'on voit s'augmenter peu-à-peu le matin avec le lever du soleil, & diminuer le soir, dès que le soleil est couché, est produite par la dispersion des rayons dans la masse de l'air qui les réfléchit de toutes parts. Le crépuscule dure plus ou moins long-tems, selon que le soleil a plus ou moins d'action.

49. SECTION AUTOMNALE.

C'est le point de l'écliptique où il est coupé par l'équateur, & où le soleil se trouve au commencement de l'automne ; on l'appelle encore *point automnal.*

50. SAISONS.

On entend communément par saisons certaines portions de l'année qui sont distinguées par les signes dans lesquels entre le soleil. Ainsi, selon l'opinion générale, les saisons sont occasionnées par l'entrée & la durée du soleil dans certains signes de l'écliptique, ensorte qu'on appelle *printems* la saison où le soleil entre dans le premier degré du *bélier*, & cette saison dure jusqu'à ce que le soleil entre dans le premier degré de l'écrevisse. Ensuite l'été commence & subsiste jusqu'à ce que le soleil se trouve au premier degré de la balance, l'automne commence alors & dure jusqu'à ce que le soleil se trouve au premier degré du capricorne ; enfin l'hiver regne depuis le degré du capricorne jusqu'au premier degré du bélier. Cette progression de saison n'est cependant vraie que pour ceux qui sont au nord de l'équateur ; car au sud de l'équateur, le printems dure tant que le soleil remplit son cours depuis le premier degré de la balance jusqu'au premier degré du capricorne ; l'été depuis celui-ci jusqu'au premier degré du bélier, & ainsi de suite, tout le contraire de ce qui arrive au nord. Cette même progression ne convient point à la zone torride ; car quand le soleil passe par ces lieux, il y a *été*, à moins que quelque cause n'y mette obstacle. Par rapport aux lieux & dans les lieux situés sous l'équateur, il ne doit être ni printems ni automne, quand le soleil a passé le premier degré du bélier, mais plutôt l'été, car alors le soleil passe sur ces lieux, & y cause la plus grande chaleur. On en peut dire autant des lieux situés entre l'équateur & les tropiques, parce que le soleil y passe aussi avant que d'arriver au premier degré de l'écreviſſe & du capricorne.

51. LIBRATION.

C'est une irrégularité apparente dans le mouvement de la lune, par laquelle elle semble balancer sur son axe, tantôt de l'orient à l'occident, & tantôt de l'occident à l'orient ; de-là vient que quelques parties du bord de la lune qui étoient visibles, cessent de l'être, & viennent se cacher dans le côté de la lune que nous ne voyons jamais, pour redevenir ensuite de nouveau visibles. Cette libration de la lune a pour cause l'égalité de son mouvement de rotation sur son axe, & l'inégalité de son mouvement dans son orbite ; car si la lune se mouvoit dans un cercle, dont le centre fût le même que celui de la terre, & qu'en même tems elle fît sa révolution autour de son axe dans le tems précis de sa période autour de la terre, le plan du méridien de la lune passeroit toujours par la terre, & cet astre tourneroit vers nous constamment & exactement la même face ; mais comme le mouvement réel de la lune se fait dans une ellipse dont la terre occupe le foyer, & que le mouvement de la lune sur son propre centre est uniforme, c'est-à-dire que chaque méridien de la lune décrit par ce mouvement des angles proportionnels au tems ; il suit de-là que ce ne sera pas constamment le même méridien de la lune qui viendra passer par la terre. La libration de la terre est, suivant quelques anciens astronomes, le mouvement par lequel la terre est tellement retenue dans son orbite, que son axe reste toujours parallele à l'axe du monde. Quoi qu'il en soit des observations de Copernic & d'autres anciens auteurs qu'il est inutile de rapporter, puisqu'elles n'ont pas été adoptées, il y a réellement dans l'axe de la terre, en vertu de l'action de la lune & du soleil, un mouvement de libration ou de balancement ; mais ce mouvement est très-petit, & c'est celui qu'on appelle plus proprement *nutation*.

52. NUTATION.

Se dit d'une espece de mouvement qu'on observe dans l'axe de la terre, en vertu duquel il s'incline tantôt plus, tantôt moins à l'écliptique. La nutation de l'axe de la terre vient de la figure de cette planete qui n'est pas exactement sphérique, & sur laquelle la double action de la lune & du soleil est un peu différente, selon les situations où ces deux astres sont par rapport à nous ; car la terre n'étant pas un globe parfait, la force qui résulte de l'action du soleil & de la lune sur elle, ne passe pas toujours exactement par le centre de gravité de la terre, & par conséquent elle doit produire dans son axe un petit mouvement de rotation. On a observé que ce mouvement suit à-peu-près la révolution des nœuds de la lune. Ces observations ont déterminé la nutation de l'axe de la terre de 18″ en tout ; & cette nutation se fait dans le même tems que la révolution des nœuds de la lune.

53. SPHERE.

C'est cet orbe ou étendue concave qui entoure notre globe, & auquel les corps célestes semblent être attachés. Le diametre de l'orbite de la terre est si petit quand on le compare au diametre de la sphere du monde, que le centre de la sphere ne souffre point de changement sensible, quoique l'observateur se place successivement dans les différens points de l'orbite ; mais en tout tems & à tous les points de la surface de la terre, les habitans ont les mêmes apparences de la sphere, c'est-à-dire que les étoiles fixes paroissent occuper le même point dans la surface de la sphere. La maniere de juger de la situation des astres est de concevoir des lignes droites tirées de l'œil, ou du centre de la terre, à travers le centre de l'astre, & qui continuent encore jusqu'à ce qu'elles coupent cette sphere ; les points où les lignes se terminent sont les lieux apparens de ces astres.

54. MÉRIDIEN.

C'est le grand cercle de la sphere qui passe par le zénith & le nadir, & par les poles du monde, & qui divise la sphere du monde en deux hémispheres placés l'un à l'orient & l'autre à l'occident. On peut définir encore plus simplement le méridien, en disant que c'est un cercle vertical qui passe par les poles du monde.

55. LIGNE MÉRIDIENNE.

Elle est d'un grand usage en Astronomie, en Géographie & en Gnomonique. Une des plus fameuses est celle qu'avoit tracée M. Cassini sur le pavé de l'église de Sainte Pétrone, à Bologne. Au toit de l'église, mille pouces au-dessus du pavé, est un petit trou, à travers lequel passe l'image du soleil, de façon que, dans le moment où cet astre est au méridien, elle tombe toujours sur la ligne, & elle y marque les progrès du soleil en différens tems de l'année par les différens points où elle correspond en ces différens tems. On appelle la ligne méridienne *ligne du nord & sud*, parce que sa direction est d'un pole à l'autre. La Gnomonique enseigne à tracer facilement une ligne méridienne.

56. GNOMON.

C'est proprement le style ou aiguille d'un cadran solaire, dont l'ombre marque les heures. Gnomon, en Astronomie, signifie à la lettre un instrument servant à mesurer les hauteurs méridiennes, & les déclinaisons du soleil & des étoiles. Le moyen d'élever un gnomon astronomique, pour observer la hauteur méridienne du soleil, c'est d'élever un style ou aiguille perpendiculaire, d'une hauteur considérable & connue, sur la ligne méridienne; de marquer le point où se termine l'ombre du gnomon projetté le long de la ligne; de mesurer la distance de son extrémité au pied du gnomon, c'est-à-dire la longueur de l'ombre. Quand on aura ainsi la hauteur du gnomon & la longueur de l'ombre, on trouvera aisément la hauteur méridienne du soleil.

57. COLURE.

Se dit de deux grands cercles que l'on suppose s'entrecouper à angles droits aux poles du monde. L'un passe par les points solsticiaux, c'est-à-dire par les points où l'écliptique touche les deux tropiques, & l'autre par les points équinoxiaux, c'est-à-dire par les points où l'écliptique coupe l'équateur, ce qui fait donner au premier le nom de *colure des solstices*, & au second celui de *colure des équinoxes*. Les colures, en coupant ainsi l'équateur, marquent les quatre saisons de l'année, car ils divisent l'écliptique en en quatre parties égales, à commencer par le point de l'équinoxe du printems. Comme ces cercles passent par les poles du monde, il est évident qu'ils sont l'un & l'autre au nombre des méridiens.

58. *SCINTILLATION.*

Les physiciens attribuent aux vapeurs de l'athmosphere cet étincellement ou tremblottement que l'on remarque dans la lumiere des étoiles fixes. On observe dans les jours fort chauds tous les objets comme en vibration; la même apparence se trouve au-dessus d'un poêle. Cet air tremblottant détournant sans cesse les rayons de la lumiere, fait paroître de semblables vibrations dans la lumiere des étoiles. Quand on les regarde à la lunette, les rayons étant plus approchés & moins troublés font disparoître à l'œil l'étincellement. On observe cette lumiere dans mercure & dans vénus, dans le soleil, vu même à travers une lunette avec un verre enfumé.

59. *MERCURE.*

C'est la plus petite des planetes inférieures & la plus proche du soleil; sa révolution autour du soleil se fait en quatre-vingt-sept jours & vingt-trois heures. Il change de phases comme la lune, selon ses différentes positions avec le soleil & la terre. Il paroît plus dans ses conjonctions supérieures avec le soleil, parce qu'alors on voit tout l'hémisphere illuminé: mais dans les conjonctions inférieures on ne voit que l'hémisphere obscur; sa lumiere va en croissant, comme celle de la lune, à mesure qu'il se rapproche du soleil.

60. *AZIMUTH.*

Ce sont de grands cercles qui se coupent au zénith & au nadir, & qui font avec l'horizon des angles droits à tous les points de ce cercle. L'horizon étant divisé en 360 degrés, on imagine communément 360 cercles azimuthaux. Ils sont représentés sur le globe par le cercle qui mesure la hauteur du pole, lorsque l'arc est perpendiculaire à l'horizon, & qu'il a par conséquent une de ses extrémités au zénith & l'autre au nadir. On se sert des azimuths pour estimer la hauteur des étoiles ou du soleil, lorsqu'ils ne sont pas au méridien, c'est-à-dire que les azimuths indiquent à quelle distance le soleil & les étoiles sont de l'horizon. On regarde aussi l'azimuth comme le complément de l'amplitude orientale ou occidentale au quart de la circonférence.

61. *Nuage.*

On appelle, en Astronomie, le *grand nuage* une tache blanchâtre & considérable qu'on voit dans la partie australe du ciel, semblable en couleur à la voie lactée, avec cette différence que celle-ci est composée d'un grand nombre de petites étoiles; au lieu qu'on n'en découvre aucune dans le grand nuage, ni à la vue simple, ni avec les plus longues lunettes, avec lesquelles même on ne le distingue pas du reste du ciel. Comme on a observé que le nuage paroissoit davantage dans les jours chauds, que dans ceux qui l'étoient moins, il est probable qu'il n'est autre chose qu'un amas d'exhalaisons épurées & réfléchies par la lumiere de la lune ou des étoiles.

62. *Austral.*

Austral signifie *méridional*. Les signes austraux sont les six derniers du zodiaque; on les nomme ainsi, parce qu'ils sont au midi de la ligne équinoxiale. On dit de même *pole austral*, *hémisphere austral*, pour *pole méridional*, *hémisphere méridional*; partie *australe* du ciel.

63. ZONE.

C'est la division du globe terrestre relative à la chaleur du climat. La terre est partagée en cinq zones par des cercles appellés *paralleles*. La zone torride est une bande ou partie de la surface de la terre terminée par les deux tropiques, & partagée en deux parties égales par l'équateur. La largeur de cette bande est de 46^{d} 58′, partagés par l'équateur en deux parties égales. Le soleil est toujours au-dessus de la zone torride, il y a des peuples sous cette zone auxquels il est vertical. Les zones tempérées sont deux bandes de la surface de la terre, terminée chacune par un tropique & par un cercle polaire. Leur largeur à l'une & à l'autre est de 43^{d} 2′; le soleil ne passe jamais par-dessus ces zones, mais il s'en approche plus ou moins dans son mouvement. Les zones glacées sont les segmens de la surface de la terre, terminés l'un par le cercle polaire arctique, l'autre par le cercle polaire antarctique; leur largeur à chacune est de 46^{d} 58′: ainsi dans la zone torride le soleil passe au zénith deux fois l'année; dans les lieux qui sont dans les zones tempérées & dans les zones glacées, les habitans n'ont jamais le soleil à leur zénith; dans les zones tempérées, le soleil passe toujours dessous l'horizon, à cause que sa distance au pole excede toujours la hauteur du pole. Dans les lieux qui séparent les zones tempérées d'avec les zones glacées, c'est-à-dire sous les cercles polaires, la hauteur du pole est égale à la distance du soleil au pole, lorsque le soleil est dans le tropique d'été. Les peuples de ces lieux voient une fois l'année le soleil achever sa révolution sans passer sous l'horizon; dans tous les lieux des zones glacées, la hauteur du pole est plus grande que la moindre distance du soleil au pole. Ainsi pendant plusieurs jours, la distance du soleil au pole est moindre que la hauteur du pole ; & conséquemment le soleil, pendant ce tems, doit être non-seulement sans se coucher, mais sans toucher à l'horizon. Lorsque le soleil vient à s'éloigner du pole d'une plus grande distance que celle qui mesure la hauteur du pole, alors il se leve & se couche tous les jours comme dans les autres zones ; des voyageurs ont joui de ce jour de vingt-quatre heures que l'on a dans cette zone, au solstice d'été, & la longueur des jours compense tellement le peu de chaleur directe du soleil, que l'été y est fort chaud & fort incommode. La zone, qu'on appelle *torride*, est directement sous le lieu où le soleil passe dans son cours directement & à plomb. Les jours y sont égaux aux nuits ; ce n'est point le froid qui fait l'hiver en cette zone, ce sont les pluies & une chaleur moindre qu'en été ; il y a même des contrées où les habitans ne distinguent que deux saisons ; il y a des lieux dans cette zone où il fait un froid considérable, & où il y a de la gelée & de la neige. Dans la zone glaciale, il y fait un froid excessif ; il y a beaucoup d'inégalités dans les jours & dans les nuits, car les uns & les autres sont le plus souvent de plusieurs jours & de plusieurs mois sans discontinuité ; le soleil y est très-éloigné du zénith. Ceux qui habitent sous les zones glaciales, c'est-à-dire sous les poles, ont la sphere parallele, & n'ont toute l'année qu'un jour & qu'une nuit chacun de six mois ; il y a des étoiles qui ne se couchent jamais, & d'autres qui ne se levent jamais, parce que ces poles sont au zénith & au nadir ; il n'y a ni orient, ni occident, parce que le soleil fait toutes ses révolutions paralleles à l'horizon, & n'ont par conséquent qu'une ombre circulaire. C'est dans la Laponie, le pays des Samoïèdes, le Groënland, &c. où ces révolutions bizarres par rapport à nous, mais trop sensibles pour ces contrées, se succedent.

64. NOMBRE D'OR.

La premiere connoiſſance exacte que l'on ait eue dans la Grece du mouvement de la lune ou de la durée exacte de ſa révolution, fut celle que donna *Méton*, qui vivoit environ 430 ans avant Jeſus-Chriſt : il avoit appris des Orientaux qu'en dix-neuf années ſolaires il ſe paſſoit deux cens trente-cinq mois lunaires complets, & cette détermination n'eſt en défaut que d'un jour ſur trois cens douze ; auſſi cette découverte parut ſi belle dans la Grece, qu'on en grava les calculs en lettres d'or. On s'en ſert encore dans le calendrier, & l'on appelle *cycle lunaire* la révolution de dix-neuf ans, qui ramene les nouvelles lunes aux mêmes jours de l'année civile. Le nombre d'or eſt celui qui indique l'année du cycle lunaire ; il eſt marqué par l'unité 1. toutes les fois que la lune arrive le premier janvier, comme en 1767. Voici de quelle maniere on trouve le nombre d'or de quelqu'année que ce ſoit. Comme le cycle lunaire commence l'année qui a précédé la naiſſance de Jeſus-Chriſt, il ne faut qu'ajouter 1. au nombre des années qui ſe ſont écoulées depuis, & diviſer la ſomme par 19, ce qui reſtera après la diviſion faite ſera le nombre d'or que l'on cherche ; s'il ne reſte rien, le nombre d'or ſera 19. Le cycle lunaire & le nombre d'or ſont devenus tout-à-fait inutiles pour marquer les nouvelles lunes, parce qu'on n'a pu s'en ſervir que pendant trois cens années, au bout deſquelles les nouvelles lunes arrivent environ un jour plutôt que ſelon le nombre d'or ; il ne ſert dans le calendrier Grégorien qu'à trouver le cycle des épactes.

65. ÉPACTE.

C'eſt proprement l'excès du mois ſolaire ſur le mois ſynodique lunaire, ou de l'année ſolaire ſur l'année lunaire de douze mois synodiques, ou de plusieurs mois solaires sur autant de mois synodiques, & de plusieurs années solaires sur autant de douze mois synodiques. Les épactes sont annuelles ou menstruelles ; les épactes menstruelles sont les excès du mois civil, ou du mois du calendrier sur le mois lunaire. Supposer, par exemple, qu'il y ait une nouvelle lune le premier janvier, puisque le mois lunaire est de 29 jours 12 heures 44 minutes 3 secondes, & que le mois de janvier contient 31 jours ; l'épacte menstruelle est donc de 1 jour 11 heures 15 minutes 57 secondes. Les épactes annuelles sont l'excès de l'année solaire sur la lunaire ; ainsi comme l'année julienne est de 365 jours 6 heures, & que l'année lunaire est de 354 jours 8 heures 48 minutes 38 secondes, l'épacte annuelle est de 10 jours 21 heures 11 minutes 22 secondes, c'est-à-dire près de 11 jours ; & par conséquent l'épacte de deux années sera de 22 jours ; celle de trois ans, de 33 jours ou plutôt de 3, puisque 30 jours font un mois intercalaire. Par la même raison l'épacte de quatre ans sera de 14 jours, & ainsi des autres ; par conséquent l'épacte de chaque dix-neuvieme année deviendra 30 ou 0 ; d'où il s'ensuit que la vingtieme épacte sera encore 11, & qu'ainsi le cycle des épactes expire avec le nombre d'or, ou le cycle lunaire de dix-neuf ans, & recommence encore dans le même tems. On peut trouver, par le moyen de l'épacte, dans quel tems tombe la nouvelle lune : on calcule ainsi ; on ajoute l'épacte de l'année donnée au nombre de mois, à compter depuis mars inclusivement ; si la somme est moindre que 30, il faudra la soustraire de 30 ; [illegible] elle est plus grande, il faudra la soustraire de 60 [illegible] le reste marquera dans les deux cas le jour de la nouvelle lune ; les mois lunaires sont alternativement de 30 & de 29 jours.

66. CYCLE SOLAIRE.

Il signifie en général une certaine période ou suite de nombre qui procedent par ordre jusqu'à un certain terme, & qui reviennent ensuite les mêmes sans interruption. Le cycle solaire est une période de vingt-huit ans, qui commence par 1, & finit par 28. Cette période étant écoulée, les lettres dominicales & celles qui dirigent les autres jours de la semaine reviennent à leur premiere place, & procedent dans le même ordre qu'auparavant. On l'appelle *cycle solaire*, non à cause du cours du soleil, mais parce que le dimanche étoit appellé autrefois *dies solis*, & que les lettres dominicales qui servent à marquer le dimanche, sont principalement celles pour lesquelles cette période a été inventée. Pour trouver le cycle solaire d'une année proposée, ajoutez 9 au nombre donné, & divisez la somme par 28; le nombre restant exprimera le cercle cherché, & le quotient marquera le nombre des périodes du cycle solaire; depuis Jesus-Christ, s'il n'y a point de reste, c'est une marque que l'année dont il s'agit est la vingt-huitieme ou la derniere de son cycle. La raison de cette opération est qu'au tems de la premiere année de Jesus-Christ, neuf années du cycle s'étoient déja écoulées, ou étoient censées s'être écoulées.

67. INDICTION.

L'indiction est un cercle de quinze années accomplies. Pour entendre la date de l'indiction Romaine actuelle, il faut considérer qu'elle a été fixée au premier janvier de l'an 313 de l'ere commune, d'où il suit que l'an 313 avoit 12 d'indiction, car divisant 313 par 15 il reste 12. Par conséquent on a supposé que le cycle de l'indiction commenceroit trois ans avant Jesus-Christ; supputation fictive qui n'a aucun rapport avec les mouvemens célestes. Mais si on veut savoir le nombre de l'indiction Romaine, qui répond à une année donnée, ajoutez 3 à l'année, divisez la somme par 15, ce qui reste après la division, sans avoir égard au quotient, est le nombre de l'indiction Romaine. Exemple : pour trouver l'indiction de l'an 1759, on ajoutera 3 à 1759, qui feront 1762; on divisera 1762 par 15, le reste de la division donnera 7 pour nombre de l'indiction que l'on cherche; même opération pour chaque année.

68. *Année.*

Le tems dans lequel les étoiles fixes font leur révolution est nommé la *grande année*. Cette année est de 25920 de nos années vulgaires; car on a remarqué que la section commune de l'écliptique & de l'équateur n'est pas fixe & immobile dans le ciel étoilé, mais que les étoiles s'en éloignent en s'avançant peu-à-peu au-delà de cette section d'environ 50'' par an. On a donc imaginé que toute la sphere des étoiles fixes faisoit une révolution périodique autour des poles de l'écliptique, & parcouroit 50'' en un an pour la révolution entiere. On a appellé *grande année* ce long espace de tems qui surpasse quatre à cinq fois celui que l'on compte vulgairement depuis le commencement du monde. L'année proprement dite est l'année solaire, ou l'espace de tems dans lequel le soleil parcourt ou paroît parcourir les douze signes du zodiaque. Suivant les observations, l'année est de 365 jours 5 heures 49 minutes, & c'est-là la grandeur de l'année fixée par les auteurs du calendrier Grégorien. Cette année est celle qu'on appelle *astronomique*; quant à l'année civile, on la fait de 365 jours, excepté une année de quatre en quatre qui est de 366 jours, on l'appelle *bissextile*. L'année solaire est l'intervalle de tems dans lequel le soleil paroît décrire le zodiaque, ou celui dans lequel cet astre revient au point d'où il étoit parti. L'année fidéréale, anomaliſtique, ou périodique, eſt l'eſpace de tems que le ſoleil met à faire ſa révolution apparente autour de la terre, ou le tems que la terre met à revenir au même point du zodiaque ; ce tems eſt de 365 jours 6 heures 9 minutes 14 ſecondes. L'année tropique eſt le tems qui s'écoule entre deux équinoxes de printems ou d'automne ; cette année eſt de 365 jours 5 heures 48 minutes 57 ſecondes, & par conſéquent plus courte que l'année fidéréale. L'année lunaire eſt de douze mois lunaires ; car il y a deux eſpeces de mois lunaires : ſavoir, le mois périodique qui eſt de 27 jours 7 heures 43 minutes 5 ſecondes, c'eſt à-peu-près le tems que la lune emploie à faire ſa révolution autour de la terre ; le mois ſynodique, qui eſt le tems que cette planete emploie à retourner vers le ſoleil à chaque conjonction ; ce tems qui eſt l'intervalle de deux nouvelles lunes eſt de 29 jours 12 heures 44 minutes 33 ſecondes ; le mois ſynodique eſt le ſeul dont on ſe ſerve pour meſurer les années lunaires. L'année aſtronomique lunaire eſt compoſée de douze mois ſynodiques lunaires, & contient par conſéquent 354 jours 8 heures 48 minutes 30 ſecondes 12 tierces. L'année lunaire commune eſt de douze mois lunaires civils, c'eſt-à-dire de 354 jours. L'année intercalaire eſt de treize mois lunaires civils & de 384 jours. Voici la raiſon qui a fait inventer cette année. Comme la différence entre l'année lunaire civile & l'année tropique eſt de 11 jours 5 heures 48 minutes, il faut, afin que la premiere puiſſe s'accorder avec la ſeconde, qu'il y ait trente-quatre mois de trente jours, & quatre mois de trente-un jours inſérés dans cent années lunaires, ce qui laiſſe encore en arriere un reſte de 4 heures 21 minutes, qui, dans ſix ſiecles, fait un peu plus d'un jour.

69. ANNEAU.

L'anneau de ſaturne eſt un cercle mince & lumineux, qui entoure le corps de cette planete ſans cependant y toucher. Le plan de cet anneau eſt incliné au plan de l'écliptique ſous un angle de 23^{d} 30', il paroît quelquefois ovale, & ſon grand diametre eſt dans ce cas double du petit. Cet anneau lumineux eſt par-tout également éloigné de la ſurface de ſaturne, & ſe ſoutient, à une aſſez grande diſtance, comme une voûte, chaque partie peſant vers le centre de cette planete. Son diametre eſt un peu plus du double du diametre de ſaturne. A l'égard de la nature de l'anneau, M. de Maupertuis en a expliqué, d'une maniere ingénieuſe, la formation. Il ſuppoſe que la matiere de cet anneau étoit originairement fluide, & peſoit à-la-fois vers deux centres, ſavoir, vers le centre de ſaturne, & vers un autre placé dans l'intérieur de l'anneau ; il fait voir que ſaturne a dû avoir un anneau en vertu de cette double tendance.

70. BANDES.

Les bandes de jupiter ſont deux bandes qu'on remarque ſur le corps de jupiter, & qui reſſemblent à une ceinture ou baudrier. Elles ſont plus brillantes que le reſte de ſon diſque, & terminées par des lignes paralleles. Elles ne ſont pas toujours de la même grandeur, & elles n'occupent pas toujours la même partie du diſque ; elles ne ſont pas toujours à la même diſtance ; il ſemble qu'elles augmentent & diminuent alternativement, elles ſont ſujettes à s'attirer comme les taches du ſoleil. Il eſt donc vraiſemblable que cette planete éprouve, ainſi que notre globe, des révolutions & des changemens même plus fréquens que ceux de notre terre, puiſque ces bandes varient ſi ſouvent. A l'égard de leur nature, on peut en donner la même supposition à peu de chose près, que celle de M. de Maupertuis sur l'anneau de saturne, quoique la premiere ne soit pas encore bien satisfaisante.

71. SYNODIQUE.

Le mois synodique est de ving-neuf jours & demi, il differe du mois périodique, ou du tems que la lune met à parcourir le zodiaque, ce dernier mois étant de vingt-sept jours sept heures. La raison de cette différence est que, pendant une révolution de la lune, le soleil fait environ vingt-sept degrés dans le même sens; il faut donc, pour que la lune se retrouve en conjonction avec le soleil, qu'elle le ratrappe, pour ainsi dire; & elle emploie environ deux jours à pourcourir les vingt-sept ou vingt-huit degrés qu'il faut qu'elle parcourre pour cela.

72. HORIZON.

C'est un grand cercle de la sphere qui la divise en deux parties ou hémispheres, dont l'un est supérieur & visible, & l'autre inférieur & invisible. L'horizon vrai & astronomique, que l'on nomme *rationnel*, est un grand cercle dont le plan passe par le centre de la terre, & qui a pour pole le zénith & le nadir. Le méridien & les cercles verticaux coupent l'horizon rationnel à angle droit, & en deux parties égales. L'horizon oriental est cette partie de l'horizon où les corps célestes paroissent se lever, & l'horizon occidental est celle où les corps célestes paroissent se coucher; il est visible que l'horizon oriental & occidental changent, selon la distance, de l'astre au zénith, & selon sa distance de l'équateur; car les points de l'horizon oriental & de l'occidental sont ceux où l'horizon est coupé par le cercle parallele à l'équateur que l'astre décrit. Ainsi on voit que ces points doivent changer, selon que ce cercle est plus ou moins éloigné de l'équateur, & situé plus ou moins obliquement par rapport au zénith. Horizon, en terme de Géographie, est un cercle qui rase la surface de la terre, & qui sépare la partie visible de la terre & des cieux de celle qui est invisible.

73. INTERCALAIRE.

Le jour intercalaire est celui qu'on ajoute au mois de février dans les années bissextiles, ce qui rend ce mois de 29 jours.

74. INÉGALITÉS.

Toutes les planetes ont des inégalités plus ou moins sensibles; celles de la lune ont été mieux observées, cette planete étant plus proche de nous. La premiere inégalité ou l'équation de l'orbite de la lune est quelquefois de 5^d, quelquefois de $7^d \frac{1}{2}$, suivant les situations du soleil par rapport à la lune & à son apogée, comme si l'orbite de la lune s'alongeoit & devenoit plus excentrique, toutes les fois que le soleil répond à l'apogée & au périgée de la lune. Une autre inégalité de la lune dépend encore de la situation du soleil, dont l'attraction dérange sans cesse les mouvemens de la lune; elle est de $37'$, & change tous les trois ou quatre jours : car elle est nulle dans les nouvelles lunes, dans les pleines lunes & dans les quadratures; elle est la plus forte dans les *octans*, c'est-à-dire à 45^d des syzygies & des quadratures. L'équation annuelle de la lune est une autre inégalité, elle n'est que de $11' \frac{1}{2}$; elle ne se rétablit que tous les ans; l'accélération des moyens mouvemens de la lune ou de ses périodes, est telle que le mois lunaire paroît actuellement de $22'''$ plus court qu'il ne l'étoit il y a 2000 ans; ce qui produit un degré d'erreur sur le lieu de la lune, quand on le calcule pour l'année 300 avant Jesus-Christ, en employant le mouvement de la lune observé dans ce fiecle-ci. En général, l'attraction du soleil étant la cause de presque toutes les inégalités de la lune, il doit y avoir aussi beaucoup de circonstances qui modifient & troublent ces attractions. Les géometres ont reconnu d'autres inégalités de la lune par les observations ; ils en ont formé, par le calcul, des tables de la lune qui ne s'écartent jamais du ciel de plus d'une minute.

75. ANOMALIE.

L'anomalie est la distance d'une planete à son aphélie ; mais il y a plusieurs manieres de considérer cette distance. L'anomalie vraie est l'angle formé au foyer de l'ellipse par le rayon vecteur & par la ligne des apsides. L'anomalie excentrique est l'angle formé au centre de l'ellipse par le grand axe, & par le grand rayon d'un cercle circonscrit, mené à l'extrémité de l'ordonnée qui passe par le lieu vrai de la planete. L'anomalie moyenne est la distance à l'aphélie supposée proportionnelle au tems ; c'est celle qui augmente uniformément & également depuis l'aphélie jusqu'au périhélie ; ainsi une planete qui employeroit six mois à aller de *A* en *P*, distance donnée, auroit à la fin du premier mois 30^d d'anomalie moyenne, 60^d à la fin du second, & ainsi de suite en augmentant toujours proportionnellement au tems. La différence entre l'anomalie vraie & l'anomalie moyenne forme l'équation de l'orbite ou l'équation du centre.

76. SATELLITES.

Les satellites de jupiter sont quatre petites planetes qui tournent autour de jupiter ; ils servent aux astronomes pour déterminer les différences de longitude entre les différens pays de la terre. La révolution périodique est le retour d'un satellite au même point de son orbe & au même point du ciel, vu de jupiter, après avoir fait 360^d. Cette révolution périodique est un peu plus courte que la révolution synodique ; car elle ne le rameneroit pas jusqu'à l'ombre de jupiter, qui, pendant ce tems-là, s'est avancé lui-même d'une certaine quantité dans son orbite. Connoissant les révolutions des satellites, il faut aussi connoître leur distance par rapport au centre de jupiter, en les mesurant, dans le tems de leur plus grande élongation, avec un micrometre ; il suffit même de mesurer la distance d'un seul, les autres distances se calculent aisément par le rapport constant qu'il y a entre les quarrés des tems & les cubes des distances. Le diametre de jupiter, vu du centre du soleil dans ses moyennes distances à la terre, est de $37'' \frac{1}{4}$, son demi-diametre est donc de $18'' \frac{5}{8}$. Si l'on multiplie cette quantité par les distances exprimées en demi-diametres de jupiter, on aura ces mêmes distances en minutes & en secondes, telles qu'on les observe, quand jupiter est dans ses moyennes distances à la terre. Les distances des satellites en minutes & en secondes peuvent servir à comparer les distances de ces satellites avec celles des planetes au soleil. Saturne a cinq satellites ; le premier & le second ne se voient qu'à peine avec des lunettes ordinaires de quarante pieds ; le troisieme est un peu plus gros, quelquefois on l'apperçoit pendant tout le cours de sa rotation ou révolution ; le quatrieme a été découvert le premier, parce qu'il est le plus près de tous ; le cinquieme surpasse les trois premiers, quand il est vers sa digression occidentale, mais quelquefois il est très-petit & disparoît même entiérement. On détermine les révolutions des satellites en comparant ensemble des observations faites lorsque saturne est à-peu-près dans le même lieu de son orbe, & les satellites à même distance de la conjonction ; on choisit aussi le tems où leurs ellipses sont les plus ouvertes, c'est-à-dire où saturne est à 90^d de leurs nœuds, parce qu'alors la réduction est nulle, & le lieu du satellite sur son orbite est le même que son vrai lieu réduit à l'orbite de saturne. On a employé plusieurs méthodes pour déterminer les distances des satellites au centre de saturne, dans le même champ de la lunette, pour mesurer leur plus grande digression ; d'ailleurs cette méthode ne peut guere servir que pour les deux premiers satellites ; l'on emploie pour les autres l'intervalle de tems qui s'écoule entre le passage de saturne & celui du satellite par un fil horaire, placé au foyer du télescope. En comparant les satellites avec l'anneau de saturne en divers points de leurs orbites, & en examinant l'ouverture des ellipses, on a vu que les quatre premiers paroissent à l'œil décrire des ellipses semblables à l'anneau & situés dans le même plan, c'est-à-dire inclinés d'environ $30^{d}\frac{1}{2}$ à l'écliptique, ou 30^{d} sur l'orbite de saturne. En effet le petit axe des ellipses que décrivent ces satellites, lorsqu'elles paroissent les plus ouvertes, est à-peu-près la moitié du grand axe, de même que le petit diametre de l'anneau est alors la moitié de celui qui passe par les anses ; ces satellites, dans leurs plus grandes digressions, sont toujours sur la ligne des anses ; tout cela prouve qu'ils se meuvent dans le plan de l'anneau. M. Maraldi trouva en 1715, que le plan de l'anneau de saturne coupoit le plan de son orbite sous 30^{d} d'inclinaison ; l'angle des orbites des quatre premiers satellites, avec l'orbite de saturne, est donc de 30^{d}. Plusieurs auteurs, tels que MM. Cassini, Short, & autres, ont cru appercevoir un satellite de vénus ; mais les observations qu'on a faites depuis ont désabusé sur l'idée de ce phénomene, qui est purement d'optique ; ce fut une double réflexion dans la lentille du télescope, qui donna lieu à l'apparence d'un autre objet lumineux, qui n'étoit réellement que vénus répétée.

77. BOUSSOLE.

Le principal usage de la boussole est pour observer la route que l'on doit tenir sur mer, la pointe de l'aiguille se dirigeant toujours vers le nord. Indépendamment de cet usage, la boussole en a d'autres qui tendent à déterminer les latitudes, & à fixer les points de l'horizon où les astres se levent & se couchent, c'est-à-dire à déterminer les amplitudes orientales & occidentales. La Géométrie pratique tire aussi de grands avantages de la boussole pour lever, d'une maniere expéditive, des angles sur le terrein; faire le plan d'une forêt, d'un étang, d'un marais inaccessible, ou pour déterminer le cours d'une riviere.

78. CHANGEANTES.

Les différentes observations qu'on a faites des corps célestes, nous apprennent qu'il a existé autrefois des étoiles que l'on n'apperçoit plus, d'autres que nous connoissons & qui disparoissent de tems à autre, qui augmentent de grandeur & diminuent sensiblement. Il est difficile de se former une idée nette de la cause qui peut faire changer & disparoître les étoiles, ou nous en montrer de nouvelles. Cependant le P. Riccioli a cru, avec quelque vraisemblance, que peut-être il y avoit des étoiles qui n'étoient pas lumineuses dans toute leur étendue, & dont la partie obscure pouvoit se tourner vers nous plus ou moins par une rotation des étoiles.

79. QUADRATURE.

C'est l'aspect ou la situation de la lune, lorsque sa distance au soleil est de 90ᵈ. La quadrature de la lune arrive lorsqu'elle est dans un point de son orbite également distant des points de conjonction & d'opposition, ce qui arrive deux fois dans chacune de ses

ses révolutions, savoir, au premier & troisieme quartier. Quand la lune est en quadrature, on ne voit que la moitié de son disque; on dit alors qu'elle est *dichotome*, c'est-à-dire coupée en deux. Lorsqu'elle avance des syzygies à la quadrature, sa gravitation vers la terre est d'abord diminuée par l'action du soleil, & son mouvement est retardé par la même raison; ensuite la gravitation de la lune est augmentée jusqu'à ce qu'elle arrive aux quadratures; à mesure qu'elle s'éloigne de ses quadratures en avançant vers les syzygies, sa gravitation vers la terre est d'abord augmentée, puis diminuée. C'est ce qui fait que l'orbite de la lune est plus convexe à ses quadratures qu'à ses syzygies; c'est aussi ce qui fait que la lune est moins distante de la terre aux syzygies, & l'est plus aux quadratures, toutes choses égales d'ailleurs.

80. *Passage.*

Il y a, dans les passages de vénus, trois choses qui concourent à donner de l'avantage & du mérite aux observations: 1°. la grande précision avec laquelle on observe le contact de deux objets, dont l'un est obscur, & placé sur celui qui est lumineux; il n'y a, dans l'Astronomie, que ce seul cas où l'on puisse observer un angle de distance à un dixieme de seconde près; 2°. le rapport connu de la parallaxe de vénus au soleil avec celles de toutes les autres planetes; 3°. la grandeur de cette parallaxe, qui produit plus d'un quart-d'heure de différence entre les observations & qui est plus que double de celle du soleil. Ces passages sont importans: ils fournissent un moyen de déterminer exactement le lieu du nœud de mercure ou de vénus, quand on a vu la situation de l'orbite de la planete; ils donnent la longitude héliocentrique, indépendamment de la parallaxe du grand orbe, puisque la conjonction de la planete avec le soleil prouve que la longitude de la planete, vue du soleil, est la même que la longitude de la terre; mais les passages de vénus ont, surtout, l'avantage singulier de pouvoir faire connoître exactement la parallaxe du soleil, d'où dépendent les distances de toutes les planetes entr'elles & par rapport à nous.

81. *Syzygies.*

On se sert également en Astronomie de ce mot, pour marquer la conjonction & l'opposition d'une planete avec le soleil, & principalement de la lune avec lui. La pesanteur de la lune dans les syzygies est diminuée en partie par l'action du soleil; & cette partie est à la pesanteur totale comme 1 est à 89, 36, au lieu que dans les quadratures sa pesanteur augmentée est à la pesanteur totale, comme 1 est à 178, 73. Quand la lune est dans les syzygies, ses apsides sont rétrogrades, & les nœuds se meuvent très-vîte contre l'ordre des signes; ensuite leur mouvement se ralentit petit à petit jusqu'à ce qu'ils parviennent au repos lorsque la lune arrive aux quadratures; enfin, quand les nœuds arrivent aux syzygies, l'inclinaison de l'orbite est la plus petite de toutes; cependant ces inégalités ne sont pas égales à chaque syzygie, mais toutes un peu plus grandes dans la conjonction que dans l'opposition.

82. *Héliocentrique.*

C'est une épithete que les astronomes donnent au lieu d'une planete vue du soleil, c'est-à-dire au lieu où paroîtroit la planete, si notre œil étoit au centre du soleil; donc le lieu héliocentrique est le point de l'écliptique auquel nous rapporterions une planete, si nous étions placés au centre du soleil. Ainsi la latitude héliocentrique d'une planete est l'angle que la ligne menée par le centre du soleil

& le centre de la planete, fait avec le plan de l'écliptique.

83. ORBE.

Dans l'Astronomie moderne, l'orbe d'une planete est la même chose que son orbite. Le grand orbe est celui où l'on suppose que le soleil se meut, ou plutôt dans lequel la terre fait sa révolution annuelle.

84. LATITUDE.

C'est la distance d'une étoile ou d'une planete à l'écliptique, ou c'est un arc d'un grand cercle perpendiculaire à l'écliptique, passant par le centre de l'étoile. Le soleil n'a jamais de latitude, mais les planetes en ont, & c'est pour cela que dans la sphere on donne quelque largeur au zodiaque; les astronomes l'ont poussé jusqu'à 9^d de chaque côté, ce qui fait 18^d au total. Quoique l'on dise que le soleil n'a point de latitude, on doit cependant supposer un plan fixe qui passe par le soleil & par la terre lorsqu'elle est dans une position quelconque; on peut l'appeller le *plan de l'écliptique*; alors on conçoit aisément que le soleil, ou plutôt la terre, aura un mouvement en latitude par rapport à ce plan. Le cercle de latitude est un grand cercle qui passe par les poles de l'écliptique. La latitude septentrionale ascendante de la lune se dit de la latitude de cet astre lorsqu'il va de son nœud ascendant vers sa limite septentrionale, ou sa plus grande élongation. La latitude septentrionale descendante est celle qu'a la lune lorsqu'elle va de son nœud descendant à sa limite méridionale. Enfin la latitude méridionale ascendante se dit de la lune lorsqu'elle retourne de sa limite méridionale à son nœud ascendant. On se sert des mêmes termes à l'égard des autres planetes. La latitude, en Géographie, est septentrionale ou méridionale, selon que le lieu que l'on cherche est situé en-deçà ou au-delà de l'équateur : savoir en-deçà dans la partie septentrionale que nous habitons, & au-delà dans la partie méridionale ; c'est ainsi que l'on dit que Paris est situé à 48ᵈ 50′ de latitude septentrionale.

85. LONGITUDE.

La longitude d'une étoile est un arc de l'écliptique, compris depuis le premier point d'*aries* jusqu'à l'endroit où le cercle de latitude de l'étoile coupe l'écliptique. La longitude du soleil ou d'une étoile, depuis le point équinoxial le plus proche de l'étoile, c'est le nombre de degrés, de minutes qu'il y a du commencement d'*aries* ou de *libra* jusqu'au soleil ou à l'étoile, soit en avant, soit en arriere, & cette distance ne peut jamais être de plus de 180ᵈ ; la longitude d'un lieu, en Géographie, est la distance de ce lieu à un méridien qu'on regarde comme le premier, ou un arc de l'équateur, compris entre le méridien d'un lieu & le premier méridien. Dans la numération des degrés le pole arctique étant toujours vers le haut, la distance qui s'étend à droite jusqu'à 180ᵈ marque de combien un lieu donné est plus oriental qu'un autre ; la distance qui s'étend de même à gauche jusqu'à 180ᵈ, marque de combien un lieu est plus occidental qu'un autre. La longitude, en navigation, est la distance du vaisseau, ou du lieu où on est à un autre lieu, compté de l'est à l'ouest en dégrés de l'équateur.

86. ÉTOILE POLAIRE.

C'est l'étoile qui est la derniere de la queue de la petite ourse, elle fut ainsi nommée par ceux qui l'observerent les premiers, parce qu'étant très-peu éloignée du pole ou du point sur lequel tout le ciel paroît tourner, elle décrit à l'entour un cercle si petit, qu'il est presqu'insensible, ensorte qu'on la voit toujours vers le même point du ciel; cependant la distance de cette étoile au pole change annuellement. On a observé en 1686 la distance de l'étoile polaire au pole de $2^d\ 32'\ 30''$. Sa distance a été déterminée en 1732 à $2^d\ 7'\ 9''$. La distance de cette étoile au pole est donc diminuée en soixante-seize ans de $25'\ 2''$, ce qui est à raison de $20''$ par an. Cette variation de la distance entre l'étoile polaire & le pole du monde est parfaitement conforme aux observations du mouvement des étoiles fixes. Les observations de Tycho Brahé prouvent qu'elle a été de même depuis 155 ans. Car si on compare la distance de l'étoile polaire au pole, observée par Tycho l'an 1577, qui étoit de $2^d\ 58'\ 50''$ à la distance observée en 1732 de $2^d\ 7'\ 9''$, la différence qui est de $57'\ 41''$ étant divisée par 155, donne précisément $20''$ pour le mouvement annuel de l'étoile polaire vers le pole du monde pendant ce tems. Ce mouvement ne sera pas toujours le même, il diminuera à mesure que l'étoile polaire approchera du commencement du cancer, où ce mouvement sera imperceptible pendant plusieurs années. Suivant les hypotheses du mouvement des étoiles fixes, la distance de l'étoile polaire au pole diminuera encore pendant trois cens soixante-deux années, après lesquelles elle sera le plus proche du pole qu'elle puisse être. Si elle n'étoit pas plus éloignée du pole de l'écliptique que l'est le pole du monde, elle auroit été se placer au pole même du monde, ainsi que plusieurs astronomes l'ont pensé; mais comme elle est éloignée du pole de l'écliptique de $26'\frac{1}{2}$ plus que ne l'est le pole du monde, elle ne peut s'approcher plus près de ce pole que de $26'\frac{1}{2}$, pourvu cependant que la distance entre ces deux poles & la latitude de l'étoile ne changent point, ce qu'on ne peut prévoir.

On appelle *cercles polaires* deux petits cercles de

la sphere, paralleles à l'équateur, éloignés de 23d ½ de chaque pole ; on en fait usage pour marquer le commencement des zones froides. On les appelle *cercles polaires* à cause de leur voisinage avec les poles arctique & antarctique.

87. *MÉMOIRE ou exposition des systêmes sur l'origine du monde, sa formation, son systême céleste, & sur les différentes révolutions qui lui sont arrivées avant son état de perfection.*

L'on se propose de donner dans ce *Mémoire* un résumé des opinions des philosophes, & d'exposer celles qui les ont combattues. Admirer l'univers dans la divine Providence, c'est avoir recours à elle pour sa formation. De quelque moyen dont le Créateur se soit servi pour cela, il sera toujours cause suffisante ; & dans l'étude de la nature, on ne doit s'arrêter qu'à la puissance de celui qui n'eut besoin que de sa volonté pour donner l'être, la forme, l'impulsion à toutes choses. C'est d'après ce sentiment, qui est celui du philosophe qui voit tout en grand dans le monde pour en déduire tous les détails si variés, qu'on peut avec confiance envisager l'univers, raisonner sur ses phénomenes & sur ses révolutions. C'est dans cette vue que nous nous représentons la terre, dans son origine, cachée sous l'abyme des eaux qui l'enveloppoient toute entiere. Nous la voyons ensuite découverte par la résidence des eaux inférieures qui s'arrêterent dans les cavités intérieures & dans les bassins extérieurs qui leur avoient été préparés, & par l'élévation de l'autre partie par laquelle les eaux étant évaporées, se disperserent après la création du feu & de la lumiere. C'est donc après la création que furent ainsi séparées les eaux supérieures, qui devoient être dans l'athmosphere ou dans l'étendue des cieux, de celles qui devoient reposer sur la terre ou dans son sein. Ainsi la matiere du globe eſt formée. Elle avoit été quelque tems confondue ſous les eaux. Par la direction de la ſageſſe éternelle, elles s'étoient fait, en forme de dépôts & de ſédimens, des aſſiſes concentriques & générales. Elles étoient compoſées de diverſes matieres arrangées pour ſervir aux fins du Créateur. Les ſels, les ſoufres, les bitumes, les pierres, les métaux, les minéraux, tout s'eſt trouvé diſtribué & placé où il convenoit. Quelques couches concentriques ſoulevées donnerent lieu à la formation des montagnes, des vallées, des ruptures, des fentes, des excavations & des cavernes. Soit que Dieu l'ait fait immédiatement, ſoit qu'il ait employé quelque cauſe méchanique, le globe eſt formé; il eſt l'ouvrage du Créateur, & la cauſe des ſyſtêmes divers des hommes, dont l'Eternel ſemble ſe rire du haut des cieux. Conſidérons ces ſyſtêmes, & voyons les rapports qu'ils ont avec la Toute-Puiſſance, ou avec la matiere inerte & ſans ame.

MONDE.

Le monde phyſique eſt la collection & le ſyſtême des différentes parties qui compoſent cet univers. Mais ce mot ſe prend plus ordinairement & plus particuliérement pour la terre conſidérée avec les différentes parties & les différens peuples qui l'habitent; c'eſt ce qui a fait naître cette queſtion, ſavoir ſi les planetes ſont des mondes comme notre terre, c'eſt-à-dire ſi elles ſont habitées. M. de Fontenelle a prétendu le premier que toutes les planetes, depuis la lune juſqu'à ſaturne, étoient habitées comme notre terre. Il apporte pour raiſon, 1°. que les planetes ſont des corps ſemblables à notre terre; 2°. que notre terre eſt elle-même une planete; 3°. que puiſque notre terre eſt habitée, les autres planetes doivent l'être auſſi, avec cette différence cependant, que les habitans qui les rempliſſent ne ſont point des hommes semblables à ceux qui peuplent notre terre. Quelque tems après l'ouvrage de M. de Fontenelle, M. *Huyghens*, dans son *Cormothoros* imprimé en 1690, soutint la même opinion; il va même plus loin, sans dire précisément que ce sont des hommes, il leur donne les mêmes arts & les mêmes connoissances que nous. M. d'Alembert, plus sincere que MM. de Fontenelle & *Huyghens*, & craignant peu de développer sa maniere de penser, convient que tous les hommes qui habitent cette terre viennent d'Adam; mais il tient pour la possibilité des hommes qui habitent les autres planetes, & qui peuvent être antérieurs à Adam. Si l'existence des habitans des planetes n'est pas sans vraisemblance, elle n'est pas sans difficulté. 1°. On doute que plusieurs planetes, entr'autres la lune, aient un athmosphere : si elles n'en ont point, comment des êtres vivans peuvent-ils y respirer, y subsister? 2°. On remarque dans quelques planetes, comme jupiter, des changemens considérables sur leur surface; une planete habitée devroit être plus tranquille. 3°. Enfin les cometes sont certainement des planetes, il est cependant difficile de croire qu'elles soient habitées à cause de la différence extrême que leurs habitans devroient éprouver dans la chaleur du soleil dont ils seroient quelquefois brûlés, pour ne la ressentir ensuite que très-foiblement ou point du tout. La comete de 1680 a passé presque sur le soleil, & de-là s'en est éloignée au point qu'elle ne reviendra peut-être plus que dans 575 ans, tout calcul fait. Quels seroient les corps vivans capables de soutenir cette chaleur prodigieuse d'un côté, & cet énorme froid de l'autre? Il en est de même à proportion des autres cometes; que faut-il donc répondre, dit M. d'Alembert, à ceux qui demandent si les planetes sont habitées? Qu'on n'en sait rien.

Pl. I. Page 73.

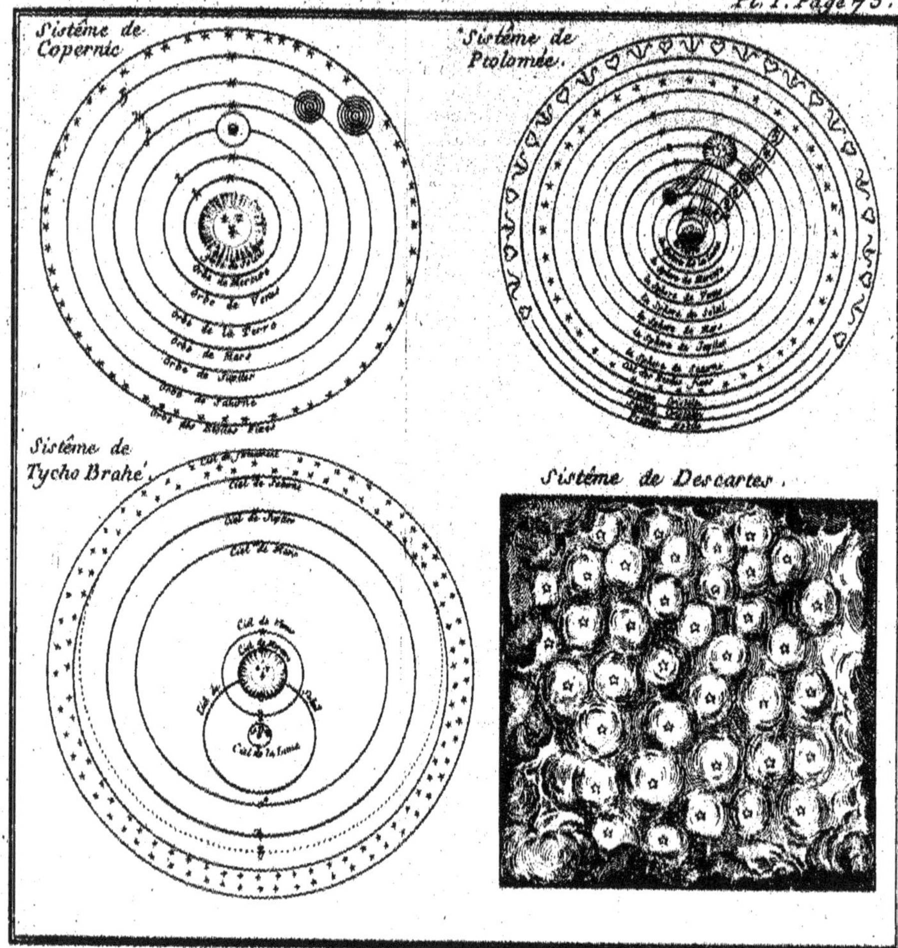

Piquet Sculp.

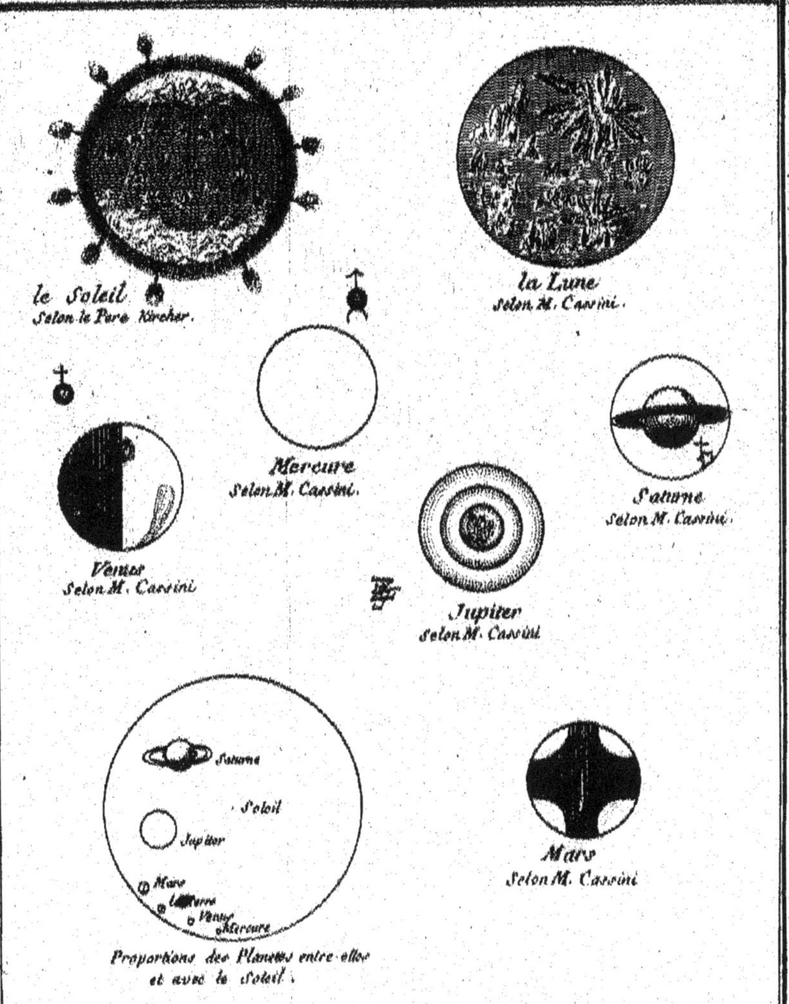
le Soleil
Selon le Pere Kircher.
la Lune
Selon M. Cassini.
Mercure
Selon M. Cassini.
Venus
Selon M. Cassini.
Saturne
Selon M. Cassini.
Jupiter
Selon M. Cassini
Saturne
Soleil
Jupiter
Mars
La Terre
Venus
Mercure
Proportions des Planetes entre elles
et avec le Soleil.
Mars
Selon M. Cassini

SYSTÊMES.

Il y a trois systêmes sur lesquels les philosophes ont été partagés : le systême de Ptolémée, celui de Copernic & celui de Tycho Brahé ; Ptolémée place la terre immobile au centre de l'univers, & fait tourner les cieux autour de la terre d'orient en occident ; de sorte que tous les corps célestes, astres & planetes suivent ce mouvement : d'abord la lune, ensuite vénus, mercure, le soleil, mars, jupiter & saturne. Tous ces astres tournent en vingt-quatre heures, & ont outre cela un mouvement particulier par lequel ils achevent leur révolution annuelle. Mais ce systême est absolument anéanti. En effet les observations nous apprennent qu'en quelque lieu que l'on place le soleil, il faut nécessairement reconnoître qu'il est renfermé dans l'orbite de vénus, puisque cette planete paroît passer tantôt derriere le soleil, tantôt entre le soleil & la terre : donc l'orbite du soleil ne sauroit entourer celle de vénus, comme elle l'entoure suivant Ptolémée. Il en est de même de mercure qui est presque perpétuellement plongé dans les rayons du soleil, & qui, parce qu'il s'en écarte beaucoup moins que vénus, doit, par cette raison, avoir une orbite beaucoup plus petite.

Copernic place le soleil immobile au centre de l'univers avec un mouvement de rotation autour de son axe. Autour de lui tournent d'occident en orient & dans différentes orbites, mercure, vénus, la terre, mars, jupiter & saturne. La lune tourne dans une orbite particuliere autour de la terre, & elle l'accompagne dans tout le cercle qu'elle décrit autour du soleil. Quatre satellites tournent de même autour de jupiter, & cinq autour de saturne. Dans la région des planetes sont les cometes qui tournent autour du soleil, mais sur des orbites fort excentriques, le soleil étant placé dans un de leurs foyers. A une distance immense au-delà de la région des planetes & des cometes sont les étoiles fixes. Les étoiles, eu égard à l'immensité de leur distance & au peu de rapport qu'elles paroissent avoir à notre monde, ne sont pas censées en faire partie. Il est très-probable que chaque étoile est elle-même un soleil & le centre de l'univers & de son immensité, & toutes les observations s'accordent à en prouver la vérité.

Le systême de Tycho Brahé revient à plusieurs égards à celui de Copernic ; mais dans celui de Tycho Brahé on suppose la terre immobile, on supprime son orbite que l'on remplace par l'orbite du soleil qui tourne autour de la terre, tandis que toutes les autres planetes, excepté la lune & ses satellites, tournent autour de lui. C'est sans doute par la persuasion superstitieuse où étoit Tycho que c'étoit contredire l'Ecriture que de supposer le soleil immobile, tandis que la terre étoit en mouvement, qu'il a eu recours à ce subterfuge ; mais ce scrupule n'a pas donné un échec bien considérable au vrai systême. La loi découverte par Kepler dans les mouvemens des planetes & expliquée si heureusement par le célebre Newton, fournit une démonstration évidente contre le systême de Tycho.

Kepler a observé que les tems des révolutions des planetes autour du soleil avoient un certain rapport avec leurs distances à cet astre, & on a trouvé que la même loi s'observoit dans les satellites de jupiter & de saturne. M. Newton a fait voir que cette loi si admirable étoit une suite nécessaire de la gravitation de toutes les planetes vers le soleil, & de la gravitation des satellites vers leurs planetes principales, en raison inverse du carré des distances. De sorte que si la lune & le soleil tournoient autour de la terre, il faudroit que ces deux planetes gravitassent & passassent vers la terre, comme font les autres planetes vers le soleil, & que les tems des révolutions du soleil, & de la lune autour du soleil, & de la lune autour de la terre, fussent entre eux dans le rapport que Kepler établit, c'est-à-dire comme les racines carrées des cubes de leur distance à la terre. Or ces tems ne sont point dans ce rapport : donc il suit que le soleil & la lune ne tournent point autour de la terre comme le centre commun.

L'industrie des astronomes de notre siecle a mis hors de doute le mouvement de la terre. Copernic, Gassendi, Kepler, Hooll, Flamsteed, se sont sur-tout fait par-là une réputation à jamais durable. Cicéron, Plutarque & Archimede nous apprennent que d'anciens philosophes avoient découvert le mouvement de la terre. Nicétas de Syracuse lui donne un mouvement diurne autour de son axe ; Philolaüs, un mouvement annuel autour du soleil. Environ cent ans après, Aristarque de Samos soutint le mouvement de la terre en termes encore plus forts & plus clairs ; mais les dogmes trop respectés de la religion païenne empêcherent qu'on suivît davantage ces idées. Le cardinal Nicolas de Coësa fit revivre plusieurs siecles après ce systême, mais il ne fut pas fort en vogue jusqu'à Copernic, qui démontra les grands usages & les avantages de l'Astronomie.

On fait des objections contre le mouvement de la terre, elles sont foibles & frivoles. On objecte 1°. que la terre est un corps pesant, & par conséquent peu propre au mouvement ; 2°. que si la terre tourne autour de son axe en vingt-quatre heures, ce mouvement devroit déranger l'ordre, & renverser nos maisons, nos bâtimens ; 3°. que les corps ne tomberoient pas précisément sur les endroits qui sont au-dessous d'eux lorsqu'on les laisse échapper ; un balle, par exemple, qu'on laisseroit tomber perpendiculairement à terre, tomberoit en arriere de l'endroit sur lequel elle auroit été avant de tomber ; 4°. que ce sentiment est contraire à l'Ecriture ; 5°. qu'il contredit nos sens qui nous représentent la terre en repos, & le soleil en mouvemennt.

DÉMONSTRATION.

A cela on répond que la terre va dans son orbite, de maniere que son axe se maintient constamment parallele à lui-même. La force de la gravité décroît à mesure qu'on approche de l'équateur, & cela arrive dans tous les corps qui ont un mouvement sur leur axe ; & dans ceux-là seulement, parce que c'est en effet le résultat nécessaire d'un pareil mouvement. En effet lorsqu'un corps tourne sur son axe, toutes les parties qui lui appartiennent, font un effort continuel pour l'éloigner du centre ; ainsi l'équateur étant un grand cercle, & les paralleles allant toujours en diminuant vers les poles, c'est dans l'équateur que la force centrifuge est la plus grande, & elle décroît vers les poles en raison des diametres des paralleles à celui de l'équateur. Or la force de la gravité détermine les différentes parties vers le centre du système total ; & par conséquent la force centrifuge qui agit en sens contraire de la force de gravité, retarde la descente des graves, & elle la retarde d'autant plus, qu'elle est plus grande. La force de la gravité est à la force centrifuge vers l'équateur, comme 289 est à 1 ; or par conséquent les corps qui s'y trouvent y perdent $\frac{1}{289}$ parties du poids qu'ils auroient, si la terre étoit en repos. La force centrifuge étant donc extrêmement petite vers les poles, les corps qui ne pesent à l'équateur que 288 livres, peseront aux poles 289 livres. On a remarqué en effet que la pesanteur est moindre à l'équateur qu'aux poles ; la terre tourne donc sur son axe dans tous les ouvrages de la nature qui sont soumis à notre connoissance ;

le Créateur paroît agir par les moyens les plus courts, les plus aisés & les plus simples ; or si la terre paroît être en repos & si les étoiles se meuvent, la vîtesse des étoiles devra être immense, au lieu qu'il ne faudroit, pour expliquer ces mêmes effets, que supposer à la terre un mouvement plus modéré. A cela on peut ajouter une démonstration du mouvement de la terre tirée des causes physiques, dont nous sommes redevables aux découvertes de M. Newton. Il est démontré que toutes les planetes gravitent sur le soleil, & toutes les expériences confirment que le mouvement soit de la terre autour du soleil, soit du soleil autour de la terre, se fait de maniere que les aires décrites par les rayons recteurs de celui des deux corps qui est mobile, sont égaux en tems égaux, ou sont proportionnels au tems. Mais il est démontré aussi que lorsque deux corps tournent l'un autour de l'autre, & que leurs mouvemens sont réglés par une loi, l'un doit nécessairement graviter sur l'autre. Or si le soleil gravite dans son mouvement sur la terre, comme l'action & la réaction sont d'ailleurs égales & contraires, la terre devra donc pareillement graviter sur le soleil. De plus le même auteur a démontré que lorsque deux corps gravitent l'un sur l'autre, sans s'approcher directement l'un de l'autre en ligne droite, il faut qu'ils tournent l'un & l'autre autour de leur centre commun de gravité. Le soleil & la terre tournent donc autour de leur centre commun de gravité ; mais le soleil est un corps si grand par rapport à la terre, laquelle n'est, pour ainsi dire, qu'un point par rapport à lui, que le centre commun de gravité de ces deux corps doit se trouver dans le soleil même, & peu loin de son centre. La terre tourne donc autour d'un point qui est situé dans le corps même du soleil, & on peut dire conséquemment qu'elle tourne autour du soleil.

Sans le mouvement de la terre, on rend inexplicables les mouvemens des planetes. Riccioli, par exemple, qui s'opposa toujours à ce mouvement diurne reconnu comme contraire à l'Ecriture, fut cependant obligé d'y avoir recours pour construire des tables qui se rapportassent un peu aux observations; c'est ce qu'avoue franchement le P. Deschales, de la même Société.

Il y a des auteurs qui rejettent le mouvement de la terre comme contraire à la révélation, parce qu'il est fait mention dans l'Ecriture du lever & du coucher du soleil; mais on ne doit entendre par-là que le retour de son apparition sur l'horizon au-dessous duquel il avoit été caché; & par son coucher, autre chose que son occultation au-dessous de l'horizon, après avoir été visible pendant un tems au-dessus. De même lorsque, dans Josué, il est dit que le soleil & la lune se sont arrêtés, ce qu'on doit entendre par le mot de *station*, c'est que ces luminaires n'ont point changé de situation par rapport à la terre; donc ce général du peuple de Dieu n'a pu demander autre chose, sinon que le soleil qui paroissoit alors sur Gédéon, ne changeât point de situation; or de ce qu'il demande au soleil de s'arrêter dans la même situation, on seroit très-mal fondé à conclure que le soleil tourne autour de la terre, & que la terre reste en repos.

TERRE.

Ainsi la terre a deux mouvemens: l'un diurne de 24 heures, ce qui forme le jour, & d'où naît la diversité de la nuit & du jour; l'autre annuel, qui est de 365 jours 5 heures 45 minutes, qui forment l'année, & par lequel on rend raison de la vicissitude des saisons. On distingue dans la terre trois parties ou régions; savoir, 1°. la partie extérieure qui produit les végétaux; 2°. la partie intermédiaire remplie par les fossiles ; 3°. la partie intérieure ou centrale qui nous est inconnue. Plusieurs auteurs la supposent d'une nature magnétique, d'autres la regardent comme une masse ou sphere de feu ; ceux-ci comme un abyme ou un amas d'eau surmonté par des couches de terre ; ceux-là, comme un espace creux & vuide, habité par des animaux qui ont leur soleil, leur lune, leurs planetes & toutes les choses nécessaires à leur subsistance. On divise encore le corps du globe en deux parties ; l'une extérieure, qu'on appelle *écorce*, & qui renferme toute l'épaisseur des couches solides ; & l'intérieure, qu'on appelle *noyau*, qui est d'une nature différente de la premiere, & qui est remplie, suivant le sentiment de plusieurs naturalistes, par du feu, de l'eau, ou quelqu'autre matiere que nous ne connoissons point. La partie extérieure du globe nous présente des inégalités, comme des montagnes & des vallées, ou est plane & de niveau, ou creusée en canaux, en fentes, en lits, pour servir aux mers, aux rivieres, aux lacs. La plupart des physiciens supposent que ces inégalités sont provenues d'une rupture ou bouleversement des parties de la terre, qui a eu pour cause des feux ou des eaux souterraines. Burnet, Stenon & d'autres supposent que dans son origine & dans son état naturel la terre a été parfaitement ronde, unie & égale ; & c'est principalement du déluge qu'ils tirent l'explication de la forme inégale & irréguliere que nous lui voyons ; on en parlera à son article que l'on s'est proposé de donner. C'est ainsi qu'on trouve dans la partie extérieure de la terre différens lits qu'on suppose être des sédimens dont les eaux des différens déluges étoient chargées, c'est-à-dire des matieres de différentes especes qu'elles ont déposées en se séchant ou en formant des marais ; on croit aussi qu'avec le tems ces différentes matieres se sont durcies en différens lits de pierre, de

charbon, d'argille, de sable, &c. Mais ce n'est pas ici le lieu de la discussion, revenons aux opinions des philosophes sur l'origine du monde & sur sa formation.

Système de Leibnitz.

Que Burnet dise que de la confusion & du mélange des parties dissemblables naquit une confusion & une fermentation générale dans toute la masse; que de cette dissension vint la séparation des parties, & qu'ainsi du chaos se forma le monde. Que Descartes imagine des tourbillons pour arranger chaque chose dans sa place. Que, selon Leibnitz, la terre ait commencé par le feu; qu'elle doit finir par le feu, & qu'elle a souffert beaucoup plus de changement qu'on ne l'imagine; que le même auteur dise que la plus grande partie de la matiere terrestre a été embrâsée par un feu violent dans le tems que Moïse dit que la lumiere fut séparée des ténebres; que les planetes, aussi-bien que la terre, étoient autrefois des étoiles fixes & lumineuses par elles-mêmes; qu'après avoir brûlé long-tems, elles se sont éteintes faute de matieres combustibles, & qu'elles sont devenues des corps opaques; que la grande quantité de sels fixes, de sables & d'autres matieres fondues & calcinées, qui sont renfermées dans les entrailles de la terre, prouvent que l'incendie a été général, & qu'il a précédé l'existence des mers; assurer, comme l'assure Whiston, que la terre a été une comete, ou prétendre, avec Leibnitz, qu'elle a été soleil; toutes ces hypotheses ne paroissent que des efforts d'esprit infructueux.

Système de Woodward.

Woodward suppose qu'avant le déluge le centre de la terre étoit occupé par un globe immense d'eau; qu'alors la croûte qui l'enveloppoit fut rompue; que la la loi qui tenoit les rocs, les pierres, les métaux & les minéraux dans la cohésion, fut suspendue ; ainsi ces matieres furent divisées, séparées sans cohérence de parties, mêlées, détrempées & confondues dans l'eau des pluies, des mers & du grand abyme central. Les parties branchues des animaux & des végétaux soutinrent la liaison de ces corps & leur contexture. Ensorte que la suspension de l'attraction, de la gravitation, ou de la pression, ne les fit point tomber dans la dissolution universelle. Ces animaux & ces végétaux conservés en entier furent noyés dans cette eau bourbeuse. Cet océan, après avoir été agité, se tranquillisa. Les matieres dissoutes ou entieres, dont l'eau étoit confusément chargée, se séparerent peu-à-peu en se précipitant à-peu-près selon les loix de la pesanteur. D'abord il se forma une sphere vuide ou un orbe, & sur sa voûte se déposerent différentes couches dans lesquelles se trouverent enfermées les dépouilles de la mer, & les restes des animaux & des végétaux conservés. Si les loix de la gravité ne furent point observées, cela vient de l'agitation & de la confusion de la masse, de la grandeur & de la petitesse des parties soutenues, de la quantité des matieres délayées & de l'espace qu'elles ont eu à parcourir pour atteindre le fond. Le même auteur étend son hypothese jusqu'à la confusion entiere du globe. Ce systême a un inconvénient sensible, c'est qu'il demande par-tout des prodiges, aussi est-il renversé par lui-même, il ne faut pour cela que l'entendre.

Systême de Burnet.

Notre globe, suivant Burnet, jouissoit d'un équilibre perpétuel, effet de la situation parallele qu'il lui donne par rapport au soleil, l'équateur & l'écliptique étoient exactement correspondans & paralleles.

Cette terre étoit sans montagnes, sans rivieres. Sous une croûte composée de diverses matieres est caché un immense océan souterrain qui l'environne de toutes parts, une masse solide & sphérique est dans cette sphere d'eau, elle occupe le centre de tout le globe. La croûte desséchée par succession de tems, forme des ouvertures. L'eau qui est dessous se dilate, & fait effort contre la voûte de l'orbe qui va se rompre en pieces & tomber dans l'abyme. La terre perd son équilibre. Son axe s'incline : elle éprouve une secousse violente, la croûte gersée & ébranlée se rompt. L'eau sort avec violence, & à proportion de la masse qui vient occuper son lieu. De-là avec les pluies qui tombent du ciel, résultent l'inondation & le bouleversement universel. La pluie cesse, l'évaporation commence, le sec paroît, & avec lui toutes les inégalités du globe abymé dans l'océan souterrain : de-là les montagnes, les mers, *&c.* ainsi fut détruit l'ancien monde, & de ses ruines fut formé le nouveau. Dès-lors la terre a conservé sa situation oblique, d'où naissent la variété des saisons & les météores aqueux ou enflammés. Pour ébranler tout ce systême, il ne faut que le remarquer comme appuyé sur des suppositions non-seulement extraordinaires, mais encore destituées de tout fondement. Comment passer cette structure primitive de la terre, cette dissolution, & ce reste de son ancienne formation qui est le monde actuel ? Il faut encore ajouter que l'auteur donne à la terre une figure qu'elle n'a point. Ce n'étoit pas assez que Newton & Huyghens l'eussent rendu applatie, ils ne s'accordoient pas encore sur la quantité de l'applatissement. Mais on sait, d'après les observations, que le diametre de l'équateur surpasse l'axe d'une cent soixante-dix-huitieme partie : d'ailleurs, pour peu qu'on réfléchisse sur la position actuelle de la terre par rapport au plan de l'écliptique, on conclura qu'elle n'a jamais pu être autrement.

Opinion de M. de Buffon.

Suivant M. de Buffon, les planetes auroient autrefois appartenu au soleil, dont elles auroient été détachées par une force impulsive commune à toutes, qu'elles conservent encore aujourd'hui, c'est l'ouvrage d'une comete : elle est tombée obliquement sur le soleil, a déplacé cet astre, en a sillonné la surface, & en a détaché environ la six cent cinquantieme partie, pour faire toutes ces planetes. Cette matiere, dans un état de liquéfaction, n'aura d'abord été qu'un torrent enflammé ; ensuite, par le mouvement de l'attraction, il se sera formé divers globes à différentes distances. Peu-à-peu ces corps auront changé de forme, perdu leur lumiere & leur liquidité. Par le mouvement de rotation & en vertu de l'attraction mutuelle des parties, chaque globe aura dû, avant que de perdre sa liquidité, prendre la figure d'un sphéroïde oblate, & s'élever vers son équateur. Autour du globe de la terre, pendant son état de fusion, s'éleverent d'épaisses vapeurs qui formerent l'air & l'eau. Ces parties aqueuses condensées retomberent enfin sur le globe & en couvrirent la surface. On ne s'étendra pas sur cet exposé, chacun pouvant lire la théorie de la terre de l'auteur célebre que nous citons ; il suffira de dire qu'il présente ce systême sans l'adopter, avec des ornemens, une éloquence forte & distincte, une étendue & des tours propres à lui gagner des suffrages. Il est encore des savans à l'esprit desquels beaucoup de difficultés se sont présentées ; ils les ont exposées ; M. Bertrand, entr'autres, grand naturaliste, s'est élevé contre quelques hypotheses :

il propose ses doutes dans un de ses *Mémoires* : il faut consulter sur cela son *Recueil de Traités d'Histoire Naturelle*, ouvrage aussi savant que satisfaisant.

Principes de Descartes.

Descartes pousse ses principes jusqu'à faire voir comment l'univers pourroit avoir pris sa forme présente, & persister continuellement dans son état par des principes méchaniques. Il suppose que les petites parties de la matiere étoient angulaires, ensorte qu'elles remplissoient l'espace sans laisser aucun interstice entr'elles ; qu'elles ont été dans des agitations continuelles qui ont fait briser les parties angulaires ; que par-là les parties de la matiere devinrent rondes, & formerent ce qu'il appelle la *matiere du second élément*. Les parties angulaires étant broyées & réduites en particules les plus subtiles de toutes, devinrent la matiere de son premier élément, & servirent à remplir tous les pores de l'autre. Mais comme il y avoit une quantité de ce premier élément plus grande qu'il n'étoit nécessaire pour cela, elle s'accumula dans le centre des tourbillons, dont le philosophe imagine que l'univers étoit composé, & elle y forma le corps du soleil & des étoiles : les cieux furent remplis de la matiere du second élément, le milieu de la lumiere. Mais les planetes & les cometes furent composées d'un troisieme élément plus grossier que les deux autres, dont il expose la génération dans tous ses degrés. Suivant lui, la matiere du premier élément doit s'être échappée constamment par des interstices qui se trouvoient entre les parties sphériques du second élément où le mouvement circulaire étoit plus grand, & doit être retournée continuellement aux poles de ce mouvement vers le centre du tourbillon. Là ces petites parties étant propres à s'unir, elles produisirent à la fin les parties grossieres du troisieme élément ; & lorsque celles-ci vinrent à s'adhérer en une quantité considérable, elles donnerent naissance aux taches sur les surfaces des astres. Quelques-uns étant écroutés de ces taches devinrent des planetes ou des cometes, & la force de leur rotation s'affoiblissant, leurs tourbillons furent absorbés par quelqu'autre tourbillon voisin plus puissant. C'est ainsi que l'auteur prétend que le systême solaire fut formé : les tourbillons des planetes secondaires ayant été absorbés par le tourbillon de la principale & tous ensemble par celui du soleil. Il prétend encore que les parties du tourbillon solaire augmentent en densité, mais diminuent en vitesse à une certaine distance, au-delà de laquelle il suppose qu'elles sont toutes égales en grandeur, mais qu'elles augmentent en vitesse à proportion qu'elles sont plus éloignées du soleil. Dans ces régions supérieures du tourbillon, il place les cometes : dans les inférieures, il range les planetes, en supposant que celles qui sont plus rares sont plus près du soleil, afin qu'elles puissent correspondre à la densité du tourbillon où elles sont emportées. Il explique la gravité des corps terrestres par la force centrifuge de l'éther qui tourne autour de la terre. Il imagine que l'éther devroit pousser en-bas les corps qui n'avoient pas une aussi grande force centrifuge, de la même maniere qu'un corps qui a une gravité spécifique, moindre que celle du fluide dans lequel on le plonge est poussé vers le haut. Descartes prétendit aussi expliquer les phénomenes de l'aimant, & tout ce qui se passe dans la nature par les mêmes principes.

Nous en avons assez dit sur ce systême & sur

les autres, nous conclurons par dire que le meilleur de tous eſt celui qui ſe rapproche le plus de la nature des choſes & de nos ſens, qui, joint aux connoiſſances que nous avons acquiſes par l'effort de l'eſprit, ont contribué dans tous les tems aux plus belles découvertes.

PHYSIQUE.

CETTE ſcience, qu'on appelle auſſi quelquefois *Philoſophie naturelle*, eſt la ſcience des propriétés des corps naturels, de leurs phénomenes & de leurs effets, comme de leurs différentes affections & de leurs mouvemens. La Phyſique expérimentale cherche à découvrir les raiſons & la nature des choſes par le moyen des expériences, comme celles de la Chymie, de l'Hydroſtatique, de la Pneumatique & de l'Optique. La Phyſique méchanique & corpuſculaire ſe propoſe de rendre raiſon des phénomenes, en n'employant point d'autres principes que la matiere, le mouvement, la ſtructure, la figure des corps & de leurs parties, le tout conformément aux loix de la nature & du méchaniſme. On fait remonter l'origine de la Phyſique aux Grecs; on peut dire, à la gloire du ſiecle, qu'elle s'eſt épurée & perfectionnée de nos jours.

1. TERRE.

La terre eſt un globe d'environ 3000 lieues de diametre, ce qui fait environ 9000 lieues de circonférence. On convient généralement que le globe de la terre a deux mouvemens, l'un diurne, par lequel il tourne autour de ſon axe, dont la période eſt de 24 heures, ce qui forme le jour. L'autre annuel, & autour du ſoleil, ſe fait dans une orbite elliptique durant l'eſpace de 365 jours 5 heures 49 minutes, ce qui forme l'année : c'eſt du premier mouvement qu'on déduit la diverſité de la nuit & du jour ; & c'eſt par le dernier qu'on rend raiſon de la viciſſitude des ſaiſons. La partie extérieure du globe eſt celle qui produit les végétaux, dont les animaux & l'homme se nourrissent ; la partie du milieu, intermédiaire, est remplie par les fossiles. La partie intérieure ou centrale est d'une nature magnétique, qu'on considere comme une masse sphérique de feu ou de matieres ignées, c'est ce qu'on appelle *feu central*. La partie extérieure du globe terrestre présente des inégalités, comme des montagnes & des vallées ; elle est plane ou de niveau, ou est creusée en canaux, en fentes, en lits, pour servir aux rivieres, aux mers, aux lacs ; on a examiné avec attention les différens lits de la terre, leur ordre, leur nombre, leur situation par rapport à l'horizon, leur écoulement & leur consistance, & on a attribué l'origine de leurs formations à un déluge. On suppose que, dans cette révolution, les corps terrestres furent dissous & se confondirent avec les eaux, & qu'ils furent soutenus de façon à ne former avec elles qu'une masse commune ; cette masse de particules terrestres ayant été soulevée avec l'eau se précipita fort naturellement au fond, & suivant les loix de la gravité, les parties les plus pesantes s'enfoncerent les premieres, puis les plus légeres, & ainsi de suite. En supposant que la terre, avant le déluge, fut unie & réguliere, les différentes révolutions, comme les tremblemens de terre, les éruptions des volcans, ont dû produire différens changemens au globe, altérer l'ordre & la régularité de ses couches, & lui faire prendre la forme irréguliere que nous lui voyons à présent.

2. AIR.

On sait que l'air est un fluide huit cens fois plus léger que l'eau. On doit le considérer moins comme élément que comme supérieur à eux, puisque sa propriété consiste à ajouter à leur activité & à leur force. Pour démontrer la supériorité de l'air sur les élémens, il ne suffit que d'observer que lorsqu'on parvient, autant qu'il est possible, à le séparer des corps, il conserve toujours sa force & son élasticité, quelques violentes & quelques longues que soient les opérations qu'on peut faire sur lui. Dès-lors on doit le reconnoître comme inaltérable, qualité qui ne convient à aucun des élémens, qui tombent tous en dissolution lorsqu'ils en sont séparés. Sa différence se démontre encore dans son impalpabilité ; car, dans la décomposition des corps, on trouve visiblement l'eau, la terre & le feu ; & quoiqu'on sache indubitablement que l'air y existe, il échappe cependant aux yeux, parce que son action est d'un autre ordre, & qu'il ne peut être évidemment confondu avec les élémens, quoiqu'il les vivifie. Il n'est rien dans la nature de si subtil, & son action & réaction sur tous les êtres sont capables des plus grands effets.

3. *Feu*.

On peut définir le feu, la matiere qui, par son action, produit immédiatement la chaleur en nous. Mais le feu est-il une matiere particuliere, ou n'est-ce que la matiere du corps mise en mouvement ? C'est sur quoi les philosophes sont partagés. Les scholastiques regardent le feu comme un des quatre élémens ou principes des corps. Le feu, selon Aristote, rassemble les parties homogenes & sépare les hétérogenes, mais l'expérience est contraire à ce sentiment. Les Cartésiens disent que le feu n'est autre chose que le mouvement excité dans les particules des corps par la matiere du premier élément dans laquelle ils nagent. Enfin, selon un grand nombre de philosophes modernes, c'est une matiere particuliere. Comme le feu échappe à nos sens, & qu'il se rencontre dans tous les corps & dans tous les lieux où il est possible de faire des expériences, il est très-difficile de distinguer les caracteres qui lui sont propres. Le feu est-il un fluide, comme plusieurs physiciens le prétendent ? Il est certain qu'il a, comme eux, la mobilité & la tenuité des parties, mais il n'a point la propriété de presser, également en tout sens, & de se mettre au niveau. Au reste, après avoir examiné & comparé les opinions des philosophes sur le feu, ce qui en résulte de plus certain, c'est que le feu est une matiere particuliere, & présente dans tous les corps; l'électricité n'en peut laisser douter, & une simple expérience le prouve; il ne s'agit que de peser un corps avant qu'il soit pénétré par le feu, & immédiatement après qu'il l'a été; il sera plus lourd, & quand même on le trouveroit moins pesant, on ne pourroit attribuer ce moins de pesanteur qu'à sa dilatation subite par l'air; mais si on fait l'expérience dans le vuide, alors l'augmentation du poids, par le feu, sera sensible.

4. *Cohésion.*

C'est la force par laquelle les particules primitives, qui constituent tous les corps, sont attachées les unes aux autres pour former les parties sensibles de ces corps, & par laquelle aussi ces parties sensibles sont unies & composent le corps entier.

5. *Athmosphere.*

C'est le nom qu'on donne à l'air qui environne la terre, c'est-à-dire à ce fluide raré & élastique, dont la terre est couverte par-tout à une hauteur considérable; qui gravite vers le centre de la terre & pese sur sa surface; qui est emporté avec la terre autour du soleil, & qui en partage le mouvement, tant annuel que diurne. On entend proprement par *athmosphere* l'air considéré avec les vapeurs dont il est rempli. Par *athmosphere*, on entend aussi la masse entiere de l'air environnant la terre; cependant quelques auteurs ne donnent le nom d'*athmosphere* qu'à la partie de l'air proche de la terre, qui reçoit les vapeurs & les exhalaisons, & qui rompt insensiblement les rayons de lumiere. L'espace qui est au-dessus de cet air grossier, quoiqu'il ne soit pas entiérement vuide d'air, est supposé rempli par une matiere plus subtile qu'on appelle l'*éther*; il est appellé pour cette raison *région éthérée* ou *espace éthéré*. Les corps organisés sont particuliérement affectés par la pression de l'athmosphere; c'est à elle que les plantes doivent leur végétation, que les animaux doivent la respiration, la circulation, la nutrition; elle est aussi la cause de plusieurs altérations dans l'économie animale qui ont rapport à la santé, à la vie, aux maladies. Par conséquent c'est une chose digne d'attention que de calculer la quantité précise de la pression de l'athmosphere. Pour en venir à bout, il faut observer que notre corps est également pressé par l'athmosphere dans tous les points de sa surface, & que le poids qu'il contient est égal à celui d'un cylindre d'air, dont la base seroit égale à la surface de notre corps, & dont la hauteur seroit la même que celle de l'athmosphere; or le poids d'un cylindre d'air, de la même hauteur que l'athmosphere, est égal au poids d'un cylindre d'eau, de même base, & de trente-deux pieds de hauteur environ, ou au poids d'un cylindre de mercure de même base, & de vingt-neuf pouces de hauteur, ce qui se prouve par la hauteur à laquelle l'eau s'éleve dans les pompes & dans les siphons. De-là il suit que chaque pied carré de la surface de notre corps est pressé par le poids de trente-deux pieds cubes d'eau; or on trouve, par l'expérience, qu'un pied cube d'eau pese environ 70 livres: donc chaque pied carré de la surface de notre corps soutient un poids de 2240 livres; & si on suppose que la surface du corps de l'homme contienne quinze pieds carrés, ce qui n'est pas éloigné de la vérité ; on trouvera que cette surface soutient un poids de 33600 livres. Il n'est pas surprenant que le changement de température dans l'air affecte si sensiblement nos corps ; mais on doit s'étonner qu'il ne fasse pas sur nous plus d'effet. Car quand on considere que nous soutenons, dans certains tems, près de 4000 livres de plus que dans d'autres, & que cette variation est quelquefois très-prompte, il y a lieu d'être surpris qu'un tel changement ne brise pas entiérement le tissu des parties de notre corps ; nos vaisseaux doivent être si resserrés par cette augmentation de poids, que le sang devroit rester stagnant, si la force contractive du cœur n'étoit plus forte que cette résistance. En effet dès que le poids de l'air augmente, les lobes du poumon se dilatent avec plus de force, & par conséquent le sang y est plus parfaitement divisé ; de plus le mouvement du sang étant retardé vers la surface du corps, il doit passer avec la plus grande abondance au cerveau, sur lequel la pression de l'air est moindre à cause des parties fortes qui le couvrent ; par conséquent la secrétion & la génération des esprits se feront dans le cerveau avec abondance, & le cœur en aura plus de force pour porter le sang dans tous les vaisseaux où il pourra passer, tandis que ceux qui sont proches de la surface seront bouchés. Mais l'effet le plus considérable de la pression plus ou moins grande de l'air, c'est de rendre le sang plus ou moins épais, de faire qu'il se resserre dans un plus petit espace, ou qu'il en occupe un plus grand dans les vaisseaux où il entre ; car l'air renfermé dans notre sang conserve toujours l'équilibre avec l'air extérieur, & son effort, pour se dilater, est toujours égal à l'effort que l'air extérieur fait pour le comprimer ; de maniere que si la pression de l'air extérieur diminue tant soit peu, l'air intérieur se dilate à proportion,

& fait que le sang occupe un plus grand espace. On a fait beaucoup d'expériences sur des dilatations de l'air très-considérables, & beaucoup plus grandes que celles de l'air sur le sommet des montagnes ; & on a trouvé que ces dilatations suivoient la raison inverse des poids dont l'air étoit chargé ; d'où quelques Physiciens ont conclu que l'air qui est sur le sommet des montagnes, est d'une nature différente de celui que nous respirons en-bas : la raison de cette différence doit être attribuée à la quantité de vapeurs & d'exhalaisons grossieres dont l'air est chargé, & qui est plus considérable dans la partie inférieure de l'athmosphere qu'au-dessus ; ces vapeurs étant moins élastiques & moins capables de raréfaction que l'air pur, il faut nécessairement que les raréfactions de l'air pur augmentent en plus grande raison que le poids ne diminue.

6. *Rare.*

Il signifie un corps poreux, dont les parties sont fort distantes les unes des autres, & qui par conséquent, sous un grand volume, ne contient que très-peu de matieres. En ce cas *rare* est opposé à *dense.*

7. *Densité.*

C'est cette propriété des corps par laquelle ils contiennent plus ou moins de matiere sous un certain volume, c'est-à-dire dans un certai. espace. Ainsi on dit qu'un corps est plus dense qu'un autre, lorsqu'il contient plus de matiere sous un même volume. Par conséquent comme la masse est proportionnelle au poids, un corps plus dense est d'une pesanteur spécifique plus grande qu'un corps plus rare ; & un corps est d'autant plus dense, qu'il a une plus grande pesanteur spécifique.

8. Condensation.

C'est l'action par laquelle un corps est rendu plus dense, plus compact & plus lourd par quelque cause extérieure. La condensation consiste à rapprocher les parties d'un corps les unes des autres, à augmenter leur contact : elle est le contraire de la raréfaction qui les écarte les unes des autres, diminue leur contact, & par conséquent leur cohésion, & rend les corps plus légers & plus mous.

9. Friable.

Se dit des corps tendres & fragiles qui se divisent & se réduisent aisément en poudre entre les doigts ; ce qui vient de la cohésion des parties, qui est si petite, qu'elle ne s'oppose que très-foiblement à leur désunion : telle est la pierre-ponce, le plâtre, l'alun brûlé, & généralement toutes les pierres calcinées.

10. Arc-en-ciel.

C'est un météore en forme d'arc de diverses couleurs, qui paroît, lorsque le tems est pluvieux, dans une partie du ciel opposée au soleil, & qui est formé par la réfraction des rayons de cet astre, au travers des gouttes sphériques d'eau dont l'air est rempli. M. Newton a démontré, d'après les observations qu'il a faites, que l'arc-en-ciel ne paroît jamais que dans les endroits où il pleut, & où le soleil luit en même tems ; l'on peut le former par art, en tournant le dos au soleil & en faisant jaillir de l'eau qui, poussée en l'air & dispersée en gouttes, vienne tomber en forme de pluie ; car le soleil donnant sur ces gouttes, fait voir un *iris* à tout spectateur qui se trouve dans une juste position à l'égard de cette pluie & du soleil, sur-tout si l'on met un corps noir derriere les gouttes d'eau. Pour ce qui est des différentes couleurs que donne l'*iris*, telles que le violet, l'indigo, le bleu, le verd, le jaune, l'orangé & le rouge, on ne peut les attribuer qu'aux parties hétérogenes contenues dans celles de l'eau ; tous les différens globules homogenes se réunissant & formant une bande de l'*iris*, & ainsi de suite. L'arc-en-ciel ne paroît jamais plus grand qu'un demi-cercle, parce que le soleil n'est jamais visible au-dessous de l'horizon, & que le centre de l'arc est toujours dans la ligne d'aspect : or, dans le cas où le soleil est à l'horizon, cette ligne rase la terre ; donc elle ne s'éleve jamais au-dessus de la surface de la terre. L'*iris* peut paroître tronqué ou rompu, quand un nuage intercepte les rayons ; il peut arriver aussi qu'un spectateur placé sur une éminence voie l'*iris* presque ou entiérement rond, si le soleil est dans ou sous l'horizon, & qu'à cet effet la ligne d'aspect, dans laquelle est le centre de l'arc-en-ciel, soit considérablement élevé au-dessus de l'horizon. La lune forme aussi quelquefois un arc-en-ciel, mais beaucoup plus foible que celle que produit le soleil, à cause de sa lumiere blanche ; cet iris ne peut s'appercevoir que dans la pleine lune.

11. MERCURE AÉRIEN.

Il y a dans la nature un mercure distinct du mercure terrestre, dont la grande propriété est de séparer le feu provenant de la partie terrestre d'avec le fluide qui doit s'y répandre. Le mercure purifie ce fluide avant qu'il tombe, & le dispose à ne communiquer à la terre que des propriétés salutaires, ce qui produit la qualité bienfaisante de la rosée, & sa supériorité sur le serein & sur le brouillard, qui ne sont que des fluides mal épurés. Le mercure aërien sert universellement de médiateur au feu & à l'eau, qui, comme ennemis irréconciliables, ne pourroient jamais agir de concert, sans un principe intermédiaire qui participent de la nature de l'un & de l'autre, quoiqu'il paroisse le corps le plus froid, les rapproche en même tems qu'il les sépare, en rendant leurs propriétés essentielles aux êtres.

12. *Vents.*

Les mouvemens de l'air dépendent de plusieurs causes. La plus puissante de toutes est la chaleur du soleil, dont l'action produit successivement une raréfaction considérable dans les différentes parties de l'athmosphere. La force d'attraction du soleil & de la lune, moins que la chaleur de ce premier astre, produit dans l'air un mouvement semblable à celui du flux & reflux de la mer, & cette raréfaction que le soleil produit donne les plus grands ressorts à l'air qui en reçoit les impressions. Il est cependant à croire, quoi qu'en disent quelques naturalistes, que l'attraction du soleil doit produire les nuages qui ne sont formés que des exhalaisons de toutes les parties terrestres qu'il attire; la pression irréguliere & en sens contraire de ces nuages doit produire de l'air. Il y a aussi des vents réglés qui sont l'effet de la fonte des neiges ou des froids excessifs; ils se font sentir dans différens climats. Le flux & reflux de la mer produisent aussi des vents réglés qui ne durent que quelques heures. En général la pression des nuages, les résolutions des vapeurs en pluies, les exhalaisons terrestres, l'inflammation des météores sont aussi des causes qui toutes produisent des agitations considérables dans l'athmosphere, & toutes les causes qui produiront dans l'air, raréfaction ou condensation, produiront des vents; ils sont plus réguliers sur mer que sur terre, parce que la mer étant un espace libre, il y a moins d'obstacle à la direction des vents que sur la terre qui les partage, au moyen de ses montagnes, de ses villes & de ses forêts.

13.

13. TONNERRE.

Le tonnerre se forme des exhalaisons salines & sulfureuses de la terre, lesquelles étant tirées de leur séjour naturel par l'action du soleil, de même que poussées au-dehors par le feu terrestre, s'élevent dans les airs, où le mercure aërien s'en empare en les enveloppant ; il les renferme par sa tendance naturelle à la forme sphérique & circulaire, & par la propriété inhérente en lui de tout lier, de tout embrasser. Il a aussi la faculté de se diviser d'une maniere incompréhensible, de façon qu'il n'y a pas jusqu'au plus petit globule de ces exhalaisons sulfureuses & salines, qui n'en rencontre une quantité suffisante pour lui servir d'enveloppe, & c'est l'amas de tous ces globules qui forme les nuages, les matras des foudres. A l'égard de l'explosion, elle ne peut se faire si aucun agent n'échauffe ces deux sortes de vapeurs, en les faisant fermenter ; on le trouve aisément dans la chaleur extérieure qui agissant sur l'enveloppe mercurielle, susceptible par sa nature d'une division considérable, la dissout, communique jusqu'aux deux substances intérieures, & enflamme la partie sulfureuse qui pousse & écarte avec force la partie saline ; dans cette explosion, le mercure se trouve divisé & tombe avec le fluide sur la surface de la terre ; c'est pour cela que l'eau de pluie est plus salutaire que les autres eaux, parce qu'elle est chargée de ce mercure qui est infiniment plus pur que le mercure terrestre. Quant au bruit qui provient de l'explosion de la foudre, on ne peut l'attribuer qu'au choc de la partie saline sur les colonnes d'air, parce que, par lui-même, le feu ne peut rendre de bruit, s'il agit librement ; on ne peut douter aussi que le sel n'influe pour beaucoup à rendre l'explosion plus forte, ainsi que sur la couleur des étoiles qui sont plus blanches quand il y domine, que lorsque c'est le soufre qui l'emporte ; celui-ci rend l'éclair plus rouge & procure un bruit moins aigu, dont l'effet parvient rarement jusque sur la partie terrestre. A l'égard de l'opinion vulgaire que celui qui voit l'éclair n'a rien à craindre de la foudre, l'on va voir jusqu'à quel point on doit y ajouter foi. S'il n'y avoit qu'une seule colonne d'air, ou plutôt dans l'air & qu'une seule explosion, on n'auroit rien à craindre du coup qui accompagne l'éclair. Mais comme les colonnes aëriennes, chargées de matieres analogues à la foudre, sont en grand nombre, & que celle-ci peut prolonger sa course tant qu'elle rencontrera de ces colonnes propres à la nourrir, il n'est pas possible d'être à couvert de quelqu'explosion ; c'est pourquoi un homme qui auroit vu l'éclair ne seroit pas frappé de l'explosion qui est l'effet de celle-ci, mais il pourroit l'être d'un autre coup qui n'est pas celui dont il aura vu dans le même instant l'éclair. En général il n'y a point d'éclair sans explosion plus ou moins sensible, ni d'explosion sans éclair. Les soirées d'été font quelquefois appercevoir des éclairs, mais elles ne sont proprement que des météores lumineux.

14. *Pluie.*

Elle vient des nuées dont les particules aqueuses, tant qu'elles sont séparées les unes des autres, demeurent suspendues en l'air. Mais lorsque ces particules s'approchent davantage, ensorte qu'elles puissent s'attirer mutuellement, elles se joignent & forment une petite goutte, laquelle commence à tomber dès qu'elle est devenue plus pesante que l'air. Cette goutte se réunit à d'autres & tombe de la grosseur dont nous l'appercevons sur notre globe. La pluie vient aussi des vapeurs terrestres que le soleil repompe, & que l'air ne peut ni contenir ni soutenir. Diverses causes font retomber les vapeurs ſur la terre ; toutes les fois que la denſité, & par conſéquent la peſanteur ſpécifique de l'air ſe trouve diminuée, les exhalaiſons qui étoient en équilibre avec l'air perdent cet équilibre, & s'affaiſſent par l'excès de leur peſanteur ; comme auſſi lorſque les exhalaiſons qui ont été raréfiées & élevées par le feu viennent à ſe refroidir, elles ſe condenſent, elles deviennent plus compactes & plus peſantes que l'air. Lorſque pluſieurs parties élevées dans l'air ſont pouſſées les unes contre les autres par des vents contraires, ou qu'elles ſe trouvent comprimées par des vents qui ſoufflent contre des montagnes, ces parties ſe réuniſſent & acquierent une peſanteur ſpécifique beaucoup plus grande qui les fait tomber. Le vent doit tenir le principal rang entre les cauſes de la pluie ; lorſque le vent ſouffle en-bas & qu'il rencontre en même tems une nuée, il faut qu'il la comprime, qu'il la condenſe, qu'il la pouſſe vers la terre, qu'il force les parties à s'unir, & par conſéquent qu'il la change en pluie. Lorſque le vent rencontre quelques vapeurs qui s'élevent de la mer & qui ſont ſuſpendues au-deſſus, il les chaſſe vers la partie terreſtre, & les pouſſe contre les montagnes ou les bois, il les condenſe & les réduit en pluie. C'eſt pour cela que les pays de montagnes & de bois ſont plus ſujets aux pluies que les pays plats & découverts, où les nuées roulent avec plus de liberté. Il eſt rare que les gouttes de pluie aient plus d'un quart de pouce de diametre, ſuivant les obſervations. Dans l'Afrique & dans la Négritie, on prétend qu'il y tombe des gouttes de pluie de la groſſeur d'un pouce ; & que dans le Mexique les ondés ſont ſi terribles, ſans être mêlés de grêle, que les hommes & les animaux ſont quelquefois écraſés par leur chûte ; mais les relations ſont fort ſuſpectes. Boerhave a remarqué que les pluies qui arrivent après des tems de ſécheresse ſont moins saines que les autres, parce qu'elles sont chargées de différentes semences de petits insectes qui tombent de l'air à la terre en même tems que la pluie. Les pluies constantes sont mêlées de sels, d'esprits, d'huile, de terre, de métaux, & peuvent avoir quelques propriétés salutaires. Il pleut rarement lorsqu'il fait un gros vent, à moins que la direction du vent ne soit de haut en-bas; dans ce cas il peut toujours pleuvoir, car la pluie est poussée par le vent. Mais si le vent a une direction horizontale, & qu'il souffle avec une vîtesse qui lui fasse parcourir seize pieds en une minute, il ne tombera pas de pluie, parce que ce vent pousse horizontalement chaque goutte avec rapidité. Pour mesurer la quantité de pluie qui tombe chaque année dans un lieu quelconque, il faut en prendre la hauteur; les *Mémoires de l'Académie des Sciences* & les *Transactions Philosophiques* sont remplies de ces observations.

15. GRÊLE.

Elle est de même nature que la glace ordinaire; ce sont des glaçons d'une figure sphérique formés par des gouttes de pluie qui s'étant gelées dans l'air, tombent sur la terre avant que d'avoir pu se dégeler. La neige, dont les différences d'avec la grêle sont visibles & connues, n'est aussi que de l'eau qui s'est glacée dans l'air: si la congélation saisit les molécules aqueuses des vapeurs terrestres avant qu'elles se soient réunies en grosses gouttes, ces molécules se convertissent en grêle, si les particules d'eau ont le tems de se joindre avant que d'être prises par la gelée. Ainsi la grosseur de la grêle dépend beaucoup de celle des gouttes de pluie dont elle est formée; & les mêmes variétés qu'on observe dans les gouttes de pluie, quant à la grosseur, se feront remarquer dans les grains de la grêle. On sait que le tonnerre accompagne le plus souvent la grêle en été, il faut alors que l'air ſoit chargé de pluſieurs exhalaiſons, & les gouttes d'eau qui compoſent une nuée ſe glaceront par le froid d'une nuée voiſine, ſans laquelle la préſence des ſels volatils aura excité des diſſolutions & des efferveſcences froides. N'eſt-ce pas auſſi en facilitant l'évaporation de l'eau que l'air agité la refroidit? En effet, à la hauteur où ſe forme la grêle dans notre athmoſphere, la température de l'air eſt ſouvent exprimée par dix ou huit degrés du thermometre au deſſus de la congélation. Un vent médiocrement froid, tel qu'il s'en éleve au commencement des orages, diminuera cette température de trois ou quatre degrés; les gouttes d'eau refroidies à cinq ou ſix degrés par la communication du froid de l'athmoſphere, recevront encore deux degrés de froideur, par cela ſeul qu'elles ſeront expoſées à un courant d'air, à un air inceſſamment renouvellé; encore quelques degrés de froid, & les gouttes d'eau, perdant leur liquidité, ſe convertiront en glace.

16. NEIGE.

C'eſt une eau congelée qui, dans certaines conſtitutions de l'athmoſphere, tombe des nuées ſur la terre ſous la forme d'une multitude de flocons plus ou moins gros; un flocon de neige n'eſt qu'un amas de très-petits glaçons aſſemblés en différentes manieres, & formant quelquefois autour d'un centre des eſpeces d'étoiles à ſix pointes. Les nuées ſont des brouillards élevés dans l'athmoſphere, c'eſt-à-dire des amas de vapeurs & d'exhalaiſons terreſtres aſſez groſſieres pour troubler la tranſparence de l'air, où elles ſont ſuſpendues à diverſes hauteurs plus ou moins conſidérables. Pluſieurs cauſes forçant les vapeurs aqueuſes de s'unir, les convertiſſent en petites pluies; ces gouttes venant à tomber, il arrive que la froideur de l'air qu'elles traverſent est assez considérable pour suspendre leur chûte & pour les geler ; elles se changent alors en petits glaçons ; d'autres gouttes qui les suivent se joignant à elles, se gelent aussi, & de cette maniere il se forme une multitude de flocons qui ne peuvent être que fort rares & légers, l'union des petits glaçons étant toujours imparfaite. Il est donc absolument nécessaire, pour la formation de la neige, que la congelation saisisse les particules d'eau répandues dans l'air avant qu'elles se soient unies en grosses gouttes. Car si les gouttes de pluie, lorsqu'elles perdent leur liquidité, sont déja d'une certaine grosseur, qu'elles aient, par exemple, deux ou trois lignes de diametre, elles se changent en grêle & non en neige ; la grêle, dont le tissu est compacte & resserré, est parfaitement semblable à la glace ordinaire. La neige au contraire est de même nature que la gelée-blanche, l'une se forme dans l'air, & l'autre sur la surface des corps terrestres. La neige n'étant que de l'eau congelée ne peut se former que dans un air refroidi au degré de la congelation & au-delà ; si en tombant elle traverse un air chaud, ce qui n'est pas ordinaire, elle sera fondue avant que d'arriver sur la terre ; c'est la raison pour laquelle on ne voit point de neige dans la zone torride ni en été dans nos climats, si ce n'est sur le haut des montagnes les plus élevées. Si la neige, comme on n'en peut douter, dépend, dans sa formation, de la constitution présente de l'athmosphere, il n'est pas moins certain qu'étant tombée, elle influe à son tour sur cette même constitution ; car les vents qui ont passé sur des montagnes couvertes de neige, refroidissent toujours les lieux où ils se font sentir, à des distances plus ou moins considérables, selon leur direction & leur force ; c'est la raison pour laquelle certains pays sont moins chauds qu'ils ne devroient être par leur situation sur notre globe.

17. Rosée.

C'est un météore aqueux, que l'on peut distinguer en trois especes ; savoir la rosée qui s'éleve de la terre dans l'air, la rosée qui retombe de l'air, & enfin celle qu'on apperçoit sous la forme de gouttes sur les feuilles des plantes, des arbres & de tous les végétaux. La rosée s'éleve de la terre par l'action sensible du soleil pendant les mois d'été ; le soleil ne produit pas ces effets dans le moment, mais insensiblement ; car aussi-tôt qu'il paroît au-dessus de l'horizon, il commence à échauffer la terre, & y darde ses rayons, & sa chaleur continue de s'introduire plus profondément jusqu'à une ou deux heures après son coucher ; c'est alors que la chaleur commence à s'arrête , & qu'elle commence à remonter insensiblement. C'est par cette raison que, lorsqu'à la campagne après un jour chaud, on vient à avoir une soirée froide, on voit sortir des canaux & des fossés la vapeur de l'eau, qui s'éleve en maniere de fumée ; cette vapeur ne se trouve pas plutôt à la hauteur d'un pied ou de deux, au-dessus de l'endroit d'où elle part, qu'elle se répand également de tous côtés ; alors la campagne paroît couverte d'une rosée qui s'éleve insensiblement ; elle humecte tous les corps sur lesquels elle tombe ; il s'éleve moins de rosée dans les lieux secs que dans les lieux humides, & dans tous les cas elle est composée des particules qui composent la terre ; car dans les pays dont la terre est grasse, la rosée sera huileuse ; où la terre est sulfureuse, il y aura dans la rosée des parties volatiles de soufre, comme dans les lieux marécageux, & cette rosée n'est pas saine pour certains êtres. Il ne tombe point de rosée lorsqu'il fait un gros vent, parce que toutes les parties diverses qui s'élevent de la terre sont emportées par le vent, & que tout ce qui a pu s'élever dans l'air pendant le jour eſt auſſi arrêté. Il tombe beaucoup de roſée dans le mois de mai, parce que le ſoleil met alors en mouvement tous les ſucs nouveaux de la terre, & fait monter beaucoup de vapeurs. La roſée de mai eſt plus aqueuſe que celle de l'été, parce que la grande chaleur volatiliſe l'eau, les huiles & les ſels.

18. *Nuées.*

Elles ne ſont autre choſe que des brouillards qui s'élevent plus ou moins haut dans l'athmoſphere, ce qui dépend ſur-tout de la différence de leur peſanteur ſpécifique, qui les tient en équilibre avec un air plus ou moins denſe. Il paroît, par des obſervations réitérées, que les nuées flottent toujours au-deſſous des plus hautes montagnes; on n'en a jamais apperçu au-deſſus, & on a calculé que les plus hautes nuées ne s'élevent jamais à la hauteur de cinq mille pas, peut-être y a-t-il cependant quelques exhalaiſons ſubtiles qui montent beaucoup plus haut. Le vent fait quelquefois avancer les nuées avec une ſi grande rapidité, qu'elles font deux à trois lieues en une heure; il arrive ſouvent qu'elles ſe mettent en pieces, & ſe diviſent de telle maniere, qu'elles diſparoiſſent; de-là vient que le ciel qui paroît quelquefois ſerein, clair & étoilé, le ſoir, eſt couvert en quelques heures de nuages qui ſe répandent en pluie. A l'égard des diverſes couleurs des nuées, elles dépendent des matieres différentes qui les compoſent, réfléchies vers nous par le ſoleil; les nuées ſemblent être une des cauſes principales des vents qui ſoufflent de toute part. Les obſervations faites en 1709, 1740, 1754, 1767, 1768 & en 1776, démontrent qu'après les froids exceſſifs & continuels il doit réſulter des tems couverts, & par conſéquent des vents & des pluies fréquentes, abondantes & durables, juſqu'à ce que les exhalaiſons qui ont été resserrées & congelées par le froid se soient entiérement dissous en molécules aqueuses, & se soient répandues nécessairement sur la terre d'où elles s'étoient élevées.

19. AIMANT.

Pierre ferrugineuse assez semblable en poids & en couleur à l'espece de mine de fer, qu'on appelle *en roche*. Elle contient du fer en une quantité plus ou moins considérable, & c'est dans ce métal uni au sel & à l'huile, que réside là vertu magnétique, plutôt que dans la substance pierreuse. Chaque aimant, tel divisé qu'il soit, a deux poles dans lesquels réside la plus grande partie de sa vertu. On les reconnoît en roulant une pierre d'aimant quelconque dans de la limaille de fer. Toutes les parties de la limaille qui s'attachent à la pierre, se dirigent vers l'un ou l'autre de ces poles ; & celles qui sont immédiatement dessus, sont en ces points perpendiculairement hérissées sur la pierre ; enfin la limaille de fer est attirée avec plus de force, & en plus grande abondance sur les poles que par-tout ailleurs. On appelle *axe de l'aimant* la ligne droite qui le traverse d'un pole à l'autre, & l'équateur de l'aimant est le plan perpendiculaire qui le partage par le milieu de son axe. On a donné aux poles de l'aimant les mêmes noms qu'aux poles du monde, parce que l'aimant, mis en liberté, a la propriété de diriger toujours ses poles vers ceux de notre globe, c'est-à-dire qu'un de ses poles regarde toujours le nord, & l'autre le midi ; si on le laisse flotter librement sur une eau dormante, ou s'il est mobile sur son centre de gravité, ayant son axe parallele à l'horizon. Le phénomene de l'attraction réciproque de deux aimans, d'un aimant & d'un morceau de fer, ou bien de deux fers aimantés, est celui qui a le plus excité l'admiration des observateurs ; mais ils ne nous ont pas même laissé de conjectures plausibles. Il y a des aimants donc l'activité s'étend jusqu'à quatorze pieds, & d'autres dont la vertu est insensible à huit ou neuf pouces. La sphere d'activité d'un aimant donné a elle-même une étendue variable; elle est plus grande en certains jours que dans d'autres, sans qu'il paroisse que ni la chaleur, ni l'humidité, ni la sécheresse de l'air aient part à cet effet. On a observé aussi que la force magnétique agit d'abord d'une maniere insensible, & qu'elle devient plus considérable à mesure que le corps attiré s'approche de l'aimant. Quoique ni la flamme, ni le courant des eaux, ni l'opposition de quelques corps solides ne portent aucun obstacle aux effets d'attraction & de répulsion de l'aimant au point que, si l'on mettoit entre deux aimants une masse de plomb épaisse de cent livres, l'attraction & la répulsion auroient lieu; cependant une seule plaque de fer battu affoiblit considérablement, si elle n'interrompt pas sa force attractive & répulsive. Cet effet est celui du moins de porosité du dernier métal. L'aimant attire le fer avec plus de vigueur qu'il n'attire un autre aimant; & si on le présente à quelque corps dont la substance est en partie inconnue, on découvrira aussi tôt par l'aimant s'il contient du fer. L'aimant se trouve dans les mines de fer ou de cuivre; lorsqu'il est nouvellement sorti de la mine, il n'a que la vertu d'élever de très-petits poids; mais lorsqu'il est armé, cette armure réunissant sa vertu vers ses poles, augmente sa force. On a vu certains aimans porter un morceau de fer cubique pesant une livre; & ce même aimant ne pourra pas soutenir un fil de fer d'un pied de longueur; ensorte qu'augmenter la longueur du corps suspendu, c'est un moyen de diminuer l'effet de la vertu attractive des poles de l'aimant, parce que ces poles n'ont qu'une sphere déterminée. On appelle *aimant artificiel* un morceau de fer aimanté ; quand on sait bien les composer, ils valent quelquefois des aimants naturels.

20. AIGUILLE AIMANTÉE.

C'est une lame d'acier longue & mince, mobile sur un pivot par son centre de gravité, & qui a reçu d'une pierre d'aimant la propriété de diriger ses deux extrémités vers les poles du monde. Il arrive que le grand froid détruit, ou du moins suspend la vertu directive de l'aiguille aimantée. Voyez le voyage du capitaine *Ellis*. La découverte de la déclinaison de l'aiguille aimantée a suivi de peu de tems celle de sa direction.

21. PHOSPHORE.

C'est un corps qui a la propriété de donner de la lumiere dans l'obscurité. Les phosphores naturels sont la pierre de Boulogne, la topase de Saxe, & les pierres de ce genre. Les phosphores artificiels sont composés de diverses matieres électriques, ils sont les produits de différentes dissolutions, ou sont formés par l'art. En général le nom de *phosphore* a été donné à différens corps, dans lesquels l'élément du feu qu'ils contiennent devient apparent. La cause de la lumiere des phosphores est que la matiere du feu, ou celle de la lumiere, se trouve plus abondante dans ces corps que dans d'autres ; ensorte que le simple frottement peut le mettre en action, ou que la simple action des particules de feu ou de lumiere répandue dans l'air peut l'animer. Il est des bois durs & résineux, le sucre, la cadmie des fourneaux, le mêlange de chaux & de sel ammoniac, qui rendent aussi de la lumiere. Il est aussi des corps qui sont rendus phosphores par le fluide électrique qui les pénetre ; tels sont les verres luisans, les yeux de quelques animaux vivans, la chair de ceux qui sont nouvellement tués, certains poissons vivans, les poils de certains animaux, ceux des hommes. Tous ces corps ne sont pas par eux-mêmes phosphores, mais ils le deviennent, en ce qu'ils font dans cette occasion l'office de conducteur de la matiere électrique qui sort de ces animaux. On range dans ce même ordre tous les phosphores produits par l'électricité qui naissent du frottement, comme le mercure agité dans un tube vuide d'air ; ce même tube sans mercure vivement frotté extérieurement, & en général les phosphores électriques produits par communication de l'électricité. Il y a aussi le phosphore d'urine, qui, s'il est regardé au microscope, est vu dans toutes ses parties, éprouver un mouvement violent d'ébullition. Si l'on verse de l'eau de mer nouvellement tirée sur un mouchoir de coton, d'un tissu serré, qui soit bien étendu en forme de tamis, la chûte de l'eau sur le mouchoir donne des étincelles ; lorsque le gros de l'eau est écoulé de dessus le mouchoir, & qu'on le frotte un peu fortement, il en résulte une grande quantité d'étincelles, dont la lumiere peut durer environ une demi-minute. M. Leroi rapporte, dans les *Mémoires de l'Académie*, qu'en 1749 il a fait cette expérience, & qu'il n'en peut attribuer l'effet, malgré le sentiment de M. l'Abbé Nollet & M. Vianelli, qui l'attribuent ensemble à des vers luisans qui se trouvent dans la mer, qu'à une matiere phosphorique qui brûle & se détruit lorsqu'elle donne de la lumiere, & qui par conséquent se consume & se régénere continuellement dans la mer.

22. MÉTÉORE.

C'est l'apparence d'un corps qui paroît pendant quelque tems dans l'athmosphere & qui y est formé des matieres qui y nagent. Il y en a de trois sortes : les méréores ignés composés d'une matiere sulfureuse exhalée de la terre, ou proprement de l'air qui prend feu ; tels sont les éclairs, le tonnerre, les feux follets, les étoiles vulgairement dites *tombantes*, & d'autres qui paroissent dans l'air sous différentes formes. Les météores aëriens sont formés d'exhalaisons. Les météores aqueux sont composés de vapeurs ou de particules aqueuses ; tels sont les nuages, les arcs-en-ciel, la grêle, *&c.* & d'autres phénomenes qui nous sont connus.

23. *RÉCIPIENT.*

C'est un vase de verre ou d'autre matiere qu'on applique sur la platine de la machine pneumatique, & duquel on chasse l'air par le moyen de la pompe d'où résulte le vuide.

24. *AGGRÉGATION.*

Se dit de l'assemblage de plusieurs choses qui composent un seul tout, sans qu'avant cet assemblage les unes ni les autres eussent aucune liaison quelconque ensemble. La même définition se trouve dans la réunion de plusieurs corps naturels par le principe de l'attraction.

25. *THERMOMETRE.*

C'est un instrument qui sert à mesurer les degrés de chaleur ou du froid. Il est composé d'un tuyau de verre, à l'extrémité duquel est une boule de même métal. On y fait entrer de l'esprit-de-vin ou du mercure ; les thermometres faits à l'esprit-de-vin sont plus sensibles, & ceux au mercure les plus sûrs. Dans tous les cas, quand l'air qui environne le tuyau devient plus chaud, l'air renfermé venant à se condenser fait monter la liqueur de la boule dans le tuyau ; au contraire quand l'air qui environne le tuyau devient plus froid, l'air renfermé venant à se dilater, fait descendre la liqueur plus ou moins bas, suivant l'action de l'air extérieur. Il y a plusieurs manieres de composer les thermometres, nous en devons la perfection à MM. de Réaumur & de Lille.

26. BAROMETRE.

C'est un instrument qui sert à mesurer la pesanteur de l'athmosphere & ses variations. Comme on en sait la composition, on ne va expliquer que ses effets qui sont que quand le poids de l'athmosphere diminue, la surface de mercure se trouve moins comprimée & le mercure descend : si le poids de l'air augmente, le mercure monte ; car la colonne de mercure est toujours égale en pesanteur au poids de l'athmosphere qui pese dessus. Dans cette explication, on suppose que la pression de l'air vienne uniquement de son poids qui comprime les parties supérieures sur les inférieures. Cependant il est certain que plusieurs causes concourent à altérer la pression de l'air. En général la cause immédiate de la pression d'un fluide élastique tel que l'air, c'est la vertu élastique de ce fluide, & non de son poids. On ne doit donc attribuer la suspension du mercure dans le barometre au poids de l'air, qu'autant que ce poids est la cause principale de la pression de l'air. En effet le mercure du barometre se soutient aussi bien dans une chambre exactement fermée qu'en plein air, parce que l'air de cette chambre, quoiqu'il ne porte pas le poids de l'athmosphere, est comprimé de la même maniere que s'il le portoit. Si l'air demeure du même poids, & que la compression de ses parties vienne à augmenter ou diminuer par quelque cause accidentelle ; alors le mercure descendra ou montera dans le barometre, quoique le poids de l'air ne soit pas augmenté.

27. AURORE BORÉALE.

C'est un phénomene lumineux, ainsi nommé, parce qu'il a coutume de paroître du côté du nord ou de la partie boréale du ciel, & que sa lumiere, lorsqu'elle est proche de l'horizon, ressemble à celle du point du jour ou à l'aurore. M. de Mairan, en recherchant la cause de ce phénomene, l'a trouvée dans la lumiere zodiacale ou athmosphere du soleil, qui venant à rencontrer les parties supérieures de notre air, y dépose quelques particules lumineuses qui tombent dans l'athmosphere terrestre, à plus ou moins de profondeur, selon que sa pesanteur spécifique est plus ou moins grande. M. de la Lande prétend que les aurores boréales peuvent avoir plus de rapport avec les phénomenes électriques, puisqu'elles font varier sensiblement la direction de l'aiguille aimantée ; qu'elles électrisent des points isolés, & qu'on a assuré avoir entendu, dans les aurores boréales, un petillement semblable à celui des étincelles électriques. M. de la Lande ajoute que, suivant les rapports observés entre la matiere de l'aimant & celle de l'électricité, il ne seroit point étonné que la matiere électrique se portât vers le nord, & sortît par les poles de la terre vers les parties, sur-tout où il y a le plus de minéraux ; que dans ce cas elle pourroit produire les aurores boréales, qui sont en effet presque continuelles dans les régions septentrionales.

28. VUIDE.

On appelle *vuide* un espace destitué de toute matiere. Le vuide disséminé est celui qu'on suppose naturellement placé entre les corps & dans leurs interstices. Comme le poids & l'élasticité de l'air ont été prouvés par des expériences incontestables, tous les mouvemens peuvent être attribués, malgré le sentiment des anciens, avec raison à la pression causée par le poids de l'air. D'un autre côté, quoi qu'en disent les Péripatéticiens & les Cartésiens, on a prouvé par plusieurs considérations, non-seulement la possibilité, mais l'existence même du vuide; on la déduit avec raison du mouvement général & particulier des planetes, des cometes, de la chûte des corps, de la raréfaction & de la condensation des différentes gravités spécifiques des corps, & de la divisibilité de la matiere. La force de cet argument est démontrée en disant: Que tout mouvement doit se faire en ligne droite ou dans une courbe qui rentre en elle-même, comme le cercle & l'ellipse, ou dans une courbe qui s'étende à l'infini, comme la parabole; que la force mouvante doit toujours être plus grande que la résistance: d'où il suit qu'une force même infinie ne sauroit produire un mouvement dont la résistance est infinie; & par conséquent que le mouvement en ligne droite ou dans une courbe qui ne rentre point en elle-même, seroit impossible dans le cas où il n'y auroit point de vuide, parce que dans ces deux cas la masse à mouvoir, & par conséquent la résistance doit être infinie. De plus de tous les mouvemens curvilignes, les seuls qui puissent se perpétuer dans le plein, sont ou le mouvement circulaire autour d'un point fixe, & non le mouvement elliptique, ou d'une autre courbure, ou le mouvement de rotation d'un corps sur son axe, pourvu que le corps qui fait sa révolution soit un globe parfait ou un sphéroïde: or de pareils corps & de pareilles courbes n'existent point dans la nature: donc dans ce plein absolu il n'y a point de mouvement: donc il y a un vuide. Les mouvemens des planetes & des cometes démontrent le vuide. M. Newton s'explique assez clairement sur ce sujet dans sa philosophie; & sans même chercher à approfondir ses raisonnemens, on peut dire que si la matiere est démontrée divisible, ainsi que la diversité de la figure dans ses parties, le vuide disséminé est assez évident; car dans la supposition du plein absolu, l'on ne conçoit pas plus qu'une partie de matiere

matiere puiſſe être ſéparée d'une autre que l'on ne peut comprendre la diviſion des parties de l'eſpace abſolu. Lorſqu'on imagine la diviſion ou ſéparation de deux parties unies, on ne ſauroit imaginer autre choſe que l'éloignement de ces parties à une certaine diſtance ; or de telles diviſions demandent néceſſairement du vuide entre les parties. Puiſque l'eſſence de la matiere ne conſiſte pas dans l'étendue, mais dans la ſolidité ou dans l'impénétrabilité, on peut dire que l'univers eſt compoſé de corps ſolides qui ſe meuvent dans le vuide.

29. *MOUVEMENT.*

On s'abſtiendra dans cet article de traiter de toutes les ſortes de mouvemens reconnus par les anciens, comme la création, la génération, la corruption, le tranſport ou le mouvement local, parce que ce dernier eſt le ſeul qui ſoit actuellement admis, dont tous les autres mouvemens ne ſont que des modifications ou des effets. Le mouvement abſolument & vraiment propre eſt l'application d'un corps aux différentes parties de l'eſpace infini & immuable. Il n'y a que cette eſpece qui ſoit un mouvement propre & abſolu, puiſqu'elle eſt toujours engendrée & altérée par des forces imprimées au mobile lui-même, & qu'elle ne ſauroit l'être que de la ſorte, parce que c'eſt d'ailleurs à elle qu'on doit rapporter les forces réelles de tous les corps pour en mettre d'autres en mouvement par impulſion, & que ces mouvemens lui ſont proportionnés. Le mouvement relativement commun, c'eſt le changement de ſituation d'un corps par rapport à d'autres corps circonvoiſins, & c'eſt de lui dont on parle quand on dit que les hommes, les villes & la terre ſe meuvent. C'eſt celui qu'un corps éprouve lorſqu'étant en repos par rapport aux corps qui l'entourent, il acquiert cependant avec eux des relations successives par rapport à d'autres corps que l'on considere comme immobiles ; & c'est le cas dans lequel le lieu absolu des corps change, quand leur lieu relatif reste le même ; c'est ce qui arrive à un pilote qui dort sur le tillac pendant que le vaisseau marche, ou à un poisson mort que le courant de l'eau entraîne. C'est aussi le mouvement dont on entend parler, lorsqu'on estime la quantité de mouvement d'un corps, & la force qu'il a pour en pousser un autre. Le mouvement relativement propre, c'est l'application successive d'un corps aux différentes parties des corps contigus, à quoi il faut ajouter que lorsqu'on parle de l'application successive d'un corps, on doit concevoir que toute sa surface prise ensemble est appliquée aux différentes parties des corps contigus ; ainsi le mouvement relativement propre est celui qu'on éprouve lorsqu'étant transporté avec d'autres corps d'un mouvement relatif commun, on change cependant la relation, comme lorsqu'on marche dans un vaisseau qui fait voile, car dans ce cas la relation change à tous momens avec les parties du vaisseau qui est transporté. Les parties de tout mobile sont dans un mouvement relatif commun : mais si elles viennent à se séparer, & qu'elles continuent à se mouvoir comme auparavant, elles acquierent un mouvement relatif propre ; il faut ajouter que le mouvement vrai & le mouvement apparent different quelquefois beaucoup. De cette définition du mouvement, il en résulte aussi du lieu ; car quand on parle du mouvement & du repos absolument propres, on entend alors par le lieu cette partie de l'espace infini & immuable que le corps remplit. Quand on parle du mouvement relatif commun, le lieu est alors une partie de quelqu'espace ou dimension mobile ; quand on parle enfin du mouvement relativement propre qui réellement est impropre, le lieu est alors la surface des corps voisins adjacens ou des espaces sensibles. A l'égard du repos sur lequel les philosophes ont tant disputé, on peut, sans vouloir combattre l'opinion des plus sages, réduire les modifications de la force active & de la force passive des corps dans leur choc à trois loix principales auxquelles les autres sont subordonnées. 1°. Un corps reste dans l'état où il se trouve, soit de repos, ou de mouvement, à moins que quelque cause ne l'en retire. 2°. Le changement qui arrive dans le mouvement d'un corps est toujours proportionnel à la force qui lui a été imprimée; & il ne peut arriver aucun changement dans sa vîtesse, ni dans sa direction, que par une force extérieure. 3°. La réaction est toujours égale à l'action; car un corps ne pourroit agir sur un autre corps, si cet autre corps ne lui résistoit: ainsi l'action & la réaction sont toujours égales & opposées. On appelle *force motrice* celle qui imprime le mouvement à un corps. Quoiqu'on ne puisse concevoir comment le mouvement passe d'un corps dans un autre, le fait n'en est pas moins sensible & certain. Ainsi, après avoir posé l'impression générale du premier moteur qui est l'Être suprême, on peut faire attention aux diverses causes que les êtres sensibles nous présentent pour expliquer les mouvemens actuels: tels sont la pesanteur qui produit du mouvement, tant dans les corps célestes que dans les corps terrestres; la faculté de l'ame par laquelle l'homme met en mouvement les membres de son corps, & par leur moyen d'autres corps sur lesquels le corps humain agit; les forces attractives, magnétiques, électriques répandues dans la nature, la force élastique, qui a tant d'efficace, & enfin les chocs continuels des corps qui se rencontrent. Les corps résistent donc au mouvement & au repos. Cette résistance étant une suite nécessaire de leur force d'inertie, elle est proportionnelle à leur quantité de matiere propre, puisque la force d'inertie appartient à chaque particule de la matiere. Un corps résiste donc d'autant plus au mouvement qu'on veut lui imprimer, qu'il contient une plus grande quantité de matiere propre sous un même volume ; ainsi plus un corps a de masse, moins il acquiert de vîtesse par la même pression. Les vîtesses des corps qui reçoivent des pressions égales sont donc en raison inverse de leur masse, dans ce cas il est plus difficile de les arrêter. Cette résistance que tous les corps opposent lorsqu'on veut changer leur état présent, est le fondement de cette loi générale du mouvement par laquelle la réaction est toujours égale à l'action. L'établissement de cette loi étoit nécessaire, afin que les corps pussent agir les uns sur les autres, & que le mouvement étant une fois produit dans l'univers, il pût être communiqué d'un corps à un autre avec raison suffisante. Sans cette espece de lutte il n'y auroit point d'action, & l'univers & tout ce qui le constitue seroit sans action, sans force & sans ame.

30. GRAVITÉ.

On appelle ainsi, en Physique, la force en vertu de laquelle les corps tendent vers un centre. Il y a cette différence entre la pesanteur & la gravité, que celle-ci ne se dit jamais que de la force ou cause générale qui fait descendre les corps, & que la pesanteur se dit quelquefois de l'effet de cette force dans un corps particulier ; car le principe général du systême de la gravité se dit de la force nécessaire par laquelle un corps tend vers un autre corps, & que la gravité est une propriété universelle de la matiere ; quand on dit que les corps pesans ou graves tendent vers le centre de la terre, on n'entend pas cela à la lettre, ou rigoureusement parlant ;

car il faudroit en ce cas que la terre fût sphérique, & que les corps pesans fussent poussés perpendiculairement à cette surface. Or il est prouvé que la terre n'est pas sphérique, & il n'est pas bien démontré que la direction de la pesanteur soit perpendiculaire à la surface de la terre; les recherches de M. d'Alembert sur le système du monde éclaircissent véritablement toutes les idées que les Cartésiens & autres se sont formées à ce sujet. Il faut distinguer deux sortes de gravité: la gravité primitive non altérée par la force centrifuge qui vient de la rotation de la terre & des corps qu'elle entraîne, & la gravité altérée par cette force: cette derniere gravité est la seule que nous sentons; & quand même la premiere auroit sa direction au centre de la terre, la seconde, par une conséquence nécessaire, ne l'auroit pas. Mais il est aisé de s'assurer que la gravité primitive elle-même n'a pas sa direction au centre de la terre; car si cela étoit, le rapport des axes seroit à-peu-près de 577 à 578. Or les observations donnent le rapport des axes de la terre beaucoup plus grand. Il paroît donc que la gravité n'est pas une force constamment dirigée vers le centre de la terre; & c'est une preuve indirecte en faveur du système de M. Newton, qui veut que la pesanteur soit causée par l'attraction que toutes les parties de la terre exercent sur les corps pesans: attraction dont l'effet doit être dirigé différemment, suivant le lieu de la surface terrestre où le corps attiré est placé. On sait que tout mouvement est rectiligne, de sorte que les corps qui, dans leur mouvement, décrivent des courbes, y doivent être forcés par quelque puissance qui agit sur eux continuellement: d'où il suit que les planetes faisant leurs révolutions dans des orbites curvilignes, il y a quelque puissance dont l'action continuelle & constante, les empêche de se déplacer de leur orbite & de décrire des lignes droites.

D'ailleurs tous les corps qui, dans leur mouvement, décrivent quelque ligne courbe sur un plan, & qui, par des rayons tirés vers un certain point, décrivent autour de ce point des aires proportionnelles au tems sont poussés par quelque puissance qui tend vers ce même point; & que conséquemment la puissance qui retient les planetes dans leur orbite a sa direction vers le centre du soleil; or en comparant la force centripete des planetes avec la force de gravité des corps sur la terre, on trouvera qu'elles sont parfaitement semblables; pour rendre cette vérité plus sensible, il ne faut qu'examiner ce qui se passe dans le mouvement de la lune, on y trouvera des résultats reconnus & distincts; entr'autres celui de voir évidemment que la force centripete par laquelle la lune est retenue dans son orbite n'est autre chose que la force de gravité; que par conséquent la lune pese vers la terre: donc réciproquement celle-ci pese vers la lune; qu'il en est ainsi de tout le systême planétaire, ce qui est d'ailleurs confirmé par tant de phénomenes, qu'il n'est pas possible de douter de la vérité de ce qu'on vient d'exposer.

31. ATTRACTION.

Le nom d'*attraction* se donne en parlant de deux corps libres éloignés l'un de l'autre, & qu'on voit s'approcher mutuellement sans que l'on apperçoive de cause, & c'est dans dans ce sens qu'on emploie ce terme dans la physique moderne; attraction ou force attractive dans l'ancienne physique signifie une force naturelle qu'on suppose inhérente à certains corps, & en vertu de laquelle ils agissent sur d'autres corps éloignés en les tirant à eux; elle se dit aussi d'une puissance ou principe en vertu duquel toutes les parties, soit d'un même corps, soit de corps différens, tendent les unes vers les autres, ou l'effet d'une puissance par laquelle chaque particule de matiere tend vers une autre particule ; les loix & les phénomenes de l'attraction sont un des points principaux de la philosophie Newtonienne ; l'attraction peut se diviser en deux especes : la premiere s'étend à une distance sensible, telles sont l'attraction de la pesanteur qui s'observe dans tous les corps, & l'attraction du magnétisme, de l'électricité qui n'a lieu que dans certains corps particuliers. L'attraction de la gravité ou force centripete est un des principes le plus universel de la nature. On la voit, & on la sent dans les corps qui sont proche de la surface de la terre, & l'on trouve par les observations que cette force, qui est toujours proportionnelle à la quantité de matiere & qui agit en raison inverse du carré de la distance, s'étend jusqu'à la lune & jusqu'aux autres planetes premieres & secondaires aussi-bien que jusqu'aux cometes, & que c'est par elle que les corps célestes sont retenus dans leurs orbites. Si l'on trouve la pesanteur dans tous les corps qu'on a observés, on est en droit d'en conclure qu'elle peut exister dans les autres corps ; & comme elle est proportionnelle à la quantité de matiere de chaque corps, elle doit exister dans chacune de leurs parties. Ainsi c'est de l'attraction, comme l'observe M. Newton dans sa philosophie, que proviennent la plupart des mouvemens, & par conséquent des changemens qui se font dans l'univers ; c'est par elle que les corps pesans descendent, & que les corps légers montent ; c'est par elle que les projectiles sont dirigés dans leur course ; que les vapeurs montent, & que la pluie tombe ; c'est par elle que les fleuves coulent, que l'air presse, que l'océan a un flux & reflux. La seconde espece d'attraction est celle qui ne s'étend qu'à des distances insensibles. Telle est l'attraction mutuelle qu'on remarque dans les petites parties dont les corps sont composés ; car ces parties s'attirent les unes les autres au point de contact ou extrêmement près de ce point, avec une force supérieure à celle de la pesanteur, mais qui décroît ensuite à une très-petite distance, jusqu'à devenir beaucoup moindre que la pesanteur ; on a appellé cette force *attraction de cohésion*, parce qu'on suppose que c'est elle qui unit les particules élémentaires des corps pour en faire des masses sensibles. Toutes les parties des fluides s'attirent mutuellement, comme il paroît par la tenacité & par la rondeur de leurs gouttes, si on en excepte l'air, le feu & la lumiere. Ces mêmes fluides se forment en gouttes dans le vuide, comme dans l'air, ils attirent les corps solides, & en sont réciproquement attirés, d'où il paroît que la force attractive se trouve répandue par-tout ; dans tous les cas, les corps s'attirent réciproquement, non-seulement lorsqu'ils se touchent, mais aussi lorsqu'ils sont à une certaine distance les uns des autres ; l'expérience a démontré d'une maniere bien sensible cette vertu attractive ; c'est à M. Newton que l'on doit la découverte de cette derniere espece d'attraction, qui n'agit qu'à de très-petites distances, comme c'est à lui que nous devons la connoissance plus parfaite de l'autre qui agit à des distances considérables. En effet les loix du mouvement & de la percussion des corps sensibles dans les différentes circonstances où on peut les supposer, ne paroissent pas suffisantes pour expliquer les mouvemens intestins des particules des corps, d'où dépendent les différens changemens qu'ils subissent dans leurs contextures, leurs couleurs, leurs propriétés ; c'est ce qui démontre évidemment que les systêmes modernes seroient en défaut, s'ils n'étoient fondés que sur le principe seul de la gravitation, porté même aussi loin qu'il est possible. Ainsi il est convenu qu'il y a une force qui fait tendre les planetes premieres vers le soleil, & les planetes secondaires vers leurs planetes principales. Comme il ne faut point multiplier les principes sans nécessité, & que l'impulsion est le principe le plus connu & le moins contesté du mouvement des corps, il est clair que la premiere idée de Descartes a été d'attribuer cette force à l'impulsion d'un fluide. C'est à cette idée que les tourbillons doivent leur naissance, & elle paroissoit d'autant plus heureuse qu'elle expliquoit à-la-fois le mouvement de translation des planetes par le mouvement circulaire de la matiere du tourbillon, & leur tendance vers le soleil par la force centrifuge de cette matiere. On a renoncé à ce systême ; & on est presque forcé de convenir que les planetes ne se meuvent point en vertu de l'action d'un fluide : car de quelque maniere qu'on suppose que ce fluide agisse, on se trouve embarrassé dans des difficultés insurmontables. On est donc réduit à prononcer que la force qui fait tendre les planetes vers le soleil, vient d'un principe qu'on nomme *attraction*, dirigée par un principe inconnu, mais qui doit être supposé, si l'on veut se rapprocher du vrai systême.

32. *PESANTEUR.*

C'est cette propriété en vertu de laquelle tous les corps tombent & s'approchent du centre de la terre lorsqu'ils ne sont pas soutenus ; il est certain que cette propriété a une cause, mais il n'est pas facile de la connoître. Il est certain & reconnu que la force qui fait tomber les corps est toujours uniforme, & qu'elle agit également sur eux à chaque instant ; que les corps tombent vers la terre d'un mouvement uniforme accéléré ; que leurs vîtesses sont comme le tems de leur mouvement ; que les espaces qu'ils parcourent sont comme les carrés des tems, ou comme les carrés des vîtesses, & que par conséquent les vîtesses & les tems sont en raison sous-doublée des espaces ; que l'espace que le corps parcourt en tombant pendant un tems quelconque, est la moitié de celui qu'il parcouroit pendant le tems d'un mouvement uniforme avec la vîtesse acquise ; que par conséquent cet espace est égal à celui que le corps parcourroit d'un mouvement uniforme avec la moitié de cette vîtesse ; que la force qui fait tomber ce corps vers la terre est la seule cause de leur poids ; puisqu'elle agit à chaque instant, elle doit agir sur les corps, soit qu'ils soient en repos, soit en mouvement, & c'est par les efforts que ces corps font sans cesse pour obéir à cette force, qu'ils pesent sur les obstacles qui les retiennent. Cependant comme la résistance de l'air se mêle toujours à l'action de la gravité dans la chûte des corps, il est impossible de connoître avec précision, par les anciennes expériences, en quelle proportion cette force qui anime tous les corps à tomber vers la terre agit sur ces corps, mais les modernes l'ont démontré : d'où il s'ensuit que la force qui fait tomber les corps vers la terre est proportionnelle aux masses, ensorte qu'elle agit comme 100 sur un corps qui a 100 de masse, & comme 1 sur un corps qui ne contient que 1 de matiere propre ; que cette force agit également sur tous les corps quelle que soit leur contexture, leur forme, leur volume ; que tous les corps tomberoient également vîte vers la terre, sans la résistance que l'air leur oppose, laquelle est plus sensible sur les corps qui ont plus de volume & moins de masse ; que par conséquent la résistance de l'air est la seule cause pour laquelle certains corps tombent plus vîte que les autres, comme l'avoit assuré Galilée. Quelque changement qui arrive à un corps par rapport à la forme, son poids dans le vuide reste toujours le même, si la masse n'est point changée ; à cette occasion il est important de remarquer qu'il faut distinguer avec soin la pesanteur des corps de leur poids. La pesanteur, c'est-à-dire cette force qui anime les corps à descendre vers la terre, agit de même sur tous les corps quelle que soit leur masse; mais il n'en est pas ainsi de leur poids, car celui d'un corps est le produit de la pesanteur par la masse de ce corps. Ainsi, quoique la pesanteur fasse tomber également vîte dans la machine du vuide, les corps de masse inégale, leur poids n'est cependant pas égal. Le différent poids des corps d'un volume égal dans le vuide sert à connoître la quantité relative de matiere propre & de pores qu'ils contiennent, c'est ce qu'on appelle la *pesanteur spécifique des corps.* C'est donc la résistance de l'air qui retarde la chûte des corps; son effet presque insensible sur les pendules, à cause de leur poids & des hauteurs médiocres dont ils tombent, devient très-considérable sur des mobiles qui tombent de très-haut, & il est d'autant plus sensible que les corps qui tombent ont plus de volume & moins de masse. L'air résiste au mouvement des corps; il en résulte que les corps qui le traversent en tombant, ne doivent pas accélérer sans cesse leur mouvement; on a calculé qu'une goutte d'eau qui seroit la 10,000,000,000 partie d'un pouce cube d'eau tomberoit dans l'air parfaitement de quatre pouces $\frac{7}{15}$ par secondes d'un mouvement uniforme, & que par conséquent elle y feroit 235 toises par heure. Cet exemple démontre que les corps légers qui tombent du haut de l'athmosphere sur la terre, n'y tombent pas d'un mouvement accéléré, comme ils tomberoient dans le vuide abandonné dans leur pesanteur, mais que l'accélération qu'elle leur imprime est bientôt compensée par la résistance de l'air, sans cela la plus petite pluie feroit de grands ravages; & loin de fertiliser la terre qu'elle arrose, elle détruiroit ses productions. Les corps abandonnés à eux-mêmes tombent vers la terre, suivant une ligne perpendiculaire à l'horizon ; ainsi la ligne de direction des graves est donc perpendiculaire à la surface de l'eau. Or la terre étant démontrée à-peu-près sphérique, ne l'étant pas, rigoureusement parlant, le point de l'horizon vers lequel les graves sont dirigés dans leur chûte, peut toujours être considéré comme l'extrêmité d'un des rayons de cette sphere ; ainsi si la ligne, selon laquelle les corps tombent vers la terre, étoit prolongée, elle passeroit par son centre, supposé que la terre fût parfaitement sphérique. D'après cela il est facile d'établir des calculs sur cette hypothese.

33. VITESSE.

C'est l'affection du mouvement par laquelle un corps est capable de parcourir un certain espace en un certain tems. La vîtesse uniforme est celle qui fait parcourir au mobile des espaces égaux en tems égaux, quoiqu'à parler exactement, il n'y a point de mouvement parfaitement uniforme ; car il n'y a qu'un espace qui ne feroit aucune résistance, dans lequel un mouvement de cette nature pût s'exécuter, & dans lequel un mouvement perpétuel tant cherché fût possible. Cependant lorsqu'un corps se meut dans un espace qui ne résiste pas sensiblement, & que ce corps ne reçoit ni accélération, ni retardement sensible, on considere son mouvement comme s'il étoit parfaitement uniforme. On observe encore la vîtesse propre ou absolue d'un corps qui est le rapport de l'espace qu'il parcourt, & du tems dans lequel il se meut ; la vîtesse respective qui est celle avec laquelle deux corps s'approchent ou s'éloignent d'un certain espace dans un tems déterminé ; la vîtesse relative qui est celle avec laquelle deux corps s'éloignent ou s'approchent, soit que chacun de ces corps soit en mouvement, soit qu'il n'y en ait qu'un seul ; la vîtesse non-uniforme & qui est la plus commune, est celle qui reçoit quelque augmentation ou quelque diminution ; un corps a une vîtesse accélérée, lorsque quelque nouvelle force agit sur lui & augmente sa vîtesse ; la vîtesse d'un corps est retardée lorsque quelque force opposée à la sienne lui ôte une partie de sa vîtesse. Le systême de Galilée sur la chûte des corps, est reçu généralement : il démontre que la vîtesse d'un corps qui tombe verticalement est à chaque moment de sa chûte proportionnelle à la racine de la hauteur d'où il est tombé ; mais sa derniere conclusion sur l'assemblage de plusieurs plans inclinés qui feroient entre eux des angles quelconques, en prétendant toujours que la vîtesse à la fin de la chûte faite le long des différens plans, devoit être la même que s'il étoit tombé verticalement de la même hauteur, fut rejettée parmi les mathématiciens modernes, dont l'un en démontra la fausseté ; il fit remarquer que le corps qui vient de parcourir le premier plan incliné & qui arrive sur le second, le frappe avec une partie de la vîtesse qui se trouve perdue, & l'empêche conséquemment d'être dans le même cas que s'il étoit tombé par un seul plan incliné qui n'auroit point eu de pli. Il ajouta & démontra que quand les plans inclinés font ensemble des angles infiniment petits, ainsi qu'il arrive dans les courbes ; la vîtesse perdue à chacun de ces angles est un infiniment petit du second ordre ; ensorte qu'après une infinité de ces chûtes, c'est-à-dire après la chûte entiere par la courbe, la vîtesse perdue n'est plus qu'un infiniment petit du premier ordre, qu'on peut négliger par conséquent auprès d'une vîtesse finie. Pour mesurer une vîtesse quelconque d'une maniere constante qui puisse servir à la comparer à toute autre vîtesse, on prend le quotient de l'espace par le tems, supposant que cet espace soit parcouru en vertu de cette vîtesse supposée constante. Si, par exemple, un corps, avec sa vîtesse actuelle, pouvoit parcourir 80 pieds en 40″ de tems, on auroit $\frac{80}{40}$ ou 2 pour exprimer sa vîtesse ; ensorte que si on comparoit cette vîtesse à celle d'un autre corps qui feroit 90 pieds en 3″, comme on trouveroit de la même maniere $\frac{90}{3}$ ou 3 pour cette nouvelle vîtesse, on reconnoîtroit par ce moyen que le rapport de ces vîtesses est celui de 2 à 3. Ceci peut se rapporter à toutes les vîtesses quelconques qu'on puisse concevoir, tant à celles qui nous sont visibles, qu'à celles qui sont hors nous, mais que le tems doit nous découvrir.

34. *Espace.*

Les philosophes anciens ne nous ont laissés sur l'espace que des systêmes soutenus, combattus, mais nullement satisfaisans ; M. Mussembroek seul, en réfutant diverses opinions des auteurs, nous a donné un précis de ses principes qu'il suffit d'exposer en partie pour se former une idée juste de l'espace & pour n'en point rejetter l'existence. Voici comme il s'explique, *tome I, paragr. 151*. Si l'on conçoit que six surfaces s'éloignent les unes des autres à l'infini, on se formera l'idée d'un espace immense. Si l'on fait abstraction de ces superficies, on aura l'idée d'un espace indéterminé & infini en quelque façon. Mais l'idée de l'infini que nous acquérons de cette maniere sera très-imparfaite, obscure & confuse ; car quelque degré d'éloignement que vous accordiez aux six surfaces précédentes, vous ne parviendrez pas pour cela à vous former une idée juste de l'infini. En effet si l'on imagine un espace semblable à celui de l'orbe annuel de la terre, quelqu'immense qu'il paroisse, cet espace est très-petit, si on le compare à l'immensité de celui dans lequel sont suspendus les globes célestes que nous nommons *étoiles fixes*, & que nous découvrons des yeux ; ce second espace est lui-même très-petit, par comparaison à celui qu'occupent les étoiles que nous ne pouvons découvrir qu'à l'aide du télescope : il est très-probable qu'outre ces différens espaces il en est encore un autre au-delà beaucoup plus grand encore, & qui les comprend tous. Et quand nous nous formerions l'idée de ce dernier, nous serions encore bien éloignés de concevoir un espace réellement & absolument infini ; car notre idée différeroit autant de l'idée de l'infini qu'elle en étoit différente lorsque nous n'avions que celle de l'espace que comprend l'orbe annuel de la terre. L'espace conçu de la maniere dont on vient de l'indiquer, est une étendue dépourvue de tout corps quelconque ; il peut être pénétré par un corps, puisqu'il n'apporte aucune résistance à sa pénétration ; il est homogene, & par-tout semblable, puisque ce n'est qu'une simple étendue qui ne peut différer d'elle-même ; cet espace est comme une unité, il ne peut être appellé *grand* ou *petit*, puisqu'il n'a aucune relation avec aucune autre chose qui lui soit semblable, & avec laquelle on puisse le comparer ; il est continu & sans parties, & par conséquent simple ; il est indivisible, indéfini, incommensurable, puisqu'il est plus grand que toute mesure imaginable ; car étant unique dans son genre, il ne reconnoît aucune mesure commune à laquelle il puisse avoir rapport. Il n'a ni dessus, ni dessous, ni côtés, ni extrémités, puisque toutes ces choses supposent une relation entre les parties d'un tout auquel elles conviennent, & entre d'autres substances étrangeres ; il est immobile, comme ayant une étendue immense ; par la même raison il est immuable. Indépendamment de ce qu'on vient de dire, on peut concevoir différentes portions dans cet espace, en plaçant dans son sein des corps à différentes distances qui distribueront cet espace en plusieurs parties, lesquelles à la vérité ne pourront pas être regardées comme de véritables parties de cet espace, parce que les limites qui termineront ces parties n'appartiendront point à l'espace même, mais aux corps qui y seront placés. En effet on entend par parties d'un corps, ce qui est terminé par ses propres limites, & non par des bornes qui lui sont étrangeres : or puisque dans l'hypothese que nous venons d'établir, ce que nous appellons *parties de l'espace*, n'est point terminé par ses propres limites, tout ce qui sera compris entre les surfaces des corps qui seront placés dans l'espace, ne pourra point être regardé comme véritable partie de cet espace ; & pour ôter l'équivoque, nous le désignons sous le nom de *portion*. Les différentes portions de l'espace peuvent être plus grandes, plus petites, avoir chacune des figures différentes, selon la disposition des superficies des corps qu'on place dans l'espace. Ainsi il paroît manifestement par ce qu'on vient d'exposer, qu'on peut se former une idée du vuide, & que cette idée n'est pas l'idée d'un rien, mais réellement l'idée d'une chose qui possede plusieurs propriétés. Ceux qui rejettent l'idée du vuide n'ont aucune raison pour démontrer la vérité de ce qu'ils avancent ; leurs raisonnemens tendent à dire qu'il en existe un, comme on le voit dans la physique de M. Mussembroek, & par-là même ils se contredisent : à cela le philosophe leur répond : Le rien conçu dans l'hypothese est l'étendue qui contenoit auparavant l'espace & le corps qui ont été détruits, & qui peut encore les contenir. Le rien a donc des propriétés, puisqu'il est étendu & qu'il peut contenir des choses tout-à-fait différentes de lui-même : or M. Mussembroek ajoute qu'on ne peut rien affirmer ou nier du rien ; comment peut-on, continue-t-il, imaginer que l'espace qui est entre plusieurs corps puisse être détruit, & qu'il qu'il subsiste toujours entr'eux une même étendue ? N'est-ce pas la même chose que si quelqu'un vouloit concevoir que la distance intermédiaire qui existe entre plusieurs corps fût détruite, ces corps restant toujours à même distance les uns des autres, ce qui est tout-à-fait contradictoire ? L'espace qui comprend l'univers étant individuel & sans parties, comment peut on concevoir qu'une de ces parties soit détruite & que le reste de cet espace subsiste ? L'espace seroit-il donc indestructible ? Point du tout ; mais il faut qu'il soit entiérement détruit, & non pas la moitié seulement ou une de ses parties, puisqu'il n'a point de parties, *&c.* Toutes les autres objections qu'on peut faire sur cette matiere, & qui ont pour fondement l'hypothese dans laquelle on attribue des parties à l'espace, tombent d'elles-mêmes, puisqu'il vient d'être établi & démontré que l'espace étoit unique & dépourvu de parties, & qu'on n'étoit redevable qu'aux corps interposés dans l'espace des différentes portions qu'on concevoit dans cet espace.

35. *ÉTENDUE.*

On considere trois dimensions dans l'étendue ; la longueur ; la longueur unie à la largeur, qu'on nomme *surface* ; enfin la longueur, la largeur & l'épaisseur. Chacune de ces trois dimensions a sa nature particuliere, de sorte qu'aucune ne peut se prendre pour une autre : car des lignes placées les unes sur les autres, ou posées les unes à côté des autres, ne composeront point une superficie ; ni des superficies séparées les unes des autres, quelque nombreuses qu'elles soient, ne formeront point un solide. Toute étendue forme une quantité continue, puisqu'elle est susceptible d'être mesurée, ou qu'on peut la concevoir & qu'elle peut être grande ou petite ; c'est pourquoi on appelle *quantité* toute étendue quelconque. Ainsi quelle que soit l'étendue, on peut la concevoir comme composée d'un nombre infini de petites étendues, d'où on peut conclure que toute étendue est essentiellement divisible à l'infini. Donc toute ligne quelconque d'une longueur finie & déterminée est formée de l'assemblage d'un nombre infini de petites lignes, comme on vient de l'insérer, & posées les unes au bout des autres : de-là toute ligne, soit grande, soit infiniment petite, ne peut pas être considérée comme simple, mais comme composée ; par conséquent elle doit être considérée comme une quantité infiniment petite, divisible à l'infini, & de même nature que les points ou petites lignes qui la composent. D'où l'on peut affirmer que ceux qui avancent que l'étendue est simple & semblable dans tous les corps, se trompent évidemment ; car l'idée de l'étendue est si simple, qu'il n'est pas possible de la développer & de la finir ; & on est réduit à la même impossibilité, lorsque les idées des choses que l'on veut expliquer sont aussi simples. Ecoutons l'opinion d'un physicien moderne aussi sage qu'éclairé ; tous les corps, dit-il, dont l'étendue est assez grande pour être visible & palpable, peuvent se partager en plusieurs portions qui décroissent toujours de grandeur à proportion que la division augmente, jusqu'à ce qu'enfin chacune d'elles échappe à nos sens ; quelque petites que paroissent alors ces portioncules de matiere, on se persuade aisément qu'elles sont encore divisibles ; le physicien cite plusieurs expériences, comme la poudre des métaux, la farine du bled, &c. ainsi après avoir épuisé tous les efforts possibles pour diviser une matière ; que les procédés manquent, & que l'expérience refuse d'obéir à ceux qu'on veut employer ; que doit-on penser de cette étendue divisible qui ne paroît plus l'être ? Il est tout naturel de croire, & l'expérience le justifie par le moyen des microscopes, que quand une matiere ne se divise plus ; c'est bien moins, parce qu'elle n'a plus de parties à diviser, que parce qu'il n'y a plus rien d'asse. subtil pour interrompre sa continuité. La matiere est-elle donc divisible à l'infini ? Le raisonnement que l'on vient d'établir doit y répondre.

36. *Divisibilité.*

La divisibilité dont on traite ici peut s'appeller *réelle* ; elle ne peut avoir lieu dans toute sorte d'étendue : car, quoique l'espace soit réellement étendu, il n'est point composé de plusieurs parties, ainsi que les corps. En effet chaque partie qui compose un corps est une portioncule de matiere, un corpuscule moindre que le tout dont il fait partie, lequel est renfermé dans les bornes qui terminent de toute part sa superficie qui subsiste par lui même, & qui n'a pas besoin, pour subsister, du concours des autres corpuscules qui l'avoisinent. Mais l'espace n'a rien qui lui soit propre : les bornes qui le circonscrivent ne lui appartiennent point ; comme il est immobile, il n'est point susceptible d'une division réelle : tant que les corps ont assez d'étendue pour affecter l'organe de la vue, la nature nous fournit plusieurs moyens où l'art ne manque pas d'expédiens pour les diviser ; mais si-tôt que leur tenuité les soustrait à nos organes, nous ne pouvons pas ne nous pas appercevoir que les moyens nous manquent pour pousser plus loin leur division ; qu'ils ne sont point divisibles à l'infini, & que la divisibilité à laquelle ils sont soumis reconnoît des bornes. Les parties de la lumiere & du feu peuvent dissoudre les parties des plus grands corps, mais cette division ne peut être portée à l'infini ; jamais on ne s'est apperçu que les parties ignées aient été converties en d'autres substances ; jamais on n'a pu parvenir à les diviser ou à les altérer. L'air & l'eau simple ne sont pas moins inaltérables. Donc tous les divisions qui s'operent dans les corps d'une certaine grandeur ne font que séparer leurs parties les unes des autres ; & si les parties qui naissent de ces divisions sont elles-mêmes composées d'autres parties, on pourra encore pousser plus loin la division, jusqu'à ce qu'on soit parvenu à en séparer des parties qui ne soient plus composées. La nature & l'art ne sont point encore parvenus à diviser une des parties élémentaires d'un mixte quelconque ; car comme la porosité des corps reconnoît des bornes, lorsqu'on a poussé la division d'un corps jusqu'aux parties élémentaires qui le constituent, ces parties n'étant point poreuses, comment pourroit-on les diviser encore, puisqu'on ne peut rien introduire dans ces sortes de parties? On ne doit donc pas ranger parmi les vérités physiques, qui sont toutes fondées sur l'expérience & sur l'observation, que la divisibilité réelle soit un des attributs de la matiere, ou que tout corps soit composé de plusieurs parties semblables décroissantes à l'infini, puisque ni l'expérience, ni l'observation n'ont point encore démontré que l'art ou la nature puissent porter la division de ces parties jusqu'à l'infini, & qu'elles ont fait voir évidemment le contraire. Lorsqu'il s'agit de diviser un corps d'une certaine étendue en plusieurs parties, on emploie plusieurs forces. Il y a des corps qui sont susceptibles d'une division prodigieuse, & qui surpasse l'idée qu'on peut se former de la division de la matiere. Un fil de soie de 360 pieds de longueur & qui ne pese qu'un grain, peut se diviser en 2,292,000 parties sensibles à l'œil, puisqu'une étendue d'un pouce en longueur peut se diviser en 600 parties sensibles. M. de Réaumur a démontré par un Mémoire inséré dans l'*Histoire de l'Académie, année 1713, page 270*, qu'un seul grain d'or s'étend sous le marteau de façon à pouvoir être divisé en 13,200,000 parties sensibles. Si l'on considere le fil d'argent doré, on verra que la divisibilité de l'or est encore plus grande ; car, par ce procédé, un grain d'or acquiert une superficie de trois pieds en carré, & peut se diviser en 1,399,680,000 parties. Voici une expérience qu'a faite l'auteur des leçons de physique. Avec une quantité d'or, dit-il, qui n'excede jamais le poids de six onces, & qu'on diminue quelquefois presque jusqu'à une, on couvre un cylindre d'argent d'environ vingt-deux pouces de longueur, quinze lignes de diametre & du poids de quarante-cinq marcs. On fait passer ce rouleau qu'on a couvert de feuilles d'or égales au poids ci-dessus, successivement par les trous d'une lame d'acier qui vont en décroissant, de façon qu'en s'alongeant aux dépens de son diametre il devient enfin aussi délié qu'un cheveu d'une longueur calculée à près de quatre-vingt-dix-sept lieues de deux mille toises chacune. Pendant cette opération, l'or s'étend sur le fil d'argent à proportion de son alongement, ensorte qu'on doit le considérer comme une enveloppe dont les parties ne souffrent point d'interruption sensible. Ce fil doré, qu'on nomme *trait*, passe ensuite entre deux rouleaux d'acier poli, qui l'écrasent en forme de lame fort mince dont on enveloppe un fil de soie ; & dans l'opération des rouleaux, le trait s'alonge encore de $\frac{1}{7}$, ainsi, au lieu de quatre-vingt-dix-sept lieues on peut en compter cent onze ; il faut remarquer que cette lame foulée par le rouleau prend la largeur d'environ $\frac{1}{8}$ de ligne ; on peut encore partager la largeur en deux parties, car une ligne se divise en seize parties sensibles ; ainsi au lieu de deux lames, il en faut compter quatre, qui égaleront en longueur quatre cens quarante-quatre lieues. Cette expérience, celles qu'on a rapportées, & beaucoup d'autres, donnent une idée évidente & admirable de la divisibilité réelle des corps.

37. COMPRESSIBILITÉ.

La grandeur apparente d'un corps quelconque excede toujours celle qui appartient à la quantité réelle de sa matiere propre ; & cet excès varie peut-être autant que les especes qui composent l'univers, car on rencontre rarement deux matieres qui, à volumes égaux, pesent également. On appelle *densité* le rapport du volume à la masse : quand la quantité réelle de la matiere d'un corps differe moins de sa grandeur apparente, il est dense, ou, ce qui est la même chose, quand, sous une grandeur donnée, il contient plus de parties solides ; c'est ainsi que le plomb est plus dense que le cuivre, & que l'air est moins dense que l'eau. Les corps peuvent changer de densité quand leurs parties solides se rassemblent dans un plus petit espace ; tel est l'effet de la neige par l'action d'une excessive gelée. Ces effets, par rapport aux différens corps, peuvent se faire de deux manieres, ou lorsqu'on supprime une cause interne qui les tenoit plus écartés, ou quand on applique extérieurement une force qui les oblige à se rapprocher mutuellement. On peut distinguer deux manieres de diminuer le volume d'un corps, en appellant l'une *condensation*, l'autre *compression*, quoique ce soit toujours condenser une matiere, que d'occasionner la diminution de son volume de quelque façon que ce soit. L'on ne connoît aucun corps dans la nature, en faisant abstraction des parties élémentaires ou atomes, dont le volume ne puisse être diminué, soit par condensation, soit par compression. Quelque dure que soit une matiere, elle ne l'est jamais parfaitement, puisque ses molécules sont toujours plus ou moins dilatées, soit par un mouvement interne qui peut être ralenti, soit par l'action d'un fluide étranger qui la pénetre, & qu'on peut vaincre par une puissance extérieure ; dans ce cas une barre de fer, comme une éponge, diminuent de volume lorsque l'une se refroidit après avoir été rougie au feu, & que l'autre se seche après avoir été trempée dans l'eau & vuidée. Une boule de marbre ou un diamant jettés sur un plan aussi dur, réjaillissent à l'instant ; ce mouvement de réflexion est une preuve bien évidente de la compressibilité du corps réfléchi. Tous les corps de la nature, solides, fluides ou liquides, sont susceptibles de condensation. Un morceau de marbre qu'on aura laissé exposé à un grand froid sera plus petit qu'il n'étoit lorsqu'on l'a mesuré en le plaçant ; la liqueur du thermometre ne descend vers la boule que quand son volume ne suffit plus pour remplir la partie du tube qu'elle occupe dans un tems chaud. Ainsi tous les corps solides & la plupart des fluides sont compressibles (l'air se comprime), excepté cependant les liqueurs ; elles n'ont jamais donné directement aucun signe de compressibilité, quelque chose qu'on ait faite ; & malgré le rapport de M. Newton, qui cependant dit qu'il n'a point été témoin oculaire de l'expérience de l'académie *del Cimento* ; vu celles que tous les physiciens ont essayées depuis, on est tenté d'être de l'avis du sage philosophe qui ne l'a point adopté, quoique la présentant comme un fait curieux & rare. Voyez l'expérience rapportée dans le *Traité d'Optique* de M. Newton. On y verra que l'eau contenue dans la boule ne peut laisser appercevoir aucun signe de condensation, mais un applatissement sensible de la matiere de la boule. Cependant, à rigoureusement parler, on n'en doit point conclure que les liqueurs soient absolument incompressibles, mais seulement qu'elles sont capables de résister aux efforts qu'on emploie contre elles. Il est à croire qu'elles céderoient enfin d'une maniere sensible à la force dont l'action agiroit sur elles, s'il étoit possible de les soumettre à de plus grandes pressions, & qu'elles cedent même, s'il faut le dire, à celles qu'on emploie, mais d'une quantité trop petite pour être apperçue. Tous les corps solides se compriment, parce qu'étant poreuses, leurs parties peuvent se rapprocher & s'étendre ; ainsi l'élasticité peut être considérée comme un des résultats principaux de la compressibilité ; car pour qu'une vessie enflée ou remplie d'air, ou d'eau, ou de quelqu'autre liqueur, qu'on aura posée avec force sur un plan dur, & qu'on retiendra dans cet état, puisse donner l'effet d'élasticité qu'on attend il faut que l'action ou la force l'ait comprimée ; il en est de même de la boule d'ivoire jettée sur un plan de marbre ; la preuve du dernier exemple que l'on cite, c'est qu'en regardant obliquement le plan de marbre, on apperçoit par-tout où la boule a touché une tache ronde qui disparoît vivement, & qui a environ deux lignes de diametre si la boule a $\frac{3}{4}$ de pouce de diametre ; cette tache est plus grande aux endroits où la boule est tombée de plus haut. L'ivoire, quoique très-ferme, est une matiere compressible ; quand il tombe sur le marbre, le mouvement de sa pesanteur qui l'y pousse occasionne une pression qui porte une partie plus ou moins grande de sa sphere vers son centre, & la tache qui paroît au même instant sur le marbre est une preuve incontestable de cet applatissement. Ceci explique l'action élastique des corps ; car l'élasticité n'est autre chose que l'effort par lequel certains corps comprimés tendent à se rétablir dans leur premier état. Cette propriété démontre évidemment que tous les corps élastiques sont compressibles, à moins que l'art, par l'usage des ressorts, n'y ajoute une action ; alors cette élasticité vient d'une compression factice, qui n'a rien d'étonnant que l'industrie de l'homme & sa propension naturelle à chercher dans la nature un modele.

38. SOLIDITÉ.

La solidité ou l'impénétrabilité est cet attribut dont jouissent tous les corps, en vertu duquel tout corps résiste à tout autre corps, & l'empêche de s'emparer de l'espace dont il est en possession. Nous acquérons l'idée de cet attribut par l'attouchement d'un corps, ou par l'observation qui nous apprend que tout corps résiste à la puissance qui le presse. La solidité des corps ne suit point de leur étendue ; les philosophes qui ont raisonné sur le contraire établissent leur raisonnement ou sur l'idée qu'ils se sont formée de l'étendue, ou sur l'expérience. S'ils procedent d'après l'idée qu'ils ont conçue de l'étendue, on peut leur opposer qu'on conçoit en mathématique l'étendue comme pénétrable, puisqu'on conçoit l'étendue d'une sphere renfermée dans celle d'un cube, celle d'un cône dans celle d'une sphere, en un mot, tout solide quelconque renfermé dans l'étendue d'un autre, & on ne trouve rien dans l'idée de l'étendue qui exclue celle de la pénétration ; on ne trouve pas aussi qu'il soit nécessaire de concevoir une premiere étendue détruite, pour qu'une autre s'empare de l'espace qu'occupoit la premiere. D'où il suit que l'idée de l'impénétrabilité ne doit point son origine à celle de l'étendue. L'impénétrabilité ou la solidité doit être regardée comme un des attributs de la matiere ; il n'y a aucun doute à cet égard lorsqu'il s'agit des corps solides. Cet attribut convient également aux fluides qui, renfermés dans des vases, lorsqu'on les presse, font éprouver, ainsi que les solides, une résistance réelle ; l'air lui même, tout mou qu'il est, produit le même effet. La lumiere qui tombe sur des corps solides ou sur des miroirs, se réfléchit, effet qu'on n'obſerveroit point, ſi la lumiere étoit pénétrable. Pluſieurs corps, tant ſolides que fluides, cedent à la vérité à la force qui les comprime, & perdent par ce moyen de leur volume; mais cet effet vient de ce que ces corps étant parſemés d'une quantité de petits eſpaces vuides, leurs parties ſolides qui éprouvent une compreſſion ſe retirent dans ces petits eſpaces; auſſi cet effet n'a-t-il lieu que juſqu'à un certain point: car dès que ces pores, ces petits eſpaces, ſont remplis en partie, & que les parties ſolides des corps ne peuvent plus s'y retrancher, alors ces corps réſiſtent à la compreſſion la plus violente. Si les corps n'étoient point impénétrables, dit M. Muſſembroek, le moindre effort, la compreſſion la plus légere, ſuffiroient pour la détruire. Si en preſſant, par exemple, un cube de haut en-bas, il cédoit à cette preſſion, de maniere que ſa ſurface ſupérieure vînt toucher ſa ſurface inférieure, toutes les ſurfaces intermédiaires ſeroient certainement détruites: ce qu'on n'obſerve jamais, parce que tout corps eſt impénétrable, & que ſon impénétrabilité le met à l'abri d'une telle compreſſion: c'eſt ainſi que les corps qui ſont partie de notre globe, ayant une tendance vers le centre de la terre, ſont peſans, & déploient les uns contre les autres l'effort de leur peſanteur; mais ils réſiſtent tous à cet effort, & par conſéquent ils ſont tous impénétrables; il en eſt de même des corps céleſtes: donc l'impénétrabilité eſt une propriété commune de la matiere. D'où l'on peut conclure que tout élément de matiere eſt étendu, impénétrable; qu'il eſt une unité, & également impénétrable de tous côtés: car l'impénétrabilité ou la ſolidité n'a point de degrés de plus ou de moins que l'on puiſſe concevoir.

39. POROSITÉ.

Si les élémens qui constituent les mixtes sont disposés de maniere à ne pouvoir se toucher parfaitement, selon toutes leurs surfaces, & qu'il y ait de petites distances disséminées de tous côtés entr'eux, il en résultera pour lors de petits espaces vuides que nous appellons *pores*; une masse ainsi constituée se nomme *corps poreux*. Ainsi un corps poreux est donc un composé de plusieurs parties unies entr'elles sous un certain rapport, & séparées sous un autre de petits espaces qui forment, conjointement avec les parties solides & unies de cette même masse, une espece de continu. La rareté des corps est susceptible d'augmentation & de diminution : elle augmente à proportion que leurs parties constituantes s'éloignent davantage les unes des autres & que leur volume augmente ; ou bien, lorsque le volume de ces corps demeurant le même, quelques parties solides sont retirées de la masse qu'elles concouroient à former. Ces corps acquierent leur plus grand degré de rareté, lorsque leurs parties s'éloignent si fortement les unes des autres, qu'elles ne se touchent plus que par de très-petits points : dans ce cas, ces parties ont à peine une adhérence marquée entr'elles, & elles commencent à s'éloigner ou à se séparer les unes des autres. Voici comme s'explique M. Mussembroek dans son *Traité des propriétés des corps*. Si l'espace vuide qui naît de la soustraction de quelques parties solides d'une masse totalement solide, & qui conserve toujours son même volume ; si cette étendue étoit $= \frac{2}{3}$, & que la solidité de la masse fût $= \frac{1}{3}$, & qu'en continuant la soustraction des parties solides de cette masse, on conserve le même rapport entre les espaces vuides & la solidité ; dans le cas que cette masse seroit composée de trois cens soixante parties ; voici quels feroient les rapports de la porosité à la solidité dans les six premieres soustractions qu'on feroit :

120	. . . . . .	240.
200	. . . . . .	160.
253 $\frac{1}{3}$	. . . . . .	106 $\frac{2}{3}$.
288 $\frac{8}{9}$	. . . . . .	71 $\frac{1}{9}$.
312 $\frac{16}{27}$	. . . . .	47 $\frac{11}{27}$.
328 $\frac{32}{71}$	. . . . .	31 $\frac{44}{71}$.

C'est de cette maniere qu'on peut combiner les rapports de la solidité à la porosité des corps. Si on prend un solide composé de trois cens soixante parties semblables, & dont la solidité soit, par rapport à sa porosité, dans le rapport de 10 : 1 ; après la sixieme soustraction, le rapport de sa porosité à sa solidité sera, à peu de chose près, comme 168 : 191. Nous découvrons des pores dans toute l'étendue des corps que nous pouvons soumettre à nos recherches, & que nous pouvons examiner, soit que ces corps soient tirés d'un regne minéral ou végétal. Les parties solides d'un corps quelconque ne peuvent donc pas être pénétrés par tout autre corps ; si l'on remarque que certains corps pénetrent une masse contre laquelle ils sont portés, il faut nécessairement que cette masse soit poreuse. La lumiere pénetre, & le feu s'insinue à travers les corps ; ces corps sont donc poreux. Le feu, tout matériel qu'il est, pénetre donc tous les corps, tant solides que fluides : il ne pénetre pas à la vérité la substance même de ces corps, puisqu'elle est impénétrable ; mais seulement les pores, c'est-à-dire les petits espaces vuides, qui sont disséminés entre les parties qui constituent les substances matérielles ; il les pénetre & s'en échappe aussi-tôt. Bien plus, les évaporations des encres ſympathiques qui pénetrent le bois, les métaux, le papier, & qui font paroître l'écriture, qui n'étoit pas ſenſible avant cette évaporation, ſont autant de preuves manifeſtes du plus ou du moins de poroſité de tous les corps. Il y a des fluides auſſi qui, quoique fort épais, pénetrent certains corps, & conſtatent l'exiſtence de leurs pores. Cette vérité a été démontrée par pluſieurs expériences : le mercure pénetre dans l'or, dans l'argent, dans le cuivre, dans l'étain, dans le plomb, de la même maniere que l'eau s'inſinue dans une éponge ; les portioncules même de ſa matiere réduite en vapeur pénetrent auſſi les mêmes métaux ; l'onguent mercuriel appliqué ſur la peau de l'homme, & le mercure qu'il contient ſe fait jour à travers les pores de la peau, & pénetre dans les routes de la circulation, *&c.* Les fluides en général ont cela de commun avec les ſolides, qu'ils ſont poreux, & c'eſt pour cette raiſon qu'ils ſe pénetrent mutuellement, ſans cependant pénétrer leur ſubſtance ; car dans ce cas il faudroit un plus grand volume d'eau ou d'autre liqueur pour remplir tout-à-fait un vaſe dont il n'y auroit qu'une moitié, un tiers, ou un quart de rempli ; on ſera toujours obligé de tenter des expériences & d'examiner les réſultats du mêlange de tous les fluides, ſi on veut connoître ceux qui ſe pénetrent, ceux qui augmentent de volume par la pénétration, ceux qui conſervent celui qu'ils avoient avant la pénétration, & ceux qui perdent de celui qu'ils avoient. Nous terminerons cet article par une expérience faite par un phyſicien célebre, & que chacun eſt à portée d'exécuter. Que l'on établiſſe ſur trois petits clous, ou d'une maniere équivalente, une piece mince de monnoie de cuivre ou d'argent, & qu'on allume deſſous & deſſus de la fleur de ſoufre, la piece ſe ſépare en deux, ſelon le plan, & fort ſouvent l'une des deux parties plus mince laiſſe encore l'autre aſſez empreinte, pour ne paroître pas sensiblement diminuée. L'explication de cet effet est sensible ; la partie la plus subtile du soufre qui se développe en brûlant, & qui s'insinue de part & d'autre entre les parties du métal dilaté par le feu, forme dans l'intérieur de la piece & selon son plan une couche de matiere hétérogene au métal qui cause sa division, & qu'on apperçoit lorsque les parties sont séparées.

40. *FLUIDES.*

On donne le nom de *fluide* à un assemblage de corpuscules dont la délicatesse, la tenuité est si grande qu'ils échappent à nos organes, & que nous ne pouvons les connoître & les distinguer les uns des autres par le ministere des sens. Ces corpuscules sont tels qu'ils cedent au moindre effort que nous puissions faire contre eux ; qu'ils se prêtent insensiblement à tous les mouvemens directs que nous leur imprimons. Quelque foible que soit la cause qui agit contre eux, ils cedent à son effort ; ils glissent même les uns à travers les autres lorsqu'un seul de ces corpuscules est placé au-dessus d'un autre, sans que la masse totale qu'ils composent paroisse recevoir aucun mouvement : d'où il suit nécessairement que ces corpuscules n'ont qu'une foible cohésion entr'eux, & que leur surface lisse & polie les rend très-propres au mouvement ; donc ces corpuscules ne sont distingués que par l'uni horizontal de leurs surfaces, des poussieres les plus fines dont les surfaces sont remplies d'aspérités & sont moins mobiles. On distingue, en Physique & en Chymie, les substances en fluides, humides & liquides. La substance liquide est celle qui est véritablement fluide, mais dont la surface demeure constamment parallele à l'horizon. Il n'en est pas ainsi d'un fluide proprement dit : cette substance ne conserve pas toujours dans l'athmosphere le parallélisme de ses surfaces, ainsi qu'on peut le remarquer dans la flamme, la fumée, l'haleine, les nuées. On appelle *humide* toute substance fluide, qui excite en nous la sensation d'humidité lorsqu'on la touche ; telle est l'eau, *&c.* On ne doit donc pas ranger dans la classe des substances humides, l'air pur, le feu, le mercure, tous les métaux fondus. Tout corpuscule qui fait partie d'un fluide quelconque est de sa nature solide ou dur, c'est-à-dire qu'il est composé de parties qui ont entr'elles une si forte cohésion, qu'on ne peut parvenir à les séparer avec la même force qui seroit plus que suffisante pour faire mouvoir le corpuscule entier. Si les parties constituantes de chaque corpuscule n'avoient point entr'elles une aussi forte cohésion, les corpuscules de tous les fluides quelconques se diviseroient par le moindre mouvement, leurs parties élémentaires se désuniroient, & ils deviendroient d'une si grande tenuité qu'on ne pourroit les appercevoir à l'aide même des meilleurs microscopes ; or l'expérience nous prouve que les parties de certains fluides se présentent à nos recherches sous des grandeurs visibles ; bien plus, on en observe, qui, quoique composées de plus petites parties encore, coulant & circulant dans de grands ou de petits canaux, ne se brisent cependant point, & conservent toute l'étendue de leur masse ; on n'a point encore découvert aucune espece de fluide dont les parties soient composées d'élémens assez peu liés & unis entr'eux, pour qu'ils puissent céder à une force quelconque, & se séparer les uns des autres. Il suit de-là que quelques degrés de tenuité qu'on accorde à un corpuscule solide qui fait partie d'un liquide quelconque, ce corpuscule ne differe en rien des parties constituantes des autres corps ; & que, soit qu'on le considere en mouvement ou en repos, il jouit complétement de toutes les propriétés qui conviennent aux corpuscules les plus grands & les plus solides. Pour qu'une masse quelconque soit fluide, il n'est pas nécessaire que chacune de ses parties constituantes soient de véritables éléments; elles peuvent être des parties de différens ordres, pourvu qu'elles soient assez petites, assez tenues pour échapper à nos organes, lorsqu'on n'a point recours à des instrumens propres à suppléer à ce qui manque à la perfection de nos sens. En effet nous ne donnons point le nom de *fluide* à l'assemblage de plusieurs parties sensibles, quoiqu'elles jouissent de toutes les autres propriétés qui conviennent aux fluides. Plus les parties des fluides seront composées d'un ordre plus élevé de particules, & plus le fluide qu'elles constitueront sera dense; au contraire ce fluide sera d'autant plus subtil, que ses parties constituantes seront composées de particules qui approcheront davantage de la nature des élémens. L'expérience prouve qu'on trouve dans la nature de ces différentes especes de fluides, puisque les microscopes nous font observer qu'il y a des fluides de différente densité, ainsi qu'on peut le remarquer dans le lait, le chyle, le sang, la lymphe, l'eau, les huiles, & tous les esprits distillés, dont on peut se convaincre par des moyens. Si les parties d'un fluide sont extrêmement grossieres, & qu'elles soient composées de l'ordre le plus élevé de particules élémentaires, elles pourront devenir plus subtiles, plus tenues; si elles se dissolvent & se décomposent en particules d'un ordre inférieur, elles pourront devenir autant petites qu'elles puissent être, c'est-à-dire devenir de simples élémens. L'expérience prouve que ce phénomene a lieu dans la nature, & les fluides les plus grossiers & les plus denses se subtilisent à force d'être atténués; les globules rouges du sang qui sont une liqueur fort dense, se convertissent en lymphe très-subtile, en passant continuellement par les voies de la circulation. Cet effet

effet vient de la pression continuelle qu'ils éprouvent, lorsqu'ils circulent dans les derniers rameaux artériels ou veineux sanguins. Comme les parties des fluides les plus grossiers peuvent être atténuées, divisées & subdivisées ; de même les parties solides peuvent subir les mêmes transmutations, car tous les petits corpuscules de matiere quelconque sont semblables entr'eux. De-là on peut concevoir aisément que les masses les plus grandes & les plus solides peuvent passer de l'état de solidité à l'état de liquidité, pourvu que leurs parties constituantes puissent être séparées les unes des autres, & se décomposer elles-mêmes plusieurs fois jusqu'à ce qu'elles deviennent aussi subtiles qu'il est nécessaire qu'elles le soient pour former un fluide, & que leurs surfaces soient assez arrondies ou assez lubrifiées pour glisser librement, & se mouvoir indépendamment les unes des autres dans la masse des fluides qu'elles formeront. Ceci nous conduit à dire que puisque les corps solides sont formés de l'assemblage de plusieurs portioncules de matiere, il doit résulter de cet ordre que les fluides puissent aussi devenir solides par la liaison de leurs parties, c'est pour cela que l'eau se convertit en glace ; les exemples sont les mêmes pour la somme des quantités, mais en raison inverse ; il ne suffit que faire des recherches & des expériences pour trouver les résultats des opérations, tant en Chymie qu'en Physique. Mais il résulte de ce qu'on vient de dire que, soit qu'une masse solide se liquéfie, soit qu'un fluide acquiere de la solidité, ou qu'un fluide grossier devienne plus léger & plus subtil, toutes ces substances conservent pour l'ordinaire leur poids ; quelquefois il augmente par une addition de la matiere ignée, mais jamais il ne diminue, à moins que l'évaporation n'ait eu lieu : d'où il suit que le poids des parties constituantes des mixtes demeure constamment le même, quelque transmutation qu'on leur fasse subir ; car le poids de la masse entiere résulte de celui de chacune des parties qui la forment. Si on compare les fluides entr'eux, on verra qu'ils ne sont pas tous également fluides, & qu'ils ont différens degrés de fluidité ; le plus subtil de tous les fluides est sans contredit la lumiere ; celui qui doit occuper le second rang est la matiere ignée, ensuite la matiere électrique, l'air. Quoique l'on connoisse des fluides extrêmement subtils, on n'en connoît point qui soient parfaitement & proprement fluides, parce que tous les corps quelconques ont une tendance mutuelle les uns vers les autres, & qu'ils s'attirent tous : or cette attraction leur donne une certaine tenacité : d'où il suit qu'on ne peut séparer les parties d'une masse quelque fluide qu'on la suppose, qu'on ne parvienne à vaincre leur attraction ou leur tenacité ; il y a des fluides dont la fluidité augmente par l'action du feu. Il est constant qu'on ne peut point déterminer exactement les degrés de fluidité du fluide, de la chaleur qu'il éprouve & des parties hétérogenes qui peuvent s'allier avec lui ; car la chaleur varie perpétuellement dans l'air, ainsi que dans tous les fluides immergés dans l'athmosphere : car outre que les parties les plus fluides, celles qui sont tenues dans le fluide s'évaporent continuellement ; il ne reste que celles qui sont plus denses, plus grossieres, plus pesantes : ce qui rend le fluide par la suite du tems plus tenace, plus visqueux. Nous terminons par conclure avec les physiciens, à l'égard des fluides, que nous ne savons pas encore s'il y a réellement dans la nature des fluides purs & homogenes ; il peut se faire que l'eau pure, l'air dégagé de toute substance étrangere, le mercure bien purifié, approchent beaucoup de l'homogénéité dont on parle ; un rayon de lumiere bien séparé & qui ne présente à nos yeux qu'une seule & même couleur, peut être homogene, mais il n'est pas possible de le démontrer. Concluons & disons qu'en combinant par différens procédés ce qui appartient aux fluides & ce qui ne peut leur convenir, on remarquera des différences très-sensibles dans leur fluidité ou dans leur viscosité.

41. DE LA LUMIERE.

La lumiere se dit de tout ce qui peut procurer à l'ame la faculté d'appercevoir par le moyen des yeux, qui est l'organe matériel qui en est le plutôt frappé. Nous appercevons la lumiere de plusieurs manieres ; elle est portée vers le globe de l'œil par le corps lumineux ; elle y est réflechie par d'autres corps éclairés ; elle peut être réfractée par un milieu quelconque avant d'y parvenir. Privés de la lumiere, nous sommes plongés dans les ténebres ; & nos yeux suspendus dans leurs fonctions, il ne nous reste que l'idée des choses que nous avons apperçues à l'aide de la lumiere. Tant de physiciens nous ont laissé des systêmes, les uns si obscurs, si remplis d'hypotheses & de contradictions, les autres si sages, si réservés, & si sublimes en même tems qu'ils sont satisfaisans, si cependant des êtres abstraits peuvent l'être, que l'on se contentera de donner un simple exposé des différens raisonnemens des philosophes, pour saisir plus particuliérement ceux qui sont propres au systême reçu universellement en physique. Les physiciens appellent *rayons de lumiere* la lumiere qui se dirige par des lignes droites. La ténuité de ces rayons surpasse l'idée qu'on s'en peut former ; on peut la comparer à des lignes géométriques, elle en differe néanmoins, puisque ces rayons sont matériels. La longueur des rayons lumineux, dit M. Mussembroek, est presque infinie ; car non seulement les rayons du soleil qui partent du disque de cet astre, & qui parviennent sur notre globe ne parcourent pas moins qu'un espace = 20237, demi-diametre de la terre; espace qu'un boulet de canon, porté avec toute la vîtesse qu'on pourroit lui donner, ne pourroit parcourir qu'en vingt-cinq ans: mais encore les étoiles fixes les plus éloignées remplissent aussi de leur lumiere toute l'étendue de l'espace qui les sépare de notre globe: distance qui est beaucoup plus considérable que celle à laquelle notre terre est du soleil, puisque, suivant les observations de M. Bradley, la distance des étoiles fixes à la terre est 400,000 fois plus grande que celle du soleil: espace qu'un boulet de canon ne pourroit parcourir qu'en 10,000,000 ans: étendue immense, & que l'esprit de l'homme ne peut saisir & se représenter. Puisque les rayons de lumiere qui partent des étoiles fixes les plus éloignées conservent encore sur notre globe une lumiere très-vive, la vivacité ou la force de ces rayons ne doit point être diminuée, ou elle ne doit l'être que très-peu: ce qu'on ne peut concevoir, à moins que les espaces célestes que ces rayons parcourent ne soient presque vuides de matiere, excepté de celle de la lumiere qui est très-rare, & conséquemment qu'ils n'éprouvent, en traversant ces espaces, aucune résistance, & qu'ils n'y rencontrent aucun corps qui les réfléchisse, ou qui les absorbe. De ce que la lumiere qui nous vient des étoiles fixes ne diminue pas sensiblement, nous pouvons concevoir aisément comment la lumiere que produisent les bouches à feu, dans leurs explosions, ne décroît point & conserve tout son éclat à la distance de 28,500 toises, ainsi que l'a observé M. Cassini. Lorsque la lumiere produite par une étincelle, ou par un corps lumineux quelconque, se propage en lignes droites, dans toute l'étendue de la sphere, dont ce corps doit être regardé comme le centre, ces rayons de lumiere sont divergens; les uns le sont davantage, les autres le sont moins. On peut séparer les rayons de la lumiere par le moyen des verres concaves, & diriger la lumiere vers tout autre endroit quelconque vers lequel elle ne tendoit point à se porter. A l'aide d'un prisme de verre, on réfracte un rayon du soleil, & on lui fait changer sa figure ronde en une image oblongue, peinte de différentes couleurs : en opposant un autre prisme au premier, on détourne encore les rayons de lumiere de la route qu'ils tendoient à parcourir : or tous ces effets ne pourroient point avoir lieu, si la lumiere n'avoit un mouvement progressif ; ce que disputent plusieurs philosophes, & même Descartes, qui pensoit que la lumiere étoit diffuse dans toute l'étendue de l'univers qu'il regardoit comme plein. Il imaginoit que cette lumiere ainsi répandue étoit pressée par le corps lumineux, & qu'en vertu de cette pression qu'elle éprouvoit, elle devenoit sensible à l'œil jusqu'à l'extrémité du rayon. Si cette hypothese étoit vraie, il n'y auroit jamais de ténebres, puisque la lumiere étant un fluide, elle est soumise aux loix qui conviennent à cette espece de corps. Si un fluide, compris dans un vase fermé de toutes parts & qu'il remplit, est pressé dans une de ses parties, la pression qu'il éprouvera se distribuera circulairement en toutes sortes de sens, & cette pression sera égale de toutes parts : cela posé, supposons que le soleil soit la cause qui comprime, que le monde soit un vase rempli de lumiere, & qu'elle soit comprimée par le soleil & repoussée par les limites du monde : cette lumiere sera pressée en tout sens, & en conséquence l'œil placé dans toute partie quelconque du monde, & frappé par cette lumiere en mouvement pourra voir, & cet effet aura lieu, soit que le soleil demeure sur notre horizon, soit qu'il soit au-dessous ; puisque la pression qu'il exercera se distribue en tout sens dans toute l'étendue de la sphere, & étant représentée par les extrémités de cette sphere, doit nécessairement rendre ſenſible à l'œil l'image du ſoleil : or cet effet eſt contraire à l'expérience qui nous fait éprouver les ténebres pendant la nuit ; dans l'hypotheſe de Deſcartes, on ne verroit jamais d'ombre, puiſque la lumiere qui ſeroit répandue derriere un corps opaque quelconque ſeroit également preſſée que celle qui eſt diſſéminée à ſes côtés : car la preſſion d'un fluide ſe diſtribue également en tout ſens. La vîteſſe avec laquelle la lumiere ſe propage étant connue, ainſi que l'eſpace qu'elle parcourt dans un tems donné, il s'enſuit qu'elle emploie un tems conſidérable pour parvenir des étoiles fixes juſqu'à nous : en effet ſi la parallaxe annuelle = 1 . m", la diſtance des plus proches étoiles fixes à la terre ſera comme le rayon eſt au ſinus d'une ſeconde, ou à-peu-près comme 200,000 : 1 ; conſéquemment la lumiere que les fixes envoient ſur notre globe mettra 1042 jours à y parvenir ; mais les étoiles qu'on obſerve avec le téleſcope, & celles qu'on remarque dans la voie lactée ſont plus de deux mille fois plus éloignées ; par conſéquent leur lumiere ne pourra parvenir ſur notre globe qu'en 1042 jours × 1000, ou 1042 jours × 2000. C'eſt peut-être dans ce rapport qu'on découvre quelquefois de nouvelles étoiles. Cette extrême rapidité avec laquelle la lumiere ſe meut, nous empêche de nous appercevoir de ſon mouvement progreſſif, & d'en juger par les expériences que nous pouvons faire ſur la terre. Ainſi la lumiere eſt une véritable matiere, & non pas ſeulement une forme accidentelle, comme le prétendoit Ariſtote. C'eſt un véritable corps qui jouit des propriétés qui appartiennent aux corps : cependant c'eſt un fluide très-ſubtil, & dont les parties n'ont qu'une foible cohéſion entr'elles, ainſi que celles de tout fluide quelconque ; & lorſqu'elle tombe ſur un corps opaque réfléchiſſant, elle peut être réfléchie ſur toute ſorte d'angle, ſelon les mêmes loix auxquelles les autres corps solides ou fluides sont soumis, lorsqu'ils rencontrent un obstacle & qu'ils le réfléchissent. Exposons sommairement le sentiment du Pere Mallebranche sur la lumiere & sur la vision ou réfraction. Il en est, dit-il, de la lumiere & des diverses couleurs comme du son & des différens tons. La grandeur du son vient du plus ou du moins de force des vibrations de l'air grossier, & la diversité des tons du plus ou du moins de promptitude de ces mêmes vibrations. La force ou l'éclat des couleurs vient aussi du plus ou du moins de force des vibrations, non de l'air, mais de la matiere subtile, & les différentes especes de couleurs du plus ou du moins de promptitude de ces mêmes vibrations. Il est certain que les couleurs dépendent naturellement de l'ébranlement de l'organe de la vision, d'où l'on conclut que c'est le plus ou le moins de promptitude dans les vibrations du nerf optique, ou dans les secousses des esprits qui y sont contenus, qui change les especes de couleurs à nos yeux, & que la cause de ces vibrations vient primitivement des vibrations plus ou moins sensibles qui affectent la rétine en la comprimant. Il n'en est pas, à cet égard, de la lumiere comme du son qui se transmet plus ou moins lentement, parce que l'air n'est comprimé que par le poids de l'athmosphere, afin que chaque partie d'air remue celle qui la suit. A l'égard de la lumiere, cela n'est pas ainsi, parce que toutes les parties de la matiere éthérée se touchent; qu'elles sont très-fluides, & sur-tout parce qu'elles sont comprimées par le poids de tous les tourbillons qui sont eux-mêmes comprimés par une force infinie; de sorte que les vibrations de pression, ou l'action du corps lumineux, se doit communiquer de fort loin en un instant ou en très-peu de tems; & si la compression des parties qui composent notre tourbillon étoit infinie, il faudroit que les vibrations de pression se fissent en un instant. M. Huguens, dans son *Traité de la lumiere*, conclut par les éclipses des satellites de jupiter que la lumiere se transmet environ six cens mille fois plus vîte que le son. Ainsi il n'est pas impossible de concevoir comment un point sensible de matiere infiniment fluide & comprimé de tous côtés, reçoit en même tems un nombre comme infini d'impressions différentes, lorsqu'on fait attention que la matiere est divisible à l'infini, & que la plus petite sphere peut correspondre à toutes les parties d'une grande ; que chaque partie tend & avance du côté qu'elle est moins pressée ; & qu'ainsi tout corps mou & inégalement comprimé reçoit tous les traits du moule, pour ainsi dire, qui l'environne, & les reçoit d'autant plus promptement qu'il est plus fluide & plus comprimé. Donc les diverses couleurs ne consistent que dans la différente promptitude des vibrations de pression de la matiere subtile, comme les différens tons de la musique ne viennent que de la diverse promptitude des vibrations de l'air grossier qui se croisent sans se détruire. Le docteur Smith s'explique ainsi sur le mouvement rectiligne de la lumiere. Quand on considere qu'il n'y a point d'astre qui n'envoie des rayons de lumiere à tous les autres ; que l'univers est rempli d'une multitude de spheres, de rayons, dont les corps célestes sont les centres ; qu'il n'y a pas de point sensible de l'horizon qui n'envoie des rayons à tous les autres points ; il est presque impossible de concevoir comment la lumiere ne se forme pas obstacle à elle-même dans les espaces immenses qu'elle traverse, & conserve son mouvement rectiligne dans toutes les directions possibles, sans jamais être détourné ; cela est si peu concevable, que plusieurs philosophes ont cru la lumiere incorporelle, & que tous ceux qui ont bien pesé la difficulté, ont vu la nécessité de lui attribuer une subtilité incomparablement plus grande que celle des parties de quelque corps que ce soit. Ceux qui pensent que la lumiere est l'effet d'un mouvement d'oscillation dans un milieu subtil & élastique qui remplit l'univers, peuvent écarter la difficulté en supposant les particules de ce milieu d'une petitesse suffisante; puisque nous voyons par expérience que le son se propage dans l'air, suivant toutes sortes de directions, sans se nuire sensiblement; mais cette hypothese sur la lumiere n'étant pas la plus plausible, l'on renvoie le lecteur à celles qu'on a citées pour en faire comparaison. Aristote explique la nature de la lumiere, en supposant qu'il y a des corps transparens par eux-mêmes, comme l'air, l'eau, la glace, c'est-à-dire des corps qui ont la propriété de rendre visible ceux qui sont derriere eux; mais comme dans la nuit nous ne voyons rien à travers de ces corps, il ajoute qu'ils ne sont transparens que potentiellement ou en puissance, & que dans le jour ils le deviennent réellement & actuellement; & d'autant qu'il n'y a que la présence de la lumiere qui puisse réduire cette puissance en acte, il définit par cette raison la lumiere, l'acte du corps transparent considéré comme tel; il ajoute que la lumiere n'est point le feu, ni aucune autre chose corporelle qui rayonne du corps lumineux, & se transmet à travers le corps transparent, mais la seule présence ou application du feu, ou de quelqu'autre corps lumineux, au corps transparent. La lumiere premiere consiste, selon les Cartésiens, en un certain mouvement des particules du corps lumineux, au moyen duquel ces particules peuvent pousser en tout sens la lumiere subtile qui remplit les pores des corps transparens. Les petites parties de la matiere subtile ou du premier élément étant ainsi agitées, poussent & pressent en tout sens les petits globules durs du second élément qui les environnent de tous cotés & qui se touchent. M. Descartes suppose que ces globules sont durs & qu'ils se touchent, afin de pouvoir transmettre en un instant l'action de la lumiere jusqu'à nos yeux; car il croyoit que le mouvement de la lumiere étoit instantané. On peut voir par le sentiment du Pere Mallebranche qu'on a rapporté ci-dessus, combien celui de M. Descartes s'y rapporte; on seroit tenté de croire, abstraction faite de quelques hypotheses, que ces deux sentimens sont les plus sensibles & les plus déterminans. M. Newton a si bien senti les difficultés qui devoient résulter de l'explication de la propagation de la lumiere, qu'il dit dans un endroit de sa philosophie, *de naturâ radiorum lucis, utrum sint corpora, nec ne, nihil omninò disputans.* Ces paroles marquent évidemment un doute sur la corporéalité de la lumiere; mais si elle n'est pas un corps, quelle est donc sa substance?

42. SON.

Le son naît du choc ou de la collision de deux corps dont les parties ébranlées font frémir comme elles, & de toutes parts jusqu'à une certaine distance, le fluide qui les environne; & ce frémissement se communique aux autres corps qui en sont susceptibles & qui se rencontrent dans cette sphere d'activité. On n'observe jamais que l'air rende du son lorsqu'il agit solitairement: on n'en entend point non plus lorsqu'on heurte des corps solides dans un espace vuide; il faut de toute nécessité la présence de l'air pour produire du son; il faut que ce fluide enveloppe les corps sonores qui se meuvent, & qui sont mis en vibration. Ainsi il faut donc considérer le son, 1°. dans le corps sonore, 2°. dans le milieu qui le transmet, 3°. dans l'organe qui en reçoit l'impression. On appelle *corps sonores* proprement dits, ceux dont les sons, après le choc ou le frottement qui les fait naître, sont distincts, comparables entr'eux, & de quelque durée. Car on ne peut donner cette dénomination à ceux dont la chûte ou l'ébranlement ne fait entendre qu'un bruit confus ou subit, tels que le murmure d'une eau courante, le mugissement des flots agités ; car il est évident, & on en peut juger d'après l'expérience, qu'il n'y a que les corps élastiques qui soient véritablement sonores, suivant cette définition ; & que le son qu'ils rendent est toujours proportionnel à leurs vibrations, soit pour la durée, soit pour l'intensité ou la force. Tout métal composé est plus dur, plus roide, & par conséquent plus élastique, & rendant des sons plus distincts & plus clairs que les métaux simples qui entrent dans le mêlange. On fait subitement cesser le son de tout corps sonore, en le touchant de la main ou avec quelqu'autre corps, parce qu'on interrompt les vibrations ; par la même raison, une cloche fendue ne peut continuer ses vibrations : mais le son doit-il toujours son origine au choc ou aux battemens de deux corps solides ? les fluides ne seroient-ils point sonores par eux-mêmes ? ou bien, ceux-ci frappés par des corps durs ne seroient-ils pas capables de rendre des sons ? On sait à quoi s'en tenir sur ces questions, quand on réfléchit sur certains effets qui se présentent souvent. Dans tous les cas c'est un fluide, l'air qui résonne & dont les parties se mettent en vibration, quand la colonne d'air qui les contient a été choquée, ou par une autre colonne d'air, ou par un corps solide ; ce qui paroît plus fort & ce qui arrive souvent, c'est le choc du fluide sur le solide : comme lorsqu'en prenant l'unisson d'un verre & haussant la voix, il se brise, ses parties s'écartent les unes des autres par cette action ; c'est un exemple bien sensible du son excité, ou du moins augmenté dans un corps solide par le choc d'un fluide. Les vibrations d'un corps sonore se passeroient dans un parfait silence, s'il n'y avoit en lui & nous une matiere intermédiaire capable de recevoir & de transmettre cette espece de mouvement; car un corps n'agit point sur un autre, s'il ne le touche par lui-même ou par quelque matiere interposée; & quand même le corps sonore agiroit sur une matiere, la propagation du son n'auroit pas lieu, si cette matiere inflexible ou trop molle n'étoit capable de s'animer du même mouvement que lui. Ainsi il y a deux conditions nécessaires & suffisantes dans le milieu qui doit transmettre les sons; c'est qu'il doit avoir une certaine densité, afin que ses parties agissent assez fortement & librement les unes sur les autres; il doit être aussi élastique, parce que le mouvement de vibration naît du ressort des parties. Un timbre qui fait ses vibrations dans le vuide ne les peut communiquer à rien, puisqu'elles n'operent le son que quand elles se transmettent, elles doivent se passer dans le vuide en silence. Il est vrai qu'il n'y a point de vuide absolu dans le récipient de la machine pneumatique; mais l'air qui y reste est si raréfié, que ses parties alors trop lâches n'ont point assez de réaction; il manque à ce fluide une densité suffisante qui mette les parties en état d'agir fortement les unes sur les autres. Il peut cependant y avoir au défaut de l'air grossier, dans le récipient, une matiere plus subtile, ne fût-ce que celle de la lumiere ou du feu; mais cette matiere, telle qu'elle soit, n'est point propre à la propagation du son, soit que son ressort ne soit point analogue à celui des corps sonores, soit que ceux-ci n'aient point de prise sur elle par sa trop grande subtilité, ou à cause de l'extrême facilité avec laquelle elle pénetre tous les corps; l'air est donc la cause la plus propre à la propagation du son. Non-seulement le son excité dans l'eau se transmet à l'air de l'athmosphere, mais aussi celui qui naît dans l'air passe dans l'eau, & y fait toujours sentir ses modifications; plusieurs expériences l'assurent; il est vrai que tous les sons sont fort affoiblis, parce que les parties de l'eau, beaucoup moins flexibles que celles de l'air, ne peuvent avoir des vibrations ni si amples, ni d'une si longue durée. Par quelque milieu que le son se transmette, il emploie un tems qui est sensible, lors même que la distance est assez médiocre; bien différent en cela de la lumiere. Cette différence est un moyen dont on n'a pas manqué de faire usage pour mesurer la vîtesse du son. Car si l'on fait tirer un coup de canon à une distance connue, on peut prendre sans erreur sensible l'éclat de lumiere qu'on apperçoit comme le signal du son naissant, & l'on comptera par le moyen d'un pendule à secondes, le tems qui s'écoulera jusqu'à ce qu'on l'entende; ainsi le tems sera connu comme l'espace, ce qui donnera la vîtesse. Des opérations faites à ce sujet par des académiciens sur une ligne de 14,636 toises, qui avoit pour terme la tour de Montlhéry & la pyramide de Montmartre, près Paris, ont donné pour résultats que le son parcourt 173 toises en une seconde, par un tems serein ou pluvieux; le mouvement de la lumiere n'a donc point de part à la propagation du son, & les vapeurs mêlées avec les particules de l'air n'interrompent point le mouvement de vibration: mais si le vent souffle dans la même ligne que parcourt le son, il le retarde, ou il l'accélere selon sa propre vîtesse; si la direction du vent est perpendiculaire au son, celui-ci conserve la même vîtesse qu'il auroit dans un tems calme. L'ouïe a pour objet le bruit & le son; la différence qu'il y a entre l'un & l'autre, c'est que le premier est un trémoussement irrégulier, ou un assemblage de plusieurs sons qui font ensemble sur l'organe une impression confuse; au lieu que le son, proprement dit, consiste dans des vibrations régulieres, homogenes, & qui se font sentir plus distinctement; peut-être même les sons n'affectent-ils qu'une certaine partie de l'organe, & que le bruit les ébranle toutes en même tems. L'oreille est l'organe de l'ouïe; c'est par cette partie qui paroît extérieurement en forme d'entonnoir aux deux côtés de la tête, que le son s'introduit pour aller toucher les fibres nerveuses où s'accomplit la sensation; voyez-en la description à l'article de l'anatomie de l'homme, avec les parties qui y ont rapport. Revenons au son, à ses causes & à ses effets, & consultons à cet égard plusieurs physiciens. M. Mussembroek dit qu'on entend un son chaque fois qu'un solide ou un fluide se meut rapidement dans l'air, lorsqu'une bouche à feu vomit un boulet, lorsque l'air vient se briser avec impétuosité contre des corps solides qui sont en repos, comme il arrive, lorsqu'un vent impétueux, qui n'est autre chose que l'air agité par différentes causes, vient heurter contre des arbres, contre des cordes tendues, ou contre les cables d'un navire; on entend encore du son lorsque deux corps solides se choquent rudement dans l'air, lorsque des fluides tombent sur d'autres fluides; ainsi qu'il arrive lorsqu'une goutte d'eau tombe d'une certaine hauteur sur une masse d'eau, ou lorsqu'on verse une quantité d'eau dans un vase où il y en a déja. A l'égard du son que rend le corps sonore lorsqu'il est frappé, voici comme le physicien s'explique. Qu'on regarde avec attention une corde droite & élastique qui soit tendue & fixée par ses deux extrémités; supposons qu'une cause quelconque tire cette corde de sa direction, & lui fasse décrire une ligne brisée; dès que cette cause cessera d'agir sur cette corde & qu'elle sera abandonnée à elle-même, elle se rétablira dans sa premiere situation, elle décrira aussitôt en sens contraire une semblable ligne brisée, en vertu de la vîtesse qu'elle aura acquise par la tension qu'elle aura reçue. On suppose que la ligne qu'elle décrira est composée de lignes droites: or cette corde, après avoir décrit cette ligne, reprendra encore sa premiere situation pour décrire aussitôt la ligne, & elle continuera, en allant & venant, à faire de pareilles vibrations jusqu'à ce qu'elle parvienne à l'état de repos d'où on l'a tirée, & qu'elle se soit parfaitement rétablie dans sa situation. Lorsque cette corde exécute ses vibrations, les parties qui étoient placées les unes sur les autres lorsqu'elle étoit droite, s'écartent lorsqu'elle est courbée, & qu'elle devient un peu plus longue; elles se pressent aussi, car le diametre de la corde diminue. Mais lorsque la corde se rétablit dans sa premiere situation & qu'elle devient plus courte, les parties qui étoient serrées & comprimées se relâchent, le diametre de la corde augmente; de sorte que cette corde devient alternativement plus longue & plus courte d'autant que ses parties s'éloignent ou s'approchent, & qu'elles se compriment ou se relâchent. Or le son que la corde rend, n'est produit par aucun de ces deux especes de mouvement. Mais si un corps dur choque la corde sur un des points de sa longueur, de sorte que les parties qui composent sa surface en reçoivent une autre espece de mouvement vibratoire, qui rende la surface de la corde remplie d'aspérités, & qui porte des parties en-dedans & en-dehors, comme si elles quittoient alternativement la place qu'elles occupoient auparavant; alors la corde rendra un son qui durera tant que ce mouvement vibratoire subsistera dans ces parties. M. Sauveur a supputé combien une corde parcourt de chemin dans un certain tems lorsqu'elle frémit avec plus de force, & combien elle parcourt lorsque ses vibrations sont plus foibles, tandis qu'elle a cependant le même son. Suivant son calcul, le chemin qu'elle parcourt en une seconde est soixante-douze fois plus grand dans le premier cas que dans le second ; d'où il suit qu'une même corde peut produire un son soixante-douze fois plus grand, quoiqu'elle continue de rester sur le même son. M. Newton a donné dans le second livre de ses principes une théorie très-ingénieuse des vibrations de l'air ; cette théorie est trop compliquée & trop géométrique pour être rendue ici : on se contentera de dire qu'il trouve la vîtesse du son par son calcul à-peu-près la même que l'expérience la donne. La vîtesse du son est différente, suivant les physiciens qui la déterminent. Il parcourt l'espace de 968 pieds en une minute, suivant M. Isaac Newton ; 1300, suivant M. Robert ; 1200, suivant M. Boyle ; 1338, suivant le docteur Valker ; 1474, suivant Mersenne ; 1142, suivant le docteur Hallay. M. Derham prétend que cette variété vient en partie de ce qu'il n'y avoit pas une distance suffisante entre le corps sonore & le lieu de l'observation. Le même physicien propose plusieurs questions relatives aux loix du son, & répond à chacune avec précision & vérité d'après les expériences multipliées qu'il rapporte, & dont il a fait lui-même la plus grande partie.

43. *Écho.*

Le son réfléchi, que l'on nomme communément *écho*, ne se distingue point du son direct, c'est-à-dire de celui qui vient immédiatement du corps sonore : quand la réflexion se fait de fort près, l'un & l'autre se confondent. Mais lorsqu'il y a une distance suffisante, comme le son qui vient par réflexion fait plus de chemin que celui qui vient directement, il arrive plus tard à l'oreille, & y répete la premiere impression. Les échos ne se trouvent point en rase campagne, mais très-communément dans les bois, dans les

les rochers & dans les pays montagneux, parce que le son y rencontre fréquemment des obstacles qui le réfléchissent ; il y a des échos qui répetent distinctement dix-sept ou vingt syllabes ; mais on a toujours observé que les dernieres répétitions sont plus foibles que les premieres, ce qui est une conséquence nécessaire ; car les sons qui viennent les derniers ont fait plus de chemin que les autres, & ce son est un mouvement qui diminue, comme le carré de la distance augmente, à moins que l'obstacle qui réfléchit les rayons sonores ne soit d'une figure propre à diminuer leur divergence. Les échos deviennent quelquefois des phénomenes fort singuliers par la rareté des circonstances qui les font naître ; on en citera quelques-uns à la fin de cet article. C'est encore par la raison d'un air immobile fortement comprimé, & appuyé contre des parois fort durs, qu'un homme enfermé dans l'eau sous la cloche d'un plongeur peut s'évanouir par l'étonnement que lui cause le son d'un cor qu'il essaie d'emboucher. On doit expliquer par le même principe ce qui surprend les curieux dans des édifices où la voix la plus basse se fait entendre d'un angle à l'autre, sans que les assistans qui sont placés par-tout ailleurs puissent entendre un seul mot de ce qu'on dit ; car ces angles sont ordinairement continués à la voûte, & ils contiennent une portion d'air qui ne se déplace point, & dans laquelle le son devient & se conserve plus fort, & la figure de la voûte occasionne des réflexions telles qu'il les faut pour le transmettre. Comme le son considéré dans l'air qui le transmet consiste en une espece d'ondulation de ce fluide, il peut se faire que ce son soit réfléchi par le corps sur lequel il se porte, & conséquemment que ce son revienne à l'endroit d'où il est parti ; le son ainsi reporté & transmis est précisément l'écho ou le son réciproque. L'espace de tems qui ſépare le ſon direct de l'écho eſt d'autant plus petit, que l'obſtacle qui forme l'écho eſt plus proche du corps ſonore : mais ſi l'obſtacle ſe trouve éloigné de ce corps à la diſtance de 535 pieds, & que l'obſervateur ſoit très-proche du corps ſonore, il y aura une ſeconde d'intervalle entre la perception du ſon direct & celle du ſon réfléchi, & conſéquemment tous les mots que quelqu'un proféreroit pendant ce tems ſeroient rendus par l'écho lorſque cette perſonne ceſſeroit de parler : mais plus l'obſtacle qui réfléchit le ſon ſera éloigné du corps ſonore, plus il faudra de tems pour que l'obſervateur entende la répétition du même ſon. Comme l'oreille de l'homme ne peut pas bien diſtinguer les ſons qui ſe ſuccedent avec une viteſſe infinie, & qu'il faut néceſſairement un certain intervalle de tems entre chacun de ces ſons pour que l'oreille puiſſe les ſaiſir ; il s'enſuit que lorſque le ſon ſera réfléchi à une diſtance trop proche de celui qui l'écoute, il ne pourra point diſtinguer le ſon réfléchi : mais eſt-il poſſible de déterminer la plus petite diſtance poſſible entre le corps ſonore & l'obſtacle pour qu'on puiſſe diſtinguer l'écho ? S'il y avoit des obſtacles diſpoſés à différentes diſtances d'une perſonne qui parleroit, de façon que ceux qui ſeroient les plus proches ſeroient plus bas & les plus éloignés plus haut, ou qu'il y eût ſeulement deux obſtacles élevés & paralleles entr'eux, qui ſeroient diſpoſés de façon à réfléchir le ſon au même endroit, on entendroit alors différentes répétitions de l'écho qui ſe ſuccéderoient les unes des autres ; mais comme la voix eſt plus foible ou paroît l'être lorſqu'elle vient d'un endroit plus éloigné, & qu'elle paroît plus claire lorſqu'elle vient d'un endroit plus proche, la premiere répétition de l'écho ſeroit très-diſtincte ; ſavoir celle qui viendroit de l'écho le plus voiſin, les autres deviendroient de plus baſſes en plus basses, à proportion que les obstacles seroient plus éloignés : par conséquent si, dans cette supposition, quelqu'un prononçoit l'exclamation *ah*, les échos répéteroient cette syllabe, dont le son s'affoibliroit de plus en plus. Comme le son se propage toujours avec la même vîtesse dans l'espace qu'il parcourt, il faut que les intervalles du tems qui se trouvent entre chaque répétition de ces sortes d'échos soient égaux entr'eux. Les murs paralleles qui sont fort élevés répetent plusieurs fois les sons, & produisent des échos redoublés. En général tout ce qui peut réfléchir le son & le reporter vers l'endroit d'où il est parti, doit être regardé comme une cause propre à produire un écho ; tels sont les murailles, les remparts des villes, les bois, les maisons, les montagnes, les rochers, les nuées, *&c.* de-là viennent ces coups terribles de tonnerre, dont les éclats répétés retentissent dans l'air. On peut aisément s'assurer de cette vérité ; car si on tire le canon lorsque le tems est serein, on n'entend alors & pour l'ordinaire qu'un seul coup : mais si on le tire lorsque le ciel est couvert de nuages, le coup se fait alors entendre plusieurs fois. Plusieurs auteurs parlent d'un nombre infini d'échos. Il y a à trois lieues de Verdun deux grosses tours éloignées l'une de l'autre de trente-six toises ; lorsqu'on parle un peu haut dans la ligne qui joint ces édifices, la voix se répete douze à treize fois toujours en s'affoiblissant ; les deux tours se renvoient le son alternativement, comme deux miroirs qui se regardent en multipliant l'image d'un corps placé entr'eux. Dans les *Mémoires* de l'académie de 1699 ou 1700, il y est fait mention de plusieurs échos singuliers. Kirker en cite un qui répétoit quarante fois des paroles assez hautement prononcées. Le vulgaire a de tout tems donné des explications bizarres à ces sortes de phénomenes purement naturels ; ils ont été traités d'esprits malins cachés dans des cavernes, dans des anciens monumens, dans des bois, pour tourmenter les hommes & les surprendre; mais l'expérience & les observations ont éclairci ce mystere, & ont fait rentrer la nature dans tous ses droits pour éclairer les hommes, en les tirant de l'honteuse ignorance & de leurs préjugés.

44. ÉLECTRICITÉ.

C'est une propriété que les corps frottés, forgés, exposés à l'action du soleil, ou à celle du feu, acquierent, en vertu de laquelle ils attirent à eux d'autres corps placés à une certaine distance, ils les repoussent après les avoir attirés, & jettent souvent une lumiere sensible. Les effets si nombreux & si admirables de l'électricité ne sont point produits, comme on n'en peut douter par les expériences, par le corps électrisé, puisqu'ils se passent hors de lui; il faut donc les attribuer à un être qui touche, qui heurte, qui pique jusqu'à causer de la douleur, à cet être qui se fait entendre, qui frappe la vue & l'odorat. Or il ne convient qu'à la matiere, & à la matiere en mouvement, de faire sur nous de telles impressions: cet agent nous donne à chaque instant des preuves de sa présence; il est la cause immédiate de tous les effets que nous appercevons dans tout corps électrisé; en un mot, on peut dire que cette matiere qu'on appelle *fluide* ou *matiere électrique*, est la même que celle du feu, de cet élément qui est présent par-tout, au-dedans comme au-dehors des corps, connu sous le nom de *feu élémentaire*, & à qui l'on attribue la double propriété d'éclairer & d'enflammer, & que la nature emploie pour tous les phénomenes électriques. Le feu, la lumiere & l'électricité dépendent donc du même principe, & ce ne sont que trois modifications différentes du même être; il existe donc une analogie du feu élémentaire avec la matiere électrique. Le feu n'agit jamais de lui-même & sans être excité : les corps qui en contiennent le plus, & qui se prêtent davantage à son action, les huiles, les esprits & les vapeurs qu'on nomme *inflammables*, les phosphores, ne s'embrâsent pas d'eux-mêmes ; il faut que quelque cause particuliere développe ou excite le principe d'inflammation qui est en eux. Mais de tous les moyens propres à l'animer, le frottement est le plus grand. Les corps peuvent être électrisés par communication, comme un corps peut être embrâsé par un corps qui l'a été avant lui ; mais il faut toujours que celui de qui ils tiennent leur vertu ait été frotté, à-peu-près comme la flamme qui consume une bougie, vient originairement d'une étincelle que le frottement a produite. Ainsi on peut supposer avec grande vraisemblance que la matiere qui fait l'électricité, ou qui en opere les phénomenes, est la même que celle du feu ; avec cette restriction cependant que la matiere électrique n'est pas le feu élémentaire tout pur, l'odeur qu'elle fait sentir dans son action semble le prouver, ainsi que les couleurs variées qu'elle répand, & qui sont conformes à la nature des corps d'où elle sort, & selon l'état actuel des milieux où elle est reçue ; par cela même on doit regarder l'électricité comme un écoulement, une exhalaison d'une matiere très-subtile à la vérité, mais néanmoins matérielle ; car puisque les écoulemens électriques affectent nos sens, il n'est pas possible de douter un instant qu'ils soient matériels. La figure & la grandeur des corps ne contribuent pas peu à rendre plus sensibles les phénomenes électriques : en effet une grosse masse de fer, telle qu'un poids de cent livres ; bien plus, plusieurs poids de cette espece, ronds & nullement anguleux, ne s'électrisent pas si bien qu'une chaîne de métal de trois cens pieds de long, & qui ne peseroit que huit livres. On a observé qu'une lame de plomb, large de plusieurs pouces, s'électrisoit moins bien que lorsqu'elle est divisée en plusieurs faisceaux unis entr'eux, selon leur longueur ; il y a d'autres exemples, qu'il seroit trop long de citer ici, mais qu'on peut trouver dans les *Mémoires* de l'académie des sciences de 1747. La figure des corps qu'on électrise contribue aussi à varier les effets de l'électricité, ce qui paroît évident par plusieurs observations, entr'autres celle qu'a faite M. l'abbé Nollet, qui nous apprend qu'une plaque de fer-blanc, fortement électrisée, ne donne pas des étincelles si brillantes, ni si fortes, que la même plaque contournée en forme de tuyau : voyez à ce sujet les *Mémoires* qu'on a déja cités. Les écoulemens électriques, non-seulement enveloppent & font une athmosphere aux corps qu'on électrise, mais ils pénetrent ces corps & se jettent dans leurs substances, à l'aide des pores qui y sont disséminés. On ne peut cependant assurer qu'ils pénetrent la flamme ; car on n'a point encore démonstrativement découvert aucun signe d'électricité dans l'intérieur de la flamme, quoiqu'il soit bien constaté que les écoulemens électriques l'entourent de toutes parts. Quant aux corps solides, il est constant que le fluide électrique les pénetre, les observations le prouvent ; voyez à ce sujet les *Leçons de physique* de M. l'abbé Nollet, on y verra prouvé d'une maniere convaincante que la matiere électrique pénetre la substance intérieure des métaux : d'où il suit que les écoulemens électriques parcourent la substance de ces corps ; or comme ces corps sont d'une grande densité, il ne paroît pas étonnant que ces mêmes écoulemens parcourent si rapidement ceux dont la texture est plus rare. L'électricité pénetre également les fluides, comme le mercure & l'eau, elle peut pénétrer une plus grande quantité d'eau, & se porter même à une plus grande diſtance. Puiſqu'il eſt reconnu que les écoulemens électriques pénétrent aiſément à travers les pores des ſubſtances les plus compactes ; on peut dire que ces écoulemens ſont composés de particules très-ſubtiles, & plus tenues que celles de l'air & de tout autre fluide qui ſoit ſoumis aux opérations ; puiſque les molécules de ces derniers n'ont point un libre accès à travers les pores du verre & des métaux ; & que bien plus, il paroît que les écoulemens électriques pénetrent très-aiſément les métaux, ou au moins plus aiſément & plus abondamment que les ſubſtances végétales & animales ; ce qu'on ne doit pas rapporter à la grandeur ou à la multitude des pores, puiſqu'ils ſont plus ouverts & en plus grande quantité dans les ſubſtances végétales que dans les ſubſtances métalliques : mais plutôt à ce que la matiere électrique eſt diſſéminée en moindre quantité dans les métaux ; & que par conſéquent celle qui y aborde & qui vient du dehors éprouve une moindre réſiſtance que celle qu'elle a à éprouver lorſqu'elle veut pénétrer d'autres ſubſtances qui en contiennent une plus grande quantité, ce qu'on peut confirmer par les expériences qui ont déja été faites, ou en en faiſant de nouvelles. Mais ce qu'il y a de plus étonnant dans les phénomenes de l'électricité, c'eſt qu'il n'eſt pas poſſible d'aſſigner des bornes à l'eſpace que peut parcourir la matiere électrique ; elle parcourt avec tant de rapidité les diſtances, qu'il n'eſt pas poſſible de déterminer un inſtant ſenſible qu'elle ſoit obligée d'employer pour faire un ſi grand trajet ; les effets de la foudre en ſont un exemple journalier. Ce qu'il y a de conſtant, c'eſt que la matiere électrique n'emploie pas ¼ de ſeconde à parcourir la longueur d'un fil de fer de 950 toiſes. La rapidité avec laquelle ce fluide ſe tranſmet n'eſt pas ſans exemple, puiſque la lumiere, comme l'a obſervé M. Muſſembroek, parcourt dans le ciel pendant l'espace d'une seconde environ 1000,000,000 de pieds. Cependant l'activité de ce fluide électrique n'est pas toujours la même, puisqu'en différentes années, lorsque le tems est peu favorable aux expériences sur l'électricité, on a observé que le cours de la matiere électrique étoit plus lent de deux à trois secondes. La vitesse ou la lenteur des effets électriques dépendent du plus ou moins de poids de l'air, si ce n'est de la préparation qu'on emploie pour électriser plus promptement les corps, le frottement. L'électricité, comme le feu, n'a jamais plus de force que pendant le grand froid lorsque l'air est sec & fort dense ; au contraire pendant les grandes chaleurs & lorsqu'il fait humide, il arrive rarement que ces sortes d'expériences réussissent bien : on a observé que l'humidité est plus à craindre pour les corps qu'on veut électriser par frottement, que pour ceux à qui l'on veut seulement communiquer l'électricité. En général la trop grande chaleur & l'humidité nuisent aux opérations de l'électricité, & le froid y coopere, parce que l'air, dans ce dernier cas, étant plus pur, les effets qu'on attend sont moins interrompus & plus prompts, les substances électrisées deviennent plus fortement électriques, l'électricité se propage davantage & produit des effets plus sensibles. Dans l'autre cas, l'électricité qui se distribue aux différens corps est absorbée par l'humidité de l'air qui enveloppe la plus grosse masse, & que la superficie d'une grosse masse qui est couverte d'humidité, ne reçoit point & ne laisse point passer dans son intérieur la matiere électrique qu'elle pourroit recevoir d'un air plus épuré ou moins humide. D'où l'on peut conclure & tirer cette démonstration, que tout corps qui sera placé au-delà de l'athmosphere d'un corps électrisé ne recevra point de matiere électrique, & au contraire tout corps qui sera plongé dans cette athmosphere pourra en recevoir une certaine quantité. Nous en avons l'expérience quand, dans certains jours d'été, quelqu'un placé sur le sommet d'une montagne sur laquelle l'orage domine en est proche, celui qui sera au bas de la montagne recevra moins d'impression de la pesanteur de l'air que celui qui sera sur son sommet. Dans le contraire, si l'orage est inférieur à la montagne, celui qui sera au bas ressentira plus vivement la pesanteur de l'air que celui qui sera au-dessus, auquel cette pesanteur n'aura point été communiquée; il suit de-là que l'air est naturellement électrique; s'il en étoit autrement, on ne pourroit appercevoir aucun phénomene. Par conséquent l'athmosphere des écoulemens électriques qui enveloppe les corps électrisés est composé non-seulement de la matiere effluente qui s'échappe de ces corps, mais encore de la matiere affluente qui s'y porte; & qu'il ne se portent entr'elles aucun obstacle, quoique ces deux matieres se meuvent en sens contraire: ce qui prouve la grande rareté des écoulemens, & en même tems qu'il y a des endroits sur ces corps par où la matiere s'échappe, & d'autres par où elle les pénetre. Le célebre Waston confirme dans cette idée, quand il dit qu'il est indispensablement nécessaire que la matiere effluente & la matiere affluente soient en équilibre entr'elles; car il ne peut pas s'échapper d'un corps idiolectrique une quantité de matiere électrique plus grande que celle qui y afflue, & il ne peut pas y aborder & y demeurer une quantité de matiere électrique plus grande que celle qui s'en échappe, sans cela le corps idiolectrique en contiendroit une trop grande abondance, ce qui occasionneroit un engorgement qui en suspendroit l'effet; l'équilibre de ces deux sortes d'écoulemens est démontré par toutes les expériences qu'on a faites & qu'on peut faire encore. Cependant lorsqu'on regarde comme constant que les corps électrisés fournissent des écoulemens de matiere électrique qui s'échappent de leurs substances, & que dans le même tems ils reçoivent eux-mêmes des écoulemens électriques qui leur viennent des substances qui les avoisinent, ne paroît-il pas naturel de demander si ces écoulemens simultanés, qui se font en sens contraire, ne s'opposent pas un mutuel obstacle, & si l'un des deux ne doit point s'opposer efficacement au mouvement de l'autre & le réduire au repos? Cette idée paroît naturelle, il en arrive ainsi, si une barre de fer qu'on électrise étoit tellement surchargée de matiere électrique qu'elle ne laissât aucun vuide à remplir, & que tous les pores de cette barre fussent exactement engorgés de cette matiere : dans cette hypothese, il est constant que le fluide électrique qui se meut en sens contraire, & qui fait effort pour se jetter dans la substance de cette barre ne pourroit point y parvenir. Mais de même que les rayons du soleil qui tombent sur un miroir ardent & qui en sont réfléchis, ne s'opposent point un obstacle mutuel les uns aux autres, parce qu'ils sont extrêmement rares, & que les rayons incidens ne rencontrent point sur leur passage ceux qui sont réfléchis : pareillement les écoulemens de matiere électrique qu'on détermine vers une barre de fer se jettent dans quelques-uns de ses pores & les parcourent; tandis que les écoulemens qui s'échappent des corps voisins & qui se portent vers la même barre de fer s'emparent des autres pores, & les parcourent de même. Dans cette hypothese, s'il arrive que deux rayons de ces écoulemens qui se meuvent en sens contraire se rencontrent, ils s'opposeront à la vérité quelqu'obstacle, & l'un des deux obligera l'autre à glisser totalement & à s'échapper par un des côtés de la barre de fer qu'il vouloit pénétrer : mais cette rencontre, quoi qu'il en soit, arrive très-rarement, & il reste encore quantité de pores vuides à remplir. Voici quelques effets de l'électricité. Comme la matiere électrique des corps idioélectriques qu'on frotte s'échappe de ces corps, munie d'une grande vîtesse, & qu'elle emporte avec elle les corps légers qu'elle trouve sur son passage, il en résulte 1°. que si on électrise une fontaine artificielle, tandis qu'elle laisse jaillir l'eau qu'elle contient, le jet accélérera son mouvement ; il s'élevera plus haut, il se divisera en plusieurs jets divergens : les gouttes d'eau deviendront lumineuses, elles attireront des corps légers. 2°. Si on communique l'électricité à des fleurs, des fruits, celle-ci coulant librement à travers leurs canaux, emporte avec elle des parties odorantes, les dissipe dans l'air & diminue leur poids. Si on plante en terre des semences, des grains, & qu'on les électrise, ainsi que la terre qui les contient, l'électricité aidera la matiere nutritive à se porter plus rapidement dans ces substances ; elle accélérera le développement de leur germe, de leurs bourgeons, & l'accroissement de leurs feuilles & de leurs fleurs. 3°. L'électricité accélere aussi la circulation du sang dans le vivant ; elle provoque les menstrues ; elle excite des mouvemens convulsifs dans les muscles ; elle augmente la chaleur naturelle, la sueur & la transpiration insensible. Ces effets ne se manifestent pas également dans toutes sortes de sujets, mais diversement, suivant le tempérament de l'animal, le lieu, la constitution de l'air, & la plus grande & la plus petite force de l'électricité. 4°. Si on électrise plusieurs vases qui contiennent différens fluides, l'évaporation de ces fluides est accélérée, sur-tout dans ceux qui sont de nature à se volatiliser plus promptement ; cette évaporation est plus prompte lorsque ces fluides sont placés dans des vases de métal, que lorsqu'ils sont contenus dans des vases de verre ; elle est d'autant plus prompte que l'ouverture du vase est plus large, quoiqu'elle ne suive pas exactement la raison de la grandeur de l'ouverture de ces vases. Les parties des fluides qui s'échappent par l'évaporation ne pénetrent cependant point les pores des vases, soit de verre, soit de métal, qui les contiennent; car si on renferme différens fluides dans des vases exactement bouchés, & qu'on les électrise pendant dix heures, on ne s'appercevra point après qu'ils aient perdu de leur poids. 5°. L'électricité n'abandonne point les corps auxquels on l'a communiqué, quoiqu'ils traversent avec rapidité une grande masse d'air: car si on électrise un homme monté sur un pain de résine, & que l'homme jette, à la distance de cent pas, une boule ou une pomme, ou tout autre corps qu'il tient à la main, ce corps jetté demeurera électrisé, il produira une étincelle lorsqu'il frappera un autre corps qu'il rencontrera sur son passage. Si un homme pareillement électrisé tire un coup de fusil chargé à balle contre un corps suspendu à un cordon de soie, le corps frappé par la balle sera électrisé, & il attirera à lui des corps légers. On peut conclure, d'après les phénomenes qu'on vient de présenter, que le fluide électrique est bien différent de l'air qui forme notre athmosphere; qu'il ne doit pas être confondu ni avec la matiere ignée, ni avec celle de la lumiere: ce fluide est néanmoins universellement répandu, non seulement dans l'athmosphere, mais encore dans tous les corps de la nature; il peut se mouvoir librement d'un lieu dans un autre; il peut être rassemblé & repoussé ensuite par les corps idioélectriques qu'on frotte; il tend toujours, ou au moins très-souvent, à se mettre en équilibre dans tous les corps: mais ce fluide brille-t-il par lui-même de l'éclat qu'il porte avec lui, ou doit-il sa lumiere à une cause étrangere? C'est ce qu'on ne sait pas encore évidemment. S'il ne brille pas par lui-même, il est naturel de penser qu'il ne doit son éclat qu'à la matiere lumineuse qui est répandue dans l'athmosphere, & qu'il entraîne avec lui. Le fluide électrique est-il naturellement imprégné de l'odeur acide qu'il répand ordinairement, ou les parties des corps qu'il emporte avec lui, & auxquelles il sert de véhicule, sont-elles la cause de cette odeur ? C'est sur quoi il n'est pas facile de prononcer : il paroît cependant que la matiere électrique est acide ; l'odeur & la saveur de cette matiere déposent conjointement en faveur de cette idée. Cependant on a aussi observé que cet acide qu'on découvre dans l'électricité, soit qu'il appartienne à la nature de ce fluide ou non, ne change point, & n'altere aucunement les qualités des différentes liqueurs ; on a fait beaucoup d'expériences à ce sujet qui ont donné à-peu-près les mêmes résultats. Comme la matiere électrique est composée de parties extrêmement tenues, & qu'on n'a encore fait que de très-foibles progrès sur cette matiere, il n'est pas possible de déterminer la nature du fluide électrique. Indépendamment des observations, on ne peut douter qu'il n'en reste encore beaucoup à faire sur l'étude de cette matiere ; mais lorsqu'on l'aura cultivée davantage, & qu'on aura par ce moyen enrichi la Physique d'un plus grand nombre de découvertes, on parviendra à traiter cette matiere avec plus d'ordre, à la réduire en principes, & à établir des regles constantes & générales ; mais l'analogie dans cette étude doit être regardée comme un des principaux fondemens des recherches, à l'égard des phénomenes.

45. *Machine pneumatique.*

C'est une machine par laquelle on raréfie considérablement l'air qui est contenu dans un vase, & qui est d'un grand usage en Physique. Sans entrer dans le détail de la construction de cette machine qui est assez connue, nous la considérons seulement dans ses effets. Il paroît probable, généralement parlant, qu'à chaque coup de pompe il doit toujours sortir une égale quantité d'air, & par conséquent qu'après un certain nombre de coups de pompe le récipient peut être entiérement évacué, mais il en arrive bien différemment ; & voici comment. La quantité d'air qu'on fait sortir du récipient à chaque coup de pompe, est la quantité que contenoit le récipient avant le coup, comme la capacité de la pompe dans laquelle l'air passe en sortant du récipient est à la somme des capacités du corps de la pompe & du récipient. La vérité de ce principe est qu'en élevant le piston & l'éloignant du fond de la pompe, il doit se faire un vuide dans ce nouvel espace ; mais ce vuide est prévenu par l'air qui s'y transporte du récipient ; cet air fait effort de tous côtés pour se répandre : or il arrive de-là qu'il passe dans la partie vuide du corps de pompe que le piston vient d'abandonner, & il doit continuer ainsi à passer jusqu'à ce qu'il soit de même densité dans la pompe & dans le récipient : ainsi l'air qui, immédiatement avant le coup de pompe, étoit renfermé seulement dans le récipient & toutes ses dépendances, est à présent uniformément distribué dans le récipient & dans le corps de pompe : d'où il suit que la quantité d'air contenu dans la pompe est à celle que contiennent la pompe & le récipient tout ensemble, comme la capacité de la pompe est à celle de la pompe & du récipient tout ensemble : mais l'air que contient la pompe est celui-là même qui sort du récipient à chaque coup, & l'air contenu dans la pompe & dans le récipient tout ensemble est celui que contenoit le récipient immédiatement avant le coup. La quantité d'air qui reste dans le récipient après chaque coup de pompe, diminue en progression géométrique : en effet, puisque la quantité d'air du récipient diminue à chaque coup de pompe, en raison de la capacité du récipient à celle du récipient & de la pompe jointes ensemble, chaque reste est donc toujours moindre que le reste précédent dans la même raison donnée ; d'où il est clair qu'ils sont tenus dans une progression géométrique décroissante. Si les restes décroissent en progression géométrique, il est certain qu'à force de pomper, on pourra les rendre aussi petits qu'on voudra, c'est-à-dire qu'on pourra approcher autant qu'on voudra du vuide parfait ; mais on voit en même tems qu'on ne pourra tout évacuer. Les phénomenes de la machine pneumatique vont à l'infini ; tous les physiciens en traitent si au long dans leurs ouvrages qu'on n'en citera ici que quelques-uns. La flamme d'une chandelle mise dans le vuide s'éteint en une minute, quoiqu'elle y subsiste quelquefois pendant deux ; mais la meche continue d'y être en feu, & même il en sort une fumée qui monte. Du charbon allumé s'éteint totalement dans l'espace d'environ cinq minutes, quoiqu'en plein air il s'éteigne en une demi-heure ; cette extinction se fait par degrés, en commençant par le haut & par les côtés extérieurs. L'absence de l'air n'affecte point le fer rougi au feu, & néanmoins le soufre ou la poudre à canon ne prennent point flamme dans le vuide, ils ne font que s'y fondre. Une meche, après avoir paru longtems totalement éteinte dans le vuide, se ranime lorsqu'on la remet à l'air. Si l'on bat le briquet dans le vuide, on y produit des étincelles aussi abondantes qu'en plein air. L'aimant a les mêmes propriétés dans le vuide que dans l'air. Le syphon ne coule point dans le vuide, l'eau s'y gele. Il y a des matieres qui ne prennent point feu dans le vuide, comme le camphre, &c. Quoique quelques grains d'un monceau de poudre s'allument dans le vuide par le moyen d'un miroir ardent, ils ne communiquent point le feu aux grains qui leur sont contigus. Tous les animaux ne vivent pas également long-tems dans le vuide ; les oiseaux ont cet avantage sur les animaux terrestres, car ils peuvent supporter plus long-tems la raréfaction de l'air, étant accoutumés à s'élever à des hauteurs considérables, où ils rencontrent un air beaucoup moins épais que celui que nous respirons. On a cependant observé que si on pompe les $\frac{4}{5}$ de l'air d'un récipient, ils ne peuvent plus vivre dans l'air qui reste, parce qu'il se trouve trop subtil. On voit par-là que les oiseaux ne peuvent s'élever que jusqu'à une certaine hauteur; car s'ils voloient trop haut, ils ne respireroient qu'avec peine, comme l'ont éprouvé plusieurs voyageurs qui se sont trouvés sur des montagnes fort élevées, comme sur le Pic-de-Ténériffe. Il y a diverses sortes de poissons qui vivent plus ou moins dans le vuide, ils ont dans le corps une vessie pleine d'air qui venant à se dilater les gonfle & les rend plus légers; mais lorsqu'on pompe trop, la vessie pleine d'air se creve souvent dans leur corps. Le son ne sauroit se répandre dans le vuide, on en fait l'expérience en y mettant une petite cloche ou sonnette; le son devient plus foible à mesure qu'on pompe l'air, on ne l'entend plus, mais il s'augmente en lui rendant l'air. A l'égard de la vapeur qu'on apperçoit dans le récipient, & qui semble devenir plus épaisse à chaque coup de piston; de toutes les opinions qu'ont données les physiciens à ce sujet, celle de M. Mariotte est la plus satisfaisante; selon lui, cette vapeur vient des parties aqueuses ou hétérogenes répandues dans l'air, & qui ne pouvant plus être soutenues par l'air, dès qu'il est raréfié à un certain degré, sont obligées de retomber & de s'attacher aux parois du récipient. Tous les physiciens, entr'autres M. Mussembroek, Waston, Nollet, &c. ont laissé des expériences infinies sur le vuide, on s'est contenté de rapporter ici, d'après ces habiles physiciens, quelques phénomenes dont cette partie de la Physique est susceptible.

HISTOIRE

HISTOIRE NATURELLE.

SON objet est aussi étendu que la nature ; il comprend tous les êtres qui vivent sur la terre, qui s'élevent dans les airs, ou qui restent dans le sein des eaux ; tous les êtres qui couvrent la surface de la terre & tous ceux qui sont cachés dans ses entrailles. L'Histoire naturelle, dans toute son étendue, embrasse l'univers en entier ; puisque les astres, l'air & les météores sont compris dans la nature comme le globe terrestre. Les animaux, les végétaux, les minéraux constituent les trois principales parties de l'Histoire naturelle. Ces parties sont l'objet de plusieurs sciences qui dérivent de l'Histoire naturelle. Il y a lieu de croire qu'elle a été le principe de toutes les sciences, & qu'elle a commencé avant elles ; mais son origine est cachée dans la nuit des tems. Pline est un des premiers naturalistes connus, d'après lesquels les naturalistes modernes ont étendu leurs connoissances & fondé leurs conjectures.

1. TERRE.

Tous les naturalistes conviennent aujourd'hui que la terre s'est applatie par ses poles, & qu'elle s'est par conséquent étendue vers l'équateur. On a lieu de présumer pareillement que l'axe de la terre a changé d'inclinaison & de centre de gravité ; il est aisé de sentir que des changemens de cette nature ont dû faire une forte impression sur la masse totale de notre globe ; ils ont dû changer totalement le climat de certains lieux, en présentant au soleil des points de la terre différemment de ce qu'ils étoient auparavant ; ils ont dû changer les parties de la terre qui étoient des continens, & en mettre à sec d'autres qui servoient de bassins ou de lits à la mer; ces changemens considérables ont dû influer sur les productions de la nature, c'est-à-dire faire disparoître de dessus la terre certaines especes d'êtres, & donner naissance à des êtres inconnus jusqu'alors. Il y a d'autres révolutions qui ont dû occasionner des changemens considérables dans la nature des climats; car, outre les tremblemens de terre & les volcans, il y a des vents dont la force suffit pour transporter des montagnes entieres de sable, & par-là d'un pays fertile former un désert aride & affreux. On en a des exemples dans les déserts de Lybie & d'Arabie. On voit toutes ces causes agir perpétuellement sur le globe; il n'est donc pas surprenant que la terre ne nous offre presqu'à chaque pas qu'un vaste amas de débris; la nature qui détruit d'un côté, produit de l'autre de nouvelles formes. Les eaux travaillent continuellement à abaisser les hauteurs & à hausser les profondeurs; celles qui sont renfermées dans le sein de la terre la minent peu-à-peu, & y font des excavations qui détruisent peu-à-peu ses fondemens; les feux souterrains brisent & détruisent d'autres endroits. On peut conclure de toutes ces causes & de tous ces effets que la terre a été & sera continuellement exposée à subir des révolutions qui contribuent sans cesse, soit promptement, soit peu-à-peu, à lui faire changer de forme ou de face.

2. *Mer.*

L'océan environne de tous côtés les continens; il pénetre en plusieurs endroits dans l'intérieur des terres, tantôt par des ouvertures assez larges, tantôt par de petits détroits; il forme des mers méditerranées, dont les unes autant que les autres éprouvent plus ou moins les mouvemens du flux & reflux;

mais l'océan seul y participe avec les causes extérieures qui le font mouvoir. L'océan environne donc toute la terre sans interruption de continuité, & on peut faire le tour du globe en passant à la pointe de l'Amérique méridionale ; mais les navigateurs qui ont essayé d'aller d'Europe à la Chine par le Nord-Est ou par le Nord-Ouest, ayant échoué dans leurs entreprises, il n'est pas possible de savoir si l'on pourroit y pénétrer. A l'égard des mers Méditerranées, elles n'ont pu être produites que par les affaissemens des terres occasionnés par des causes intérieures, comme les volcans, ou par le frottement & le séjour continuel des eaux qui, par la suite des tems, se sont ouvert différens passages. Le mouvement du flux & reflux & le mouvement constant de la mer, d'Orient en Occident, offrent aussi différens phénomenes dans les climats ; il y a des endroits où le mouvement général d'orient & d'occident n'est pas sensible ; il y en a d'autres où la mer a un mouvement contraire ; ceux ci sont occasionnés par la direction des vents, par la position des terres, par les eaux des grands fleuves & par la disposition du fond de la mer ; toutes ces causes produisent des courans qui alterent & changent tout-à-fait la direction du mouvement général dans plusieurs endroits de la mer, & on doit toujours croire, généralement parlant, que la mer gagne perpétuellement du terrein vers l'occident, quoiqu'il puisse se faire que le contraire arrive sur les côtes où le vent d'est souffle pendant la plus grande partie de l'année, comme en France & en Angleterre ; ceci peut conduire à supposer la possibilité des changemens de terres en mers, & des mers en continens. Le fond de la mer présente des inégalités de toutes sortes, c'est-à-dire des montagnes, des vallées ; on y trouve aussi des marbres, des coraux, des coquillages amoncelés & d'autres productions, d'où l'on ne peut douter que la mer ne soit composée, comme les continens, de différentes choses que nous tirons de la surface de la terre. Les plus grandes inégalités sont les profondeurs de l'océan, comparées à l'élévation des montagnes; il y a des endroits qui ont jusqu'à une lieue de profondeur, mais cela est rare, & les profondeurs les plus ordinaires sont depuis soixante jusqu'à cent cinquante brasses; les golfes & les détroits sont les endroits les moins profonds. On a tenté de sonder plusieurs fois la profondeur de la mer, on s'est servi pour cet effet d'un morceau de plomb de trente ou quarante livres qu'on attache à une corde; cette maniere est fort bonne pour les profondeurs ordinaires; mais lorsqu'on en veut sonder de plus considérables, on tombe dans l'erreur, parce que la corde étant moins pesante que le volume d'eau, cette corde doit décrire plusieurs courbes en s'étendant, & la sonde ne descend plus, elle s'éloigne en se tenant toujours à la même hauteur; d'où plusieurs navigateurs ont conclu, sans fondement, que la mer n'avoit point de fond. Pour s'assurer d'une chose qui n'est pas présumable, il faudroit sonder avec une chaîne de fer plus pesante que le volume d'eau, à-peu-près calculé, & l'on se décideroit alors sur cette opinion qui paroît fort hazardée. Plusieurs pêcheurs de perles ont assuré que plus on descend dans la mer, plus elle est froide; ce qui peut venir des profondeurs de la mer qui renferment des bancs de sels; ils assurent en même tems qu'il y a d'autres endroits où le fond de la mer est d'une eau considérablement plus douce que celle de sa surface, ce qui doit arriver si ces lieux sont abondans en fontaines ou en sources. On a observé aussi qu'il y avoit dans quelques mers des courans d'eau douce, très-voisins d'autres courans d'eau salée & sur la surface; on peut en conclure, d'après ce que l'on vient de dire. On a trouvé une quantité de sources qui portent le bitume mêlé avec l'eau de la mer ; cette eau est encore mêlée d'autres matieres salines & bitumineuses qui, échauffées par le soleil, concentrent leur chaleur, & produisent des sources chaudes qui sont assez communes.

3. LACS.

Ils different des mers méditerranées en ce qu'ils ne tirent aucune eau de l'océan, & qu'au contraire, s'ils ont communication avec les mers, ils leur fournissent des eaux. Les lacs les plus ordinaires & les plus communément grands sont ceux qui, après avoir été formés d'un ou plusieurs fleuves ou rivieres, donnent naissance à d'autres grands fleuves. Tous les lacs dont les fleuves tirent leur origine, tous ceux qui se trouvent dans le cours des fleuves, ou qui en sont voisins & qui y versent leurs eaux ne sont point salés. Presque tous ceux au contraire qui reçoivent des fleuves, sans qu'il en sorte d'autres fleuves, sont salés ; ce qui semble favoriser l'opinion de la salure de la mer qui pourroit bien avoir pour cause, outre les bancs de sels qui s'y trouvent, ceux aussi que les fleuves détachent des terres & qu'ils transportent à la mer. Les lacs qui sont voisins de la mer sont donc salés, & ceux qui en sont éloignés sont doux, parce que ceux-ci ont été formés par les inondations de la mer, & que les autres ne sont que des fontaines d'eau douce, qui n'ayant point d'écoulement par la nature du terrein composé de couches de matieres grasses & glaiseuses, rassemblent une quantité d'eau qui doit s'augmenter par les pluies & par le tems ; les mêmes raisons peuvent servir à la formation des étangs. On parle des lacs qui pétrifient, mais ces pétrifications produites par les eaux stagnantes ne sont sans doute autre chose que des incrustations; comme celles que produisent les eaux de quelques sources.

4. FLUX ET REFLUX.

Le mouvement des mers est occasionné par la pression de quelques causes extérieures; leur principal mouvement est celui du flux & reflux qui se fait alternativement en sens contraire, & duquel il résulte un mouvement continuel & général de toutes les mers d'orient en occident; ces deux mouvemens ont leur rapport constant & régulier avec les périodes de la lune. Dans le printems & dans l'automne le mouvement est plus violent que dans les autres saisons de l'année; il est plus foible dans le tems des solstices, ce qui s'explique fort naturellement par la combinaison des forces de l'attraction de la lune & du soleil. La lune agit sur la terre par une force appellée *attraction* ou *pesanteur*. Cette force pénetre le globe terrestre dans toutes les parties de sa masse. La surface de la lune étant exactement proportionnelle à la quantité de matiere qui compose la partie terrestre, il arrive que la surface des eaux est immédiatement perpendiculaire à la lune; dès-lors, en admettant sa force attractive, les parties des mers doivent s'élever vers la lune en formant des éminences dont le sommet correspond au centre de cet astre. Le flux est donc l'effet nécessaire auquel contribuent les eaux de la surface & du fond des parties éloignées de la mer qui viennent avec précipitation, & sur lesquelles cette force d'attraction agit. Le reflux n'est autre chose que la pente naturelle des eaux, & le principe de leur équilibre; lorsque l'astre a passé & qu'il n'exerce plus sa force, les eaux qui s'étoient élevées reprennent leur niveau, & regagnent les rivages & les lieux qu'elles avoient été forcées d'abandonner. Le flux & reflux se font sentir dans le même intervalle de six heures & demie, ce qui donne treize heures. D'après ce que l'on vient de dire, il est sensible que toutes les mers en général doivent plus ou moins éprouver l'impulsion de l'astre qui leur communique le mouvement ; on en trouve l'expérience dans un seau plein d'eau, dont on remueroit fortement le milieu avec un bâton, il est certain que le mouvement sera moins fort à la circonférence qu'au centre de l'eau où sont réunies toutes les forces de l'action, mais il sera sensible.

5. VOLCANS.

Plusieurs montagnes renferment dans leur sein le soufre, le bitume, & d'autres matieres dont la fermentation produit ces feux souterrains qu'on appelle *volcans*. Leur explosion est proportionnelle à la quantité de matieres enflammées, elle est presque toujours la suite naturelle des tremblemens de terre, dont l'ébranlement est presque toujours occasionné par les issues nouvelles que les feux souterrains tendent à se faire, & leurs efforts sont plus ou moins violens. Mais ils doivent cesser après un certain laps de tems, lorsque les matieres qui causent leur action sont entiérement consumées ; on en trouve l'exemple dans plusieurs volcans qui ne jettent plus aucunes flammes, & dans d'autres qui en lançent beaucoup moins qu'autrefois, conséquences relatives à la diminution des matieres dont l'épuisement les forcera un jour de s'éteindre. Il est facile d'imiter l'action des feux souterrains, en mêlant ensemble une quantité de soufre & de limaille de fer qu'on enterre à une certaine profondeur, & de produire ainsi un volcan dont les effets seront les mêmes, proportion gardée, que ceux des plus grands volcans ; car il jettera la terre & les pierres dont il sera couvert, formera une explosion, précédée d'une eſpece de tremblement, & ſe répandra en fumée & en flamme.

6. TREMBLEMENS DE TERRE.

L'action des feux ſouterrains eſt ſi grande, la force de leur exploſion eſt ſi violente, qu'elle produit, par ſa réaction, des ſecouſſes aſſez fortes pour ébranler & faire trembler la terre, agiter la mer, & produire les effets les plus étonnans. Quoiqu'on ait allégué pour exemple que les tremblemens de la terre & l'agitation des mers aient toujours précédé l'éruption des volcans dans les lieux où il en exiſte ; ſans s'écarter de cette opinion, on ne peut cependant ſe diſſuader qu'il n'y ait eu des tremblemens de terre dans des lieux très-diſtans de la mer & des volcans. Il ſe trouve dans une montagne une quantité de matieres ſalines & ſulfureuſes, des pyrites, des minéraux, elles s'enflamment par la fermentation & ſans aucune exploſion. Tant que ce feu ſouterrain trouvera des matieres qui ſeront propres à le nourrir, il pourſuivra ſa courſe en ſe répandant à des diſtances conſidérables ; l'effort que produit cet amas de matieres enflammées & concentrées pourra, ſans aucune exploſion & ſans s'ouvrir de paſſage extérieur, occaſionner un tremblement qui ſera plus ſenſible dans les lieux ſouterrains abondans en matieres inflammables que dans d'autres dont la nature eſt d'en donner moins ; ce tremblement ſera l'effet néceſſaire de la fermentation redoublée & ſucceſſive des matieres ; il devra ceſſer lorſque ce feu concentré ne trouvera plus aſſez de matieres homogenes à dévorer ſur ſon paſſage, il doit s'affoiblir & s'éteindre.

7. TROMBES.

Elles ſont aſſez communes vers certaines côtes

de la Méditerranée ; il y en a de deux sortes : celles que produit une nuée épaisse, comprimée & resserrée par des vents irréguliers & contraires qui soufflent en même tems, ce qui donne à cette nuée une forme cylindrique en tombant. On appelle les autres *typhon* ; elles sont différentes des premieres, dans leurs causes & dans leurs effets, puisqu'elles semblent sortir du fond de la mer & s'élever en forme de tourbillon. Il est à croire que ces dernieres sont produites par un amas de matieres hétérogenes, composées de soufre & de bitume qui venant à s'enflammer par le tems, élevent la colonne d'eau qui les couvre à une distance plus ou moins considérable ; elles sont toutes deux funestes aux vaisseaux qui éprouvent leur explosion. Il seroit cependant possible d'éviter leurs ravages avant leur formation perpendiculaire aux vaisseaux en tirant plusieurs coups de canons chargés à boulets, & en les dirigeant en-haut ou en-bas ; ceux-ci pourroient probablement rompre les colonnes, & les dissiper par la commotion qu'ils occasionneroient dans l'eau ou dans l'air.

8. NUTATION.

Le soleil, par son action sur la surface supérieure des feuilles de certains végétaux, change souvent leur direction & les détermine à se tourner de son côté. Cette nutation est plus sensible dans les feuilles des herbes que dans celles des arbres ; la mauve, le trefle, le tournesol, & généralement toutes les plantes herbacées sont susceptibles des impressions du soleil ; il s'en trouve même qui s'inclinent vers lui & qui en suivent les mouvemens.

9. MERCURE TERRESTRE.

Le mercure est une substance métallique fluide, il est, après l'or, le corps le plus pesant de la nature, cela n'empêche pas qu'il ne se dissipe entiérement au feu. La fluidité du mercure fait qu'on ne peut le placer au rang des métaux ; il est plus naturel de le regarder comme une substance d'une nature particuliere ou un mixte. Il se trouve dans le sein de la terre ; s'il est tout pur, ou sous la forme fluide qui lui est propre, alors on le nomme *mercure vierge*, parce qu'il n'a point éprouvé l'action du feu pour le tirer de sa mine. Quand il se trouve combiné avec le soufre, alors on le nomme *cinabre*. Il se trouve beaucoup de mines de mercure en Europe ; le mercure vierge est le plus rare, & quoi qu'en disent certains alchimistes, le mercure travaillé & que l'on tire du cinabre a les mêmes propriétés que le mercure qu'on tire pur du sein de la terre. Le poids du mercure est à celui de l'eau, comme 14 est à 1. Il est convexe à sa surface, il est le corps le plus froid de la nature & le plus susceptible des impressions des élémens ; car le degré de chaleur qui fait bouillir l'eau le dissipe & le volatilise entiérement. Le mercure ne se condense point ordinairement par les fortes gelées ; cependant une expérience faite à Petersbourg en 1760 a démontré qu'il étoit devenu solide par l'action du froid. Il est d'une divisibilité singuliere, & l'action du feu le dissipe en vapeurs qui ne sont qu'un amas de globules d'une petitesse extrême, qui sont le mercure qui n'a point été altéré ; il dissout les métaux & s'unit intimément avec eux, mais plus particuliérement avec l'or, ensuite avec l'argent, l'étain & le plomb ; il ne s'unit point avec le fer & très-difficilement avec le cuivre ; le poids du mercure est plus considérable dans l'hiver que dans l'été ; c'est ce qui fait qu'il se retire en lui-même plus ou moins, suivant l'action de l'air environnant ; le sel marin combiné avec le mercure qui a été dissous dans l'esprit de nitre & mis en sublimation s'appelle *sublimé corrosif*.

10. *VITRIOL.*

Les différens vitriols sont naturels ou factices. Les vitriols naturels doivent leur formation à la décomposition des pyrites. Ce sont des substances minérales composées de soufre, de fer, & quelquefois de cuivre. Quelques-unes de ces pyrites, lorsqu'elles sont frappées de l'air extérieur, perdent leur liaison, se réduisent en une poudre qui se couvre d'une espece de moisissure, qui n'est autre chose que du vitriol en crystaux extrêmement déliés. Ce qu'on peut dire de plus vraisemblable sur la décomposition des pyrites, c'est que par le contact de l'air qui est lui-même chargé d'acides vitrioliques, qui ne sont autre chose que des sels & des exhalaisons combinées, cet acide se joint à l'acide analogue contenu dans le pyrite, & lui fournit assez de force pour se débarrasser des entraves que le soufre contenu dans la terre lui donnoit; cet acide combiné avec les métaux a de la disposition à s'unir avec eux, & constitue par-là le sel que nous appellons *vitriol.* Il est aisé de conclure que beaucoup de productions de la nature & les eaux même contiennent du vitriol.

11. *ALUN.*

Sel fossile & minéral, d'un goût acide, qui laisse dans la bouche une saveur douce accompagnée d'une astriction considérable. L'alun donne de l'éclat aux couleurs, on s'en sert dans la teinture à cet effet. Il se trouve dans plusieurs parties du monde, il y en a des mines en Italie. Les mines d'alun les plus ordinaires sont les rocs un peu résineux, le charbon de terre, toutes les terres combustibles; il y en a des mines en France dans le Maine, qui en donnent une assez grande quantité; on fait de l'alun près les monts Pyrénées, du côté de la France;

il est composé d'un acide qui tient du vitriol, puisque quand il est joint à l'alkali du tartre, il donne un tartre vitriolé; la Chymie le démontre. L'alun est un remede qui, pris avec précaution, guérit les hémorragies, tant internes qu'externes. La maniere dont agit l'alun est très-douce; on n'éprouve, en le prenant, d'autre changement que quelques maux de cœur légers, mais ils ne font jamais vomir avec effort. L'alun est propre pour plusieurs blessures, comme pour des ulceres les plus invétérés.

12. COUCHES OU LITS DE LA TERRE.

On sait qu'en vertu de l'attraction mutuelle entre les différentes parties de la matiere, & en vertu de la force centrifuge qui résulte du mouvement de rotation sur son axe, la terre a nécessairement pris la forme d'un sphéroïde dont les diametres different d'une deux cent trentieme partie, & que ce ne peut être que par les changemens arrivés à sa surface, & causés par les mouvemens de l'air & des eaux, que cette différence a pu devenir plus grande. Il est certain que le mouvement diurne & celui du flux & reflux a élevé d'abord les eaux sous les climats méridionaux; ces eaux ont entraîné & porté vers l'équateur le limon, les glaises, les sables; & en élevant les parties de l'équateur, elles ont abaissé peu-à-peu celles des poles de la différence d'environ deux lieues. En creusant ainsi des profondeurs & en élevant des hauteurs qui sont devenues dans la suite des continens, les eaux ont produit toutes les inégalités que l'on apperçoit à la surface du globe, & qui sont plus considérables vers l'équateur que par-tout ailleurs; car les plus hautes montagnes sont entre les tropiques & dans le milieu des zones tempérées, & les plus basses sont au cercle polaire & au-delà. Non-seulement la terre est composée de couches paralleles & horizontales dans les plaines & dans les collines, mais les montagnes sont en général composées de la même façon. On a observé aussi que lorsqu'une montagne est égale & que son sommet est de niveau, les couches ou lits qui la composent sont aussi de niveau. Mais si le sommet de la montagne n'est pas horizontal, s'il penche vers l'orient ou vers tout autre côté, les couches ont la même pente ; c'est ce qui fait que lorsqu'on tire les pierres & les marbres des carrieres, on a grand soin de les séparer, suivant leur position naturelle, & on ne pourroit pas même les avoir en gros volume, si on vouloit les couper dans un autre sens. Ce qu'il y a de plus singulier, c'est que les roches, dans les montagnes, se trouvent posées sur des glaises & sur des sables qui sont spécifiquement moins pesans que la matiere des pierres. Toutes ces couches, tous ces lits se sont formés par succession de tems, au moyen des eaux de la mer qui ont transporté différentes matieres, & qui les ont rangées en forme de sédimens, en rapport au balancement continuel & mesuré des eaux ; c'est de ce balancement régulier dont on peut tirer des conjectures sur les couches & les lits égaux & horizontaux des montagnes & de tout le globe terrestre.

13. *COQUILLES.*

On ne peut guere douter, en appercevant les coquilles qui se trouvent dans les collines les plus hautes & les plus éloignées de la mer, que notre globe n'ait été couvert par les eaux, soit subitement, soit par succession de tems, soit en différens tems. C'est par les mêmes faits qu'on peut croire qu'avant ou après le déluge la surface de la terre ait été, du moins en quelques endroits, bien différemment disposée de ce qu'elle est aujourd'hui ; que les mers & les continens y aient eu enfin un autre arrangement. On a trouvé des rochers empreints des moindres traits des poiſſons, quoiqu'ils fuſſent très-éloignés de la mer ; on a trouvé de même des coquilles pétrifiées ſur des collines & des hauteurs, & en obſervant ces différens coquillages & ces poiſſons, on s'eſt apperçu qu'ils n'étoient point conformes pour la plus grande partie aux eſpeces qu'on prend ordinairement dans les pays où on les a trouvés ; preuve ſenſible de la révolution générale que la terre a éprouvée, c'eſt-à-dire des changemens de terre en mer, & de mer en continent. Ces coquilles, ces poiſſons pétrifiés & non-pétrifiés ſe ſont trouvés dans un nombre infini de régions ; & l'on ne peut douter, par l'évidence même des faits, qu'on n'en trouvât une plus ou moins grande quantité dans les lieux où on voudra en chercher. Mais tous ces faits, malgré les conjectures, ne peuvent encore réſoudre la queſtion pourquoi ces coquilles ſont diſperſées dans tous les climats de la terre & juſques dans l'intérieur des montagnes par lits preſque égaux, de la même maniere qu'elles le ſont au fond de la mer ; différens auteurs ont attribué ces phénomenes au balancement régulier des eaux en ſe retirant de deſſus les parties diverſes qu'elles avoient couvertes.

14. *MONTAGNES.*

Elles varient pour la hauteur, pour la ſtructure, par la nature des ſubſtances qui les compoſent, & par les phénomenes qu'elles préſentent. Il eſt certain que les révolutions que la terre a éprouvées & éprouve encore, ont dû produire anciennement & produiſent à la ſurface de la terre, ſoit ſubitement, ou peu-à-peu, des inégalités qui n'exiſtoient point dès l'origine des choſes. C'eſt pour cela qu'on peut diſtinguer les montagnes en primitives & en récentes. Les montagnes primitives ſe diſtinguent des autres par leurs vastes chaînes ; elles tiennent communément les unes des autres & se succedent pendant plusieurs centaines de lieues. Les caracteres qui les distinguent sont leur élévation qui surpasse infiniment celle des montagne récentes. On a observé aussi que les grandes montagnes formoient autour du globe terrestre une espece de chaîne dont la direction est assez constante du Nord au Sud, & de l'Est à l'Ouest. On les distingue aussi par la nature des matieres dont elles sont composées, & par les substances minérales qu'elles renferment ; enfin ce n'est que dans les montagnes primitives que l'on rencontre des mines, par filons suivis, qui les traversent en formant des especes de veines dans leur intérieur. Les plus hautes montagnes que l'on connoisse dans le monde sont celles de la Cordilliere, dans l'Amérique, elles ont plus de trois mille toises de hauteur perpendiculaire au-dessus du terrein ordinaire. Quelques-unes de ces montagnes sont des volcans, elles vomissent de la fumée & des flammes. Quant aux montagnes qui ont été formées par les inondations, elles different des premieres, en ce qu'on y trouve du sable, des fragmens de pierres & des amas de cailloux qui semblent avoir été roulés par les eaux. Il y a lieu de croire que les eaux du déluge ont pu produire ces montagnes ; cependant plusieurs phénomenes semblent prouver que c'est principalement au séjour de la mer sur des parties de notre continent qu'elle a laissées depuis à sec, que la plupart de ces montagnes doivent leur origine. En effet on voit que ces montagnes sont composées de lits & de couches horizontales, & qu'on y trouve des amas de coquillages, des corps marins & des ossemens de poissons. A l'égard des substances métalliques ou des mines que l'on trouve dans ces montagnes, elles ne sont jamais par filons suivis, on n'y trouve que des débris & des fragmens de ces filons suivis, que les eaux ont arrachés des montagnes primitives par le frottement, pour les porter dans celles qu'elles ont produites de nouveau. On a observé aussi que dans presque toutes les montagnes la direction de leurs angles saillans est parfaitement opposée aux angles rentrans : ce qui fait conjecturer, avec quelque vraisemblance, que quelques-unes de ces montagnes ont souffert des altérations par l'effet des eaux de la mer par succession de tems. Quoi qu'il en soit, on ne peut se dissuader que toutes les montagnes, de quelque nature qu'elles soient, n'aient éprouvé de très-grands changemens.

15. ISLES.

Les isles nouvelles se forment de deux façons, ou subitement par l'action des feux souterrains, ou lentement par le dépôt du limon des eaux. Les anciens historiens & les voyageurs rapportent, à ce sujet, des faits dont on ne peut douter ; on peut consulter Séneque, Pline, & quelques-uns des plus véridiques de nos voyageurs modernes. Ce sont les feux souterrains ou soumarins qui sont la cause de ces ébullitions des eaux de la mer ; ils produisent aussi des orages & des tremblemens qui ne sont pas moins sensibles sur la terre que sur la mer ; les isles nouvelles qui en résultent quelquefois sont ordinairement, comme les voyageurs les ont remarqués, des pierres ponces & des rochers calcinés. Au reste les isles produites par l'action du feu & des tremblemens sont en petit nombre, ces événemens sont rares, quoiqu'ils arrivent. Mais il y a un nombre infini d'isles nouvelles produites par les limons, les sables & les terres, que les eaux des fleuves ou de la mer entraînent & transportent en différens endroits. A l'embouchure de toutes les rivieres, il se forme des amas de terre & des bancs de sable, dont l'étendue l'étendue devient assez considérable pour former des isles d'une grandeur médiocre. La mer, en se retirant & en s'éloignant de certaines côtes, laisse à découvert les parties les plus élevées du fond, ce qui forme autant d'isles nouvelles; de même, en s'étendant sur certaines plages, elle en couvre les parties les plus basses, & laisse paroître les parties les plus élevées qu'elle n'a pu surmonter; ce qui fait encore autant d'isles; on remarque en conséquence qu'au milieu des mers il y a fort peu d'isles, elles sont presque toutes dans le voisinage des continens, où la mer les a formées, soit en s'éloignant, soit en s'approchant peu-à-peu & successivement de ces différentes contrées. Il y a des isles au milieu des mers qui, semblables aux volcans des continens, lancent des flammes & des exhalaisons.

16. *Feu.*

La grande subtilité des parties ignées les dérobe à nos sens; & quoique l'élément du feu se rencontre dans tous les lieux & dans tous les corps sur lesquels il est possible de faire des expériences, on ne sauroit distinguer & découvrir qu'avec beaucoup de peine les différens caracteres qui lui sont propres, & qui ne conviennent qu'à lui seul. La difficulté augmente encore, parce qu'on ne peut point séparer la matiere du feu de toute autre matiere, & la rassembler, si ce n'est lorsqu'on rassemble des rayons du soleil, & conséquemment qu'on ne peut la traiter solitairement, & l'examiner de façon à connoître parfaitement sa nature; par conséquent tout ce qu'on peut dire sur le feu ne peut concerner que les effets qu'il produit sur les corps, & l'on regarde comme hypothétiques toutes les raisons qu'on peut alléguer sur sa nature qui se dérobe sans cesse à nos connoissances, à cause de la ténuité & de la rareté des molécules de ce fluide. On remarque les caracteres distinctifs du feu dans la chaleur qu'il produit, & dans les effets qui résultent de sa présence. Examinons-le sous les deux especes, comme feu souterrain & central, & comme répandu dans toutes les parties de l'univers que nous appercevons. Dans ce dernier cas, l'on peut dire que la lumiere qui frappe notre vue & qui nous éclaire doit être rangée parmi les caracteres essentiels du feu. En effet la lumiere se trouve ordinairement présente par-tout où la matiere du feu est abondante, ainsi qu'on peut s'en convaincre par la flamme, par l'incendie des corps qui brûlent, & par les rayons du soleil qui nous éclairent. Quoiqu'on ne puisse révoquer en doute ces phénomenes, & que la lumiere accompagne ordinairement la matiere ignée, lorsqu'elle est rassemblée en grande quantité, il ne s'ensuit pas pour cela que la lumiere se manifeste à notre vue lorsque la matiere du feu se trouve rassemblée en petite quantité. Quand il seroit vrai de dire que tout feu jette de la lumiere, il n'est pas également vrai que tout feu raréfie les corps. Les flammes électriques ne raréfient ni les solides, ni les liquides; les rayons de la lune, même lorsqu'elle est dans son plein, n'apportent aucun changement au volume des corps sur lesquels ils tombent: ils n'en produisent même aucun lorsqu'on expose ces corps au foyer d'un miroir ardent, avec lequel on rassemble & on condense un faisceau de ces rayons; cependant les rayons du soleil, lorsqu'ils sont ramassés & très-condensés, agissent très-violemment sur tous les corps qu'on expose à leur action. Tous les corps solides tirés du regne des fossiles augmentent de volume, & se dilatent en toutes sortes de sens lorsqu'on les expose à l'action du feu qui les pénetre. Tout métal quelconque exposé à la chaleur d'une seule flamme se raréfie toujours, & s'alonge d'une certaine quantité par la raison contraire qu'il se raccourcit au froid. Mais le feu pénetre plus difficilement les pores des corps lorsqu'ils sont froids, parce que ces pores sont alors plus étroits que lorsqu'ils sont échauffés. Mais lorsque les parties se sont un peu écartées les unes des autres, & que l'équilibre s'est établi entre l'action du feu qui tend à les dilater & à les écarter davantage, & la résistance qu'elles opposent à leur dilatation, cette dilatation demeure dans le même état, & elle ne peut point augmenter, parce que la résistance des parties s'oppose constamment à une plus grande distension qui ne pourroit être produite que par l'augmentation de l'action du feu : or, quoique la matiere du feu se fasse continuellement jour à travers les pores dont il est ici question, elle s'échappe, à proportion, en partie par les pores qui sont plus couverts, & qu'elle pénetre aisément, en partie par les pores latéraux qui ne s'opposent aucunement à l'action du feu ; & si la quantité de feu qui s'échappe est égale à celle qui aborde continuellement, il y aura toujours équilibre entre les forces distensives & la résistance que les parties opposent à leur dilatation. Le même feu qui raréfie différens corps ne les dilate pas en raison inverse de leurs pesanteurs, ni en raison inverse de leur adhérence, ni en raison composée des deux précédentes ; mais il les dilate selon des regles & des proportions qu'on n'a pas encore pu découvrir exactement. Ainsi on peut déduire de toutes les observations qui ont été faites sur le feu, tant en Chymie qu'en Physique, qu'il pénetre tous les corps, tant solides que fluides ; il s'empare, & remplit les espaces que les parties constituantes de ces corps forment entr'elles ; il les sépare les unes des autres ; il s'insinue dans les pores même de ces parties, & peut être se fait-il jour dans les pores des plus petites portioncules des mixtes ; d'où il suit que ces corps étant comme remplis de la matiere du feu, se tuméfient & augmentent de volume. Comme tous les corps situés à la surface de notre globe sont exposés aux rayons du soleil qui tombent dessus, beaucoup plus obliquement en hiver qu'en été, & par conséquent en moindre quantité & avec moins de force; ces corps se dilateront de plus en plus, & augmenteront davantage de volume à mesure qu'on approche de l'été : outre cela les corps se raréfient davantage dans les endroits qui sont même exposés aux rayons du soleil, & qui en reçoivent un plus grand nombre; & comme cette exposition plus favorable se trouve vers l'équateur, ces corps y sont plus raréfiés que vers les régions polaires où il fait froid; car la densité des rayons du soleil, dans les endroits où ils sont lancés perpendiculairement, est à celle de ces mêmes rayons dans les endroits où ils ne tombent qu'obliquement, comme le sinus total est au sinus de complément de la latitude des autres lieux. Comme la présence du soleil échauffe tous les jours notre hémisphere, & que la terre devient plus froide lorsqu'il a disparu de dessus notre horizon, tous les corps qui sont sur la surface de la terre ont un plus grand volume le jour que la nuit. De même lorsque le ciel est rempli de nuages, & que les rayons du soleil pénetrent entre les nuages qui obscurcissent cet astre, les corps qui reçoivent ces rayons se raréfient, & ils se condensent aussi-tôt que la position des nuages leur dérobe les rayons qui les échauffoient; d'où il paroît que les corps terrestres sont dans une alternative continuelle de raréfaction & de condensation. Ils sont dilatés par la matiere du feu qui les pénetre, en écartant leurs parties les unes des autres; ils sont condensés par la force attractive qui domine ces parties, & qui les sollicite continuellement à se rapprocher les unes des autres : c'est par l'action de cette force qu'ils se durcissent; c'est elle qui pousse au-dehors les parties ignées qui sont disséminées entre leurs molécules ; de-là il arrive pour l'ordinaire qu'il s'échappe autant de feu de l'hémisphere de la terre qui est plongée dans l'ombre, que le soleil y en avoit porté tandis qu'il l'éclairoit. Si l'on suppose que le feu soit dépourvu de pesanteur, l'air qui pese & qui enveloppe le globe terrestre jusqu'à une certaine distance en hauteur, poussera nécessairement le feu, l'obligera à occuper la partie supérieure, & à se porter au-delà des bornes de l'athmosphere ; au moins éprouvera-t-on une plus grande chaleur à proportion qu'on se trouvera dans un endroit plus élevé : or l'expérience démontre le contraire ; car on éprouve un froid plus grand sur le sommet des hautes montagnes ; car plus l'air est proche de la surface de la terre, & plus il fait éprouver de degrés de chaleur aux corps qui sont plongés dans son sein. Donc ce fluide est un corps, puisqu'il occupe un espace ; puisqu'il se porte en tout sens des corps qui le contiennent, dans ceux qui les avoisinent, ou dans l'espace ambiant, & qu'en se développant il se meut. La réflexion de ce fluide, produite par les miroirs ardens, est une preuve de sa solidité ; ainsi la pesanteur doit être mise au nombre de ses propriétés, quoique plusieurs savans recommandables aient paru le nier ; mais on pourroit leur demander, s'ils ont remarqué par expérience qu'un rayon solitaire de soleil isolé & réfléchi par un miroir ardent retourne sur lui-même & se pénetre. Tout rayon de soleil qui se réfléchit est composé d'un nombre infini de petits rayons divergens & très-rares ; par conséquent chaque petit rayon réfléchi par une surface plane sous le même angle sous lequel il est tombé sur cette surface, retourne par une autre ligne adjacente à celle de sa chûte, sans qu'il fasse aucune pénétration. Il est encore constant que les parties du feu sont très-tenues & très-subtiles, puisqu'elles pénetrent les pores de tous les corps de la nature, tant solides que fluides; que les parties de ce fluide sont aussi très-solides, puisqu'elles sont infiniment petites, & conséquemment très-peu poreuses; peut-être sont-elles élastiques, puisqu'elles ont la faculté de se repousser les unes & les autres. Le feu est outre cela très-mobile, puisqu'il procure un mouvement très rapide aux parties des corps sur lesquels il agit, ainsi qu'il paroît sur-tout dans les corps qu'on expose au foyer des miroirs ardens. Le feu envisagé comme corps & comme une matiere très-subtile, est donc répandu dans tous les corps de la nature; il est universel, présent par-tout, & quoiqu'il soit, pour ainsi dire, enchaîné & comme engourdi dans un corps, un mouvement rapide qui met en vibration les particules de ce corps, suffit pour l'exciter & l'engager à manifester sa présence. Il y a plusieurs moyens qu'on peut mettre en usage pour rassembler la matiere ignée; lorsqu'on frotte violemment les uns sur les autres, ou qu'on presse les uns contre les autres des corps durs & secs; ils commencent à s'échauffer; leur chaleur augmente, si on continue à les frotter; ils s'embrâsent même, s'ils sont propres à fermenter & à nourrir la matiere ignée. Les métaux, les bois les plus durs, les pyrites produisent du feu dans les différentes opérations que l'on fait sur eux; en général, comme les corps élastiques se mettent aisément en vibration, & qu'ils conservent long-tems le mouvement vibratoire qu'on leur imprime, ces corps sont très-propres, lorsqu'on les heurte & qu'ils se brisent, à exciter la matiere du feu qui paroît comme endormie dans ces corps: c'est pour cela que l'acier trempé produit des étincelles lorsqu'on le frappe contre un caillou, ce que ne fait point un fer doux, quoique ce dernier contienne peut-être des parties huileuses : mais elles sont plus abondantes dans l'acier que dans le fer ; c'est aussi pour cette raison que l'acier heurté contre une pyrite donne plus d'étincelles que lorsqu'on le heurte contre une pierre à fusil, parce que les pyrites contiennent plus de soufre que les pierres à fusil. Les vibrations des corps qui sont très-élastiques sont plus grandes & plus promptes : elles procurent aussi plus d'activité à la matiere ignée ; & comme le feu est un véritable corps, son intensité est en raison composée de sa quantité & double de sa vîtesse. C'est pourquoi la matiere ignée fortement agitée met en fusion des particules de fer détachées de la masse qu'elles formoient auparavant, & qu'elles en vitrifient plusieurs. Lorsque le frottement procure un ébranlement aux parties d'un corps, la matiere du feu se rassemble alors, & ce corps s'échauffe. Or comme les corps qui sont très-mous frémissent à peine, & ne peuvent avoir de vibration, à peine donnent-ils quelque signe de chaleur lorsqu'on les frotte. C'est pour cela que les animaux qui sont forts & robustes, ceux dont les fibres musculaires & les vaisseaux sont très-élastiques, ceux dont le sang huileux & élastique circule rapidement, & se trouve pressé, condensé, mêlé avec les différentes liqueurs qu'ils font servir à leur boisson, agité d'un mouvement intestin & disposé à la putréfaction : ces sortes d'animaux s'échauffent aisément dans la course, dans les exercices, dans leur nourriture & dans leur boisson, parce que toutes ces choses animent la matiere ignée qui est renfermée dans les parties huileuses du sang, & accélerent par ce moyen le mouvement de diastole & de sistole du pouls, sans comprendre outre cela la matiere ignée de l'air ambiant qui concourt encore à ce phénomene, parce qu'elle est déterminée, par la pulsation des vaisseaux, à se joindre à celle dont on vient de parler. La chaleur naturelle d'un homme sain & robuste est de 96 degrés ; elle est plus considérable dans celui qui a la fievre ; mais les hommes dont la texture des fibres est lâche, dont le sang est aqueux, peu chargé d'huile & de feu, & dont le mouvement de circulation est lent, ont froid pour l'ordinaire, parce que le frottement nécessaire pour rassembler la matiere ignée manque dans ceux-ci ; il ne se trouve en eux qu'une très-foible disposition à la putréfaction, parce que les parties aqueuses & le repos y apportent un obstacle considérable. Les résultats de la matiere ignée répandue dans la nature que nous appercevons étant connus, il reste à traiter sommairement des effets de ce feu central dont nous ressentons perpétuellement les influences & la nécessité. On sait que le feu solaire & le feu terrestre sont la premiere cause de l'élévation des vapeurs, & que l'électricité en est la seconde cause ; le feu souterrain & central concourt aussi à ce phénomene, & n'en est pas une cause moins active. Il est donc nécessaire de démontrer que le feu souterrain & central est un feu qui existe réellement, & non un être chimérique & purement hypothétique. Les bains chauds qui se trouvent en grand nombre sur la surface de la terre, en sont une preuve bien convaincante. Les volcans qu'on remarque en plusieurs endroits de la terre qui font sortir de ses entrailles, & lancent dans les airs des quantités de feu si abondantes, prouvent encore la même chose. Lorsqu'on creuse des puits, plus on fouille profondément en terre, & plus les ouvriers y éprouvent de chaleur, & plus les vapeurs qui en sortent sont chaudes. On trouve dans les ouvrages de M. Mussembroek, *Traité des météores*, que Gensane, directeur des mines d'Alsace, étant descendu dans les mines de

Gyromany, qui ſont au pied de la montagne Balon, auprès de Béfort, trouva que le mercure s'élevoit de deux degrés à la ſurface de la terre.

A 52 toiſes de profondeur, il s'élevoit de 10^{d}.
106 . . . . $10\frac{1}{4}$.
158 . . . . $15\frac{3}{4}$.
222 . . . . $18\frac{1}{6}$.

Voilà ce feu ſouterrain & central, prouvé & atteſté par tous les obſervateurs qui ont approfondi ſes effets; ils ajoutent que, concurremment avec le feu ſolaire, le feu central ſert à la nutrition & à l'accroiſſement de toutes les plantes, de tous les végétaux; à la combinaiſon des métaux, des pyrites, & à leur formation; il agit ſur toutes les parties terreſtres, & leur communique un mouvement plus ou moins rapide, & une fermentation néceſſaire; il diſſout les parties les plus fines & les plus délicates des corps pour en former pluſieurs combinaiſons; il les ſépare du tout dont elles faiſoient partie, il les pouſſe au-dehors, & avec le ſecours du feu extérieur il les éleve dans l'athmoſphere avec une très-grande rapidité, & ſelon les loix de la percuſſion; enfin, ſelon Gaſſendi, Leibnitz & beaucoup d'autres auteurs, le feu central eſt la principale cauſe qui donne lieu aux météores. Il eſt produit par la combinaiſon naturelle des parties conſtituantes du globe terreſtre, par le frottement continuel de ces parties, par leur fermentation, & par le feu qui en réſulte, feu central, ſouterrain & caché, qui fait partie de la matiere qui l'anime, en quelque façon, & qui produit tous ces phénomenes dont les rapports nous ſont actuellement aſſez connus, mais dont nous ne pouvons cependant nous flatter de poſſéder l'évidence.

17. PYRITE.

C'est le nom qu'on donne à une substance minérale essentiellement composée de fer, de soufre, mais dans laquelle il entre quelquefois accidentellement du cuivre & de l'arsenic. On sait qu'il y a dans le sein de la terre une grande quantité de matieres effervescibles & inflammables, telles que les soufres, les nitres, le fer, les bitumes, les pyrites. Les pyrites en particulier, qui sont les plus communes de toutes ces matieres, sont aussi les plus propres à l'effervescence ou à l'inflammation. C'est un soufre minéralisé par le fer, de différentes figures, dont la couleur est quelquefois d'un jaune pâle & brillant; quand elle est mêlée avec la pierre ou la terre, sa couleur est différente. La pyrite fait du feu, quand on la frappe avec l'acier; les étincelles qui en partent sont grandes & accompagnées d'une odeur sulfureuse; elle se casse dans le feu; elle y produit une flamme bleuâtre, & une fumée suffocante; brûlée, c'est une poudre d'un rouge foncé. Toute pyrite contient beaucoup de fer; la pyrite pure & solide étoit la pierre à feu des anciens. Toutes les marcassites ne sont que des pyrites crystallisées; elles contiennent ordinairement du cuivre avec le fer. Ces matieres sont tantôt séparées, tantôt réunies, minéralisées ou amalgamées ensemble; elles sont par couches, par lits, par filons, par filets; c'est ce que tous les mineurs nous apprennent unanimement. C'est par le moyen de ces matieres pyriteuses, qui s'échauffent quand elles sont mouillées à un certain point, que sont produites les sources chaudes qui coulent & se maintiennent sans relâche. Tous les pays abondans en matieres pyriteuses entretiennent une plus grande quantité de ces eaux thermales. Tous les minéraux & tous les fossiles en général qui renferment des pyrites, sont plus ou moins susceptibles d'inflammation ou d'effervescence, par l'eau, la chaleur ou le feu. Les lieux exposés aux tremblemens de terre, aussi bien que les montagnes ignivomes, renferment toujours des matieres pyriteuses; le Chili & le Pérou qui contiennent plusieurs volcans sont remplis de mines de soufre & de métaux, de nitre & de sel; le long des côtes des mers, les tremblemens y sont plus fréquens, parce que les pyrites sont mouillées plus facilement par les eaux qui les baignent sans cesse. Ceux qui ont fouillé les mines s'accordent à dire qu'il y a presque par-tout, dans le sein de la terre, des pyrites en plus grande ou plus petite quantité sous différentes formes; que par-tout où il y a des pyrites, il y a des vapeurs & des exhalaisons sulfureuses dans le sein même de la terre, & qui de-là s'élevent dans l'athmosphere; que ces vapeurs & ces matieres peuvent prendre feu ou s'enflammer d'elles-mêmes, dans l'air, sur la terre, ou sous la terre; que l'eau en certaine quantité qui ne les noye pas, met les pyrites dans une effervescence très-active, très-chaude, très-violente: d'où l'on peut conclure qu'il n'est point nécessaire de supposer dans tous les tremblemens de terre une inflammation, & qu'il peut y en avoir où il n'y a que de la fermentation sans feu, dont les effets doivent être plus réguliers, plus uniformes, quoique tout aussi effrayans, & quelquefois aussi funestes. Il n'est point de matieres aux environs des volcans dans la terre & sur sa surface qui ne présentent des pyrites; les environs de l'Hécla, du Vésuve, de l'Etna, du Fuegos, sont remplis de ces matieres; il en sort de toutes les éruptions de ces montagnes. Voilà donc la source & le principe universel de la chaleur intérieure & de tous les phénomenes qui demandent de l'inflammation ou de l'effervescence. C'est aussi la source intarissable de tous les météores ignés. C'est d'après cela que tous les auteurs s'accordent à parler des pluies, après des tonnerres & des éclairs, qui ont laissé des dépôts de soufre & de fer; un auteur célebre de l'autre siecle nous a laissé une relation d'une pluie de soufre qui tomba dans une partie du Danemarck.

18. *FOSSILES.*

On appelle *fossiles* en général toutes les substances qui se tirent du sein de la terre. On en distingue de deux especes; ceux qui ont été formés dans la terre & qui lui sont propres, on les appelle *fossiles natifs*. Tels sont les terres, les pierres, les pierres précieuses, les crystaux, les métaux, & ceux qui ne sont point propres à la terre, qu'on appelle *fossiles étrangers à la terre.* Ce sont des corps appartenans soit au regne minéral, soit au regne végétal; tels que les coquilles, les ossemens de poissons & de quadrupedes, les bois, les plantes, que l'on trouve ensevelis dans les entrailles de la terre où ils ont été portés par diverses révolutions ou changemens arrivés au globe. Les couches immenses de coquilles fossiles ou fossiles étrangers à la terre sont toujours paralleles à l'horizon; quelquefois il y a plusieurs lits séparés les uns des autres par des lits intermédiaires de terre ou de sable. Une chose très-digne de remarque, & qui doit suspendre le jugement des savans sur les causes de ce phénomene, sur lesquelles ils se sont quelquefois trop avancés, c'est que les coquilles & les corps marins qui se trouvent dans nos pays ne sont point des mers de nos climats; mais leurs analogues vivans ne se rencontrent que dans les mers des Indes & des pays chauds, il y en a même qu'on a cherché dans les quatre parties du monde sans succès; on trouve aussi des restes de végétaux, tantôt en nature ou pourris, tantôt incrustés, tantôt pétrifiés; dans d'autres, on y trouve des empreintes de feuilles ou de branches qui ont péri sur des rochers, & l'empreinte y est restée ; M. de Jussieu dit avoir trouvé aux environs de Lyon des empreintes de feuilles étrangeres dans une pierre noire fossile ; en fendant la pierre, il a vu une partie présenter une empreinte concave, & l'autre une feuille saillante qui a fait l'impression. Les auteurs, pour expliquer comment la mer avoit pu laisser ces corps dans la terre, ont imaginé une suite infinie d'hypotheses & de systêmes différens. Mais, sans rapporter toutes les opinions des philosophes qui paroissent sujettes à des difficultés insurmontables, on s'en tient au sentiment le plus probable, celui des anciens qui ont cru que la mer avoit autrefois occupé le continent que nous habitons. En effet rien n'empêche de conjecturer que la terre n'ait, indépendamment du déluge universel, encore souffert d'autres révolutions ; car il y a tout lieu de croire que ce n'est point au déluge qui n'a été que passager, que sont dûs les corps marins que l'on trouve dans le sein de la terre ; la quantité infinie de coquilles & de corps marins dont la terre est remplie, les montagnes les plus élevées qui en contiennent une immensité, les couches immenses & paralleles de ces coquilles, les carrieres prodigieuses de pierres coquillieres semblent annoncer un séjour des eaux de la mer très-long & de plusieurs siecles, & non pas une inondation passagere & une fois donnée telle que fut celle du déluge. D'ailleurs si les coquilles fossiles eussent été apportées par une inondation subite & violente, tous ces corps auroient été jettés confusément sur la surface de la terre, & cet ordre de couches paralleles n'auroit pu exister. Comme il seroit trop long d'exposer ici les opinions diverses des auteurs sur ces phénomenes, nous renvoyons nos lecteurs à l'idée ingénieuse du célebre M. de Buffon sur la formation de ces lits ou couches dans sa *Théorie de la terre*.

19. MINES.

On appelle *mine* toute ſubſtance pierreuſe ou terreuſe qui contient du métal ; & dans un ſens moins étendu, on donne le nom de *mine* à tout métal qui ſe trouve minéraliſé, c'eſt-à-dire combiné avec le ſoufre ou avec l'arſenic, ou avec l'un & l'autre à-la fois, combinaiſon qui lui fait perdre ſa forme, ſon éclat, & ſes principales propriétés. On trouve ſouvent pluſieurs métaux qui ſont mêlés & confondus dans une même mine ; c'eſt ainſi qu'on trouve rarement des mines de cuivre qui ne contiennent en même tems une portion de fer ; toutes les mines de plomb contiennent plus ou moins d'argent ; les mines d'or & les mines d'argent ſont les moins mêlées. C'eſt dans les profondeurs de la terre que la nature s'occupe de la formation des mines ; & quoique cette opération ſoit cachée à-la plupart des naturaliſtes, il en eſt cependant qui ont fait des efforts pour tâcher de ſurprendre quelques-uns de ſes ſecrets. Il en eſt qui croient, & ce ſont les plus ſages, que les métaux & les mines qui ſont dans les filons ont été créés dès le commencement du monde ; d'autres diſent que la nature forme encore journellement des métaux, ce qu'elle fait en uniſſant enſemble les parties élémentaires, ou les principes qui doivent entrer dans leurs différentes combinaiſons. Il eſt probable, pour allier les deux propoſitions, de dire avec un grand nombre de naturaliſtes célebres, qu'on ne peut attribuer la formation des métaux ou des autres matieres que contiennent les mines, à un mouvement ſucceſſif, vague & fortuit ; la premiere en eſt ſenſible, pour peu qu'on connoiſſe quelques mines ; c'eſt qu'on y obſerve partout un tronc, des veines, des rameaux ou branches ; par-tout c'eſt à-peu-près la même diſpoſition, les mêmes deſſeins ; autre preuve que les montagnes premieres qui ſont les plus hautes, ne peuvent être l'effet de dépôts lents & ſucceſſifs, le réſultat d'un mouvement fortuit aveugle & ſans direction ; les montagnes du ſecond ordre peuvent être des amas formés par ſucceſſion de tems par les eaux de la mer, on n'en peut même douter d'après de nombreuſes obſervations. Malgré cela on ne peut diſconvenir que les mines auxquelles on a travaillé, ne ſe régénerent, ne ſe rétabliſſent, ne redeviennent plus riches ; ſi le fait eſt, il ne peut s'exécuter que par une eſpece d'attraction des parties conſtituantes, par une addition de ces parties qui ſe fait intérieurement, ou plutôt par un rapprochement continuel qui eſt néceſſaire pour la compoſition des différens corps en des maſſes plus grandes. Les mines ne ſe trouvent point toujours par filons ſuivis ; ſouvent on les rencontre dans le ſein des montagnes par maſſes détachées, & formant comme des tas ſéparés dans des pierres dont les creux en ſont remplis. D'autres mines ſe trouvent quelquefois par fragmens détachés dans les couches de la terre, ou même à ſa ſurface ; il eſt viſible que celles-ci n'ont point été formées par la nature dans les endroits où on les trouve actuellement placées ; mais qu'elles y ont été tranſportées par les eaux qui ont arraché ces fragmens des filons placés dans les montagnes primitives, & qui, après avoir été roulées, les ont portées & raſſemblées dans les couches de la terre qui ont elles-mêmes été produites par des inondations ſucceſſives. Cela peut encore faire comprendre comment il arrive que l'on trouve dans le lit d'un très-grand nombre de rivieres des particules métalliques, & ſur-tout du ſable ferrugineux mêlé de particules d'or ou d'argent, ou des autres métaux ; il y a lieu de croire que ces particules ont été détachées des montagnes où il y a des filons par les rivieres mêmes, ou par les torrens qui s'y déchargeur. C'est ordinairement dans les pays des montagnes, & non dans les pays unis qu'il faut chercher des mines ; il n'y a presque point de climat où l'on n'en trouve, mais les uns sont plus abondans que les autres.

10. VÉGÉTAUX.

Ce sont tous les êtres qui vivent dans la substance de la terre ; on entend en général par *végétaux* toutes les plantes qu'on peut renfermer dans deux especes, les arbres & les herbes ; les végétaux sont aussi terrestres ou aquatiques. Les unes & les autres se subdivisent en plantes ligneuses ou boiseuses, en bulbeuses & en fibreuses ou ligamenteuses, qu'on peut encore appeller *herbacées*. L'acte par lequel les plantes croissent s'appelle *végétation*. Elle a donné sur la formation, l'accroissement, & la perfection des arbres & de tous les corps de la nature, connus sous le nom de *végétaux*. La vie & l'accroissement sont les caracteres distinctifs de ces corps différens des animaux en ce qu'ils n'ont point de sentiment, & des minéraux en ce qu'ils ont une véritable vie, puisqu'on les voit naître, s'accroître, jetter des semences, devenir sujets à la langueur, aux maladies, à la vieillesse & à la mort. La végétation est quelque chose de distinct de la vie des plantes. Quoiqu'une plante morte cesse de végéter, il y a cependant beaucoup de plantes qui vivent sans qu'elles donnent la moindre marque de végétation. La plupart des plantes aquatiques conservent la vie dans les tems de sécheresse, & ne recommencent à végéter que lorsque l'eau dont elles ont été privées recommence à devenir plus abondante. Il en est de même à l'égard de la végétation de toutes les graines, de toutes les plantes que l'on conserve dans nos climats, elles sont quelquefois très-long-tems sans végéter, mais elles ont cependant la vie. La végétation dans les plantes

plantes est quelquefois si peu sensible, que son action peut à peine paroître aux yeux des observateurs attentifs ; comme lorsque dans l'hiver la plupart de nos arbres se dépouillent de leurs feuilles ; lorsque des plantes de la zone torride restent longtems dans nos climats, sous des serres, sans faire de progrès. Mais lorsque dans le printems & l'automne la nature semble revivre, en parant ses productions des feuilles & des fleurs qui leur sont propres ; c'est alors que le phénomene de la végétation devient évident & sensible. La vie des végétaux est variable en durée, suivant leur nature ; il y a des plantes qui ne vivent que quelques mois ; d'autres dont il n'est presque pas possible d'évaluer les siecles ; quelle que soit cette durée, on peut toujours distinguer quatre âges dans le cours de la vie des végétaux ; celui de leur naissance ou de leur germination ; celui de leur accroissement ; celui de leur perfection, & celui de leur décrépitude. Dans tous les cas, il ne faut qu'examiner les différentes circonstances du phénomene de la végétation dans tous ces âges, pour considérer en même tems les effets de la chaleur, de l'humidité de l'air, & se rapprocher par-là du phénomene particulier de chacune des loix physiques qui nous sont connues. C'est ainsi que la perfection des semences & l'accroissement des plantes paroissent être les grands objets de la nature dans leur végétation.

21. ANIMAUX.

L'animal est la matiere vivante & organisée, qui sent, agit, se meut, se nourrit & se reproduit ; conséquemment le végétal est la matiere vivante & organisée qui se nourrit & se reproduit, mais qui ne sent, n'agit, ni ne se meut ; & le minéral, la matiere morte & brute, qui ne sent, n'agit, ni se meut, ne se nourrit, ni ne se reproduit ; d'où il s'ensuit que le sentiment est le principal degré différentiel de l'animal. Il n'a de commun avec le minéral que les qualités de la matiere prise généralement ; sa substance a les mêmes propriétés virtuelles ; elle est étendue, pesante, impénétrable, comme tout le reste de la matiere ; mais son économie est toute différente. Le minéral n'est qu'une matiere brute, insensible, n'agissant que par contrainte des loix de la méchanique, n'obéissant qu'à la force généralement répandue dans l'univers, sans organisation, sans puissance, dénuée de toutes facultés, même de celle de se produire ; substance informe & inanimée. L'animal réunit toutes les puissances de la nature ; les sources qui l'animent lui sont propres & particulieres ; il veut, il agit, il se détermine, il opere, il communique par ses sens avec les objets les plus éloignés ; son individu est un centre où tout se rapporte, un point où tout l'univers se réfléchit ; voilà les rapports qui lui sont propres : ceux qui lui sont communs avec les végétaux sont les facultés de croître, de se développer, de se reproduire, de se multiplier. La différence la plus apparente entre les animaux & les végétaux paroît être cette faculté de se mouvoir & de changer de lieu dont les animaux sont doués, & qui n'est pas donnée aux végétaux. Il est vrai que nous ne connoissons aucun végétal qui ait le mouvement progressif : mais nous voyons plusieurs especes d'animaux, comme les huîtres, les galles-insectes, *&c.* auxquelles ce mouvement paroît avoir été refusé ; cette différence n'est donc pas générale & nécessaire. Une différence plus essentielle pourroit se tirer de la faculté de sentir qu'on ne peut refuser aux animaux, & dont il semble que les végétaux soient privés. Mais ce mot *sentir* renferme un si grand nombre d'idées, qu'on ne doit pas le prononcer sans en avoir fait l'analyse ; car si par *sentir* on entend seulement faire une action de mouvement à l'occasion d'un choc ou d'une résistance, on trouvera que la plante appellée *sensitive* est capable de cette espece de sentiment comme les animaux. Si au contraire on veut que *sentir* signifie *appercevoir* & *comparer des perceptions*, l'on n'est pas suffisamment sûr que les animaux aient cette espece de sentiment ; si l'on accorde quelque chose de semblable aux chiens, aux éléphans, &c. dont les actions semblent avoir les mêmes causes que les nôtres, on ne peut que le refuser à une infinité d'especes d'animaux, & sur-tout à ceux qui paroissent immobiles & sans action. Si on vouloit que les huîtres, par exemple, eussent du sentiment comme les chiens, mais à un degré fort inférieur, pourquoi n'accorderoit-on pas aux végétaux ce même sentiment dans un degré encore au-dessous ? Cette différence entre les animaux & les végétaux n'est pas générale, elle n'est pas même bien décidée. Une autre différence pourroit être dans la maniere de se nourrir ; les animaux, par le moyen de quelques organes extérieurs, saisissent les choses qui leur conviennent, vont chercher leur pâture, choisissent leurs alimens ; les plantes au contraire paroissent être réduites à recevoir la nourriture que la terre veut bien leur fournir ; il semble que cette nourriture soit toujours la même, aucune diversité dans la maniere de se la procurer, aucun choix dans l'espece, l'humidité de la terre est leur seul aliment ; cependant il est des plantes qui trouvant quelque obstacle à leur nutrition, se détournent & se placent dans un lieu plus favorable à leur accroissement & à leur nourriture en divisant leurs racines, en les multipliant. En général si l'on cherche des ressemblances entre les végétaux & les animaux, on les trouvera dans la faculté commune à tous deux de se reproduire, faculté qui suppose plus d'analogie que l'on ne peut s'imaginer ; dans le développement de leurs parties, propriété qui leur est commune, car les végétaux ont, aussi-bien que les animaux, la faculté de croître, & si la maniere dont ils se développent est différente, elle ne l'est pas totalement, ni essentiellement dans l'examen qu'on en peut faire ; dans la multiplication enfin des plantes qui est égale à celle des pucerons & de quelques autres insectes qui se fait sans accouplement ; dans la multiplication des polypes qui se fait en les coupant, & qui ressemble en cela à la multiplication des arbres par boutures. On comprend les animaux sous différentes dénominations & en différentes classes, en quadrupedes, volatils, aquatiques & insectes ; mais comme cette définition ne fait point de distinction des vivipares d'avec les ovipares, on a distribué les vivipares en terrestres ou aquatiques ; les animaux dont le cœur a deux ventricules sont appellés *vivipares :* ceux dont le cœur n'a qu'un ventricule sont quadrupedes ovipares, comme les serpens, *&c.* C'est par la description que M. *Linnæus* fait des animaux de toutes especes, qu'il conclut à dire qu'ils prennent de l'accroissement, qu'ils ont de la vie, & qu'ils sont doués de sentiment ; par cette définition, il les distingue parfaitement des végétaux qui croissent & vivent sans avoir de sentiment, & des minéraux qui croissent sans vie ni sentiment. Considérons maintenant les animaux dans leurs caracteres & dans leurs instincts. Il est des animaux qui semblent réduits au toucher ; d'autres ont tous nos sens, & s'élevent presque jusqu'à l'intelligence ; du polype au singe, la distance paroît énorme. L'imagination & la mémoire se font remarquer chez diverses especes : l'imagination dans leurs rêves, la mémoire dans le souvenir des choses qui les ont affectées. Les lieux, les personnes, les objets animés & inanimés se retracent dans leur cerveau, & elles agissent relativement à ces impressions. La conservation de la vie, la propagation de l'espece & le soin des petits sont les trois principales branches du savoir & des procédés des animaux, mais tous ne se font pas également admirer à ces trois égards. L'huître immobile sur la vase, ne sait qu'ouvrir & fermer son écaille. L'araignée industrieuse tend un filet à sa proie : à peine elle est parvenue à toucher le piege, que l'araignée se jette dessus, & la met hors d'état de remuer ni de fuir. Diverses especes d'animaux vivent au jour le jour, sans s'embarrasser du lendemain : d'autres plus prévoyans se construisent des magasins, & les remplissent de provisions. Parmi les animaux qui vivent de proie, les uns, comme l'aigle & le lion, attaquent à force ouverte ; les autres emploient la ruse & l'adresse. Les uns mettent leur vie en sûreté par la fuite ; d'autres, en se cachant sous terre ou sous l'eau ; d'autres recourent à différentes ruses qui assurent leur fuite, & déroutent leur ennemi ; le lievre fournit un exemple familier de ceux-ci ; d'autres enfin opposent la force à la force ; toutes ces différentes manieres de se défendre ou d'attaquer, ou de fuir, ou de ruser, sont des suites de la constitution de l'animal, & toujours proportionnelles à la force des animaux ou des hommes qui les attaquent. Un animal foible n'attaquera point l'homme, ni un animal plus fort ; mais le lion attaquera & sera souvent vainqueur, les animaux vîtes à la course s'enfuiront dès qu'ils seront attaqués, & ruseront quand ils seront fatigués, pour reprendre des forces nouvelles, & ainsi de suite. Ce qu'il y a de plus singulier dans l'instinct de certains animaux, c'est ce changement, à tems marqué, de plusieurs especes de poissons & d'oiseaux, de demeures ou de climats. On connoît les nombreuses caravannes des harengs & des morues, & les épaisses nuées d'oies, de cailles, de corneilles, *&c.* qui quelquefois obscurcissent l'air ; c'est par de telles émigrations périodiques que ces especes se conservent, parce qu'elles ne pourroient supporter l'inconstance des saisons ; & dans leurs longs pélerinages, la nature, & ensuite l'habitude, sont leur pilote, leur guide & leur pourvoyeur. Pour ce qui est de la multiplication des animaux par le concours des deux sexes, elle ne nous frappe point, parce que nous l'avons toujours présente sous nos yeux ; mais lorsqu'on vient à l'examiner philosophiquement, elle surprend autant qu'elle embarrasse, sur-tout quand on sait ce qui se passe chez les pucerons & chez les polypes. Comme cette raison, comme celle de quelques systêmes passent les bornes de notre entendement, il faut se borner à en tirer des conséquences immédiates ou médiates ; c'est que la distinction des sexes donne naturellement lieu à une espece de société, d'où résultent les avantages communs à chacun des sexes, & qui s'étendent encore infiniment aux individus qui proviennent de leur union ; on observe que les animaux féconds par eux-mêmes vivent, sans paroître former de véritables sociétés, quoique rassemblés en grand nombre dans le même lieu ; on remarque encore qu'ils ne prennent aucun soin de leurs petits ; il est vrai que ceux-ci ont été mis en état de se passer d'eux & de leur secours. Les animaux féconds par eux-mêmes multiplient prodigieusement & avec facilité ; la terre n'auroit pas suffi à contenir & à entretenir les especes qui la peuplent, si toutes avoient été douées d'une pareille fécondité. La dépendance absolue & mutuelle des deux sexes rend la propagation moins sûre, moins abondante, moins facile que chez de tels hermaphrodites. Ainsi les mêmes moyens qui operent la multiplication de la plupart des animaux lui servent en même tems de barriere ou de frein. Enfin la distinction des sexes répand dans la nature une agréable variété, & donne plus d'étendue aux divers services que l'homme peut tirer des animaux. C'est un grand argument, en faveur des *fins*, que ce mouvement secret qui porte les deux sexes à se chercher & à s'unir. Ce mobile inhérent à la nature de l'animal ne dépend point de causes étrangeres; il agit dans les animaux élevés en solitude, comme dans ceux qui vivent en société. La température de l'air, les alimens, l'éducation & d'autres circonstances peuvent bien modifier son jeu, mais jamais le détruire. Quel nombre infini de rapports compliqués entre les organes correspondans des deux sexes! Combien de fins particulieres qui tendent toutes vers une fin générale! Que de liaisons, que de convergences dans les moyens! Que d'utilités dans le but & de conséquences! Le plus souvent il est dans les femelles des tems marqués pour la génération: les mâles les attaqueroient vainement en d'autres tems, elles les repousseroient & se soustrairoient à leurs recherches; l'homme seul sait braver les circonstances. La raison de cet ordre, à l'égard des animaux, est sensible: la génération auroit été troublée ou interrompue, si les tems n'eussent point eu des périodes salutaires. Pour suivre la liaison des besoins divers dont les animaux sont susceptibles, on demande s'ils ont un langage. Il faut distinguer deux sortes de langages, le naturel & l'artificiel. Dans la premiere espece doivent être rangés tous les signes par lesquels l'animal donne à connoître ce qui se passe dans son intérieur; mais si l'on veut se borner aux seuls sons, le langage naturel sera un assemblage de sons non-articulés, uniformes dans tous les individus de la même espece, & liés si fortement aux sentimens qu'ils expriment, que le même son ne représente jamais deux sentimens opposés. Le langage artificiel au contraire est un assemblage de sons articulés & arbitraires qui n'ont d'autre liaison avec les idées qu'ils représentent que celles que leur donne la convention ; ensorte que le même son peut être un signe d'idées très-différentes & même opposées. Ainsi le langage artificiel n'est, à proprement parler, que ce que nous nommons la *parole*. Plusieurs auteurs, entr'autres M. de Buffon, parle d'un chien à qui, au bout de quelques années, on avoit appris à articuler ; il est un grand nombre de volatils que l'on instruit à parler ; la constitution de leur gosier & l'ouverture étroite des deux levres, la concavité de l'intérieur de la bouche & la flexibilité de leur langue sont autant de phénomenes qui expliquent assez comment ils peuvent articuler ; c'est à la Métaphysique ou à la Physique même à expliquer comment ils reçoivent les impressions, & comment elles s'impriment si fortement dans leur cerveau. L'homme seul parle, & reçoit des idées ; cette admirable prérogative lui donne l'empire sur tous les animaux ; par la parole il regne sur la nature entiere ; par ses idées, il la conçoit, & remonte à son Auteur, le contemple, l'adore & lui obéit. La brute, bornée au langage naturel, ignore tout, excepté ses besoins & les objets qui peuvent le satisfaire. C'est aux naturalistes à comparer les especes, & à en continuer des définitions que le Pline de notre siecle a si sagement établies.

22. *Génération, Nutrition.*

La génération est la faculté de se reproduire qui est attachée aux êtres organisés, qui leur est affectée, & qui est par conséquent un des principaux caracteres par lequel les animaux & les végétaux sont distingués des corps appellés *minéraux*. Ainsi la génération est, par rapport à l'être végétant & vivant, l'acte par lequel un individu forme un autre individu qui lui ressemble ; ce dernier tire son origine de la matiere, & de la disposition à une forme particuliere que les êtres générateurs fournissent pour la préparation qui procede de principes préexistans, & pour le développement & l'accroissement des germes; c'est la génération qui produit cette chaîne immense d'existences successives des individus, & ces différentes especes d'êtres qui n'ont qu'une durée limitée relativement à l'état d'organisation qui donne une forme déterminée & propre à tous les êtres. C'est cette disposition même des parties qui constitue l'existence des individus, & qui entretient l'action & le mouvement des solides & des fluides dont ils sont composés, qui tend continuellement à devenir sans effet, & par conséquent à détruire la vie par l'exercice même des moyens vivifians, c'est-à-dire par la foiblesse des organes, par un défaut radical qui les rend toujours moins propres à perpétuer le jeu qui leur est affecté, par le défaut de flexibilité de certaines parties, & par la perte de fluidité des autres, enfin par la privation de l'action de toutes les parties constituantes. On appelle *mort* le changement d'état des animaux, c'est-à-dire de l'état où ils sont lorsqu'ils sont vivans, à celui où leur mouvement cesse, où l'inaction leur devient commune avec tous les corps qui sont privés d'organisation, ou dont l'organisation n'est pas actuellement vivifiée. Cet état laisse les corps organisés, comme tous ceux qui ne le sont pas, exposés aux impressions des agens destructeurs de toutes les formes particulieres qui dégradent l'organisation & réduisent la matiere qui l'avoit reçue à la condition de la matiere brute, informe, jusqu'à ce que ces matériaux des corps organisés soient de nouveau tirés du cahos & mis en œuvre, pour servir à la construction d'un corps vivifié à la reproduction d'un végétal ou d'un animal. Les opérations méchaniques qui servent à la reproduction des animaux & des végétaux sont de différente espece, par rapport à ces deux genres d'êtres & à chacun d'eux en particulier.

Les animaux ont deux sortes d'organisations également distinctes, destinées à l'ouvrage de la reproduction ; cette organisation constitue ce qu'on appelle les *sexes*. C'est par l'accouplement ou l'union des deux sexes, que les individus de ce genre se multiplient le plus communément ; au lieu qu'il n'y a aucune sorte d'union d'accouplement apparente & sensible des individus générateurs dans le genre végétal, la reproduction s'y fait en général par le développement des graines ou des semences qui ont été fécondées par le moyen des fleurs. Ce développement des semences s'opere entiérement hors de l'individu qui les fournit : la reproduction des végétaux s'opere aussi par l'extension d'une portion de plante qui, lorsqu'elle est une branche vivante ou portion de branche séparée du tronc, du corps de la plante, & tant qu'elle est destinée à cet usage, s'appelle *bouture* ; & lorsqu'elle est une partie détachée de la racine de la plante, elle porte le nom de *cayeu*. On a dit que l'accouplement ou l'union des sexes dans les animaux est le moyen le plus commun par lequel s'opere la multiplication des individus ; ce qui suppose qu'il n'est pas par conséquent l'unique : en effet il y a des animaux qui se reproduisent comme les plantes, & de la même maniere ; malgré cela la plupart ont la faculté de se reproduire par l'accouplement, comme le reste des animaux ; l'on va donner une parallele des especes. Une graine féconde est un corps organisé qui, sous diverses enveloppes plus ou moins épaisses & plus ou moins nombreuses, contient une plante en raccourci. Une substance blanchâtre, délicate & spongieuse, remplit la capacité de la graine ; de petits vaisseaux qui partent du germe parcourent cette substance en se divisant & se sous-divisant sans cesse. Mise en terre, humectée & échauffée jusqu'à un certain degré, la graine commence à germer ; de-là par plusieurs causes, comme l'humidité, la pénétration de l'air, le feu même; par toutes ces causes, il résulte essentiellement un développement; fortifiée ensuite par de nouveaux sucs que la plante reçoit, elle y puise des nourritures plus fortes & plus abondantes, elle s'étend, s'alonge, & s'éleve dans l'air. L'œuf fécond est, de même que la graine, un corps organisé qui, sous diverses enveloppes plus ou moins fortes & plus ou moins nombreuses, renferme un animal en petit. Une matiere fluide, succulente & gélatineuse, remplit la capacité de l'œuf; des vaisseaux infiniment déliés se ramifient dans cette matiere, & aboutissent au germe par différens rameaux. Echauffé à un degré convenable, soit par la nature, soit par l'art, l'intérieur de l'œuf commence à s'animer. Excité par une douce chaleur, la matiere qui environne le germe s'insinue dans les petites ramifications d'où elle passe dans le cœur dont elle augmente le mouvement; l'animal devient aussi un être vivant, il croît & se fortifie par l'affluence de nouveaux sucs; & lorsqu'ils sont épuisés, & que l'animal a pris son accroissement, il cherche à sortir de sa retraite, la nature lui en facilite les moyens, il paroît au jour & jouit d'une vie nouvelle. La graine est donc à la plante ce que l'œuf est à l'animal. Poursuivons. Logé dans la matrice, le fœtus y prend ses premiers accroissemens; il y est d'abord contenu dans des enveloppes membraneuses analogues à celles de l'œuf; il jette dans la matrice de petits vaisseaux qui y pompent la nourriture destinée à le faire croître. Parvenu à une certaine grandeur, il rompt ses enveloppes, il paroît au jour. Caché sous l'écorce, le bourgeon y prend aussi ses premiers accroissemens. Il y est d'abord renfermé dans des enveloppes membraneuses analogues à celle de la graine; il tient à l'écorce par de menues fibres qui lui transmettent une nourriture relative à son état.

Parvenu à une certaine grosseur, il perce l'écorce & paroît au jour. De-là la plante se nourrit par l'incorporation des matieres qu'elle reçoit du dehors, ces matieres sont toutes hétérogenes. Pompées par les pores des racines, ou par ceux des feuilles, elles se fermentent & se digerent, & se distribuent par différentes ramifications vers toutes les parties où elles doivent s'unir par de nouvelles filtrations. L'animal se nourrit de même par l'incorporation des matieres qui lui viennent du dehors : elles sont hétérogenes, & reçues par la bouche ou par d'autres ouvertures analogues ; elles sont conduites dans l'estomac & dans les intestins où elles subissent différentes préparations : elles passent de-là dans les veines lactées & leurs dépendances, ou dans d'autres vaisseaux analogues qui le transmettent aux vaisseaux sanguins, où elles se montrent sous la forme d'un fluide plus ou moins coloré : les ramifications des vaisseaux sanguins les distribuent ensuite à toutes les parties auxquelles elles s'incorporent par de nouvelles préparations. Des tuyaux composés d'anneaux cartilagineux, ou d'une lame élastique tournée en spirale, communiquent avec les vaisseaux sanguins. Appropriés à la respiration, ils introduisent dans l'animal un air frais & élastique qui prépare le sang, l'atténue, le colore, & aide encore à son mouvement. Le superflu des matieres ou la partie la moins propre à s'unir à l'animal est portée à la surface de la peau, d'où elle s'échappe par une transpiration insensible, mais très abondante : des glandes & d'autres organes placés en différens endroits du corps procurent l'évacuation des matieres les plus grossieres ou les plus épaisses. L'animal, ainsi que la plante, croît par développement ou par l'extension graduelle de ses parties en tout sens. A cette extension succede un endurcissement dans les fibres. L'extension diminue à mesure que l'endurcissement augmente ; elle cesse lorsque l'endurcissement a été porté au point de ne plus permettre aux fibres de céder à la force qui tend à aggrandir leurs mailles. Cependant on observe des différences dans l'accroissement d'individus d'une même espece : les uns s'endurcissent plus tard que les autres, & acquierent une taille plus avantageuse. Le fœtus pris dans son origine n'offre rien d'osseux. Membraneux dans toute sa substance, il ne devient osseux que par degrés. En général, la nutrition des animaux, plutôt que celle des plantes, n'est pas toujours réguliere : les loix dont elle dépend sont quelquefois troublées ou modifiées par différentes circonstances, dont on ne peut définir évidemment les raisons physiques. Revenons maintenant à l'acte de la génération, & développons-le autant qu'on le peut faire, lorsqu'on veut traiter des phénomenes si peu connus. L'orétisme, ou la disposition physique d'une surabondance de vie dans les fibres nerveuses des organes de la génération, est produit par la qualité stimulante des humeurs particulieres qu'ils contiennent, ou par la dilatation des vaisseaux qui entrent dans leur composition, remplis, distendus au-delà de leur ton naturel, effet d'un abord de fluides plus considérable qu'il ne se fait dans les autres vaisseaux du corps, par contact, par attouchement, ou par les effets de l'imagination dirigée vers eux ; d'où s'ensuit une sorte de fievre dans ces parties, une inflammation commençante qui les rend susceptibles d'impressions propres à ébranler le genre nerveux, à rendre ses vibrations plus vives, à redoubler le flux & reflux qui s'en fait du cerveau à ces organes, & de ces organes au cerveau ; en effet l'ébranlement de la machine animale, la durée de ce sentiment, font naître en lui une sorte d'agitation, d'inquiétude qui porte l'animal par instinct à en chercher le remede dans l'excrétion des humeurs stimulantes & dans le relâchement des fibres nerveuses, dont la tension étoit auparavant comme l'aliment. La copulation n'est autre chose que l'acte par lequel l'homme s'unit à la femme par intromission, & par lequel s'opere la fécondation moyennant le concours des dispositions relatives à cet acte. Ecoutons à cet égard M. de Buffon. Le développement, dit-il, ou l'accroissement des différentes parties du corps de l'homme se faisant par la pénétration intime des molécules organiques analogues à chacune de ses parties, toutes ces molécules organiques sont absorbées dans le premier âge & entiérement employées au développement ; que par conséquent il n'y en a que peu ou point de superflues tant que le développement n'est point achevé, & que c'est pour cela que les enfans sont incapables d'engendrer ; mais lorsque le corps a pris la plus grande partie de son accroissement, il commence à n'avoir plus besoin d'une aussi grande quantité de molécules organiques pour se développer ; le superflu de ces mêmes molécules organiques est donc renvoyé de chacune des parties du corps dans des réservoirs destinés à les recevoir : ces réservoirs sont les testicules & les vésicules séminales ; c'est alors que commence la puberté ; tout indique alors la surabondance de la nourriture, outre les phénomenes qui paroissent alors, les parties qui sont destinées à la génération prennent un prompt accroissement, la liqueur séminale arrive & remplit les réservoirs qui lui sont préparés, & lorsque la plénitude est trop grande, elle force, même sans aucune provocation, la résistance des vaisseaux qui la contiennent pour se répandre au-dehors : tout annonce donc dans le mâle une surabondance de nourriture dans le tems où commence la puberté ; celle de la femelle est encore plus précoce, & cette surabondance y est même plus marquée par cette évacuation périodique qui commence & finit en même tems que la puiſſance d'engendrer, par le prompt accroiſſement du ſein & par un changement dans les parties de la génération ; je penſe donc, conclut M. de Buffon, que les molécules organiques renvoyées de toutes les parties du corps dans les teſticules & dans les véſicules ſéminales du mâle, & dans les teſticules ou dans telle autre partie de la femelle, y forment la liqueur ſéminale, laquelle, dans l'un & l'autre ſexe, eſt un extrait de toutes les parties du corps : ces molécules organiques, au lieu de ſe réunir & de former dans l'individu même de petits corps organiſés ſemblables au grand, comme dans le puceron, ne peuvent ici ſe réunir en effet que quand les liqueurs ſéminales des deux ſexes ſe mêlent ; & lorſque, dans le mêlange qui s'en fait, il ſe trouve plus de molécules organiques du mâle que de la femelle, il en réſulte un mâle ; au contraire, s'il y a plus de particules de la femelle que du mâle, il ſe forme une petite femelle. Suivons encore notre naturaliſte : il paroît, dit-il, certain, par les expériences, que la liqueur ſéminale du mâle entre dans la matrice de la femelle, ſoit qu'elle y arrive en ſubſtance par l'orifice interne qui paroît être l'ouverture naturelle par où elle doit paſſer, ſoit qu'elle ſe faſſe un paſſage en pénétrant à travers le tiſſu du col & des autres parties inférieures de la matrice qui aboutiſſent au vagin. Il eſt très-probable que, dans le tems de la copulation, l'orifice de la matrice s'ouvre pour recevoir la liqueur ſéminale, & qu'elle y entre en effet par cette ouverture qui doit la pomper ; dans tous les cas, la liqueur ſéminale étant preſque toute compoſée de molécules organiques qui ſont en grand mouvement & qui ſont d'une petiſſe extrême, il eſt clair que ces parties actives de la ſemence peuvent paſſer à travers le tiſſu des membranes les plus ſerrées, & qu'elles peuvent pénétrer celles de la matrice. On peut donc concevoir par ce qui vient d'être dit d'après M. de Buffon, que la liqueur séminale du mâle répandue dans le vagin & celle de la femelle répandue dans la matrice sont deux matieres également actives, également chargées de molécules organiques propres à la génération ; il est visible, d'après les expériences de plusieurs naturalistes, que la liqueur du mâle entre dans la matrice d'une façon ou d'une autre, où elle rencontre celle de la femelle ; ces deux liqueurs ont entr'elles une analogie qui fait qu'elles sont composées de parties similaires ; qu'elles cherchent à s'unir, & qu'étant unies & en équilibre par l'action contre-balancée de l'une & de l'autre, chaque molécule organique cesse de se mouvoir, reste à la place qui lui convient, c'est-à-dire à la place de la partie qu'elle occupoit auparavant dans le corps de l'animal ; ainsi les molécules qui auront été renvoyées des différentes parties du corps de l'animal, se fixeront & se disposeront dans un ordre semblable à celui dans lequel elles ont en effet été renvoyées, prendront naturellement le même ordre, la même position dans le ventre de la femelle, & formeront nécessairement un petit être organisé, semblable en tout à l'animal dont elles sont l'extrait ; il se nourrit, il s'accroît jusqu'au moment où ne pouvant plus supporter sa retraite, il cherche à la forcer, il y parvient bientôt, il augmente enfin dans le monde le nombre des êtres semblables à lui, qui ont éprouvé, comme lui, les mêmes révolutions, & passé par les mêmes combinaisons.

23. *Des eaux.*

C'est dans les montagnes qu'il faut chercher l'origine des principales sources & des fontaines, d'où naissent les ruisseaux & les fleuves qui, descendant au travers des vallons, arrosent ensuite les plaines, portent

portent par-tout la fraîcheur & la fécondité, & vont enfin se décharger dans la mer ; c'est sur les hauteurs que se forment ces sources si nécessaires ; & c'est de-là que, par une pente naturelle & sagement ménagée, elles se répandent par-tout. On est fondé à croire, d'après les observations, que les montagnes recueillent la plus grande partie des vapeurs, & que la quantité d'eau qui tombe sur la terre en vapeurs surpasse celle qui tombe en pluie ; on peut dire aussi que les montagnes plus exposées à l'évaporation, parce qu'elles sont plus élevées, auroient été d'une sécheresse qui les auroit rendues stériles & inhabitables, comme certaines montagnes connues, sans le secours de ces vapeurs qui les humectant sans cesse, contribuent aussi aux sources qui en découlent de toutes parts ; à ces vapeurs se joignent encore les neiges, la grêle, la rosée & les brouillards épais : toutes ces eaux reçues par la surface convexe des montagnes s'insinuent dans leur sein par les ouvertures des lits de terre ou de gravier, par les fentes des rochers, par les gersures que l'on apperçoit sur les bancs les plus durs ; elles sont arrêtées çà & là par des couches de terres argilleuses, grasses ou compactes, après avoir été filtrées & purifiées au travers des lits de sable ou de graviers, elles sont enfin reçues dans des réservoirs, dans des canaux ou des bassins naturels. Outre ces eaux qui viennent du dehors & qui pénetrent dans la terre, du ciel d'où elles sont tombées, on conçoit encore qu'il peut y avoir des vapeurs souterraines qui sont élevées des amas d'eau intérieure ou des lacs cachés. On ne peut douter de l'existence de ces lacs & de ces réservoirs souterrains, on en a vu d'assez considérables à l'extrémité de certaines cavernes, & à une profondeur de plusieurs toises ; qui sait même si ces lacs ou ces étangs intérieurs ne communiquent pas les uns aux autres, & les plus profonds à la mer ? La chaleur intérieure de la terre, qui est fort sensible par-tout où on la pénetre, doit sans doute faire élever sans cesse des vapeurs vers la croûte extérieure. Ces vapeurs trouvant, sur-tout dans les saisons froides, un air moins chaud qu'au-dedans, se condensent. Par divers petits canaux, ou diverses rigoles, ces vapeurs réunies qui forment de petits ruisseaux peuvent se rendre dans des réservoirs moins éloignés de la surface qui, se trouvant pleins, regorgent par ces fissures qui forment l'ouverture des sources. On conçoit aisément que lorsque l'air extérieur est plus chaud, ces vapeurs intérieures se dissipent plus aisément; les sources doivent en souffrir & tarir plus facilement, indépendamment des pluies. Mais au contraire quand l'air extérieur est plus froid, la condensation se fait plus promptement, les eaux se rassemblent plus aisément, & se portent avec plus d'abondance dans les réservoirs supérieurs d'où sortent les sources. Les montagnes les plus stériles & couvertes de rochers durs fournissent souvent aux vallons qui sont au-dessous une grande quantité de belles sources; si ces rochers donnent moins de passage aux eaux de pluie, ils arrêtent mieux les eaux qui s'élevent en vapeurs de l'intérieur même. On a observé qu'en dégradant les bois qui couvrent les croupes des montagnes & les côteaux, on faisoit diminuer les sources qui sont au-dessous; ne seroit-ce point parce que ces bois entretenant la fraîcheur de la surface, facilitent la condensation & la réunion des vapeurs intérieures qui, ne trouvant plus la même fraîcheur en certain tems, se dissipent? On voit aisément pourquoi il sort une si grande quantité de sources & de rivieres, des montagnes toujours couvertes de neiges & de glaces; pourquoi les ruisseaux qui coulent des collines qui sont au-dessous des glacieres ne tarissent jamais: c'est que ces neiges & ces glaces condensent sans cesse les vapeurs qui s'élevent du ſein des montagnes, & les réuniſſent avec les eaux des neiges ou des glaces qui ſe fondent pour former ces ruiſſeaux. C'eſt donc avec raiſon qu'on a déja dit que la formation des ſources avoit pluſieurs cauſes ; que cette formation avoit moins pour principe la quantité des pluies que la quantité des eaux intérieures. Suppoſons même l'égalité, quoiqu'il ſoit démontré qu'elle n'exiſte pas entre les eaux qui tombent & celles qui coulent, la partie la plus conſidérable de celles-là s'évapore de nouveau avant que d'être jointe à celles-ci ; d'ailleurs la plus grande quantité des eaux de pluie tombe ſur les lieux bas, ſur la mer en particulier, & cependant les principales ſources coulent des hauteurs. Mais une obſervation qui eſt déciſive ſur ce ſujet, c'eſt qu'en Amérique qui eſt la partie la plus abondante en fleuves, il n'y pleut pas davantage que dans toute autre contrée ; & ſa partie méridionale, où ſont des montagnes conſidérables, contient à elle ſeule plus d'eau qui coule ſur ſa ſurface, ſans intermiſſion, que le reſte du monde entier. Le fleuve des Amazones, par exemple, eſt moins une riviere qu'une eſpece de mer ; ce continent reçoit-il en vapeurs, en pluies ou de quelqu'autre maniere, cette immenſe quantité d'eau ? Il ne paroît pas même qu'il y pleuve plus qu'ailleurs : c'eſt donc dans l'intérieur, dans la ſtructure même des montagnes, qu'il faut chercher cette différence. A l'égard des inondations, telles que celles du Nil, ce ſont les pluies ; & pour ce fleuve, celles qui tombent en Ethiopie pendant ſix mois, qui ſont la cauſe de ſon débordement. Ces inondations ſont très-ſalutaires & ſervent à rendre féconds les pays, qui, ſans elles, ſeroient arides & ſtériles ; on comprend auſſi qu'outre la cauſe des pluies cet accroiſſement eſt dû aux neiges qui ſont ſur les montagnes & qui ſe fondent au retour de la chaleur. Ces eaux qui deſcendent ainſi de toutes parts des montagnes pour arroser les lieux bas de la terre & pour entretenir les mers, y portent avec leurs eaux une grande quantité de parties salines & minérales, qui doivent contribuer à perpétuer la salure de la mer, & cela est sensible par la quantité de sel qu'on trouve dans les montagnes ; ce mêlange conserve & entretient la fertilité de la terre, & y donne une juste proportion de terres & de matieres différentes nécessaires à la végétation. Ces mêmes parties salines, minérales ou métalliques que les eaux entraînent des montagnes, des mines ou des couches intérieures de la terre, leur donnent aussi des propriétés salutaires & précieuses aux hommes, comme les sources d'eau salée dont l'évaporation procure du sel ; d'autres se chargent de parties alumineuses, vitrioliques ou sulfureuses, & acquierent souvent des vertus admirables, quelquefois nuisibles pour nous, & salutaires aux autres êtres de la nature. Il est des eaux qui, passant sur des pyrites, des marcassites, des parties de soufre, de fer, de vitriol, de sel, de craie, & en général sur des matieres disposées à l'effervescence lorsqu'elles sont humectées, s'échauffent dans l'intérieur de la terre, d'où elles sortent pour former ces bains chauds & ces sources chaudes, dont le nombre est si prodigieux en Allemagne, en Suisse, en Angleterre, *&c.* d'autres sources enfin apportent aux hommes du sein des montagnes des particules de ces métaux, que le besoin & peut-être leur avarice leur fait desirer avec tant d'ardeur, & rechercher avec tant de soin des particules d'or & d'argent en plus ou moins d'abondance. Il est reconnu que les plus grandes montagnes occupent le milieu des continens ; que dans l'ancien continent les plus grandes chaînes de montagnes sont dirigées d'Occident en Orient, & que celles qui tournent vers le Nord & vers le Sud, ne sont que des branches de ces chaînes principales ;

de même les fleuves les plus grands ont la direction des grandes montagnes, & il y en a peu qui se dirigent comme les branches de ces montagnes ; il ne suffit que de parcourir les cartes géographiques pour se convaincre ; d'ailleurs M. de Buffon en donne une idée exacte dans la *Théorie de la terre*, à l'article des *fleuves*. Suivons ce naturaliste dans quelques détails qui sont autant de phénomenes curieux. 1°. Il arrive, dit-il, ordinairement que par succession de tems la pente de la colline la plus rapide diminue & vient à s'adoucir, parce que les pluies entraînent les terres en plus grande quantité, & les enlevent avec plus de violence sur une pente rapide que sur une pente douce ; la riviere est alors contrainte de changer de lit pour retrouver l'endroit le plus bas du vallon ; il faut aussi ajouter que, comme les rivieres grossissent & débordent de tems en tems, elles transportent & déposent des limons en différens endroits, & que souvent il s'accumule des sables dans leur lit, ce qui fait refluer les eaux & changer leur direction ; il est assez ordinaire de trouver dans les plaines un grand nombre d'anciens lits de la riviere, sur-tout si elle est impétueuse & sujette à de fréquentes inondations, & si elle entraîne beaucoup de sable & de limon. 2°. Les fleuves sont, comme l'on sait, toujours plus larges à leur embouchure : à mesure qu'on avance dans les terres & qu'on s'éloigne de la mer, ils diminuent de largeur ; mais ce qui est plus remarquable, c'est que dans l'intérieur des terres & à une distance considérable de la mer, ils vont droit & suivent la même direction dans de grandes longueurs ; & à mesure qu'ils approchent de leur embouchure, les sinuosités de leur cours se multiplient ; dans la partie de l'Ouest de l'Amérique septentrionale, les voyageurs & les sauvages ne se trompent guere sur la distance où ils se trouvent de la mer ; pour reconnoître s'ils sont bien avant dans l'intérieur des terres, ou s'ils sont dan un pays voisin de la mer, ils suivent le bord d'une grande riviere ; quand la direction de la riviere est droite dans une longueur de quinze ou vingt lieues, ils jugent qu'ils sont fort loin de la mer ; quand au contraire la riviere a des sinuosités & change souvent de direction dans son cours, ils sont assurés de n'être pas fort éloignés de la mer. 3°. A l'égard du mouvement des eaux dans le cours des fleuves, non-seulement la surface d'une riviere en mouvement n'est pas de niveau en la prenant d'un bord à l'autre, mais même, selon les circonstances, le courant qui est dans le milieu est considérablement plus élevé ou plus bas que l'eau qui est près des bords : lorsqu'une riviere grossit subitement par la fonte des neiges, & que sa rapidité augmente, si la direction de la riviere est droite, le milieu de l'eau où est le courant, s'éleve, & la riviere forme une espece de courbe convexe ou d'élévation très-sensible, dont le plus haut point est dans le milieu du courant ; cette élévation est quelquefois très-considérable, & on a trouvé sur certaines rivieres environ trois pieds de différence des bords. En effet cela doit arriver toutes les fois qu'une riviere a une grande rapidité ; la vîtesse avec laquelle elle est emportée, diminuant l'action de sa pesanteur, l'air qui forme le courant ne se met pas en équilibre par tout son poids avec l'eau qui est près des bords, & c'est ce qui fait qu'elle demeure plus élevée que celle-ci. Lorsqu'il doit arriver une grande crue d'eau, on s'en apperçoit par un mouvement particulier qu'on remarque dans l'eau. Cette augmentation de vîtesse dans l'eau du fond de la riviere annonce toujours un prompt & subtil accroissement des eaux. Le mouvement & le poids des eaux supérieures qui ne sont point encore arrivées, ne laissent pas que d'agir sur les eaux de la partie inférieure de la riviere, & leur communiquent ce mouvement; indépendamment aussi du mouvement des eaux supérieures, leur poids seul pourroit faire augmenter la vîtesse de la riviere, & peut-être la faire mouvoir du fond; car l'expérience démontre qu'en mettant à l'eau plusieurs bateaux à-la-fois, on augmente dans ce moment la vîtesse de la partie inférieure de la riviere en même tems qu'on retarde la vîtesse de la partie supérieure. Telle est l'opinion de M. de Buffon, qui est la plus probable & la plus conforme à la nature des terres & des eaux qui y sont contenues dans leur mouvement dont elles passent quelquefois les bornes par différentes causes; si nos principes sont conformes aux siens, nous aurons bien réussi.

24. *Cavernes, Grottes.*

Les cavernes se trouvent dans les montagnes; elles sont fort rares dans les plaines; elles se forment, comme les précipices, par l'affaissement des rochers, ou comme les abymes, par l'action du feu & des volcans; par des vapeurs souterraines & par des tremblemens de terre, qui causent des bouleversemens & des éboulemens qui doivent nécessairement former des cavernes & des ouvertures de toute espece. Les cavernes se trouvent dans tous les pays qui produisent du soufre, & dans les contrées qui sont sujettes aux tremblemens de terre & voisines des volcans. Les cavernes donnent de la proportion, ainsi que les montagnes à la masse du globe; si elles semblent d'abord diminuer la solidité des montagnes, elles sont si bien construites par la nature, qu'il est rare de voir des bouleversemens, à moins qu'ils ne soient l'effet des tremblemens de terre; il semble que si elles n'étoient pas creuses & vuides, mais remplies de terre minérale & pesante, le globe devroit en souffrir, & seroit en danger de périr par la déclinaison du centre de son orbite, & par le dérangement de son mouvement autour de son axe. Ces cavernes, ces conduits, & ces trous sont encore nécessaires pour introduire l'air dans les montagnes, pour donner passage aux vents & pour laisser sortir des exhalaisons; car l'air enfermé dans quelques fentes se corromproit, si l'ouverture des cavernes & leurs communications intérieures ne donnoient lieu à une libre circulation. C'est par ces ouvertures que les entrailles du globe reçoivent cet air doué d'un ressort suffisant pour soutenir & ranimer le méchanisme intérieur, qui languiroit bientôt sans ce secours. On apperçoit en divers lieux des vents & des nuages sortir en tourbillons des bouches supérieures ou latérales de ces grottes. On comprend donc sans peine, d'après ces considérations, combien ces trous perpendiculaires qu'on apperçoit sur les montagnes & combien les ouvertures des antres sont nécessaires. C'est dans ces conduits souterrains que se nourrissent aussi ces feux intérieurs de la terre qui sont essentiels à la conservation de son mouvement & de sa vie. Sans le degré de chaleur que ces feux préparent, il ne pourroit se faire de circulation des eaux intérieures, point d'évaporation, ni de condensation : les eaux croupiroient, comme l'air, & se corromproient; les sources sans secours ne seroient point entretenues avec tant d'uniformité, & les eaux contracteroient un degré de froid qui les rendroit nuisibles aux plantes & aux êtres vivans. Cette chaleur interne conservée à l'aide des cavités souterraines, est encore nécessaire pour la formation des choses qui naissent dans les entrailles de la terre : rien ne pourroit s'exécuter sans mouvement & sans chaleur; elle naît des particules ignées qui sont contenues dans tous les corps : le frottement, le mouvement, la fermentation font sortir ces particules des capsules qui les renferment. Ainsi pour former le méchanisme du globe, & pour donner lieu à tous ces mouvemens, pour conserver, rassembler & partager ces lieux souterrains & toutes ces matieres ignées, il a fallu absolument que l'intérieur de la terre fût caverneux, rempli de cavités & de fentes : si tout eût été compact & plein, il n'y auroit plus de circulation, tout seroit tombé dans l'inaction, dans la langueur, & la nature seroit morte sans activité, sans changement. Donc, dans l'ordre qui existe, on apperçoit la prévoyance, l'intelligence & la bonté du Créateur. Il y a différentes productions qui se forment & qui se trouvent dans les cavernes : l'air, l'eau & le feu sont les principes qui mettent en action, & qui servent de véhicule à certaines parties terrestres, salines, crystallines, sulfureuses minérales ou métalliques. C'est par leur moyen que se forment dans les fentes on cavernes une multitude de fossiles admirables ou de corps précieux, qui servent à nos besoins, à notre curiosité. C'est dans ces lieux souterrains & dans les fentes des rochers qu'on trouve les plus beaux diamans, quelquefois les torrens en entraînent & les charrient fort loin de leur origine. Le crystal tapisse aussi quelquefois le haut & les côtés des cavernes. A l'égard des principes des crystallisations, voici comme on les conçoit : une terre très-fine est imprégnée de particules crystallines qui nagent au milieu de l'eau : cette eau trouvant quelque issue, s'échappe, abandonne les molécules crystallines qui se déposent, s'appliquent, s'attachent les unes aux autres, & forment des pyramides ou des prismes de crystal analogues à la figure primitive des molécules. L'on trouve dans ces crystaux des matieres métalliques, quelquefois des brins d'herbes ou des feuilles, de la terre & d'autres impuretés. On trouve aussi, dans les cavités des montagnes, diverses congélations d'une variété infinie dans leurs figures ; elles représentent des glaçons festonnés en différentes figures, des grappes, des tuyaux des colonnes, des cônes, &c. on sait encore que les cavernes & les grottes ont servi de retraite aux hommes & aux animaux, soit aux uns pour échapper à des événemens funestes, soit aux autres pour se mettre à l'abri de la rigueur des saisons. Mais si la nature a formé ces retraites pour démontrer à tous les êtres leur utilité, dont ils ont tiré des avantages communs ; elle les a remplis de crainte & d'effroi, en faisant servir ces mêmes bienfaits comme les instrumens de sa vengeance. Quoique cette idée ait été long-tems enracinée chez les hommes, néanmoins la connoissance de la nature & ses effets leur ont fait voir que ces accidens naturels sont une suite de la marche constante de la nature ; qu'ils sont essentiels à tous ses mouvemens, & que l'ordre universel auquel préside la sagesse divine seroit troublé s'ils n'existoient pas. Tout ce qu'on a dit ne sert qu'à convaincre les hommes de cette vérité, que tout est nécessaire dans la nature.

25. DÉLUGE.

Le déluge a fait & fait encore le plus grand sujet des recherches & des réflexions des naturalistes. Les points principalement contestés peuvent se réduire à trois : 1°. son étendue, 2°. sa cause, 3°. ses effets. L'immense quantité d'eau qu'il a fallu pour former un déluge universel, a fait soupçonner à plusieurs auteurs qu'il n'étoit que partiel. Le dessein de Dieu, selon l'Ecriture, étoit d'extirper la race des méchans ; le monde étoit nouveau & les hommes en petit nombre, l'Ecriture ne comptant que huit générations depuis Adam ; il n'y avoit qu'une partie de la terre habitée : or, disent les auteurs, le pays qu'arrose l'Euphrate ayant été suffisant pour les contenir, la Providence n'a jamais disproportionné les moyens à la fin jusqu'au point que, pour submerger une petite partie de la terre, elle l'ait inondée toute entiere. A cela on peut répondre que Dieu ayant résolu un déluge universel, il déclara à Noé qu'il vouloit détruire par un déluge d'eau tout ce qui respiroit sous le ciel & sur la terre. Telle fut sa menace ; il l'accomplit. Les eaux, ainsi que l'atteste Moïse, couvrirent toute la terre, ensevelirent les montagnes, & surpasserent les plus hautes d'entr'elles d'environ quinze coudées. Tout périt, oiseaux, animaux, hommes, & généralement tout ce qui avoit vie, excepté Noé, les poissons, & ceux qu'il avoit choisis pour rester avec lui dans l'arche. Un déluge universel peut-il être mieux exprimé ? S'il n'eût pas été universel, pourquoi mettre cent ans, comme l'atteste l'Ecriture, à construire l'arche, & y renfermer des animaux de toute espece pour repeupler la terre ? Il leur eût été facile de se sauver des endroits de la terre qui étoient inondés dans ceux qui ne l'étoient pas ; tous les oiseaux au moins n'auroient pas été détruits, tant qu'ils auroient eu des ailes pour gagner les lieux que le déluge n'auroit pas couverts. Si les eaux n'eussent inondé que les pays arrosés par le Tigre & l'Euphrate, jamais elles n'auroient pu surpasser de quinze coudées les plus hautes montagnes. On peut encore alléguer les traditions presque universelles qui ont été conservées du déluge chez tous les peuples des quatre parties du monde. Quoique les nations aient donné à leurs déluges des dates & des époques aussi différentes entr'elles qu'elles le sont toutes avec la date du déluge de Noé ; il n'y a pas un de ces déluges, quoique donné comme particulier par les anciens, où l'on ne reconnoisse les anecdotes & les détails qui sont propres à la Genese. Même cause encore, une famille unique sauvée, une arche, des animaux, & cette colombe que Noé envoya à la découverte, ce qui n'est autre chose que la chaloupe ou le radeau dont parlent quelques traditions profanes. Enfin on y reconnoît jusqu'au sacrifice qui fut offert par Noé. Tous ces déluges rentrent donc dans le récit & dans l'époque de celui de la Genese. Aussi cette preuve a-t-elle été souvent employée par les défenseurs des traditions judaïques. On oppose à l'universalité du déluge que les Thessaliens disoient qu'au tems du déluge, le fleuve Pénée, enflé par les pluies, avoit franchi les bornes de son lit & de sa vallée. Qu'il avoit séparé le mont Ossa du mont Olympe qui lui étoit auparavant uni & contigu, & que c'étoit par cette structure que les eaux s'étoient écoulées dans la mer. Qu'on avoit de même conservé en Béotie la mémoire des effets du déluge sur cette contrée. Le fleuve Colpias s'étoit prodigieusement accrû : son lit & sa vallée étant comblés, il avoit rompu les sommets qui le contenoient à l'endroit du mont Prous, & ses eaux s'étoient écoulées par cette issue. Que le dégorgement du Pont-Euxin, dans l'Archipel & dans la Méditerranée, avoit aussi laissé chez les Grecs & chez les peuples de l'Asie mineure une infinité de circonstances propres aux seuls lieux où il avoit causé des ravages. Ces détails propres & particuliers aux contrées où les traditions d'un déluge sont restés prouvent, ce semble, d'une maniere évidente qu'en chacune de ces contrées il y a eu des témoins qui y ont survécu, & sont par conséquent très-contraires au texte formel de la Genese sur l'universalité du déluge. Mais tous ces déluges sont, dit-on, de la même date que celui des Hébreux. La preuve qui naît de l'analogie qu'ils ont d'ailleurs avec lui est si forte, qu'elle doit nous engager à les réunir. Ces furieuses & épouvantables dégradations qui se remarquent dans ces contrées sur les montagnes & les continens qui ont autrefois été tranchés par les débordemens extraordinaires du Pénée, du Colpias & du Pont-Euxin sont-ils uniques sur la terre & propres seulement à ces contrées ? N'est-ce, par exemple, que dans le détroit de Constantinople que se remarquent ces côtes roides, escarpées & déchirées, toujours & constamment opposées à la chûte des eaux des contrées supérieures & placées dans les angles alternatifs & correspondans que forme ce détroit ? N'est-ce que dans ce seul détroit que l'on trouve ces angles alternatifs, & qui se correspondent avec une si parfaite régularité ? La Physique est instruite aujourd'hui du contraire. Cette admirable disposition des détroits, des vallées & des montagnes, est propre à tous les lieux de la terre sans aucune exception. Ces positions sont semblables en tout aux dispositions du détroit de Constantinople, & dans les vallées du Pénée & du Colpias ; elles ont donc la même origine ; elles sont donc les monumens du même fait : mais ces monumens sont universels, il est donc constant que le fait a été universel ; donc il est vrai, ainsi que l'assure la Genese, que l'éruption des sources & la chûte des pluies ayant été générale, les torrens & les inondations qui en ont été les suites naturelles, ont parcouru la surface entiere de la terre. Mais où trouver l'eau qui a produit le déluge ? Les Philosophes n'ont tantôt employé que les eaux du globe, & tantôt des eaux auxiliaires qu'ils ont été chercher dans la vaste étendue des cieux, dans l'athmosphere, dans la queue d'une comete. Moïse en établit deux causes, les sources du grand abyme furent lâchées, & les cataractes du ciel furent ouvertes. Ces expressions ne semblent nous indiquer que l'éruption des eaux souterraines & la chûte des pluies. Pour se conformer au texte de la Genese, Burnet & Wiston, qui ont été suivis en tout ou en partie par beaucoup d'autres Physiciens, ayant conçu qu'il y eut alors des marées excessives, ne pourroient-ils pas s'en tenir à ce moyen simple & puissant qui rend si vraisemblable la souplesse qu'on a lieu de soupçonner dans les continens de la terre ? Si cette flexibilité des couches continues de la terre est une des principales causes qui conspirent au mouvement périodique, dont nos mers sont réguliérement agitées dans leurs bassins, il est donc très-possible que le ressort de la voûte terrestre fortement agitée au tems du déluge eût permis aux mers entieres de se porter sur les continens, & aux continens de se porter vers le centre de la terre, en se submergeant sous les eaux, avec une alternative de mouvement toute semblable à celui de nos marées journalieres, mais avec une telle action & une telle accélération, que tantôt l'hémisphere maritime étoit à sec quand l'hémisphere terrestre étoit submergé, & que tantôt celui-ci reprenoit son état naturel en repoussant les eaux dans leurs bassins ordinaires ; la surface du globe est assez également divisée en continens & en mers, pour que les eaux de ces mers aient toutes suffi à couvrir une moitié du globe dans les tems où l'agitation du corps entier de la terre lui faisoit abandonner l'autre : il n'aura point fallu d'autres eaux que celles de notre globe, & aucun homme n'aura pu échapper à ces marées universelles : quels sont ses effets ? Les savans sont fort partagés là-dessus. Ils se sont accordés pendant quelque tems à regarder la disposition des corps marins comme un effet de ce grand événement ; mais la difficulté est d'expliquer cet effet d'une maniere conforme à la disposition & à la situation des bains, des couches, des lits & des contrées où on les trouve ; c'est en quoi les naturalistes ne s'accordent guere. Sténon & d'autres, d'après Descartes, prétendent que ces restes d'animaux de la terre & des eaux, ces branches d'arbres, ces feuilles que l'on trouve dans les lits &

dans les couches des carrieres, sont une preuve de la fluidité de la terre dans son origine. Mais si le globe de la terre eût été entiérement fluide, comment les inégalités des montagnes se seroient-elles formées? Comment le mont Ararat auroit-il montré à Noé son pic & ses effroyables dégradations? Scheuchzer est du sentiment de ceux qui prétendent qu'après le déluge, Dieu, pour faire rentrer les eaux dans leurs réservoirs souterrains, brisa de sa main toute-puissante un grand nombre de couches qui auparavant étoient placées horizontalement, & les entassa sur la surface de la terre. Mais tous les systêmes sur l'origine des fossiles deviendront inutiles si le sentiment, qui n'attribue leur position & leur origine qu'à un long & ancien séjour de nos contrées présentement habitées sous les mers, continue à faire autant de partisans qu'il en fait aujourd'hui; la multitude d'observations que nous devons, de nos jours, à des savans éclairés, & dont plusieurs ne sont nullement suspects, nous ont amenés à cette idée, & vraisemblablement c'est où les physiciens & les théologiens vont s'en tenir : car on a cru pouvoir aisément allier cette étrange mutation arrivée dans la nature, avec la suite & les effets du déluge selon l'histoire. M. D. L. P. est un des premiers qui ait avancé qu'avant le déluge notre globe avoit une mer extérieure, des continens, des montagnes, des rivieres, & que ce qui occasionna le déluge fut que les cavernes souterraines & leurs piliers ayant été brisés par d'horribles tremblemens de terre, elles furent sinon anéanties, du moins pour la plus grande partie, ensevelies sous les mers que nous voyons aujourd'hui; & qu'enfin cette terre que nous habitons étoit le fond de la mer qui existoit avant le déluge, & que plusieurs isles ayant été englouties, il s'en est formé d'autres dans les endroits où elles sont présentement. Par un tel systême qui s'accorde assez avec l'Histoire sacrée, les grandes difficultés dont sont remplis les autres systêmes s'évanouissent, tout ce que nous y voyons s'explique clairement. On n'est plus surpris qu'il se trouve dans les différentes couches de la terre, dans les vallées, dans les montagnes & à des profondeurs surprenantes, des amas immenses de coquillages, de bois, de poissons & d'autres animaux & végétaux terrestres & marins. Ils sont encore dans la position naturelle où ils étoient lorsque leur élément les a abandonnés, & dans les lieux où les structures & les ruptures, arrivées dans cette grande révolution, leur ont permis de tomber & de s'ensevelir. M. Pluche & autres ont embrassé ce sentiment qui leur a paru d'autant plus vraisemblable, que nous ne voyons sur nos continens aucun débris des habitations & des travaux des premiers hommes, ni aucun vestige sensible du séjour de l'espece humaine. M. Bourguer & plusieurs autres observateurs ayant remarqué que toutes les chaînes des montagnes forment des angles alternatifs & qui se correspondent; & cette disposition des montagnes n'étant que le résultat & l'effet conséquent de la direction sinueuse de nos vallées, on en a conclu que ces vallées étoient les anciens lits de courans des mers qui ont couvert notre continent, & qui y produisoient & nourrissoient des êtres marins dont nous trouvons les dépouilles. Mais si le fond des mers s'étant autrefois élevé au-dessus des eaux qui les couvroient, les anciennes pentes & les directions anciennes des courans ont été altérées & changées, comme il a dû arriver dans un tel acte, pourquoi donc aujourd'hui, dans un état de la nature tout opposé à l'ancien, veut-on que les eaux de nos fleuves & de nos rivieres suivent les mêmes routes que suivoient les anciens courans? Ne doivent-elles pas au contraire couler depuis ce tems-là sur des pentes toutes

différentes

différentes & toutes nouvelles ? & n'est-il pas plus naturel de penser que si les anciennes mers & leurs courans ont laissé sur leurs lits quelques empreintes de leur cours, ces empreintes, telles qu'elles soient, ne doivent plus avoir de rapport à la disposition présente des choses & à la forme nouvelle des continens. Ce raisonnement doit rendre douteux l'origine des angles alternatifs. Les sinuosités de nos vallées qui les forment ont dans tout leur cours & dans leur ramification trop de rapport avec la position de nos sommets & l'ensemble de nos continens, pour ne pas soupçonner qu'elles sont un effet naturel & dépendant de leur situation présente au-dessus des mers, & non les vestiges des courans des mers de l'ancien monde. Nos continens, depuis leur apparition, étant plus élevés dans le centre qu'auprès des mers qui les baignent, il a été nécessaire que les eaux des pluies & des sources se sillonnassent dès les premiers tems une multitude de routes pour se rendre, malgré toutes les inégalités, aux lieux les plus bas où les mers les engloutissent toutes. Il a été nécessaire que, lors de la violente éruption des eaux du déluge, les torrens qui en résulterent fouillassent & élargissent ces sillons au point où nous les voyons. Enfin la forme de nos vallées, leurs replis tortueux, les escarpemens de leurs côtes sont si bien les effets du cours des eaux sur nos continens & de leur chûte des sommets de chaque côté vers les mers, qu'il n'est pas un seul de ces escarpemens qui n'ait pour aspect constant & invariable le continent supérieur d'où la vallée & les eaux qui y passent, descendent. On a peine à comprendre comment, après cet événement, les animaux passerent dans les différentes parties du monde, & sur-tout en Amérique. Il faut supposer ou que l'Amérique est jointe à notre continent, ce qui est très-vraisemblable, ou qu'elle n'en est séparée en quelques endroits que par des bras assez étroits, pour que les animaux qu'on y trouve y aient pu passer. En vain quelques savans ont entrepris de mesurer la profondeur du bassin de la mer, pour s'assurer s'il y avoit dans la nature assez d'eau pour couvrir les montagnes, l'homme n'a point reçu de jauge pour mesurer la capacité de l'athmosphere, ni de sonde pour sentir la profondeur de l'abyme. A quoi bon calculer les eaux de la mer, dont on ne connoît point l'étendue ! à quoi bon attaquer ou nier la possibilité du déluge, s'il est démontré par une foule de monumens !

26. *MÉMOIRE SUR LE FLUX ET REFLUX.*

Il s'agit, dans ce *Mémoire*, de donner le résultat des observations sur le tems précis des marées, & leur hauteur dans les nouvelles & pleines lunes, afin de voir le rapport qu'elles ont avec les observations astronomiques, & si le flux & reflux sont aussi liés au cours journalier de cette planete qu'on l'a remarqué depuis long tems, mais non pas avec assez d'exactitude, pour savoir au juste à quoi s'en tenir ; de savoir enfin si la lune est la principale cause du flux & reflux. Comme, en matiere de Physique, l'on ne sauroit trop s'assurer des faits, les *Mémoires de l'Académie des Sciences de 1712, 1713, 1714, 1720,* & une suite d'autres *Mémoires* fondés sur des observations nouvelles & exactes, laissent aujourd'hui moins de doute que jamais, que c'est à l'action combinée de la lune & du soleil qu'on doit rapporter le flux & reflux de la mer. C'est d'après ces *Mémoires* & les *Observations judicieuses* qu'ils contiennent qu'on a formé celui-ci.

Définition du flux & reflux de la mer, & selon quel ordre ils arrivent chaque jour.

Tout le monde sait que la mer venant de la zon

torride, allant vers les poles, monte deux fois chaque jour sur les côtes de l'Océan ; qu'elle met un peu plus de six heures à parvenir à sa plus grande hauteur où elle reste pendant quelques minutes dans le même état, qui est ce qu'on appelle *pleine mer* ; puis elle se releve en descendant pendant un peu plus de six autres heures, jusqu'à son plus bas où elle reste encore quelque tems stationnaire, après quoi elle remonte comme auparavant ; que ce sont ces alternatives qu'on nomme *flux & reflux*. Comme chacun de ces mouvemens dure un peu plus de six heures, il y a aussi un peu plus de douze heures entre deux pleines mers consécutives aussi-bien qu'entre deux basses mers : par exemple, s'il est pleine mer dans un port au jour marqué après neuf heures du matin, il sera aussi pleine mer le soir un peu après neuf heures, & entre les deux il y aura une basse-mer vers les trois heures après-midi.

Les marées retardent chaque jour de 48 minutes, d'où l'on déduit une regle pour savoir à quelle heure il sera pleine mer un jour déterminé.

Le peu de tems que la mer reste dans le même état pleine ou basse, joint au surplus de 6 heures qu'elle met à monter ou à descendre, font ensemble 48 minutes au bout de 24 heures, c'est-à dire que les pleines & basses mers se font consécutivement chaque jour 48 minutes plus tard ; ainsi, dans le port où l'on a supposé qu'il étoit pleine mer à 9 heures du matin, il doit aussi être pleine mer le lendemain matin, mais à 9 heures 48 minutes le jour suivant, ce sera encore 48 minutes plus tard, & ainsi de suite. Il est vrai que les vents & d'autres causes peuvent troubler la régularité de cette marche journaliere : mais sa quantité moyenne sera toujours à-peu-près de 48 minutes, qui produisent 4 heures de retardement en 5 jours ; d'où l'on déduit la méthode de trouver de combien les marées retardent, à proportion en tout autre intervalle de tems, puiſque pour cela il n'y a qu'une ſimple analogie à faire, en diſant, ſi 5 jours produiſent 4 heures de retardement dans les marées, combien produira tel autre nombre ? Par exemple, s'il s'agit de 8 jours, il faut multiplier le ſecond terme 4 par le troiſieme 8, & diviſer le produit 32 par le premier 5, il viendra 6 heures 24 minutes, qui montrent qu'en 8 jours les marées doivent retarder d'autant, c'eſt-à-dire que s'il eſt pleine mer en un certain jour à 9 heures du matin dans le port dont on a parlé, au bout de 8 jours il ſera pleine mer dans le même port 6 heures 24 minutes plus tard : ainſi la pleine mer arrivera à 3 heures 24 minutes après-midi.

Les marées reviennent aux mêmes heures de 15 en 15 jours, mais celles du matin ſont les correſpondantes de celles du ſoir, & réciproquement.

Le retardement moyen de 48 minutes par jour, ou de 4 heures en 5 jours, produiſent, en ſe répétant, un retardement de 12 heures en 15 jours : d'où l'on voit que les marées doivent revenir aux mêmes heures de 15 en 15 jours, avec cette différence que celles du matin ſont les correſpondantes de celles du ſoir, & réciproquement celles du ſoir les correſpondantes de celles du matin. Il ſuit de-là que lorſqu'on veut trouver de combien retarde la marée pendant un plus grand nombre de jours que celui de 15, il n'y a qu'à prendre le ſurplus ; ainſi ſuppoſant qu'il s'agiſſe de 25 jours, il ne faut que chercher le retardement pour 10, en ſuivant l'analogie précédente qui donnera 8 heures.

Raiſon qui démontre que la cauſe des marées dépend de l'action de la lune & de celle du ſoleil.

Cette ſucceſſion & ce retour des marées qui ont

été remarqués dans tous les tems, montrent de la maniere la plus évidente que le flux & reflux de la mer dépendent non-seulement de l'action de la lune, mais aussi de celle du soleil; car si les marées arrivoient toujours précisément à la même heure, il faudroit en chercher la cause dans le seul mouvement apparent du soleil. Si, d'un autre côté, leur retardement étoit un peu plus considérable, & qu'elles fussent de 12 heures en 13 jours $\frac{3}{4}$, ou d'environ 24 heures en 27 jours $\frac{1}{2}$, on seroit en droit de dire qu'elles ne dépendent que de la lune, puisque la durée de son mois périodique est de 27 jours $\frac{1}{3}$, qui est le tems que cette planete emploie à faire une révolution entiere autour de la terre d'Occident en Orient. Mais les marées ne sont pas ainsi réglées, ne revenant précisément aux mêmes heures qu'au bout d'un mois lunaire synodique, c'est-à-dire lorsque la lune se retrouve dans la même position par rapport au soleil; ainsi les deux planetes concourent à ce mouvement régulier, quoiqu'elles y aient part inégalement.

Les marées sont toujours assujetties à la loi générale, malgré les accidens qui leur surviennent quelquefois; preuve de cette vérité.

Si le concert qui regne entre les phases de la lune, & le flux & reflux de la mer, semble se démentir quelquefois, ce n'est jamais que pour peu de jours, & par l'effet d'une cause purement accidentelle, puisque les marées reprennent ensuite leur premier cours, & s'assujettissent à leur ancienne regle qu'elles continuent de suivre précisément aux mêmes heures, comme si elles n'avoient souffert entiérement aucun trouble. En cela leur mouvement est bien différent de celui de la plupart des machines que l'art construit, dont il suffit d'altérer une fois la marche pour qu'elles se ressentent toujours du dérangement qui leur est survenu. On a vu des tempêtes suspendre l'effet du flux & reflux, on a aussi des exemples contraires, comme de deux ou trois flux & reflux arrivés en 5 ou 6 heures ; mais cette irrégularité a toujours été passagere, parce que la forte dépendance où sont les marées de l'action du soleil & de la lune, rétablit bientôt l'ordre en les faisant arriver aux heures ordinaires.

Hypothese de M. Descartes, qui attribue le flux à la pression que peut causer la lune, d'où il déduit pourquoi ce mouvement de la mer arrive en même tems sur les deux points de la terre diamétralement opposés.

L'on n'entreprend pas de discuter si le soleil & la lune agissent sur la mer par une voie de pression, comme l'a pensé M. Descartes, ou si c'est par attraction, comme le prétend M. Newton. Le premier suppose que la terre est enveloppée d'un torrent de matiere éthérée & subtile qui forme un tourbillon dont les limites s'étendent au-delà de la lune ; en ce cas la matiere du tourbillon circulant plus vîte proche la terre qu'elle ne fait en-haut, est obligée de passer sous la lune où se trouvant pressée entre le dessous de cette planete & la surface de la terre, elle agit sur l'Océan & oblige ses eaux de refluer, ce qui forme le flux ; mais la terre continuant son mouvement & ne présentant plus les mêmes faces, la pression cesse, parce que les eaux qui s'étoient éloignées des tropiques reviennent occuper l'espace qu'elles avoient abandonné : sur quoi il faut faire attention que cette espece de balancement perpétuel doit arriver en même tems sur les deux points de la terre diamétralement opposés s'il y a des eaux. En effet nageant dans un fluide, son lieu est seulement déterminé par l'égalité des impulsions de la matiere qui l'environne : par conséquent la partie correſpondante à la lune ne peut être plus preſſée que les autres, ſans que la terre ne recule tant ſoit peu, en avançant vers la partie oppoſée qui ſe trouve par cette action autant comprimée par la matiere contre laquelle elle s'appuie, que la ſupérieure l'eſt par l'air qui la preſſe.

Sentiment de M. Newton, qui attribue le flux & reflux au plus ou au moins d'attraction du ſoleil & de la lune, en quoi ſon ſyſtême eſt plus conforme à l'expérience que celui de M. Deſcartes.

M. Newton prétend au contraire que toutes les parties de la matiere qui compoſent le ſyſtême ſolaire, peſent les unes vers les autres ſelon leur maſſe, & en raiſon inverſe du carré de leur diſtance, il les aſſujettit toutes à une peſanteur univerſelle qu'il rend réciproque; ainſi il veut que la mer s'éleve ſous la lune & ſous le ſoleil, lorſqu'ils paſſent par le méridien qui répond au milieu de l'Océan; parce que, ſelon lui, tout ici-bas a quelque degré de peſanteur vers ces deux aſtres, & qu'en même tems notre tendance vers la lune eſt toujours plus forte, parce que ſi cette planete eſt très-petite, nous en ſommes à très-peu de diſtance. Pour rendre cette hypotheſe plus ſenſible, on ſuppoſe que *T* repréſente la terre entourée d'eau, & que *B* marque la lune: alors il arrivera que la partie *C* de l'Océan à laquelle cette planete répond perpendiculairement, en ſera plus attirée que ne le ſeront les autres plus éloignées. Au contraire l'eau qui eſt en *G* ſe trouvant alors à la plus grande diſtance de la lune, en ſera moins attirée que tout le reſte compris dans l'hémiſphere *E G F*: ainſi devenant plus légere qu'elle n'étoit, elle s'enflera auſſi davantage, d'où il réſulte que toutes ces eaux enſemble formeront un ſphéroïde qui a pour grand diametre *C G* & pour petit *E F*. Or comme les marées en *C* & en *G* diamétralement opposées, se font toutes deux en même tems, il est évident qu'en suivant la révolution journaliere de la lune, elles doivent se succéder alternativement l'une l'autre sur chaque méridien à 12 heures 24 minutes d'intervalle, conséquemment arriver deux fois en un jour, parce qu'en 12 heures 24 minutes la lune passe de *B* en *H*, où elle produit les mêmes effets en *G* qu'elle avoit causés en *C*.

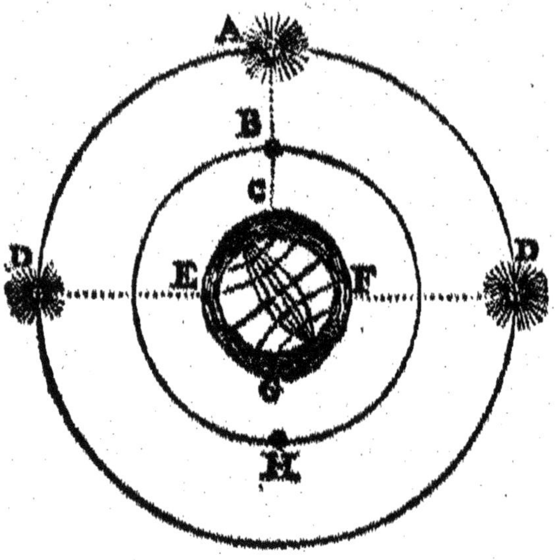

Les grandes marées arrivent deux jours après le tems des syzygies ; & les foibles dans les quadratures, leur différence est d'environ ⅓.

Une autre circonstance du flux & reflux, c'est la quantité dont les marées montent & baissent, circonstance qui dépend beaucoup du local, & trop visiblement des mouvemens du soleil & de la lune, pour n'être pas convaincu qu'ils sont les seules causes du flux & reflux dans le tems des syzygies & des nouvelles & pleines lunes. Quand les deux astres *A* & *B* sont en conjonction & qu'ils agissent de concert ; leur action réunie ayant une plus grande force occasionne aussi des marées plus fortes, elles arrivent deux fois chaque mois, observant que ces eaux vives ne se font pas précisément les jours des nouvelles & pleines lunes, mais deux jours après, parce que la mer acquiert pendant ce tems une accélération de mouvement qui la fait monter plus haut que de coutume, quoique la lune se trouve un peu écartée du soleil ou de son point directement opposé ; ensuite les marées diminuent un jour après jusqu'au tems des quadratures, c'est-à-dire jusqu'au tems que la lune *B* se trouve éloignée du soleil *D* de 90 degrés. Alors elles sont les moindres de toutes, parce que, dans ce cas, elles ne sont plus l'effet des deux actions réunies du soleil & de la lune, mais plutôt l'effet de la différence d'une de ces actions sur l'autre, ces marées plus foibles sont nommées *eaux mortes*, lesquelles arrivent à toutes les quadratures ou 7 jours $\frac{1}{2}$ après les grandes marées : dans ce tems la mer monte de $\frac{1}{8}$ moins que dans les eaux vives, elle descend aussi moins de $\frac{1}{6}$, ce qui fait à-peu-près $\frac{1}{7}$ de différence.

Calcul de M. Newton, par lequel il trouve que l'action du soleil sur l'océan est à celle de la lune comme 2 est à 7.

Ce rapport n'est pas exactement le même dans tous les ports, ce qui vient du différent gissement des terres, ou du plus ou moins de facilité que la mer trouve à prendre son niveau selon la quantité de chemin qu'elle a à parcourir, & selon qu'elle passe par des ouvertures plus ou moins larges. M. Newton rapporte qu'au-dessous de Bristol la mer monte de quarante-cinq pieds dans les grandes eaux, & seulement de vingt-cinq dans les quadratures ; il faisit cette observation pour distinguer de combien l'action de la lune est plus forte que celle du soleil en calculant ainsi : nommant L la premiere de ces actions & S la seconde, l'on a $L + S = 45$ pieds; & comme dans les eaux mortes ces deux actions se nuisent, l'on a au contraire $L - S = 25$ pieds, d'où l'on déduit $S = 10$ & $L = 35$, qui montre que la lune, à cause de son voisinage de la terre, peut opérer trois fois & demie plus que ne fait le soleil dans le phénomene des marées; de sorte qu'en admettant 2 & 7, pour exprimer les forces avec lesquelles le soleil & la lune attirent, chacun en particulier, les eaux de la mer, les marées hautes seront aux marées basses, comme la somme de ces deux nombres est à leur différence, ou à-peu-près, comme 9 est à 5. Ainsi supposant que le soleil soit capable d'attirer seul les eaux à la hauteur de deux pieds, la lune les élevera à celle de sept, & les puissances réunies de ces deux planetes les feront monter à neuf pieds. Les plus fortes marées sont celles qui arrivent aux tems des équinoxes, & les plus foibles aux tems des solstices, & jamais elles ne sont si grandes que quand la lune se trouve dans son périgée : l'on comprend assez cet effet, si l'on se rappelle ce qu'on a dit de la lune & des effets de son attraction; on peut aussi en conclure que les eaux en pleine mer ne s'élevent point aussi haut que vers les côtes, en y ajoutant encore cette distinction, qu'elles sont plus resserrées vers la terre qu'en pleine mer.

Comparaison du flux & reflux de la mer & de leurs effets, avec ceux d'un grand fleuve qui se déborde en croissant, & qui se retire ensuite.

Pour bien concevoir la maniere dont se meuvent les eaux de l'Océan le long des rivages, il faut les considérer quand elles fluent, par exemple, de l'équateur vers les poles, comme un grand fleuve qui croît & déborde de toutes parts, & au contraire lorsqu'elles refluent des poles vers l'équateur, comme le même fleuve quand il décroît & rentre dans son lit. Selon la premiere supposition, un fleuve qui déborde par abondance d'eau, a trois mouvemens différens, l'un au milieu qui est le fil de l'eau, & les deux autres vers ses rives où il cause le débordement provenant de l'accroissement des eaux. De même quand l'Océan flue de l'équateur vers les poles, ses eaux ont aussi trois mouvemens différens, l'un en pleine mer, appellé le *grand cours*, & les deux autres, entre ce même cours & les rivages collatéraux, où elles remplissent les golfes, baies, embouchures & autres lieux. Comme il arrive aux fleuves qui avoient débordé, que venant à décroître, les eaux qui s'étoient écartées du courant principal, pour inonder les campagnes, retournent dans leur ancien lit. De même lorsque les mers refluent & diminuent d'un côté, toutes les eaux qui s'étoient écartées du grand courant pour fluer vers les côtes, refluent alors vers la pleine mer pour s'y réunir & la suivre vers l'équateur.

Examen de ce qui arrive dans la mer Méditerranée à l'occasion du flux & reflux.

L'opinion commune est que la mer Méditerranée n'a point de marée réglée, & que le peu de flux qu'on y trouve est causé par les vents, excepté le long des côtes les plus méridionales d'Espagne où elle participe beaucoup du flux & reflux de l'Océan par le détroit de Gibraltar. Mais quand on examine cette mer aux rivages plus éloignés, comme ceux de l'Italie, l'on voit qu'elle croît & décroît environ d'un pied, & bien plus encore à Venise où les marées s'élevent jusqu'à trois pieds, parce que son étendue nord & sud est plus grande qu'ailleurs, de toute la longueur du golfe Adriatique dans lequel les eaux étant poussées par la cause générale des marées, se refoulent les unes & les autres jusqu'au bout du golfe qui allant toujours en se rétrécissant, fait que la mer gonfle faute de pouvoir s'étendre, ce qui n'arriveroit pas si l'action du flux & reflux n'avoit pas lieu sur cette mer. On peut d'autant moins s'y méprendre que cela n'arrive qu'au tems des syzygies, tandis qu'aux quadratures elle ne croît ni décroît presque point à Venise où le flux est ordinairement le plus marqué; car il ne faut pas confondre les accroissemens naturels avec l'élévation où elle monte quelquefois lorsqu'elle est enflée par les vents du midi qui la chassent vers les côtes de l'Europe. Une preuve convaincante que cette mer flue & reflue, c'est que chaque fois que les eaux commencent à croître aux côtes d'Italie par l'arrivée de la marée, elles entrent dans le détroit de Messine par les deux bouts en même tems, y refluent pendant six heures les unes contre les autres jusqu'au milieu où elles se choquent & s'entremêlent: après quoi elles fluent & en ressortent aussi par les deux bouts pendant les six autres heures; ce qui vient de la disposition de ce détroit qui a douze grandes lieues de long, & qui sépare, comme l'on sait, la suite du continent d'Italie. Plusieurs observations faites sur les rivages du golfe Adriatique, prouvent qu'il faut qu'une mer ait au moins cent cinquante lieues de largeur nord & sud pour que les marées y soient sensibles. La mer Méditerranée a donc ses mouvemens réglés, elle ne les reçoit pas, comme plusieurs le prétendent, des mouvemens de l'Océan, mais des causes générales qui meuvent toutes les mers. La mer Méditerranée n'est pas la seule privée d'un flux & reflux considérable, la mer Baltique, le Pont-Euxin, la mer Caspienne, &c. n'en ont aucun. Si certaines mers placées sous la zone torride n'ont point de flux & reflux, cela vient de ce qu'elles ont moins de capacité que n'en a le grand cercle de la lune. En général les vents peuvent beaucoup contribuer à augmenter la hauteur des marées, ce qui ne peut être jugé que par une suite d'observations. Nous n'entreprenons point de rechercher la cause & la nature de leurs effets, parce que ce travail nous écarteroit du plan que nous nous sommes proposé dans ce Mémoire, sans pouvoir nous flatter de répandre plus de jour sur cette matiere que l'ont fait tant d'habiles physiciens ; on dira seulement qu'il y a des vents réguliers & irréguliers, & qu'il est assez vraisemblable que les vents, ces souffles si fougueux dans certains climats & si nécessaires, proviennent du plus ou du moins de dilatation que le soleil cause à l'air, sans parler encore des autres phénomenes.

CHYMIE.

LA Chymie, par des opérations visibles, résout les corps en certains principes grossiers & palpables, comme les sels, les soufres..... La Physique, par des spéculations délicates, agit sur les principes comme la Chymie agit sur les corps; elle les résout eux-mêmes en d'autres principes encore plus simples, en petits corps mûs & figurés, d'une infinité de manieres. Voilà la principale différence de la Physique & de la Chymie; l'esprit de celle-ci est plus confus, plus enveloppé, & ressemble plus aux mixtes où les principes sont plus embarrassés les uns avec les autres. L'esprit de physique est plus net, plus simple, plus dégagé; il remonte jusqu'aux premieres origines; l'autre est plus circonscrit. Quoi qu'il en soit, depuis que la Chymie a pris plus particuliérement la forme de science, différens chymistes en ont donné des idées les plus claires, plus à portée de la maniere de concevoir, dirigée par la logique ordinaire des sciences; celle-ci doit encore néanmoins se perfectionner.

1. *Alembic.*

C'est un vaisseau qui sert à distiller, & qui consiste en un matras, ou une cucurbite garnie d'un chapiteau presque rond, lequel est terminé par un tuyau oblique par où passent les vapeurs condensées, & qui sont reçues dans une bouteille ou matras qu'on y a ajusté, & qui s'appelle alors *récipient.* La chaleur du feu élevant les parties volatiles de la matiere qui est au fond du vaisseau ou de l'alembic, lorsqu'on opere, elles sont reçues dans le chapiteau, & y sont condensées par la froideur de l'air, ou par le moyen de l'eau qu'on applique extérieurement. Ces vapeurs deviennent ainsi une liqueur qui coule par le bec de l'alembic, & tombe dans le récipient.

2. RARÉFACTION.

C'est une propriété de dilatation & d'expansibilité, que donne le feu à tous les corps solides & liquides; tous les corps sur lesquels on fait des expériences, sans en excepter aucun, augmentent en volume, dès qu'on les expose au feu; ils se raréfient, sans que cependant on apperçoive aucune différence dans leurs poids. Si cependant l'on prend deux corps égaux en pesanteur & en volume, mais dont l'un soit dur & l'autre liquide, on trouvera entre eux cette différence, c'est que le même degré de feu dilate plus le fluide que le solide.

3. MÉTAUX.

Les métaux sont des corps durs engendrés dans les matrices particulieres des entrailles de la terre, qui peuvent être étendus & fondus au feu. Le nombre des métaux est septenaire, & les chimistes les rapportent, dans leurs signes, aux sept planetes. On les divise en parfaits & en imparfaits. L'or & l'argent sont parfaits; & ce qui constitue cette perfection, c'est l'exacte mixtion & l'union des parties constitutives de ces corps, & qui sont capables d'une longue fusion & d'une très-forte ignition, sans altération de leurs qualités & sans perte de leur substance. Les métaux imparfaits sont de deux sortes; les durs & les mous; les durs sont ceux qui se mettent plutôt en ignition qu'en fusion, comme le fer & le cuivre; & les mous, tels que l'étain & le plomb se mettent plutôt en fusion qu'en ignition. Le mercure peut être mis au nombre des métaux, quoique plusieurs auteurs l'en aient distingué à cause de sa fluidité; ses différentes propriétés & son affinité avec les métaux, le font regarder comme un météore qui tient le milieu entre eux. On partage les métaux & les minéraux en deux sexes, & l'on se sert de divers menstrues pour leur dissolution; ainsi il n'y a que les eaux régales qui puissent dissoudre l'or, le plomb & l'antimoine qu'on prétend être les mâles; & les eaux fortes simples, sont capables de dissoudre tous les autres qu'on croit être femelles. L'on ne doit point révoquer en doute que l'or ne puisse être rendu potable, parce que l'expérience démontre qu'il peut être mis en liqueur; mais on doit nier absolument qu'il puisse servir d'aliment à l'homme, comme plusieurs le prétendent; il n'y a nulle relation ni analogie entre l'or & le corps humain, parce qu'il n'y a nulle proportion entre la nature métallique & la nature animale, on le prouve en Chymie par diverses expériences. Il est cependant possible de rendre l'or en fusion, essentiel dans certaines maladies; mais il faut que cette liqueur soit faite avec un dissolvent, ami du corps, & qui soit capable, par son action subite sur l'or, de le volatiliser au point qu'il ne soit pas possible à l'art de le récorporiser en métal.

4. ANTIMOINE.

C'est un minéral métallique, solide, pesant, qu'on trouve enfermé dans une pierre dure, blanchâtre & brillante; on en sépare l'antimoine par fusion; dans cet état il a une couleur plombée; l'antimoine est mêlé de matieres étrangeres, de substances métalliques & de parties sulfureuses; cette partie sulfureuse de l'antimoine est de la nature du soufre minéral. Le mercure a de grands rapports

rapports avec l'antimoine, sa terre est extrêmement légere comme celle du mercure, & le soufre s'unit également au mercure & avec l'antimoine; ce dernier a encore cela de commun avec le mercure, que l'esprit de sel a autant de rapport avec lui qu'avec le mercure.

5. COAGULATION.

Ce mot pris dans son sens le plus étendu, exprime tout changement arrivé à un liquide composé, par lequel, ou la masse entiere de ce fluide, ou seulement quelques-unes de ses parties, sont converties en un corps plus ou moins dense.

6. SOUFRE.

On trouve des cailloux qui sont d'une forme arrondie, irréguliere, & lorsqu'on vient à les briser, on trouve que ces cailloux forment une espece de croûte qui sert d'enveloppe à un soufre actif. C'est une substance solide, mais friable, d'un jaune clair, lorsqu'il est pur, très-inflammable, & qui, en se brûlant, répand une flamme bleuâtre, accompagnée d'une odeur pénétrante & suffoquante. Il se fond aisément, lorsque le feu ne lui est pas immédiatement appliqué, & pour lors il ne s'enflamme point. La nature nous présente le soufre pur, c'est-à-dire, sous la forme qui lui est propre, ou combiné avec d'autres substances d'un genre minéral, qui par leur union avec lui, le rendent méconnoissable; c'est ainsi qu'il est dans les mines, où il est combiné avec les métaux. Le soufre appellé *vierge*, se trouve abondamment dans quelques endroits de la terre, & particuliérement près des volcans; & par-tout où on le voit, on doit supposer qu'il a été produit & sublimé par les feux de la terre.

7. CINABRE.

C'est un corps minéral composé de soufre & de mercure qui sont coagulés ensemble jusqu'à une dureté pierreuse. Le cinabre naturel se tire des mines, il est mêlé plus ou moins de sable, & le cinabre artificiel se fait par la sublimation du soufre & du mercure mêlés ensemble.

8. SUBLIMATION.

Espece de distillation dont le caractere spécial est de ne fournir que des produits sans forme seche. La forme ou la consistance de ces produits est de deux especes; elle est ramassée en une masse solide qu'on appelle *pain* ou *gâteau*, tels que les gâteaux de sel ammoniac, les masses denses & liées de sublimé corrosif; les produits de la sublimation qui prennent cette consistance, retiennent spécialement le nom de *sublimé*. La seconde espece se présente sous la forme d'une couche rare & sans liaison; ce produit est connu sous le nom de *fleurs*, c'est ainsi qu'on dit *fleurs de soufre*.

9. DISTILLATION.

C'est une opération chymique qui consiste à détacher, par le moyen du feu, de certaines matieres renfermées dans des vaisseaux, des vapeurs ou des liqueurs, & à retenir ces dernieres substances dans un vaisseau particulier destiné à les recevoir. Les substances séparées du corps soumis à la distillation, sont connus sous le nom de *produits*, & la partie la plus fine de ce corps, celle qui n'a pas été déplacée par le feu, s'appelle *résidu*; c'est à celle-ci que les anciens chymistes donnoient le nom de *caput mortuum*.

10. CORNUE.

C'est un vaisseau destiné à faire la distillation, appellé *per latum*, d'une figure quelquefois ronde, & quelquefois un peu oblongue, & portant à sa partie supérieure un cou recourbé, de maniere que ce vase étant posé sur sa base, dans le fourneau de reverbere, ou sur le bain de sable ou de limaille, puisse excéder le paroi du fourneau de cinq ou six pouces, pour pouvoir entrer commodément dans un autre vaisseau appellé *récipient*. Les cornues sont ordinairement de terre ou de verre; on se sert aussi de cornue de fer fondu.

11. *CUCURBITE.*

On l'appelle aussi la courge; c'est un vaisseau chymique, faisant partie de l'alembic, & servant à contenir les matieres que l'on veut soumettre à la distillation. Les cucurbites se font de cuivre étamé, d'étain, de verre & de terre; elles ont la figure d'une vessie ou d'une poire.

12. *CHAPITEAU.*

C'est la piece supérieure de l'alembic des chymistes, qui est composé d'une cucurbite & de son chapiteau. Ce dernier instrument est un vaisseau, le plus ordinairement de verre ou d'étain, dont la meilleure forme est conique, ouvert par sa base, & muni intérieurement d'une gouttiere circulaire, tournée vers le sommet du cône, d'environ un ou deux pouces, selon la grandeur du vaisseau, au-dessus de la base du chapiteau; la gouttiere du chapiteau est continuée par un tuyau qui perce la paroi de ce vaisseau & qui est destiné à verser au dehors une liqueur ramassée dans cette gouttiere. Les chapiteaux de verre sont de pur appareil, les meilleurs sont d'étain le plus pur; ceux-ci valent mieux que ceux de cuivre, parce qu'on s'est apperçu qu'une partie des matieres qui s'élevent dans les distillations faites suivant cet appareil, se chargeoit de particules de cuivre, & nuisoit d'autant à la salubrité de ces produits.

13. *Confusion.*

Les Chymistes désignent, par ce mot, le mêlange de plusieurs différentes substances qui ne contractent point d'union chymique, tel que celui qui constitue les poudres pharmaceutiques composées, & les potions troubles. Les corps mêlés par confusion, peuvent être séparés par des moyens méchaniques; les ingrédiens d'une potion trouble, par exemple, par la résidence ou le repos; ceux d'une poudre composée par le lavage; les différentes substances mêlées par confusion, jouissent chacune de toutes leurs quantités spécifiques, soit physiques, soit chymiques, soit médicinales. C'est par ces deux propriétés que la confusion differe de la mixtion, qui n'est pas dissoluble par les moyens méchaniques, & qui ne laisse subsister aucune des propriétés spécifiques des corps mixtionnés.

14. *Filtration.*

C'est une opération fort usitée en Pharmacie & en Chymie, qui consiste à faire passer un liquide quelconque qui contient des matieres non-dissoutes à travers un corps assez dense pour les retenir. L'instrument qui sert à la filtration, & qu'on appelle *filtre*, est un morceau de toile ou de drap plus ou moins serré, qu'on appelle *étamine*; tantôt c'est un papier; quelquefois on se sert de sable, & c'est ce dernier qu'on emploie pour clarifier l'eau de riviere; il y a aussi une pierre qui a la propriété de clarifier l'eau en moins de tems, on l'appelle la *pierre d'éponge*.

15. *Mixtion.*

Les chymistes prennent ce mot dans deux sens

différens. Premierement, dans un ſens général, ils appellent *mixtes* les corps chymiques formés par l'union de divers principes quelconques, & *mixtion*, l'union, la combinaiſon de ces divers principes; c'eſt-là le ſens le plus connu & le plus ancien. Secondement, dans un ſens plus particulier, ils appellent *mixte* le corps formé par l'union de divers principes élémentaires ou ſimples, & *mixtion*, l'union qui conſtitue cet ordre particulier des corps chymiques. On appelle, en Phyſique, un corps *mixte* celui qui eſt compoſé de divers élémens ou principes. En ce ſens *mixte* eſt oppoſé à *ſimple* ou *élémentaire*, qui ſe dit des corps qui ne ſont compoſés que d'un principe ſeulement, comme on ſuppoſe, en Chymie, que ſont le ſoufre & le ſel. L'objet de la Chymie eſt donc de réſoudre ainſi les mixtes en leurs parties compoſantes ou principes. Les mixtes ou corps chymiques ſont formés par l'union de principes divers, d'eau, d'air, de terre, de feu, d'acide & d'alkali; ils different eſſentiellement en cela des aggrégés, aggrégats ou molécules qui ſont formés par l'union de ſubſtances homogenes.

16. *MATRAS.*

Eſpece de vaiſſeau de verre ou bouteille ſphérique armée d'un col cylindrique, long & étroit, dont on ſe ſert comme récipient dans les diſtillations; qu'on emploie enfin aux digeſtions & aux circulations.

17. *MENSTRUE.*

On entend communément par ce mot la diſſolution chymique, qui n'eſt autre choſe que la liquéfaction ou la fonte de certains corps concrets ou mêlés par l'application de quelques liqueurs particulieres; tel eſt le phénomene que préſente le ſel, le ſucre, la gomme, diſſous ou fondus dans l'eau.

La cause de la dissolution est évidemment l'exercice de la propriété générale des corps que l'on appelle, en Chymie, *miscibilité*, *affinité*, *rapport*, ou, ce qui revient au même, la *tendance à l'union mixtive*.

18. PRINCIPES.

Ce mot est usité en Chymie pour exprimer différentes matieres qui en composent une seule ; c'est ainsi que le savon étant formé par l'union chymique de l'huile & de l'alkali fixe, ces dernieres sont les principes du savon. Mais il s'agit de savoir si ces principes peuvent être nommés *élémens*. Il en est qui peuvent avoir ce titre si ces élémens sont des substances indestructibles, incommutables ; si elles persistent constamment dans leur nature quelques mixtions qu'elles subissent, & par quelques moyens qu'on les dégage de cette mixtion. Mais il en est aussi dont la dénomination est un être purement abstrait ; que non-seulement les anciens philosophes ont admis gratuitement & inutilement, mais dont la supposition les a jettés dans des erreurs manifestes. La Chymie moderne a rectifié ces désordres de l'esprit ; on peut la consulter, tant sur les principes que sur les élémens.

19. REGISTRE.

Ce sont des ouvertures pratiquées dans les fourneaux des Chymistes, à l'aide desquels ils augmentent leur feu lorsque ces registres sont ouverts ; il diminue au contraire lorsque ces registres sont fermés.

20. RÉCIPIENT.

Les vaisseaux destinés à recevoir certains produits des opérations chymiques portent le nom de *récipient* dans tous les appareils de distillation.

21. DIGESTION.

Opération chymique qui consiste à appliquer un feu doux & continu à des matieres contenues dans un seul vaisseau ordinairement fermé, ou dans des vaisseaux de rencontre. L'analogie des corps fermentans & de la fermentation confirme les idées avantageuses qu'on a de la digestion ; car un corps propre à être altéré par la fermentation ne differe d'un sujet propre à la digestion que par le degré de constance de sa mixtion, & la chaleur agissant dans l'une & l'autre de ces opérations ne differe aussi que par le degré. Dans tous les cas, l'acte de la digestion n'est que l'effet de l'action menstruelle par le secours de la chaleur.

22. CIRCULATION.

La circulation ne differe de la digestion que par la forme de l'appareil. C'est une opération chymique, qui consiste à appliquer un feu convenable à des matieres enfermées dans des vaisseaux disposés de façon que les vapeurs qui s'élevent de la matiere traitée soient continuellement condensées & reportées sur la masse d'où elles ont été détachées. Les vaisseaux propres à cette opération sont les cucurbites, les jumeaux & le pélican.

23. RÉFRIGÉRANT.

Vaisseau destiné à être rempli d'eau froide, & au moyen duquel on peut appliquer cette liqueur à un autre vaisseau plein de vapeurs qu'on se propose de condenser par le froid. Les réfrigérans les plus utiles sont une espece de cuvette formée au-dessus & autour du chapiteau du grand alembic ordinaire.

24. SERPENTIN.

Long canal en forme de serpent interposé entre

la curcubite & le récipient, dans le grand alembic à esprit-de-vin & à rectification. Cet instrument n'est plus d'usage en Chymie.

25. JUMEAUX.

Ce sont deux alembics de verre couplés & qui se servent réciproquement de récipient, au moyen d'un tuyau ou goulot que chacun porte à la partie latérale de sa cucurbite, & qui reçoit le bec du chapiteau de l'autre.

26. PÉLICAN.

Le pélican n'est plus usité en Chymie; on se sert maintenant des vaisseaux de rencontre qui sont deux matras, dont le col de l'un entre dans celui de l'autre.

27. SATURATION.

Ce mot se dit de l'état de parfaite neutralité, de sels moyens ou neutres, c'est-à-dire de celui où chacun de leurs principes a été employé dans une juste proportion. Lorsqu'on forme un sel neutre dans une liqueur en y versant successivement les deux principes qui doivent former ce sel par leur union, par exemple, de l'acide & de l'alkali, on est parvenu au point de saturation lorsqu'il n'y a dans cette liqueur aucune partie sensible de l'un des deux principes qui soit libre, nue, surabondante.

28. RAPPORT.

Les chymistes appellent *rapport* le méchanisme & les causes de l'affinité chymique. Ils entendent aussi par ce mot l'aptitude de certaines substances à s'unir chymiquement à d'autres substances. Mais la vraie définition est celle de solubilité & de miscibilité. Les divers degrés de rapport s'estiment entre deux substances par la faculté que l'une de ces substances a de précipiter l'autre.

29. ALKALI.

Signifie en général tout ſel dont les effets ſont différens & contraires à ceux des acides. Cependant cette définition ne peut être priſe à la lettre, puiſqu'il eſt de l'eſſence ſaline des alkalis de contenir de l'acide. Les propriétés des corps qu'on conſidere comme alkalis, ne ſont que des rapports de ces corps comparés avec d'autres qui ſont acides à leur égard; c'eſt pourquoi il y a des matieres qui ſont alkalines pour quelques corps, & acides pour d'autres. Les alkalis ſont fluides, comme eſt la liqueur du nitre fixé; ou ſolides, comme la ſoude. Les alkalis ſont diſtingués en fixes & en volatils; ils ont la propriété de ſe fondre aiſément au feu, & plus il eſt pur, plus il ſe fond. Lorſqu'il contient de la terre ou quelqu'autre matiere, il n'eſt pas ſi facile à fondre. Les animaux & les végétaux fourniſſent beaucoup d'alkalis volatils & preſque point de fixes. Les ſels fixes des plantes ſont des ſels alkalis, qu'on en tire après avoir brûlé & leſſivé leurs cendres; il en eſt de même des animaux.

30. ACIDES.

On diviſe les acides en manifeſtes ou cachés. Les acides manifeſtes ſont ceux qui cauſent une impreſſion ſenſible; & les acides cachés ſont ceux qui n'ont pas aſſez d'acidité pour ſe faire ſentir au goût, mais qui reſſemblent aux acides manifeſtes par d'autres propriétés ſuffiſantes & des effets internes. La marque générale à laquelle on reconnoît les acides, c'eſt l'effervescence qui ſe fait lorſqu'on les mêle avec une autre ſorte de corps qu'on nomme *alkalis*. Ils ſe reconnoiſſent auſſi dans les divers changemens qu'ils font éprouver à d'autres corps. Tout ce qui eſt acide eſt ſel; on peut même dire que l'acide fait l'eſſence de tout ſel, ils ſont minéraux ou végétaux;

l'acide vitriolique seul se trouve dans les vitriols, dans l'alun ou dans le soufre minéral ; l'acide fait l'essence saline des sels des végétaux. Comme les végétaux tirent leur salure de la terre où ils sont plantés, les animaux s'approprient aussi les sels des plantes dont ils se nourrissent ; c'est pourquoi il y a dans les animaux de l'acide vitriolique, de l'acide nitreux & de l'acide de sel commun qui est celui des plantes marines. Les propriétés des acides vont à l'infini ; ils temperent l'effervescence de la bile & du sang, & coagulent les liqueurs animales, comme on le voit arriver au lait, quand on y mêle quelqu'acide ; Hippocrate recommandoit les acides dans les maladies qui proviennent de l'épaississement des liqueurs & de leur stagnation.

31. *Nitre.*

Le nitre ou salpêtre est un genre de sel neutre ou moyen, formé par l'union d'un acide particulier appellé *nitreux*, à une base alkaline, soit saline, soit terreuse ; il est diurétique & propre à guérir certaines incommodités. Le nitre mêlé avec le soufre se fond sans s'enflammer ; & quoiqu'exposé dans des vaisseaux fermés à la plus grande violence du feu, il ne laisse échapper qu'une très-petite quantité de son acide, & si petite, que la réalité de ce produit est contesté par les chymistes.

32. *Soude.*

C'est le sel lixiviel ou les cendres de plusieurs plantes qui contiennent du sel marin, & qui croissent pour la plupart sur les côtes maritimes des pays chauds.

33. *Tartre.*

C'est un des produits de la fermentation vineuse qui s'attache aux parois des tonneaux dans lesquels s'exécute cette fermentation sous la forme d'une croûte saline.

34. ESPRIT-DE-VIN.

Le premier esprit ardent qu'on retire du vin s'appelle *eau-de-vie*, & ce n'est que par une nouvelle distillation qu'on obtient l'esprit-de-vin ; on retire des lies de vin beaucoup d'esprit, dans lequel le principe huileux est plus abondant. Boerhave croit qu'une portion déterminée de chaque matiere qui fermente ne peut donner, par la fermentation, qu'une certaine quantité d'esprit ardent. Sthal a regardé l'esprit-de-vin comme un résultat de la fermentation, dans lequel l'eau est intimément mêlée à l'huile par l'intermede d'un sel acide très-subtil. Il démontre la présence de l'acide dans l'esprit-de-vin, en ce que tous les composés qui ne peuvent tourner à l'acide ne donnent point d'esprit ardent, & que l'esprit-de-vin étant distillé plusieurs fois sur du sel de tartre, le résidu, après l'évaporation, fournit les mêmes crystaux que le sel de tartre, joint à l'esprit volatil du vitriol. Boerhave a retiré le principe aqueux de l'esprit-de-vin, en le distillant sur du sel de tartre. Au reste les chymistes modernes ont suivi l'opinion de Sthal sur la mixtion de l'esprit-de-vin. La maniere de décomposer l'esprit-de-vin & de le réduire en phlegme est de l'exposer sur la chaux ; on connoît la propriété qu'elle a de décomposer, en partie, toutes les substances huileuses.

35. AIR.

Le principal usage que les chymistes donnent à l'air est de lui faire servir de matrice à l'esprit universel, & c'est dans cette matrice qu'il commence à prendre quelqu'idée corporelle, avant que de se corporifier tout-à-fait dans les élémens de l'eau &

de la terre qui produisent les mixtes qui sont les fruits des élémens ; c'est pourquoi les météores sont les vrais fruits de l'air, puisque c'est dans la région de l'air qu'ils prennent leur idée météorique. Si l'on demande comment les élémens ne peuvent que très-difficilement quitter leur nature pour se revêtir de celle d'un autre élément ; comment, dit-on, que l'air est l'aliment du feu, & qu'il lui est en effet si nécessaire qu'il s'éteint aussi-tôt qu'il en est privé? On peut répondre que le feu des foyers n'est pas pur, puisque la matiere allumée jette quantité de vapeurs & d'excrémens fuligineux qui nuisent à l'entretien du feu ; c'est pourquoi il a besoin d'un air continuel qui écarte toute cette matiere fuligineuse, sans quoi elle étoufferoit la flamme. On peut encore faire une question sur la respiration des animaux ; savoir si l'air qu'ils aspirent ne leur sert purement & simplement que de rafraîchissement ; on peut assurer que cet air a un autre usage plus nécessaire encore, qui est d'attirer par ce moyen l'esprit universel que les cieux influent dans l'air, où il est doué d'efficacité & de vertu ; il se métamorphose dans le cœur de l'esprit animal, où il reçoit une idée parfaite & vivifiante, qui fait que l'animal peut exercer par son moyen toutes les fonctions de la vie ; car cet esprit qui est dans l'air que l'on respire subtilise & volatilise tout ce qu'il peut y avoir de superfluités dans le sang des veines & des arteres, qui sont la matiere & le centre commun des esprits vitaux & animaux. C'est par la force & la vertu de cet esprit que la nature se décharge du superflu des alimens qui passe jusques dans les dernieres digestions, par la transpiration qu'elle fait continuellement à travers des pores. Cette opération naturelle se montre évidemment dans les plantes ; elles ont un aimant attractif, par lequel elles attirent cet esprit qui est dans l'air, sans lequel elles ne pourroient se nourrir, s'accroître & se multiplier.

36. PHLEGME.

On donne ce nom à l'élément de l'eau, lorsqu'elle est séparée de tout autre mêlange; c'est la premiere substance qui se montre lorsque le feu agit sur quelque mixte; on la voit d'abord en forme de vapeur, & lorsqu'elle est condensée elle se réduit en liqueur. Sa présence est aussi utile dans la composition du mixte que celle d'aucun autre principe. Il faut que la proportion & l'harmonie demeurent dans les bornes que requiert la nécessité des corps naturels, car le phlegme est comme le frein des esprits, il abat leur acidité, il dissout le sel & affoiblit son acrimonie corrodante, il empêche l'inflammation du soufre & sert enfin à lier & à mêler la terre avec les sels; car comme ces deux substances sont arides & friables, elles ne pourroient pas donner beaucoup de fermeté & de solidité aux corps sans cette liqueur; d'où il suit qu'il cause la corruption & la dissolution par son absence, ce qui fait qu'on l'appelle le *principe de la destruction*, car il s'évapore facilement, d'où il arrive que le mixte ne peut demeurer long-temps dans un même état & dans la même harmonie, à cause que cette partie principiante s'exhale aisément, ce qui la rend sujette aux moindres impressions des causes, soit extérieures, soit intérieures; il est de si facile extraction, qu'il ne faut qu'une chaleur lente & modérée pour le séparer des autres principes. Il souffre plusieurs altérations qui ne changent cependant pas sa nature, car s'il nous paroît en vapeurs, elles ne sont néanmoins essentiellement autre chose que le phlegme lui-même.

37. SEL.

Le phlegme, l'eſprit & le ſoufre ſont des principes volatils qui fuient le feu, qui les fait monter & ſublimer en vapeurs, ce qui fait qu'ils ne pourroient donner au mixte la fermeté requiſe pour ſa durée, s'il n'y avoit quelques autres ſubſtances fixes & permanentes. Il s'en trouve deux tout-à-fait différentes des autres dans la derniere réſolution des corps. La premiere eſt une terre ſimple ſans aucune qualité, excepté la peſanteur & la ſiccité; la ſeconde eſt une ſubſtance qui réſiſte au feu & qui ſe diſſout dans l'eau, à laquelle on a donné le nom de *ſel*; il ſe rend manifeſte par ſes qualités infinies; elles ſont plus efficaces que celles de la terre, qui eſt preſque ſans pouvoir & ſans action, en comparaiſon de cette autre ſubſtance. Le ſel, étant exactement ſéparé des autres principes, ſe préſente en corps ſec & friable, mais il eſt doué d'une humidité intérieure, comme cela ſe prouve par ſa fonte. Outre les propriétés infinies du ſel, il a celle de rendre la terre fertile, car il eſt le baume vital des végétaux, d'où il ſuit que les terres qui ſont trop lavées par les pluies trop abondantes, perdent leur fécondité. Il ſert auſſi à la génération des animaux; il endurcit les minéraux. Il y a auſſi un certain ſel central, principe radical de toutes les choſes, qui eſt le premier corps dont ſe revêt l'eſprit univerſel, qui contient en ſoi les autres principes, que quelques auteurs ont appellé *ſel hermétique*, d'Hermès qui lui a donné ce nom, ou plutôt qui en a parlé le premier; on peut l'appeller plutôt *ſel hermaphrodite*, parce qu'il participe de toutes les natures. Ce ſel eſt le ſiege fondamental de toute la nature, produite avec d'autant plus de raiſon que c'eſt le centre où toutes les propriétés naturelles aboutiſſent, & que les véritables ſemences des choſes ne ſont qu'un sel congelé, ce qui paroît évident par la coction de quelque production ou semence que ce soit, elle deviendra stérile dans l'instant, parce que sa vertu séminale consiste en un sel très-subtil qui se résout dans l'eau. Ainsi nous avons appris que la nature commence la production de toutes les choses par un sel central & radical qu'elle tire de l'esprit universel.

38. *Rosée et pluie.*

Les chymistes n'ont pas cru pouvoir mieux parvenir à leur but dans le choix des menstrues, que par celui qu'ils ont fait de la substance la plus pure & la plus simple de toute la nature, qui est l'eau de la rosée & celle de la pluie, qui sont deux substances qui contiennent en elles l'esprit universel, pour en tirer leur menstrue universel, qui soit capable d'extraire la vertu des choses, & d'en être retiré sans enlever aucune portion de l'excellence du mixte, pourvu que ces deux liqueurs soient bien préparées. Pour s'en servir il faut recueillir l'eau de pluie quelques jours avant l'équinoxe de mars & quelques jours après, parce qu'en ce temps, l'air est rempli des véritables semences célestes qui sont destinées au renouvellement de toutes les productions naturelles; & lorsque l'eau a été élevée de la terre, & qu'elle a été privée des divers fermens dont elle avoit été remplie par les générations qui s'étoient faites dedans & sur la surface de la terre par son moyen, elle retombe en terre par l'air où elle prend un esprit pur. Si on veut employer la rosée dans les opérations chymiques, qui est encore préférable à l'eau de pluie, il faut la prendre au mois de mai, parce qu'elle est alors plus chargée d'esprit universel & qu'elle est remplie de ce sel essentiel à la génération, à l'entretien, à la nourriture de tous les êtres.

39. FEU.

Le plus puissant agent qu'il y ait dans la nature pour faire l'anatomie de tous les mixtes, est le feu qui a besoin pour son entretien, de matieres combustibles, huileuses, sulfureuses, minérales & végétales, & animales. Le feu a aussi besoin d'un air continuel, qui chasse par son action, les excrémens & les fuliginosités des matieres qui se brûlent, & qui anime le feu pour le faire plus ou moins agir sur son sujet. On ne peut pas dire que le feu puisse recevoir intention ou rémission; cependant la matiere sur laquelle il agit, peut recevoir plusieurs degrés de chaleur, selon l'approche ou l'éloignement du feu, ou l'interposition des choses, qui peuvent recevoir l'impression de la chaleur, d'où il suit nécessairement que la conduite de la chaleur consiste en une quantité juste de feu, dans son administration & dans son travail.

40. MIXTES.

On peut considérer les principes & les élémens qui constituent le composé, en plusieurs manieres: avant sa composition, après sa résolution, ou lorsqu'ils composent encore & qu'ils constituent le mixte. La nature des principes, avant qu'ils composent le mixte, est assez évidente pour n'avoir pas besoin d'être retracée; c'est pourquoi il faut considérer ce qu'ils sont après la résolution, & pendant la composition. On a déja dit que l'esprit universel qui contient en soi les substances diverses étoit indifférent aux choses, & qu'il étoit spécifié & corporifié, selon l'idée qu'il prenoit de la matrice où il étoit reçu. Il est aussi évident qu'avec les minéraux il devient minéral, avec les végétaux, il devient plante, qu'enfin avec les animaux il devient animal. Pendant la composition du mixte, cet esprit retient la la nature & l'idée qu'il a prise dans la matrice ; ainsi lorsqu'il a pris la nature du soufre & qu'il est empreint de son idée, il communique au composé toutes les vertus & toutes les qualités du soufre ; il en est de même du sel & du mercure, car s'il est spécifié ou s'il est seulement identifié en quelqu'un de ces principes, il le fait paroître par son action ; ainsi toutes choses sont, en leur composition, fixes & volatiles, liquides ou solides, pures ou impures, dissoutes ou coagulées, & ainsi des autres, suivant que cet esprit contient plus ou moins de principes divers dans son mélange ou plutôt dans celui des matrices. Aussi-tôt que ces principes sont séparés les uns des autres, ainsi que du terrestre & du corporel qu'ils tiennent de leur matrice, ils montrent bien évidemment par leurs effets, que c'est en cet état qu'il faut les réduire. Il faut remarquer aussi que ces grandes vertus & ces grands effets, ne demeurent dans les esprits qu'aussi long-tems que l'idée du mixte dont ils ont été tirés, leur demeure. Ainsi toutes choses tendant à leur premier principe par une circulation continuelle & naturelle qui corporifie pour spiritualiser, & qui spiritualise pour corporiser ; il doit s'ensuivre que ces esprits tâchent continuellement de se dépouiller de cette idée qui leur oppose des entraves pour se réunir à leur premier principe qui est l'esprit universel. Tout cela démontre combien la chymie trouve de substances dans la résolution des corps.

41. *MINÉRAUX.*

On a demandé long-temps si les minéraux sont animés ou non ; on a cru pouvoir démontrer qu'ils l'étoient, en disant que quoiqu'on n'apperçoive pas dans ces corps qui sont les fruits du centre de la terre, des opérations vitales si manifestes que celles que l'on remarque dans les plantes & dans les animaux, on ne peut néanmoins se dissuader qu'ils ne soient pourvus de la vie, puisqu'ils se multiplient continuellement, & qu'ils ont une forme multiplicative de leur espece. Pline reconnoît assez ce témoignage, lorsqu'il dit : *Spumam nitri fieri, cum ros cecidisset, prægnantibus nitrariis, sed non parientibus.* On en peut conclure que les minéraux vivent tant qu'ils sont attachés à leur racine & à leur matrice, puisqu'ils y prennent l'accroissement; & que lorsqu'ils en sont séparés, ils deviennent des mixtes inanimés; ainsi le métal est un mixte. Quant aux mixtes qui ne se tirent pas de la terre, on les tire des corps animés par l'art, comme les végétaux, les résines, l'huile, le vin, & différentes parties extraites & séparées des végétaux & des animaux qui ne sont plus considérées comme organiques; on se sert des animaux lorsqu'il sont privés de la vie. Les moyens minéraux sont des fossiles qui ont une nature moyenne entre les métaux & les pierres, parce qu'ils participent en partie de l'essence de ces deux corps; ils conviennent & se lient avec les métaux, par leur fusion, ainsi qu'avec les pierres, par leur friabilité. Les moyens minéraux sont des sucs métalliques, dissous ou condensés, ou des terres métalliques & minérales.

42. *Pur et impur.*

Les mots de *pur* & d'*impur*, quoi qu'en disent quelques philosophes qui ont trouvé le pur dans ce qui est utile à l'homme, & l'impur dans ce qui lui est nuisible, enfin dans l'homogene & dans l'hétérogene, ne se peuvent dire que par comparaison d'une chose à une autre; car il peut se faire que ce qui est nuisible à l'un, sera profitable à l'autre; n'est ce pas par exemple une opinion absurde que de croire que les os des animaux sont impurs, parce que les hommes ne les mangent pas, & qu'ils en mangent la chair ? Ces os sont absolument nécessaires aux animaux qui ne seroient pas ce qu'ils sont s'ils en étoient privés, puisque les os sont la plus solide partie de leur être. On entend généralement par pur tout ce qui dans le mixte ne peut nuire, comme on entend par impur tout ce qui est inutile ou nuisible ; & quoiqu'il y ait beaucoup de parties dans les mixtes qui sont nuisibles à l'homme, cependant, eu égard au même mixte, les parties de ce composé ne peuvent être traitées d'impures, parce qu'elles sont de l'essence de ce mixte, ou qu'elles constituent son intégrité ; elles ne peuvent être nuisibles à l'homme que conditionnellement, puisque rien ne l'oblige de s'en servir. Telle est la différence du pur & de l'impur, ils sont considérés dans l'homme ou hors de l'homme ; l'impur qui se trouve dans l'homme trouble sa santé sans aucune interruption, ce qu'il fait aussi hors de l'homme, puisqu'il faut nécessairement qu'il entre en lui ; ces deux impurs different l'un de l'autre, en ce que l'interne agit immédiatement par sa présence, & que l'autre n'est considéré que comme absent, quoiqu'il doive devenir un jour présent, parce que, comme l'homme a nécessairement besoin de respirer & de se nourrir, il ne peut échapper l'action de l'impur qui se rencontre dans l'air & dans les alimens, de sorte que ce qu'on appelle vulgairement *pur* contient néanmoins encore en soi beaucoup d'impuretés. Il est évident que le pur & l'impur entrent dans toutes les choses ; il y a un sel, un soufre & un mercure dans chaque mixte ; or tout mixte qui est parfaitement composé est animal, végétal ou minéral ; de là on comprend que comme les uns servent d'aliment aux autres, ce qui paroît par le changement des minéraux en végétaux, des végétaux en animaux, & même des animaux en végétaux & en minéraux, il y a dans chaque mixte un sel, un soufre, un mercure qui est animal, végétal & minéral, qui leur vient de l'esprit universel. Car tout ce qui se nourrit est nourri par son semblable, & le dissemblable est chassé dehors comme un excrément; que si la faculté expulsive n'est pas assez puissante pour cet effet, il demeure beaucoup d'excrément dans les composés, ce qui cause beaucoup de maladies minérales dans l'homme que la médecine humaine ne connoît pas. Ce désordre arrive lorsque les alimens sont entrés dans le corps de l'homme & que la digestion a fait la séparation des différentes parties des mixtes qui servent à sa nourriture, alors chaque partie attire de cet aliment & de ces principes ce qui est analogue & propre à chacune d'elles. Mais pour ce qui regarde les autres principes qui different de la substance du corps, & qui ne sont pas essentiels à la vie, la nature les chasse dehors par la faculté expulsive : mais si celle-ci est affoiblie ou surchargée par quelque cause occasionnelle externe, ou par quelque désordre interne de l'archée; alors ces excrémens se coagulent ou se subtilisent selon l'idée qu'ils prennent par la fermentation continuelle & naturelle, qui est viciée par ce désordre qui est le germe ou le principe des maladies.

43. ARCHÉE.

Plusieurs chymistes ont abusé de ce mot, en appellant ainsi le principe qui détermine chaque végétation en son espece; ils ont voulu exprimer par-là un être qui ne fût ni l'esprit pensant, ni un corps grossier & matériel, mais quelque être moyen qui dirigeât toutes les fonctions du corps, guérît les maladies dans lesquelles il erre, & même entre quelquefois en délire; ce qui a engagé les philosophes anciens dans ces hypotheses, c'est qu'ils ont vu que le corps humain étoit construit avec un art si merveilleux, & suivant les loix d'une méchanique si admirable, qu'ils ont cru que ses fonctions si subtilement enchaînées entr'elles ne pouvoient jamais se faire sans quelqu'intelligence matérielle qui présidât à tout ; il est à croire qu'ils n'ont voulu dire autre chose sinon que l'archée étoit une puissance qui leur étoit inconnue. Il est plus constant de dire que nous connoissons plusieurs causes méchaniques des fonctions du corps, & que nous savons qu'elles dépendent toutes d'une infinité de causes physiques, dont le sang, par sa circulation, est un des moteurs tellement rassemblés en un tout, qu'elles forment la santé, la vie & la mort.

44. *GÉNÉRATION, CORRUPTION.*

L'altération qui précede la corruption n'est autre chose, proprement dit, qu'un mouvement par lequel un sujet est fait ou rendu différent de ce qu'il étoit auparavant, ou un mouvement par lequel le sujet est changé accidentellement dans ses qualités. C'est en cela que l'altération differe de la génération ; car la génération est un changement essentiel & substantiel. Ainsi l'altération n'est qu'une disposition ou une voie pour parvenir à la génération ou à la corruption ; d'où il arrive qu'il y a deux sortes d'altérations, l'une perfective & l'autre destructive : dans la premiere, toutes les qualités gardent une juste proportion & une égale harmonie, soit pour conserver aux sujets leur nature, soit pour leur en donner une plus parfaite. Dans la seconde, les qualités sont tellement déplacées qu'elles éloignent tout-à-fait le sujet de sa constitution naturelle, comme il arrive souvent aux corps fluides qui ont une grande quantité de phlegme. La génération est un changement de substance qui présuppose non seulement la production de qualités nouvelles, mais aussi celle de nouvelles formes substantielles. Cela posé, en quoi la génération & la corruption different-elles de la création, de l'anéantissement ou de la destruction? La différence est en ce que la génération & la corruption présupposent une matiere qui doit être le sujet de differentes formes; mais la création & la destruction ne requierent aucune matiere; car comme l'une est la production d'une chose tirée du néant, l'autre est aussi réciproquement l'anéantissement d'une chose créée. Ainsi la génération & la corruption sont des mouvemens naturels, & d'une cause seconde & finie; mais la création & la destruction ne peuvent venir que d'une cause infinie, parce qu'il y a une distance infinie entre l'être & le non-être, entre quelque chose & rien.

45. VAPEURS.

Elles sont de différentes natures: les unes sont simplement aqueuses & phlegmatiques; les autres sont spiritueuses & mercurielles; d'autres enfin sulfurées & huileuses: il y en a quelques autres qui sont mêlangées des trois précédentes. Il faut encore observer que les sels même, & les terres minérales & métalliques peuvent être subtilisées & réduites en vapeurs qui sont différentes des quatre précédentes, puisqu'il en résulte des esprits fixes & pesans & des fleurs. On peut, avec fondement, rapporter cette opinion des météores ignés, aqueux ou aërés, à la différence de ces exhalaisons & de ces vapeurs; car comme on sait que les vapeurs aqueuses se condensent facilement en eau dans les alembics, ce qui ne s'effectue point dans les vapeurs spirituelles & huileuses, qui demandent beaucoup plus de tems & de rafraîchissement: on peut aussi tirer de-là plusieurs conséquences pour la médecine, & particuliérement pour ce qui regarde les douleurs qu'on croit provenir des vapeurs & des exhalaisons, qu'on appelle ordinairement des *météorismes du ventricule &*

de la ra.e ; car les aqueuſes ne peuvent faire tant de diſtenſion, parce qu'elles ſont plus promptement condenſées que celles qui proviennent des eſprits, des huiles & des ſels mêlangés. Or comme trop de phlegme éteint la chaleur naturelle & ralentit l'action du corps, de même le trop peu de phlegme fait que le corps eſt brûlé & rongé lorſque le ſoufre, l'eſprit fixe ou le ſel y dominent : ce qui prouve évidemment que l'intégrité du mixte ne peut ſubſiſter que par l'harmonie & la juſte proportion de toutes ſes ſubſtances.

46. TERRE.

Elle eſt le dernier des principes, tant de ceux qui ſont volatils que de ceux qui ſont fixes : c'eſt une ſubſtance ſimple qui eſt dénuée de toutes les qualités manifeſtes, excepté de la ſéchereſſe & de l'aſtriction. Elle eſt manifeſte, parce que cette terre retient toujours en ſoi le caractere indélébile de la vertu qu'elle a poſſédée, qui eſt de corporifier & d'identifier l'eſprit univerſel. La premiere idée qu'elle lui donne eſt celle de ſel hermaphrodite, qui redonne par ſon action à cette terre ſes premiers principes, de façon que le mixte a repris l'exiſtence, parce qu'on peut encore tirer de ce même corps les mêmes principes en eſpece qu'on en avoit auparavant ſéparés par l'opération chymique. L'uſage de cette ſubſtance eſt très-néceſſaire dans le mixte, puiſque c'eſt elle qui augmente la force du compoſé ; car lorſqu'elle eſt jointe à pluſieurs ſubſtances ou autres matieres, elle acquiert des qualités analogues à elles. Il faut cependant remarquer que ce n'eſt pas la terre ſeule qui cauſe la peſanteur du compoſé, comme quelques philoſophes l'ont ſoutenu ; car on trouve plus de terre dans une livre de liege après ſa réſolution, quoique ce ſoit un corps qui paroiſſe léger, qu'on n'en

S 4

trouvera dans trois ou quatre livres de gayac ou de buis, qui sont des bois si pesans, que l'eau ne peut presque les soutenir, contre la nature des autres bois; d'où l'on doit nécessairement conclure que la plus grande pesanteur provient des sels & des esprits qui abondent dans ces bois, & dont le liege est privé.

47. RÉSOLUTION.

La résolution des choses démontre les principes qui les constituent; c'est sur cette même maxime que se fonde la Chymie, tant parce qu'elle est réelle, que parce qu'elle ne reçoit pour principes des choses sensibles que ce qui peut s'appercevoir par les sens. Ainsi, comme dans l'anatomie du corps humain, on a trouvé un nombre certain de parties similaires qui composent ce corps, de même la Chymie s'efforce pareillement de découvrir le nombre des substances premieres & similaires de tous les composés pour les présenter aux sens, afin qu'ils puissent mieux juger de leurs offices lorsqu'ils sont encore joints dans le mixte, après avoir vu leurs vertus & leurs effets en cette simplicité; c'est de-là que le nom de *philosophie sensible* a été donné à la Chymie. Elle se sert de l'instruction prise de la nature même pour parvenir à sa fin, qui n'est que d'assembler les choses homogenes, & de séparer les choses hétérogénées par le moyen de la chaleur, pour gouverner le feu selon que les agens & les patiens naturels l'exigent, afin de résoudre les mixtes en leurs diverses substances qu'il sépare & qu'il purifie: alors le feu ne cesse point son action, il la pousse & l'augmente plutôt jusqu'à ce qu'il ne trouve plus d'hétérogénité dans le composé. Après que la Chymie a travaillé sur le composé, elle trouve dans sa derniere résolution cinq substances qu'elle admet pour principes & pour élémens; telles sont le phlegme ou l'eau, l'esprit ou le mercure, le soufre ou l'huile, le sel & la terre. Trois de ces substances se présentent aux sens, à l'aide des operations, en forme de liqueur, qui sont le phlegme, l'esprit & l'huile; & les deux autres en forme solide, qui sont le sel & la terre. On appelle communément le *phlegme* & la *terre* des principes passifs, matériels & moins efficaces que les autres; on nomme l'*esprit*, le *soufre* & le *sel* des principes actifs & formels, à cause de leur vertu pénétrante & subtile.

48. SUCS.

Il y a deux sortes de mixtes inanimés, ceux qui se tirent du sein de la terre & ceux qui n'en sont pas tirés. Ceux qui sont de ce dernier ordre sont les sucs & les liqueurs qui se tirent des plantes par expression, aussi-bien que des animaux médiatement ou immédiatement, comme l'huile, le vinaigre, les gommes, les résines, *&c.* les cadavres & leurs diverses parties, & plusieurs autres choses qui servent de remedes pour la conservation & la santé des hommes. Les mixtes animés sont les végétaux ou les animaux; les végétaux ou les plantes sont parfaites ou imparfaites; les plantes parfaites sont celles qui ont des racines & une surface, & les imparfaites sont celles qui n'ont ni racine ni surface. Les plantes parfaites sont divisées en herbes & en arbres, & chacun de ces genres est encore subdivisé en une infinité d'especes différentes. Les parties des plantes parfaites sont principales ou moins principales; les principales sont celles qui servent d'ame végétative pour faire ses fonctions; elles sont similaires ou dissimilaires: les similaires sont liquides ou solides; les liquides sont les sucs; quand elles sont aqueuses, elles se coagulent en gommes, & si elles sont sulfurées, elles se coagulent en résines, & c'est la raison pour laquelle les gommes se dissoudent dans les liqueurs de la nature aqueuse, & que les résines ne peuvent être dissoutes que par les huiles ou les liqueurs qui leur sont analogues. Les parties solides sont la chair & les fibres de la plante. Les parties dissimilaires, c'est-à-dire celles qui contiennent en elles une diversité de substances sont ou perpétuelles ou annuelles; les perpétuelles sont le tronc, l'écorce, la moëlle & les rameaux; les annuelles sont celles qui suivent le cours des saisons, dans leur chûte & dans leur renouvellement. Ainsi de même que les plantes ont une grande diversité de parties, & qu'elles sont divisées en plusieurs especes; les animaux qui ont des parties similaires & dissimilaires sont divisés en une grande quantité d'especes, car ils sont raisonnables ou brutes, parfaites ou imparfaites; les parfaites sont celles qui n'ont point de césure, & qui engendrent du sang pour la nourriture de leurs parties: les imparfaites, qui sont les insectes, sont celles qui n'engendrent point de sang & qui sont divisées par césures. Toutes les bêtes, tant parfaites qu'imparfaites, sont ou gressiles, ou reptiles, ou natatiles ou volatiles. C'est ainsi que la Chymie a ses opérations, pour s'occuper des corps & les diviser en principes, en faisant la séparation des substances dont ils sont composés; elle en tire la quintessence, l'extrait & le spécifique en des degrés éminens, parce que ces corps sont exaltés & changés par la préparation chymique qui sépare l'impur de toutes les parties constituantes.

49. ESSENCE.

On tire des mixtes des essences par la diversité des opérations qui, perfectionnant les mêmes principes de ces mixtes, les conduisent à leur pureté. Ces essences ne sont pas un corps tout-à-fait dissemblable de celui du composé dont elles sont tirées; mais elles ont des qualités & des vertus beaucoup plus efficaces que celles dont leur corps étoit rempli pendant son intégrité ; elles en ont beaucoup plus que les principes du composé, après sa dissolution & après la séparation artificielle qui en est faite. Quoique ces essences infinies aient reçu différens noms des auteurs, elles sont néanmoins comprises sous le mot général de *pur* ; on les appelle ainsi, parce qu'après avoir tiré les essences des mixtes, on en rejette ordinairement le superflu comme impur. C'est ce qui fait dire à quelques auteurs, que les essences, les élixirs, les spécifiques & les extraits sont contenus dans le mystere de nature, qu'ils appellent le *pur* ou le *feu* : comme s'ils eussent dit que ces essences sont rapprochées & rendues semblables à leur premier principe qui est de la nature du feu, puisque la lumiere, qui n'est que feu, est le premier principe de tous les êtres.

50. *Digestion animale.*

C'est une fonction naturelle dont l'effet le plus sensible est le changement des alimens en chyle & en excrémens : changement opéré dans l'estomac & dans les intestins par le concours nécessaire des humeurs digestives. On regarde ici le changement des alimens en chyle & en gros excrémens, comme l'effet le plus sensible de la digestion, & non pas comme l'effet unique de cette fonction, depuis qu'il a été démontré que la digestion considérée simplement comme action organique & sans égard à la chylification, avoit une influence générale & essentielle sur toute l'économie animale, dont elle augmentoit périodiquement l'action. Les alimens solides humectés dans la bouche & dans l'œsophage, arrivent à l'estomac, accompagnés d'une certaine quantité de boisson ; ils sont retenus dans ce viscere qu'ils étendent, & la salive & l'humeur œsophagienne ne cessent d'aborder dans ce viscere, dont les différens organes excrétoires fournissent alors leurs humeurs ; ceci est prouvé par l'opinion assez reconnue, que l'estomac, comme muscle, a un mouvement propre par lequel il agit par compression sur ce qu'il contient ; des expériences réitérées ont aussi appris que les alimens étoient contenus dans l'estomac, dans l'état sain ou naturel, sous la forme d'une pâte liquide grisâtre, retenant l'odeur des alimens, mais tournant ordinairement à l'aigre ; on ne distingue que fort confusément dans cette masse, la matiere du chyle qui est cependant déja ébauchée. A mesure que la pâte est préparée, c'est-à dire, après que les alimens ont éprouvé la digestion stomacale, ils passent par le pylore dans le duodenum, qu'on regarde comme un second estomac, à cause de l'importance de ses fonctions. C'est dans cet intestin que la bile, le suc pancréatique, & l'humeur séparée par des glandes nombreuses qui se rencontrent dans cet intestin, sont versés sur la pâte alimentaire, & qu'ils la pénetrent intimement. C'est après ce mêlange qu'on découvre un vrai chyle parmi cette masse ; cette liqueur commence dès-lors à passer dans des veines lactées qui s'ouvrent dans cet intestin ; c'est alors que se séparant de la matiere, celle-ci prend le caractere des excrémens ; à mesure qu'elle est dépouillée du chyle, & qu'elle avance vers le cœcum, elle acquiert l'odeur de la putréfaction dans le trajet qui lui reste pour parvenir au rectum ; elle s'accumule dans ce dernier intestin, jusqu'à ce qu'elle y détermine enfin l'action des organes qui doivent l'expulser ; à l'égard de la putréfaction, elle se fait plus ou moins vite, suivant que les alimens se dégagent plus lentement ou plus promptement des sucs substantiels & acides qui les ont conservés jusqu'à ce moment. Pour ce qui est de la digestion des liquides, on est assuré qu'ils sont digérés comme les solides, à l'exception qu'ils ont d'autres branches & d'autres voies ; que les parties vraiment alimenteuſes des premiers, ne paſſent dans les veines lactées, qu'après avoir été réellement digérées, c'eſt-à-dire extraites, ſéparées d'un excrément & altérées.

51. CHYLE.

Les alimens ſe changent immédiatement par la digeſtion en un ſuc blanchâtre qu'on appelle *chyle*. Il n'eſt autre choſe qu'un mêlange de parties huileuſes & aqueuſes de la nourriture, incorporées avec des parties ſalines, qui, pendant qu'elles reſtent dans l'eſtomac, mêlées avec des parties plus groſſieres, y forment une maſſe épaiſſe, blanchâtre & en partie fluide, laquelle, auſſi-tôt qu'elle eſt réduite à une conſiſtance aſſez déliée pour pouvoir obéir à la preſſion & au mouvement périſtaltique de l'eſtomac, eſt pouſſée par degré par le pylore dans le duodenum, où elle commence à prendre le nom de chyle. Il eſt vraiſemblable que dans la digeſtion des nourritures il ſe fait une ſéparation ou ſolution des ſels urineux, de même que dans la pourriture des plantes ou des animaux ; que le chyle eſt fort impregné de ces ſels ; qu'il doit ſa blancheur à la fermentation qu'il acquiert par ce mêlange ; que le ſel du chyle eſt porté dans le ſang veineux, & qu'il entre avec lui dans le cœur ; qu'il en ſort en l'état de chyle comme il eſt entré par la pulſation continuelle des arteres ; qu'autant de fois qu'il entre dans les arteres émulgentes, il y laiſſe après lui ſa liqueur ſaline ou ſon urine, & qu'il perd par conſéquent de ſa couleur ; que lorſqu'il eſt aſſez purgé de ſes ſels, il devient lymphe : elle n'eſt autre choſe que le réſidu du chyle qui n'eſt pas encore aſſez converti en ſang, parce qu'il n'eſt point encore aſſez purgé de ſes particules ſalines. On appelle *chylidoques* les vaiſſeaux qui portent le chyle.

52. NUTRITION.

C'est la fonction du corps vivant, par laquelle les parties qui le composent étant continuellement susceptibles d'être enlevées les unes ou les autres, & étant séparées peu à peu du tout par l'action de la vie, sont renouvellées & séparées par cette même action, ensorte que la restitution qui s'en fait par une susception intérieure des parties des alimens qui sont analogues à celles qui forment les élémens de l'organisation, & ceux des humeurs qu'elle renferme, est entiérement proportionnée dans l'état de santé, à la déperdition qui s'est faite de ces élémens, soit pour la quantité, soit pour la qualité, & pour la promptitude avec laquelle s'exécute cette réparation. Le corps humain est composé de parties solides & de parties fluides; celles-ci sont les plus abondantes, comme on en peut juger par l'origine de la matiere de la nourriture qui vient des alimens réduits à l'état de fluidité, qui est la seule forme sous laquelle ils peuvent pénétrer dans le tissu des parties où se fait la nutrition; par la quantité du sang & de la masse des humeurs, par le rapport essentiel entre la capacité des vaisseaux & les fluides qui y sont contenus. On conçoit aisément que, puisqu'il se fait dans tous les corps inanimés, même les plus solides & les plus brutes, une dissipation continuelle de leurs parties par la seule action de la matiere ignée dont ils sont tous pénétrés; à plus forte raison, une pareille dissipation doit-elle avoir lieu, & d'une maniere bien plus considérable dans les corps qui, outre cette cause commune, sont doués d'un principe de mouvement qui tend aussi sans cesse à détruire l'assemblage des parties qui forment les corps organisés; mais ce sont sur-tout les fluides contenus dans les organes, ceux qui sont aqueux principalement, qui sont le plus promptement emportés par l'effet de la chaleur animale, & du mouvement des humeurs. La transpiration sensible qui se fait par les tégumens & par les poumons, est au moins de trois à quatre livres par jour; & les parties les plus grossieres de nos fluides, les plus disposées à la coagulation par l'effet du repos & du froid, sont continuellement portées à se dissoudre par le mouvement animal & la chaleur vitale portée à 96 degrés du thermometre, qui est la mesure ordinaire de celle de l'homme dans l'état de santé; effet du frottement des globules des humeurs, contre les parois des vaisseaux & de ces mêmes globules entr'eux, jusqu'à ce qu'ils parviennent à s'atténuer, à se diviser, à se volatiliser; on doit observer encore que l'urine fait aussi une grande partie de la dissipation du fluide animal, ainsi que les excrémens; l'une est composée des parties aqueuses de la boisson ou des parties excrémenticielles des alimens, ainsi que des humeurs; & l'autre contient de la bile & du suc intestinal excrémenticiel, à la quantité de plusieurs onces. On voit par là que les corps animés ne pourroient pas subsister long-tems, s'il n'y avoit quelque chose de propre à réparer les pertes qu'ils font continuellement, puisque dans toute leur étendue, il n'y a pas une seule partie qui ne perde quelque chose à chaque instant; sans cette réparation nécessaire, il en résulteroit une diminution considérable du poids du corps, conséquemment, la maigreur & le desséchement qui sont les suites des déperditions excessives. Cette déperdition est plus considérable dans l'enfance & dans la jeunesse, parce que toutes les parties solides sont plus molles, qu'elles sont plus en mouvement, & que cette dissipation doit diminuer avec l'âge, parce que toutes les parties solides ont acquis plus de consistance, & qu'elles tendent presque toutes à l'ossification.

53. SEMENCE.

Elle se nomme encore *sperme* dans les animaux & dans l'homme. Son humeur épaisse, blanche & visqueuse, dont la sécretion se fait dans les testicules, est destinée au grand œuvre de la génération. La semence qui a séjourné long-tems dans les testicules & dans les vésicules séminales, est plus épaisse que toutes les humeurs du corps ; il n'en est point dont la préparation se fasse avec tant de lenteur, dont le cours soit retardé par tant de détours ; elle prend naissance d'un sang urineux qui sort des reins, elle entre dans les trompes, & se rend à l'ovaire ; elle est élaborée dans le testicule, perfectionnée dans les épididymes & dans les vaisseaux déférens, & portée aux vésicules séminales pour passer dans l'uretre. Son abondance est produite par celle des alimens, & son épaisseur par leurs qualités. La plupart des physiciens admettent les animaux spermatiques : cette opinion est actuellement générale, & la preuve l'identifie ; en prenant un peu de semence délayée dans de l'eau tiede, en la mettant sur un petit morceau de tuile, & sous le plus petit microscope qui ait le plus proche foyer, alors on verra ces animaux vivans se mouvoir comme des anguilles ; mais on ne sait pas encore ce qui a fait naître ces animalcules, ni pourquoi les alimens en fournissent plutôt dans les parties génératives ou plutôt dans cette liqueur séminale que dans les autres humeurs du corps. MM. de Buffon & d'Aubenton ont réitéré leurs expériences & donnent la forme des animaux spermatiques dans leur histoire naturelle. Les hommes sains préparent toujours à la fleur de l'âge une semence, qui retenue, est épaisse & immobile comme du blanc d'œuf ; la liqueur des prostates est plus claire, & semblable à l'huile d'amandes douces. C'est à la semence que la la barbe & les poils du pubis doivent leur naiſſance. Il ſe fait une révolution générale dans l'homme; ſa voix change, de douce qu'elle étoit, en une voix forte & rauque; c'eſt-à-dire que la voix & le tempérament changent, lorſque la ſecrétion de cette humeur commence à s'opérer; l'enfant poſſede toutes les parties de la génération, ſoit intérieurement, ſoit extérieurement, mais il n'en peut faire uſage juſqu'au tems de ſon développement. Tous les alimens que les jeunes gens prennent ſe forment, la plus grande partie en ſemence, c'eſt ce qui fait qu'ils ſont maigres juſqu'à l'âge où le corps prenant plus de conſiſtance & de force, la liqueur eſt moins abondante, puiſqu'elle fait partie de la conſtitution du corps; d'où il arrive que les jeunes gens ſont plus ordinairement propres à ſe reproduire que dans un âge plus avancé. La ſemence trop long-tems retenue dans les vaiſſeaux dans l'âge intermédiaire, acquierant un trop grand degré d'épaiſſeur, produit du trouble & quelquefois de la triſteſſe dans l'économie animale, ſur-tout quand on en a trop abuſé, elle ſe corrompt & devient virulente; mais la trop grande & trop fréquente évacuation de la liqueur ſéminale produit par les contraires une partie des mêmes effets, comme le tremblement, la laſſitude des lombes, la froideur, la foibleſſe & l'impuiſſance. Des modernes, à l'exemple des Arabes, qui ont voulu expliquer pourquoi quelques gouttes de ſemence affoibliſſent plus que la perte plus conſidérable de ſang, ont calculé avec ſuccès combien peu il falloit perdre de ſemence pour en être affoibli; mais cet affoibliſſement ne pourroit-il pas venir de cette eſpece d'épilepſie qui accompagne le moment de la perte de la ſemence, plutôt que de ſa perte même, car le corps reprend conſtamment ſes forces avant que la ſemence ſoit réparée. La viſcoſité du ſang & tout l'appareil que la nature emploie à la formation de la semence, fait voir qu'elle ressemble moins aux esprits que le blanc d'oeuf ne ressamble à l'esprit de vin. Ceci paroît évident, si l'on compare la substance corticale du cerveau avec la structure des testicules, & l'extrême finesse des esprits avec l'épaisseur du sperme.

54. *Bile.*

Liqueur jaune & amere, séparée du sang dans le foie & portée par les pores biliaires dans le conduit hépatique & dans la vésicule du fiel, & ensuite déchargée par le conduit commun dans le duodenum. On distingue deux sortes de bile, l'hépatique & la cystique; la premiere, plus particuliérement appellée bile est séparée immédiatement dans le foie, d'où elle est rapportée dans le conduit hépatique; la seconde appellée fiel, est séparée pareillement dans le foie, d'où elle coule par le conduit cystique dans la vésicule du fiel. On a cru que la bile ne se séparoit pas du sang, mais du chyle; il n'y a pas de raison qui prouve ce sentiment, il peut se faire qu'une portion du chyle passe dans les veines mésaraïques, cependant la plus grande partie passe dans le réservoir & dans le canal thorachique; de plus, dans les animaux qui meurent de faim, il se sépare une grande quantité de bile; la bile est filtrée par les ramifications de la veine porte, ou par celle de l'artere hépatique. Les auteurs qui ont soutenu que c'étoit des arteres que la bile se séparoit, n'ont apporté aucune raison que celle de l'analogie de toutes les autres sécrétions qui se font par les arteres; mais il est constant que la bile vient de la veine-porte. Pour savoir pourquoi la filtration de la bile se fait par des veines & non par des arteres, il ne faut qu'examiner tout ce qui arrive au sang autour des intestins; le sang est en trop grande quantité dans le mésentere, dans les parois du ventricule, dans la rate, dans le pancréas; il perd sa partie la plus fluide qui s'échappe par les couloirs: reste donc la partie rouge, la lymphe grossiere & la matiere huileuse la moins tenue. Par des observations réitérées, on peut prouver que lorsque, dans ces circonstances ainsi détaillées, le sang est échauffé dans quelque couloir par son long séjour & par la lenteur du mouvement, il s'y forme une matiere gommeuse, savonneuse, pénétrante: il faut donc que cette matiere étant formée dans les parties qui envoient leurs veines à la veine-porte, elle se sépare des veines, ou qu'elle rentre dans le sang artériel: or il est nécessaire, pour dépurer le sang & pour la digestion, que cela n'arrive pas: donc il faut que les veines fassent la sécrétion de la bile. Quant à la quantité de la bile qui se sépare dans le foie, on ignore encore la vîtesse avec laquelle le sang du mésentere circule; comme on ignore les causes qui peuvent le retarder ou l'accélérer, l'on n'a pas encore pris des diametres assez exacts pour guider dans les opérations sans erreur de calcul. L'on a fait diverses expériences sur la bile. On sait que la bile mêlée avec des acides change elle-même de nature avec eux; la plupart des esprits acides minéraux & le mercure sublimé coagulent la bile, & la font diversement changer de couleur; elle se dissout par les sels acides. C'est un fait constant que les alkalis, & principalement les volatils, augmentent les qualités propres de la bile, son goût, sa couleur, sa fluidité, signe évident de l'affinité qui se trouve généralement entre la bile & les matieres alkalines. Mais que la bile soit mêlée d'eau, ou qu'elle soit pure, le mélange des sels, même simples, la fait passer à peu-près par les mêmes changemens, & à son tour elle ne communique pas moins ses vertus aux autres sucs qui se mêlent avec elle dans les intestins. Au contraire l'eau servant de dissolvant à la bile, la rend plus propre à atténuer les huiles, la térébenthine, & les autres corps gras, résineux, ennemis de l'eau, & à les diviser en une si grande ténuité, que tous ces corps qui ne pouvoient auparavant se mêler avec l'eau, s'y unissent ensuite parfaitement. L'huile & l'eau sont plus pesantes que la bile ; d'où il résulte que, sans quelque trituration, il n'est pas possible de les mêler ensemble ; mais le moindre broiement suffit pour opérer ce mélange, & les intestins n'en manquent pas, puisqu'ils ont un mouvement péristaltique très-propre à procurer ce broiement. On a tiré de la bile $\frac{1}{6}$ d'eau, $\frac{1}{24}$ d'huile & de sel volatil, $\frac{1}{192}$ de sel fixe. D'autres expériences ont donné $\frac{1}{12}$ d'eau ; aussi $\frac{4}{7}$ d'eau empreinte d'$\frac{1}{11}$ d'huile, $\frac{10}{337}$ d'huile empyreumatique, point ou très-peu de sel volatil, de sel fixe impur $\frac{1}{137}$ = à $\frac{1}{163}$, de terre $\frac{2}{109}$: des auteurs disent avoir tiré de la bile des esprits inflammables, des sels volatils & du soufre, aussi du sel fixe & de la terre, &, après la putréfaction, des sels volatils & des esprits.

55. *Urine.*

C'est un excrément liquide qui est séparé du sang dans les reins, & qui étant porté de-là dans la vessie est évacué par l'uretre. Malgré les différens systêmes des auteurs sur la sécrétion de l'urine, & quoique Boerhave, célebre Chymiste, ait pensé qu'une partie de l'urine est séparée du sang par des glandes, & qu'une autre partie en sort par le moyen des abouchemens des vaisseaux sanguins avec les tuyaux urinaires ; des observations exactes ont démontré les vaisseaux sanguins formant la substance tubuleuse, s'aboucher avec les tuyaux urinaires qui se rendent aux papilles, appareil merveilleux qui mérite bien l'attention des philosophes : on a apperçu aussi d'autres fibres qui paroissoient être des tuyaux urinaires, se rendant de même aux papilles, & qui partoient des prolongemens de la substance corticale. Ainsi il se fait dans le rein deux sortes de filtration ; l'urine la plus grossiere est séparée du sang par la substance tubuleuse ; aussi a-t-on vu distinctement de l'urine chargée de parties terreuses ; mais l'urine la plus claire & la plus subtile est filtrée par les glandes qui composent la substance corticale ; ce sentiment se rapporte à celui de Boerhave, mais il n'avoit rien démontré, cette découverte est dûe à M. Bertin. L'urine ne se sépare point par attraction, par fermentation, par émulsion, ni par précipitation ; mais le sang poussé dans les arteres émulgentes, dilate les ramifications qui se répandent dans la substance des reins ; & comme les canaux qui filtrent l'urine sont plus étroits que les extrémités des arteres sanguines, ils ne peuvent recevoir ni la partie rouge, ni la lymphe grossiere ; la partie aqueuse y entre donc, & la partie huileuse attenuée sortira par ces tuyaux, & par conséquent l'urine sera une liqueur jaunâtre ; la couleur de l'urine doit donc changer suivant les circonstances. Après qu'on a bu quelque liqueur aqueuse, l'urine est crue, insipide, sans odeur & facile à retenir. Celle que fournit le chyle bien préparé, est plus âcre, plus saline, moins abondante, un peu fétide & plus irritante ; celle qui vient du chyle déja converti en sérosité est plus rouge, plus piquante, plus salée, *&c.* Ainsi l'urine contient la partie aqueuse du sang, son sel le plus âcre, le plus fin, le plus volatil & le plus approchant de la nature alkaline ; son huile la plus âcre, la plus volatile & la plus approchante de la putréfaction, & sa terre la plus fine & la plus volatile. L'urine est un des ingrédiens des phosphores artificiels.

56. EXCRÉMENS.

Ils signifient en général toute matiere, soit solide, soit fluide, qui est évacuée du corps des animaux, parce qu'elle est surabondante, inutile ou nuisible. Le sang menstruel est une matiere excrémenticielle rejettée des vaisseaux de la matrice, où il étoit ramassé en trop grande quantité. Les matieres fécales sont poussées hors du corps où elles ne peuvent être d'aucune utilité pour l'économie animale, étant dépouillées de toutes les parties qui pourroient contribuer à la formation du chyle. L'urine, la matiere de la transpiration sont aussi séparées de la masse des humeurs, où elles ne pourroient porter la corruption. Presque toutes les humeurs excrémenticielles sont formées des récrémens qui ont dégénéré à force d'avoir servi aux différens usages du corps. Le mot *excrément* employé seul est plus particuliérement destiné à désigner la partie grossiere, le marc des alimens & des sucs digestifs, dont l'évacuation se fait par le fondement & par l'uretre. On a travaillé long-tems en Chymie sur les excrémens; on a prétendu en tirer un sel auquel on a attribué différentes vertus, il les faut prendre après qu'ils ont été séchés au soleil en été; on fait brûler cette matiere jusqu'à ce qu'elle devienne noire, on la réduit en cendres au feu le plus violent, & on en tire un sel fixe; on prend aussi des excrémens humains desséchés, on les arrose avec de l'urine épaissie par l'évaporation; on laisse putrifier ce mêlange, ensuite on le met en distillation; on mêle ensemble les différens produits qu'on a obtenus, & on réitere plusieurs fois le même procédé; il en résulte un sel fixe.

57. MENSTRUES ANIMALES.

Les menstrues des femmes qui arrivent chaque mois aux unes, & qui sont plus fréquentes dans les autres, sont un des plus curieux & des plus embarrassans phénomenes du corps humain ; elles ne les éprouvent ni lorsqu'elles sont enceintes, ni lorsqu'elles nourrissent. Plusieurs auteurs ont laissé à ce sujet une infinité de systêmes, qui se sont contredits par les expériences & par leurs résultats. L'opinion la plus forte & la plus probable est celle du docteur *Freind*, qui prétend que l'évacuation menstruelle est uniquement l'effet de la pléthore. Il dit qu'elle est produite par une surabondance de nourriture, qui peu-à-peu s'accumule dans les vaisseaux sanguins ; que cette pléthore a lieu dans les femmes & non dans les hommes, parce que les femmes ont des corps plus humides, des vaisseaux, & sur-tout leurs extrémités plus tendres, & une maniere de vivre en général moins active que les hommes ; que le concours de ces causes fait que les femmes ne transpirent pas suffisamment pour dissiper le superflu des parties nutritives, lesquelles s'accumulent au point de distendre les vaisseaux, & de s'ouvrir une issue par les arteres capillaires de la matrice. La pléthore arrive plus aux femmes qu'aux femelles des animaux qui ont les mêmes parties, à cause de la situation droite des premieres, & que le vagin & les autres conduits se trouvent perpendiculaires à l'horizon, ensorte que la pression du sang se fait directement contre leurs orifices : au lieu que dans les animaux, excepté cependant dans les femelles de certaines especes de singes qui ont leurs regles comme les femmes, ces conduits sont paralleles à l'horizon, & que les raisons méchaniques ne sont pas conséquemment les mêmes. L'évacuation se fait par la matrice plutôt que par d'autres endroits, parce que la structure des vaisseaux lui est plus favorable, les arteres de la matrice étant fort nombreuses, les veines faisant plusieurs tours & détours, & étant par conséquent plus propres à retarder l'impétuosité du sang. Ainsi, dans un cas de pléthore, les extrémités des vaisseaux s'ouvrent facilement, & l'évacuation dure jusqu'à ce que les vaisseaux soient déchargés du poids qui les accabloit. Si l'on demande d'après cela pourquoi les femmes ont plutôt des menstrues que les hommes, on peut répondre que dans les femmes l'os sacrum est plus large & plus avancé en-dehors & le coccyx plus en-dedans, la capacité du bassin est plus grande, & les vaisseaux sanguins, les lymphatiques, les nerfs, les membranes & les fibres sont beaucoup plus lâches; de-là il résulte que les humeurs s'accumulent plus aisément dans toutes les cavités; à cela on peut encore ajouter la considération du tissu mol & palpeux de la matrice, & le grand nombre de veines & d'arteres dont elle est fournie intérieurement. Ainsi une fille en santé étant parvenue à l'âge de puberté prépare plus de nourriture que son corps n'en a besoin; & comme elle ne croît plus, cette surabondance de nourriture remplit nécessairement les vaisseaux de la matrice & des mammelles, comme étant les moins comprimés, d'où il résultera que les vaisseaux trop remplis se distendront & verseront plus ou moins de sang, en s'évacuant, dans la cavité de la matrice, l'orifice de ce viscere se ramollira, se relâchera, & le sang en sortira avec plus ou moins d'abondance.

58. *PLÉTHORE.*

C'est une quantité trop grande de sang louable, qui ne consiste point dans l'augmentation de toutes sortes d'humeurs indifféremment, mais seulement dans celles des sucs louables. La pléthore ou la quantité augmentée des fluides retarde leur circulation, & les fluides languissant dans leur mouvement, tendent bientôt à produire des maladies, & enfin des inflammations qui causent la mort. C'est ainsi que le sang superflu qui produit la pléthore dans les femmes & dans les hommes, & qui occasionne dans celles-là le flux menstruel & dans ceux-ci le flux hémorrhoïdal n'est point mauvais en lui-même; mais par son séjour & la pression qu'il fait sur les vaisseaux, il occasionne une compression, un étranglement dans les diametres des vaisseaux collatéraux, & de-là viennent les obstructions & les maladies aiguës & chroniques, si l'évacuation ne se fait pas naturellement ou en employant l'art. En général la pléthore est une plénitude plus ou moins excessive que produit la trop grande quantité du sang; elle affecte les vaisseaux, elle influe sur les forces lorsque ces vaisseaux sont si remplis de liqueurs louables, qu'ils sont menacés de rupture; comme aussi lorsque ces vaisseaux, sans contenir une trop grande quantité d'humeurs louables, en renferment cependant plus que la force vitale n'est en état d'en faire circuler.

59. TRANSPIRATION.

Action par laquelle les humeurs superflues du corps sont poussées dehors par les pores de la peau. Il y a dans la peau une infinité de ces pores de la transpiration, dont les plus considérables sont les orifices des conduits qui viennent des glandes miliaires. Les vaisseaux par lesquels se fait la transpiration s'ouvrent obliquement sous les écailles de l'épiderme, ils sont d'une petitesse inconcevable. De chaque point du corps, & par toute l'étendue de la cuticule, il transude continuellement une humeur subtile qui sort de ces vaisseaux. Des expériences réitérées ont appris que la quantité de matiere poussée au-dehors par cette voie étoit plus considérable que celle qui se rendoit par toutes les autres; on a trouvé que la matiere de l'insensible transpiration étoit les $\frac{5}{8}$ de celle que l'on prenoit pour aliment, de sorte qu'il n'en restoit que les ⅞ pour la nutrition. On a aussi démontré que l'on perd en un jour par l'insensible transpiration autant qu'en quatorze jours par les selles, & que, pendant la durée de la nuit, si l'on perd seize onces par les urines & quatre par les selles, on en perd plus de quarante par l'insensible transpiration. La transpiration est nécessaire dans l'économie animale pour purifier la masse du sang, & le débarrasser de quantité de particules hétérogenes qui pourroient le corrompre ; d'où il arrive que quand la transpiration ordinaire est arrêtée, il survient des maladies. Le froid empêche la transpiration en resserrant les pores de la peau, & épaississant les liqueurs qui circulent dans les glandes cutanées. La chaleur augmente la transpiration en ouvrant les conduits excrétoires des glandes, & en augmentant la fluidité & la vélocité des humeurs ; mais dans les contraires, la transpiration est nuisible lorsqu'elle n'est pas proportionnelle, c'est-à-dire lorsqu'elle est trop abondante ; elle cause une chaleur interne qui mine & desseche le corps ; c'est ce qui a fait dire à l'illustre auteur de l'*Esprit des Loix*, que dans les pays chauds la partie aqueuse du sang se dissipant beaucoup par la transpiration, il faut y substituer un liquide pareil, & l'eau semble être d'un usage nécessaire ; les liqueurs fortes y coaguleroient les globules du sang qui restent après la dissipation de la partie aqueuse ; dans les pays froids, la partie aqueuse du sang s'exhale peu par la transpiration, elle reste en grande abondance ; on y doit donc user de liqueurs spiritueuses sans que le sang se congule : le corps y est rempli d'humeurs, & les liqueurs fortes doivent y imprimer un mouvement au sang qui lui est convenable. La transpiration se fait, s'entretient, s'accroît par les visceres, les vaisseaux, les fibres ; outre ces causes & ces effets, son usage est de conserver la souplesse & la flexibilité des parties, en leur rendant ce qu'elles ont perdu; mais principalement en conservant l'humidité des mammelons nerveux, en les entretenant frais, vigoureux, propres à être affectés par les objets, & à transmettre aux sens leurs impressions.

60. HUMEURS.

La plus grande partie des fluides qui sont contenus dans le corps animal est ce qu'on appelle communément *humeurs*. Ainsi tous les fluides, de quelque espece qu'ils soient, ont des qualités propres au corps animal, c'est-à dire qu'étant le produit des alimens & de la boisson, ils ont éprouvé tant de changemens, qu'ils forment un composé d'une nature qui non-seulement n'existe nulle part hors le corps humain, mais encore est particuliere à chaque individu; d'où il suit que chaque homme a sa constitution particuliere, soit que ces fluides, sous forme de colonne continue, coulent dans les vaisseaux, & se distribuent sans interruption en rameaux proportionnés à leur capacité, soit qu'ils soient contenus dans des cellules qui ont communication entre elles, ou qu'ils coulent dans des réservoirs particuliers pour être retenus & renfermés pendant quelque tems dans leur cavité jusqu'à ce qu'ils prennent un autre cours, ou pour circuler de nouveau, ou pour être portés hors du corps, enfin ces différens fluides forment toujours la masse des humeurs. Elles ne sont sensibles que par leur masse, dont les parties intégrantes ne tombent pas naturellement sous les sens; elles sont composées d'un véhicule aqueux plus ou moins abondant, & de molécules de différent volume, qui ont très-peu de force, de cohésion entr'elles, & dont la seule action de la vie, dans les parties contenantes, suffit pour les tenir séparées, ou du moins leur laisser si peu de consistance qu'elles acquierent une véritable fluidité. Ainsi les humeurs ne sont donc pas d'une nature homogene dans leur composition, soit que l'on cherche à la connoître par le raisonnement méchanique, soit qu'on tâche de la découvrir en les observant par le moyen du microscope, on trouve qu'elles sont formées de deux sortes de parties en général, dont les unes sont fluides de leur nature, c'est-à-dire par les causes communes de leur liquidité; les autres sont visqueuses & disposées à perdre la fluidité qu'elles ne tiennent que du mouvement, de l'agitation dans laquelle les met l'action des solides qui les contiennent. Comme il résulte qu'il y a un grand nombre d'especes de fluides ou d'humeurs dans le corps humain, à proportion des différentes combinaisons de leurs différentes parties, on les a distingués en plusieurs classes pour établir plus d'ordre dans la théorie, puisque l'art chymique & médicinale a pour objet de considérer leur origine, leur élaboration, leurs qualités & les usages auxquels la nature les a destinés. Telles sont les humeurs nourricieres, récrémenticielles & excrémenticielles. Les nourricieres sont celles qui sont susceptibles d'être changées en propre substance de l'individu; telle est la lymphe lorsqu'elle a acquis son dernier degré d'élaboration essentielle; les humeurs récrémenticielles sont séparées du sang pour servir à quelque fonction utile à la conservation de l'individu, & sont ensuite reportées dans la masse des humeurs, d'où elles peuvent encore être tirées utilement jusqu'à ce qu'elles dégénerent de leurs bonnes qualités par les effets de la chaleur animale: telles sont celles qui forment les sucs digestifs. Les humeurs excrémenticielles sont celles qui étant fournies à la masse du sang, ne sont pas susceptibles d'acquérir des qualités qui les rendent utiles à l'économie animale, ou qui ayant eu ces bonnes qualités, les ont ensuite perdues par leur disposition naturelle ou acquise, à dégénérer, à devenir nuisibles, si elles étoient plus long-tems retenues dans le corps animal ; ensorte qu'il est nécessaire à la conservation qu'elles en soient totalement séparées par une excrétion convenable : telles sont l'urine, la matiere de la transpiration.

61. ESPRITS.

Ce mot est employé, en Chymie, pour exprimer un corps subtil, délié, invisible, impalpable, une vapeur, un souffle. Les êtres existans qui méritent éminemment la qualité d'esprits, sont les exhalaisons qui s'élevent des corps fermentans & pourrissans, de certaines cavités souterraines, du charbon embrâsé & de plusieurs autres matieres ; dans tous les cas l'on ne donne le nom d'*esprits* qu'à certains corps expansibles ou volatils, dont l'état ordinaire, sous la température de nos climats, est celui de liquidité, & dont les différentes especes qui sont classées par ce petit nombre de qualités connues, sont d'ailleurs essentiellement différentes. C'est ainsi qu'on désigne, en Chymie, sous le nom d'*esprit*, le mercure que l'on considere parmi les principes ou produits généraux de l'analyse des corps ; la plupart des liqueurs acides retirées des minéraux, des végétaux, des animaux, par la distillation ; le vitriol, le nitre, l'huile, la térébenthine, les eaux distillées, l'esprit ardent & l'esprit volatil, *&c.*

62. RÉCRÉMENT.

C'est le nom qu'on a donné à des sucs qui se séparent de la masse du sang par des couloirs qui les distribuent à différentes parties du corps pour des usages particuliers. Il y a des récrémens qui sont destinés pour la génération & la nourriture des enfans dans le sein de la mere, & pour les alimens pendant un tems après leur naissance ; tels sont, dans les mâles, la liqueur prolifique, & dans les femelles, le suc des ovaires qui fournit la premiere nourriture au genre animal, lorsque l'œuf est fécondé par la semence, le suc nourricier qui est filtré par la matrice pour nourrir le fœtus dans le sein de la mere; enfin le lait qui est séparé dans les mammelles pour l'alimenter après sa naissance. Il y a d'autres récrémens qui sont des sucs bilieux, lesquels fournissent la salive, le dissolvant de l'estomac, le suc pancréatique & la bile.

63. SÉCRÉTION.

C'est l'action par laquelle un fluide est séparé d'un autre fluide; & plus particuliérement, ce mot se dit de la séparation des différentes liqueurs répandues dans le corps animal, de la masse commune de ces liqueurs, c'est-à-dire du sang; cette fonction s'opere par les glandes ou par des réseaux de capillaires artériels, c'est pour cette raison qu'on appelle ces organes *organes sécrétoires*. La sécrétion est commune aux végétaux & aux animaux; mais c'est dans ceux-ci principalement que cette fonction offre le plus de phénomenes, en proportion d'une plus grande variété dans les merveilles & dans les résultats de l'organisation. La nécessité des sécrétions se déduit de l'exercice même de la vie : cette succession continuelle de pertes & de réparations de substance qu'éprouvent tous les êtres vivans en est la preuve la plus sensible. Le chyle étant un fluide hétérogene relativement aux besoins de la nature, il est étonnant combien d'opérations, plus ou moins combinées, elle doit encore employer à la disposition des différens sucs utiles ou nuisibles à l'animal, après l'adoption de la lymphe nutritive, de cet extrait précieux qui est l'ouvrage de la digestion: telle est la distribution des humeurs aux sécrétoires; leur élaboration, dans les organes, la séparation des particules utiles & nuisibles; c'est la somme de ces opérations, & de beaucoup d'autres plus ou moins distinctes entr'elles, qui constitue la méchanique essentielle des sécrétions. La sécrétion peut aussi être regardée plus particuliérement comme une action qui spécifie les différentes humeurs du corps, en les portant du sang aux différens sécrétoires, & modifiant leur préparation à travers ces organes. Toutes les humeurs, qu'on nomme *récrémenticielles*, sont sujettes aux sécrétions, telles que la bile, la salive, la liqueur prolifique du mâle, l'humeur des ovaires des femmes, l'humeur pancréatique, &c. Les glandes sont les organes principaux sécrétoires; ainsi c'est dans leur cavité & dans les conglomerées principalement qu'il semble que doit être le siege des sécrétions. Cette fonction doit être l'ouvrage des nerfs ou de la sensibilité; la tension que des irritations proportionnelles au ton du nerf qui l'éprouvera sera la sécrétion; les glandes, il est vrai, agissent pour faire leur excrétion, mais il est des tems où elles n'agissent point, leur action est comme périodique; quelques organes attendent encore pour devenir sécrétoires, c'est-à-dire pour travailler à la sécrétion, des tems marqués par la nature. Les sécrétions & les excrétions peuvent être plus ou moins augmentées ou diminuées par l'effet de quelques passions; les expériences en ont été réitérées, & l'on a vu que les sécrétions ont été suspendues chez les mélancoliques par le sommeil, par l'action de l'opium. On en suspend aussi quelques-unes en agissant sur les nerfs des parties éloignées de celles dont on veut diminuer l'action; il est des maladies terribles produites par ce dérangement; il arrive des bizarreries même dans les sécrétions, comme le passage de l'urine dans les glandes de l'estomac & de la bouche; il est vraisemblable que ces états contre nature sont causés par le goût perverti des organes, par une indisposition singuliere de leurs nerfs.

L'effet des médicamens est encore du ressort de la sécrétion & de l'excrétion, il est toujours subordonné au sentiment & à la mobilité des organes, dont ces médicamens augmentent ou diminuent le ton & le jeu.

64. MÉTAUX.

Signes chymiques des métaux.

Or,	☉
Argent,	☽
Cuivre,	♀
Fer,	♂
Etain,	♃
Plomb,	♄
Mercure,	☿

Comme l'on n'a donné à l'article III de ce traité qu'un exposé court & peu circonstancié des métaux en général, on croit maintenant devoir en donner un détail plus étendu, & rendre compte des objets chymiques qu'on obtient par le travail qu'on opere sur eux; nous les avons distingués plus haut en parfaits ou imparfaits; ici nous les suivrons par nombre & par ordre. On appelle *métaux* l'or, l'argent, le cuivre, le fer, l'étain & le plomb. Considérons-les par analogie & par leurs résultats. On fait, en Chymie, différentes préparations de l'argent, principalement une teinture; pour avoir la teinture d'argent, il faut dissoudre des plaques d'argent minces dans l'esprit de nitre, & jetter cette dissolution dans un autre vase plein d'eau de sel; par ce moyen l'argent se précipite aussi-tôt en une poudre blanche qu'on lave plusieurs fois dans de l'eau de fontaine: on met cette poudre dans un matras, & on jette par-dessus de l'esprit-de-vin rectifié & du sel volatil d'urine; on laisse digérer le tout sur un feu

feu modéré pendant quinze jours ; durant ce tems, l'esprit-de-vin contracte une belle couleur bleue céleste. Cette couleur lui vient du cuivre, car il y en a environ deux gros, pour l'alliage, sur chaque marc d'argent. On peut convertir l'argent en crystal par le moyen de l'esprit-de-nitre, & c'est ce qu'on appelle improprement *vitriol d'argent*. La pierre infernale d'argent n'est autre chose que le crystal d'argent fondu dans un creuset à une chaleur modérée, & ensuite jettée dans des moules de fer. L'argent est après l'or, le métal le plus fixe ; on a laissé pendant un mois de l'argent bien pur en fonte dans un feu de verrerie, on a trouvé après ce tems qu'il n'avoit diminué que de $\frac{1}{64}$. On en a exposé dans un fourneau de verrerie, & l'ayant laissé deux mois dans cet état, on l'a trouvé diminué de $\frac{1}{12}$, & couvert d'un verre couleur de citron. Il est à croire que cette diminution provient de la matiere qui se sépare & se vitrifie à la surface de l'argent, & on peut assurer que ce verre n'est point un argent dont les principes aient été détruits par le feu ; c'est plutôt un composé de cuivre, de plomb, & d'autres matieres étrangeres qui se trouvent presque toujours dans l'argent. L'argent est moins ductile que l'or, il l'est plus qu'aucun des autres métaux ; le pouce cube d'argent pese six onces cinq gros vingt-six grains. La pesanteur de l'or surpasse non-seulement celle des autres métaux, mais encore celle de tous les autres corps de la nature : elle est à celle de l'eau environ dans la proportion de 19 à 1. L'or est fixe & inaltérable dans le feu, à l'air & dans l'eau ; il est le plus ductile & le plus malléable de tous les métaux ; quand il est pur, il est mou, flexible & point sonore : les parties qui le composent ont beaucoup de tenacité ; lorsqu'on vient à rompre l'or, on voit que ses parties sont d'une figure prismatique & semblables à des fils. Il entre en fusion plus aisément que le cuivre, mais ce n'est qu'après avoir rougi : lorsqu'il est en fusion, sa surface paroît d'une couleur verte ; dans cette opération, quelque long & quelque violent que soit le feu que l'on emploie, il ne perd rien de son poids. De toutes ces propriétés de l'or, les chymistes concluent qu'il est le plus parfait de tous les métaux ; il est composé, selon Becher, de trois terres ou principes qu'il regarde comme la base des métaux, savoir le principe mercuriel, le principe inflammable & la terre vitrescible, combinés si intimément & dans une si juste proportion, qu'il est impossible de les séparer les uns des autres. On a déja dit que le feu n'altéroit point l'or : on a cependant exposé de l'or à un miroir ardent, il s'est vitrifié, il a perdu une partie de son poids, mais il a repris sa forme primitive, dès qu'on eut remis cette chaux en fusion avec une matiere grasse. L'or a beaucoup de disposition à s'unir avec le mercure ; c'est sur cette propriété qu'est fondé le travail par lequel on sépare ce métal des terres, des pierres, du sable, avec lesquels il se trouve mêlé ; c'est aussi sur ce principe qu'est fondé l'art de la dorure, & d'appliquer l'or sur les autres métaux. Le vrai dissolvant de l'or est l'eau régale, c'est-à-dire l'acide nitreux combiné avec l'acide du sel marin ou avec le sel ammoniac ; on croit communément qu'aucun de ces acides n'agit séparément sur l'or ; cependant l'eau-forte ne laisse pas d'agir sur l'or, & d'en dissoudre une partie : l'or dissous dans l'eau régale lui donne une couleur jaune. Si on précipite l'or qui a été dissous dans de l'eau régale faite avec le sel ammoniac, par le moyen d'un alkali fixe, le précipité que l'on obtient s'appelle *or fulminant*, parce que si on l'expose à la chaleur, cet or précipité fait une explosion très-violente, & plus forte même que celle de la poudre à canon. L'or peut se dissoudre encore, & M. Marggrave l'a prouvé même dans les acides tirés des végétaux, mais il faut pour cela que son aggrégation ait été rompue. La combinaison de l'alkali fixe & du soufre que l'on nomme *foie de soufre*, dissout l'or au point de le rendre miscible avec l'eau commune. Si l'or s'unit avec les métaux, tels que l'argent & le cuivre, on l'en sépare, & sur-tout de l'argent par le moyen de l'acide nitreux qui agit sur l'argent, & le dissout sans toucher à l'or ; mais il faut pour cela qu'il y ait dans la masse totale trois parties d'argent contre une partie d'or. L'or n'est point rectifié par le plomb qui vitrifie les autres métaux. De toutes les qualités médecinales qu'on a attribuées à l'or sur lequel la Chymie opere, le seul qui soit aujourd'hui en usage est une liqueur huileuse chargée d'or par une espece de précipitation ; elle est très-ordinaire & fort commune en Chymie. Le pied cube d'or pese 21,220 onces poids de Paris ; de toutes les substances minérales, celle qui en approche le plus pour le poids est la platine, qui est une substance métallique blanche comme de l'argent, très-fixe au feu, qui ne souffre aucune altération ni à l'air, ni à l'eau ; elle est peu ductile & absolument infusible au degré de feu le plus violent, mais elle s'allie par la fusion avec les métaux ; elle se trouve dans l'Amérique Espagnole ; il n'y a pas fort long-tems qu'elle est connue dans nos climats, elle se trouve, ainsi que les minéraux dont elle fait partie, dans le sein de la terre. Le cuivre a la propriété de s'unir très-facilement par la fusion avec plusieurs substances métalliques ; il s'unit facilement avec le fer, & plusieurs chymistes prétendent même qu'il n'y a point de fer qui n'en contienne une portion ; si on le fond avec l'antimoine, il fait le régule d'antimoine cuivreux ; avec le zinc, il fait le tombac ; avec la cadmie des fourneaux, il fait ce qu'on appelle le *cuivre jaune* ou *laiton* ; si on le mêle avec de l'orpiment & de l'étain, on aura une composition propre à faire des miroirs métalliques : allié avec l'étain, il compose le bronze ; on mêle une portion de cuivre avec l'or & l'argent, pour leur donner de la dureté & de la consistance, & pour les rendre propres à être mieux travaillés ; lorsque le cuivre a été rougi au feu, si on lui joint du soufre, il entre en fusion plus promptement. Le cuivre exposé long tems au feu de réverbere se change en une chaux métallique, appellée *écaille de cuivre ;* elle est propre à colorer en verd, les émaux, les verres, & à peindre la porcelaine & la fayence ; on peut réduire cette chaux en cuivre, en y joignant du charbon & du verre de plomb. Tous les dissolvans agissent en général sur le cuivre ; l'acide vitriolique ne le dissout pas lorsqu'il est entier ; il faut, pour que cette dissolution se fasse promptement, que le cuivre soit réduit en limaille ou en chaux ; l'union de l'acide vitriolique & du cuivre fait le vitriol de vénus. L'acide nitreux dissout le cuivre avec une rapidité étonnante quand il est concentré ; il s'éleve beaucoup de vapeurs rougeâtres, la dissolution est d'un bleu qui tire sur le verd. L'esprit de sel marin dissout le cuivre, dans cette dissolution l'effervescence est considérable, mais la dissolution est lente. Le cuivre se dissout aussi dans l'acide de vinaigre, mais il faut pour cela que ce métal soit dans un état de division. Le cuivre qui a été mis en dissolution dans un acide quelconque, peut être précipité sous sa forme naturelle par le moyen du fer ; il n'est donc question que de tremper du fer dans la dissolution, & pour lors le cuivre se met à la place du fer qui se dissout, & le fer paroît enduit de particules cuivreuses. Le cuivre s'almagame avec le mercure, mais il faut qu'il soit en limaille, & qu'on le fasse rougir au feu. Cet amalgame se fait aussi par la voie humide ; le cuivre dissous dans un acide est précipité par le mercure qui le trouvant dans un état de division s'unit à lui. Le cuivre est un poison dangereux, car les ouvriers qui le travaillent sont sujets à l'asthme & à la phthisie; cela vient des particules cuivreuses répandues dans leurs atteliers qu'ils respirent continuellement. Il y a des mines de cuivre dans toutes les parties du monde connu; la Suede & l'Allemagne sont les contrées qui en fournissent le plus; il s'en trouve en France que l'on travaille avec succès: mais, dans tous les cas, la nature ne nous présente que rarement & en petite quantité le cuivre sous sa véritable forme; il faut pour cela qu'il soit tiré de la mine, & qu'on le dégage des matieres étrangeres qui le couvrent pendant le tems de sa retraite dans le sein de la terre; il se trouve quelquefois tout formé, encore faut-il toujours qu'il passe par les travaux de la Métallurgie pour être apperçu dans toute sa pureté. L'acier n'est autre chose qu'un fer très-pur, & dans lequel, par différens moyens, on a fait entrer le plus de phlogistique qu'il est possible. Ainsi, pour convertir le fer en acier, il n'est question que d'augmenter le phlogistique qu'il contient déja, en lui joignant dans des vaisseaux fermés, des substances qui contiennent beaucoup de matieres grasses, telles que de la corne, des poils, & d'autres substances animales ou végétales fort chargées du principe inflammable. On sait que le fer est si abondamment répandu dans le regne minéral, qu'il y a très-peu de terres & de pierres qui n'en contiennent une portion. M. Beccher fit, à ce sujet, une expérience fort remarquable. Ce chymiste prit de l'argille ou terre à potier ordinaire; après l'avoir séchée & pulvérisée, il la mêla avec de l'huile de lin, & en forma des boules qu'il mit dans une cornue; & ayant donné un degré de feu qui alloit en augmentant pendant quelques heures, l'huile passa à la distillation, & les boules resterent au fond de la cornue, elles étoient devenues noires;

après les avoir pulvérisées, tamisées & lavées, elles déposerent un sédiment noir, dont, après l'avoir séchée, il tira du fer en poudre au moyen d'un aimant. On fit, d'après celle-ci, beaucoup d'autres expériences qui prouverent que non-seulement l'argille, mais encore toutes les substances végétales, donnoient, après avoir été réduites en cendres, une certaine quantité d'une matiere attirable par l'aimant. Puisque le fer est si généralement répandu dans le régne minéral, il n'est pas étonnant qu'il soit porté dans les végétaux, pour servir à leur accroissement & entrer dans leur composition. Plusieurs chymistes croient que c'est le fer qui varie, suivant qu'il est plus ou moins combiné & modifié, les couleurs des plantes & des fleurs. Cela posé, il n'est pas plus étonnant que l'on trouve du fer dans les cendres des substances animales, puisqu'ils se nourrissent des végétaux qui en contiennent ; d'ailleurs l'expérience justifie cette opinion ; on a trouvé plus ou moins de fer dans le sang des animaux, mais le sang de l'homme est celui où il s'en trouve en plus grande abondance ; ces parties ferrugineuses ne se trouvent point dans la partie séreuse du sang, mais dans les globules rouges qui donnent de la couleur & de la consistance au sang ; on a supputé par proportion la quantité de sang & de fer, & on a trouvé qu'en supposant qu'il y ait dans le corps d'un adulte 25 livres de sang, dont la moitié est rouge dans la plupart des animaux, on doit y trouver 70 scrupules de particules de fer, attirables par l'aimant ; ce qui donne 1680 grains, ou 2 onces 528 grains. Le fer est composé d'une portion considérable de phlogistique, du principe mercuriel ou métallique, & d'une grande quantité de terre grossiere ; il entre, selon quelques chymistes, un sel vitriolique dans sa composition. Quant aux différens effets du fer, allié avec les autres substances métalliques, on en peut voir les expériences;

dans l'or & le fer fondus en parties égales, ils donnent un alliage d'une couleur grise, un peu aigre & attirable par l'aimant ; dans des parties égales de fer & d'argent qui donnent une composition assez semblable à celle de la platine, dont on a déja parlé, pour la couleur blanchâtre pareille à celle de l'argent ; le cuivre s'unit avec le fer par la fusion, & acquiert par-là de la dureté ; cette composition est grise, aigre & peu ductile, elle est attirée par l'aimant ; le fer peut être amalgamé avec le mercure, si, pendant qu'on triture ensemble ces deux substances, on verse dessus une dissolution de vitriol, mais l'union qui se fait n'est point durable, & le mercure, au bout de quelque tems, se sépare du fer qui est réduit en rouille ; le fer seul exposé à la flamme se réduit en chaux, phénomene qui n'arrive point dans les vaisseaux fermés quelle que fût la violence du feu : pour lors ce métal ne fait que se purifier & se perfectionner ; l'acide du sel marin dissout le fer, aussi-bien que l'acide végétal ; l'eau régale, faite avec du sel ammoniac ou avec du sel marin, agit également sur le fer ; l'acide vitriolique dissout le fer, & forme avec lui un sel que l'on nomme *vitriol* ; le fer exposé au miroir ardent se vitrifie & se change en un verre qui ressemble à de la poix résine. Quant à la propriété que le fer a quelquefois de se casser quand il est rougi, elle peut être attribuée à l'acide du soufre qui n'en pas été suffisamment dégagé dans les opérations métallurgiques ; l'arsenic a la propriété de s'unir si étroitement avec le fer dans la fusion, que le fer vient aussi à casser lorsqu'il est chaud, s'il n'en a pas été séparé. La pesanteur spécifique du fer est à celle de l'eau, à-peu-près comme $7\frac{1}{2}$ est à 1 ; mais cela doit nécessairement varier à proportion du plus ou moins de pureté de ce métal ; il se trouve répandu en mines abondantes dans toutes les parties de notre globe ; il y en a en Europe,

& particuliérement en France, en Allemagne, en Angleterre & en Norwege, une assez grande quantité. Les propriétés de l'étain & les différens phénomenes qu'il presente sont de s'unir facilement avec les métaux, mais il leur ôte leur ductilité & les rend cassans comme du verre. Wallerius prétend qu'un grain d'étain suffit pour ôter la malléabilité à un marc d'or ; la vapeur même de l'étain, quand il est exposé à l'action du feu, peut produire le même effet : il le produit cependant moins sur le plomb que sur les autres métaux ; l'étain entre en fusion au feu très-promptement ; quand il est fondu, il se forme à sa surface une pellicule qui n'est autre chose qu'une chaux métallique ; cette chaux d'étain s'appelle *potée*, elle sert à différens usages, principalement à polir le verre. Si on expose l'étain au foyer d'un miroir ardent, il répand une fumée fort épaisse & se réunit en une chaux blanche : en continuant il entre en fusion, & forme de petits crystaux semblables à des fils. L'étain entre dans la composition de la soudure & dans celle du bronze, pour lors on l'allie avec le cuivre. Wallerius rapporte un phénomene assez singulier de l'étain ; si on met, dit-il, du fer dans de l'étain fondu, ces deux métaux s'allient ensemble ; mais si on met de l'étain dans du fer fondu, le fer & l'étain se convertissent en petits globules qui crevent & font explosion comme des grenades. Quoique Wallerius n'explique point la cause de ce phénomene, il n'est cependant pas impossible à concevoir, & voici ce qui est vraisemblable & présumable. L'étain a la propriété de s'échauffer considérablement & de se mettre promptement en fusion, conséquemment de contenir une chaleur interne & violente, qui fond aussi-tôt le fer qu'on ajoute froid à sa masse ; il résulte donc de cette fonte une union, tout étant égal d'ailleurs. A l'égard du fer fondu, sa chaleur n'est pas assez excessive, pour précipiter & réduire aussi-tôt l'étain qu'on a ajouté à sa masse, & pour s'amalgamer au même moment avec lui; ce qui donne le tems à l'air de s'opposer à l'union par sa contraction, & de donner aux deux métaux cette forme sphérique divisée en plusieurs particules inégales; cette forme sphérique est naturelle à l'air lorsqu'il agit sur les fluides. A l'égard de l'explosion, on doit en connoître la cause, pour peu qu'on sache que l'air, par sa nature, tend toujours à s'échapper, & qu'il comprime dans tous les cas toutes les forces qui s'opposent à son exclusion. L'étain s'attache extérieurement au fer & au cuivre, c'est sur cette propriété qu'est fondée l'opération d'étamer. L'étain se dissout dans tous les acides, mais avec quelques différences; il se dissout dans l'acide vitriolique; l'esprit-de-nitre dissout l'étain, mais il faut qu'il ne soit point concentré; dissous dans l'eau régale, il forme une masse visqueuse, comme de la glu blanchâtre; le vinaigre distillé agit aussi sur l'étain, mais difficilement; l'alkali fixe dissous dans l'eau l'attaque lorsqu'il est en limaille; l'étain s'amalgame avec le mercure, & fait avec lui une union parfaite; c'est sur cette propriété qu'est fondée l'opération d'étamer les glaces; l'étain dissous avec l'or donne une couleur de pourpre qui sert à une infinité de choses, principalement à donner des couleurs factices aux pierres, aux verres; toutes ces propriétés de l'étain tendent à faire conclure que ce métal est composé d'une terre calcaire; qu'il est composé de beaucoup de matiere inflammable; qu'il entre aussi du principe mercuriel dans sa composition, sur-tout si l'on fait attention à l'expérience donnée ci-dessus. La pesanteur spécifique de l'étain est à celle de l'or, comme 3 est à 8. Les mines d'étain ne sont pas si communes que celles des autres métaux; on en trouve cependant en Europe; mais elles sont plus abondantes à la Chine, au Japon, aux Indes Orientales; l'Angleterre en fournit beaucoup, & c'est peut-être la seule contrée d'Europe où il y en ait davantage. Les opérations chymiques sur le plomb vont à l'infini, l'on en donnera ici le précis des plus essentielles. Le plomb se fond très-promptement avant que d'avoir rougi, il n'y a que l'étain qui entre en fusion plus promptement que lui; il se calcine avec beaucoup de facilité, il ne faut que le faire fondre; il se formera une pellicule grise à sa surface qui se reproduit aussi tôt qu'on l'a enlevée; c'est la chaux de plomb; mais si on l'expose à un feu plus violent, elle devient d'un beau jaune, & forme cette couleur employée dans la peinture qu'on appelle *massicot*; si on calcine cette chaux au feu de réverbère, elle devient d'un rouge très-vif tirant un peu sur le jaune, c'est ce qu'on appelle le *vermillon*. Le plomb est un des plus puissans fondans de la Chymie, il vitrifie & fait entrer en fusion les autres substances auxquelles on le joint. Le plomb se dissout dans le vinaigre, en faisant bouillir ce dernier, en y jettant de la litharge, elle s'y dissout avec effervescence, & il se précipite une poudre blanche qui est un sel insoluble, & qui, suivant quelques chymistes, demande huit cens parties d'eau pour être mis en dissolution; si on filtre la liqueur qui surnage à cette poudre & qu'on la fasse évaporer, on obtiendra un sel à crystaux, appellé *sucre de saturne*. La céruse n'est autre chose que le résultat de plusieurs lames de plomb exposées à la vapeur acide du vinaigre ou de quelqu'autre liqueur pareille; en faisant bouillir du plomb dans de l'acide vitriolique, ce métal en sera dissous; on peut aussi combiner le plomb avec l'acide vitriolique d'une maniere plus simple, qui est de verser cet acide sur du sel ou sucre de saturne, il chassera l'acide du vinaigre, & s'unira en sa place avec le plomb. Il s'unit aussi avec le mercure, on falsifie souvent ce dernier avec le premier; en joignant du bismuth avec cet amalgame, il devient plus fluide au point de passer avec le mercure au travers d'une peau de chamois ; on sent que le mercure ainsi falsifié peut avoir de mauvaises qualités que le plomb lui communique ; car celui-ci est un poison qui expose à plusieurs maladies ceux qui le travaillent. On trouve presque toujours de l'argent dans les mines de plomb, c'est ce qui a fait dire à quelques chymistes que l'argent & le plomb ont une telle affinité, que ce dernier se change en argent au bout de quelque tems ; mais l'expérience justifie le contraire. Le plomb est, après l'or, le mercure & la platine, le corps le plus pesant de la nature ; il se vitrifie avec facilité, & communique cette derniere propriété aux autres métaux, excepté à l'or & à l'argent ; l'air, l'eau, les huiles, les sels, en un mot, tous les dissolvans agissent sur lui. Les mines de plomb sont très-communes, on les trouve ordinairement par filons suivis, qui sont plus abondans à mesure qu'ils s'enfoncent plus profondément dans la terre ; cependant on en rencontre aussi par masses détachées. La mine de plomb se trouve mêlée avec presque toutes les mines de autres métaux, dans laquelle on voit sensiblement que le plomb est toujours répandu.

65. *VITRIOL.*

C'est un sel astringent formé par l'union de l'acide vitriolique, avec du fer & du cuivre ; suivant que cet acide vitriolique est combiné avec ces différentes substances, il constitue des vitriols différens, dont la couleur est verte, bleue, ou blanche. Enfin l'acide vitriolique combiné avec une terre particuliere, forme un sel blanc que l'on nomme *alun*. Il y a des vitriols naturels & factices ; les vitriols naturels doivent leur formation à la décomposition des pyrites, car lorsque celles-ci viennent à être frappées par l'air extérieur, elles perdent leur liaison, composée de fer, de soufre & quelquefois de cuivre ; elles se réduisent en une poudre qui se couvre d'une espece de moisissure, qui n'est autre chose que le vitriol en crystaux extrêmement déliés; c'est ce qui fait qu'on trouve dans quelques mines, du vitriol tout formé qu'on appelle *natif*; malgré cela, le meilleur vitriol est celui qui se compose dans les opérations chymiques avec les différentes substances qui servent à le former. L'alun est aussi un vrai vitriol, il est formé par la combinaison de l'acide vitriolique & d'une terre dont les chymistes connoissent peu la nature; suivant M. Rouelle & autres habiles décompositeurs de substances, c'est une terre végétale produite par la pourriture des bois ensevelis sous la terre; M. Rouelle prétend aussi avec assez de fondement, d'après les analyses, que l'alun qui se trouve tout formé dans la nature est le produit des volcans & des feux souterrains, car on en trouve beaucoup aux environs du Vésuve, de l'Etna & d'autres volcans si multipliés sur la terre que nous habitons. Les vitriols factices sont plus ou moins purs, en raison du soin qu'on apporte à leur composition, & de la nature des substances d'où on les tire: avant que de s'en servir, dans les opérations chymiques, il est à propos de les purifier, pour les dégager des matieres étrangeres qui peuvent s'être jointes à ces vitriols; il les faut dissoudre dans l'eau pure, filtrer la dissolution, la faire évaporer, & la porter dans un lieu frais pour qu'elle se crystallise, le vitriol se calcine à l'air & sur-tout au soleil, & s'y réduit en une poudre blanche; c'est par la distillation, que l'on sépare du vitriol, l'acide qui le constitue, & que l'on nomme acide vitriolique. Lorsque cet acide vitriolique est concentré, il agit avec une grande force sur les substances animales & végétales qu'il décompose; cependant lorsqu'on en jette quelques gouttes dans une pinte d'eau, elle devient une liqueur salutaire & rafraîchissante; on conserve aussi les bois précieux de charpente en les trempant dans une dissolution de vitriol dans de l'eau; on les préserve ainsi des vers, sur-tout lorsqu'on couvre ensuite ces bois de quelques couches d'huile; on les conserve ainsi un très-grand nombre d'années. En général, l'acide vitriolique se retire par la combustion du soufre, par la distillation, & des procédés particuliers des sels neutres qu'il compose; il dissout toutes les terres & les métaux, si on en excepte les vitrifiables & l'or; il s'unit avec effervescence & chaleur à ces corps, ainsi qu'à l'eau & à l'esprit de vin; il est dulcifié par cette derniere liqueur, il devient plus astringent, plus tempéré, & moins rafraîchissant; il est en un mot, le plus pesant des acides répandus dans l'air.

66. *ORPIMENT.*

Ce minéral est, à ce que l'on croit, composé d'arsenic & d'une quantité plus ou moins grande de soufre qui lui donne la couleur de citron, lorsqu'il est naturel, car il est aussi factice; on le trouve, soit en masses, soit en petites veines, soit attaché à la surface des mines; en général, il est très-rare, on s'en sert beaucoup dans la peinture, lorsqu'il est naturel, mais il est à haut prix; en le mêlant avec de l'indigo, on en fait du verd. On a souvent confondu l'orpiment naturel avec l'arsenic, quoiqu'ils different beaucoup entr'eux; l'arsenic est un demi-métal d'un gris luisant à peu-près comme le fer, mais composé d'un amas de lames; il perd son éclat & se noircit à l'air, il se dissout dans tous les dissolvans, il entre en fusion dans le feu, & se dissipe sous la forme d'une fumée blanche, épaisse, accompagnée d'une mauvaise odeur; c'est un poison très-subtil. Ainsi l'arsenic par ses propriétés est une potée véritable qui approche de la nature des sels, elle convient aussi à quelques égards aux métaux & aux demi-métaux. L'arsenic n'est donc qu'un orpiment factice, il en a toutes les propriétés, il se trouve sous différentes formes dans le sein de la terre, renfermé dans une pierre noire mêlée de bitume; il est très-volatil, il s'éleve facilement en vapeurs dans les souterrains des mines; c'est à lui que sont dûs en partie les effets funestes des exhalaisons minérales, c'est pourquoi on l'a regardé comme un générateur des métaux & comme un mercure coagulé. Un fameux chymiste prétend avoir obtenu de l'argent en traitant un mêlange de craie & d'arsenic. Comme l'arsenic est très-dangereux dans ses résultats, quand on les méconnoît, voici la maniere chymique d'essayer si une substance contient de l'arsenic; il faut la mettre dans une cornue de terre au fourneau de reverbere, donner le feu par degrés, il passera par le récipient des fleurs, ou une poudre blanche, qui n'est autre chose qu'une chaux d'arsenic; on trouvera dans le cul de la cornue une poudre grise qui est une chaux d'arsenic qui n'est point encore privée de son phlogistique: pour séparer le soufre de l'arsenic dans l'orpiment factice, on peut le triturer avec du mercure; on met ensuite ce mêlange en sublimation, l'arsenic se leve tout seul, & le soufre uni avec le mercure se sublime ensuite & forme du cinabre au-dessous de l'arsenic qui s'étoit sublimé. Les contre-poisons de l'arsenic ou de l'orpiment factice, sont les matieres grasses & les vomitifs, auxquels doivent succéder des adoucissans alternativement & pendant une suite de tems.

67. FERMENTATION.

On comprend sous le terme de fermentation tout bouillonnement ou tout gonflement excité dans tous les corps naturels par des agitations diverses de leurs parties. Les sujets fermentables sont des corps de l'ordre des composés, dont le tissu est lâche & à la composition desquels concourt le principe aqueux.

La fin ou l'effet principal & essentiel de la fermentation, c'est la décomposition du corps fermentant, la séparation & l'atténuation de ses principes; l'air, le feu, & toutes les substances qui en contiennent, sont propres à la fermentation; ainsi toutes les fois qu'une substance fermentiscible se trouve contenue dans un lieu convenablement chaud, avec de l'air & de l'humidité suffisante, elle doit nécessairement fermenter. La fermentation est aussi nécessaire pour la reproduction des végétaux, que pour l'accroissement du corps animal; la terre, l'eau, le feu central, &c. sont autant de principes de la fermentation des plantes; elle est aussi excitée dans le corps des animaux par les matieres alimentaires qui en sont susceptibles; il est très-important pour la conservation de la vie, d'empêcher le corps animal d'éprouver une espece de dégénération qui soit trop considérable, par plusieurs causes; mais il est aussi intéressant de suppléer au défaut de fermentation, de la procurer, ou de corriger ses excès trop successifs; il en est de même dans les végétaux, car la trop grande fermentation les desseche & les anéantit. Tous les grands effets de la nature, viennent de la fermentation, les volcans, les feux souterrains, &c. La fermentation est donc la cause immédiate des effets physiques que nous appercevons sans cesse, elle s'étend sur les êtres individuels comme sur les êtres qui n'ont aucune apparence de mouvement; elle est, après l'Être suprême, génératrice de l'univers, & ses influences ne sont pas encore connues. Les opérations chymiques donnent une idée sublime de la fermentation, le trop grand nombre des expériences & leurs circonstances sont tellement liées, qu'il n'est pas possible de les rapporter ici; on ne peut que se borner à donner une idée générale des procédés & des principales conclusions qui ont été tirées de leurs effets. On a fait des mêlanges de différentes substances alimentaires, végétales & animales, conjointement & ſéparément entr'elles, avec de l'eau & différens liquides, avec des humeurs animales & principalement avec de la ſalive pour ce qui concerne la fermentation; avec différentes préparations analogues à celles qu'éprouvent les alimens par l'effet des puiſſances méchaniques & phyſiques de la digeſtion; le tout diverſement combiné, expoſé dans des vaſes appropriés au degré de chaleur du corps humain; à obſerver les changemens & les dégénérations différentes qui procedent de ces différentes opérations, les réſultats de ces procédés concernant la fermentation alimentaire, ſont, que ſi la ſalive eſt bien préparée, qu'il y en ait une quantité ſuffiſante, qu'elle ſoit bien mêlangée avec les alimens, elle arrête la putréfaction, prévient la fermentation immodérée; Sthal ne ſe rapproche pas trop de cette opinion, car il met la ſalive ſaine au nombre des ſubſtances propres à exciter la fermentation végétale, mais on pourroit lui oppoſer qu'ayant fait ſes expériences dans des pays chauds, il eſt conſtant que la ſalive n'y eſt preſque jamais exempte de corruption, qu'ainſi les alimens qui en ſont imbibés doivent tourner à la putréfaction, s'ils ſont du regne animal, ou fermentent violemment ſi ce ſont des végétaux. La plupart des ſubſtances animales qui tendent a la putréfaction, ſont douées de la faculté d'exciter une fermentation dans les farineux, & même de la renouveller dans ceux qui ont fermenté auparavant; les eſprits, les acides, les amers, les aromatiques, retardent la fermentation par la qualité qu'ils ont de retarder la putréfaction; d'où il ſuit que la fermentation & la putréfaction modérées & commençantes, étant néceſſaires dans la digeſtion, tout ce qui s'oppoſe à ces deux choſes lui doit être diamétralement contraire.

ANATOMIE.

ANATOMIE.

Le but immédiat de l'Anatomie, est la connoissance du corps humain, & celle des parties solides qui entrent dans la composition des corps des animaux. Il n'est pas étonnant qu'on fasse remonter l'origine de l'Anatomie, aux premiers âges du monde; car dans ces tems, l'inspection des entrailles des victimes, la coutume d'embaumer, les traitemens des plaies, aiderent à connoître la fabrique du corps humain & animal. On est tenté de croire par les ouvrages d'Hypocrate, qu'il avoit eu des notions de la circulation du sang & de la secrétion des humeurs; car on y lit que les veines sont répandues par tout le corps, qu'elles y portent le flux, l'esprit & le mouvement, & qu'elles sont toutes les branches d'une seule tige. On divise l'Anatomie, en humaine & en comparée; l'Anatomie humaine a pour objet le corps humain; & l'Anatomie comparée, est cette branche qui s'occupe de la recherche & de l'examen des différentes parties des animaux considérés relativement à leur structure particuliere, & à la forme qui convient le mieux avec leur façon de vivre & de satisfaire à leurs besoins. La plus essentielle de toutes ces connoissances est celle du corps de l'homme. Les progrès que l'Anatomie a faits & ceux qu'elle doit faire, ouvriront un jour une carriere rapide aux découvertes les plus importantes.

1. TÊTE.

Elle est la partie la plus haute, ou celle qui est à l'une des extrémités du corps de l'homme. Elle est le siege des organes principaux des sens; savoir, des yeux, des oreilles, &c. elle contient aussi le cerveau enveloppé de ses ményngés. La tête est mue par dix paires de muscles; savoir, le splenius, le complexus, le grand droit, le petit droit, l'oblique supérieur, l'oblique inférieur, le mastoïdien, le grand droit interne, le petit droit interne & le droit latéral. La tête, outre ses divisions, se subdivise encore en deux parties opposées, l'une qu'on appelle vulgairement *front*, qui est l'endroit le plus humide & le plus tendre; les anatomistes l'appellent *sincipus* ou *summum caput*. L'autre partie, qui est opposée à celle-là & qu'on appelle *occiput*, est le derriere de la tête; le milieu de la tête s'appelle *couronne*, & on donne à l'os, ou à la boëte osseuse qui renferme le cerveau, le nom général de *crâne*; il est composé de huit os; l'os du front s'appelle *coronal*.

2. CERVEAU.

On donne ce nom au viscere qui remplit toute la cavité du crâne. Deux cloisons membraneuses, très-fortes, divisent sa masse en trois parties, dont les antérieures portent le nom de *cerveau*, & la postérieure celui de *cervelet*. Toutes ces parties sont revêtues de deux membranes qu'on appelle *ményngés*; la premiere ou l'externe est forte & tendineuse; la seconde est fine & transparente; l'une s'appelle *dure-mere* & l'autre *pie-mere*. Elles forment deux lames ou cloisons qui tapissent l'intérieur du crâne, & qui séparent le cerveau d'avec le cervelet. On peut encore les regarder comme des enveloppes du cerveau, composées de lames & de substances cellulaires. Les veines du cerveau sont composées de vaisseaux dont le nombre est très-considérable, & qui ne paroissent former qu'un seul réseau, à cause des vaisseaux de communication qu'on y rencontre, & par lesquels le sang passe facilement d'une veine à l'autre. Le cerveau est composé de deux substances ; la premiere, qui est blanche & la plus considérable, porte le nom de *substance médullaire* ; la seconde, qui est cendrée, entoure la médullaire, elle est une écorce d'environ deux lignes d'épaisseur.

3. Cervelet.

Il occupe un espace assez considérable, il est divisé en deux lobes ; les sillons dont la superficie est marquée, qui ont tous à peu-près la même direction, sont posés transversalement ; leur profondeur, dans laquelle s'insinue la lame de la pie mère, est considérable ; ils sont aussi recouverts antérieurement par une partie du plexus choroïde ; on remarque encore sur le cervelet des productions vermiformes, dont les unes sont antérieures & les autres postérieures ; elles forment comme une espece d'anneau en relief qui embrasse le cervelet, & le divise en deux parties égales ; cet anneau est interrompu en quelques endroits.

4. Ménynges.

Ce sont les membranes qui enveloppent le cerveau ; elles sont au nombre de deux : on les nomme *dure-mere* & *pie-mere* ; l'arachnoïde est considérée par plusieurs anatomistes comme l'ame externe de la pie-mere.

5. Sinciput.

C'est la partie antérieure de la tête, qui prend depuis le front jusqu'à la suture coronale. L'occiput est la partie postérieure de la tête.

6. Coronal.

C'est l'os du front, que l'on appelle aussi *os frontal* ; il est un des huit os du crâne, situé à la partie supérieure & antérieure de la face ; il en forme la partie appellée le *front* ; il a une figure demi-circulaire, on y observe aussi différentes cavités.

7. CRANE.

C'est la boëte osseuse qui renferme le cerveau, le cervelet & une partie de la moëlle alongée, & défend toutes ces parties sensibles des impressions extérieures. Cette boëte osseuse est de figure ovale; elle est éminente dans la partie postérieure & antérieure, & applatie sur les côtés. Tous les huit os qui composent le crâne sont percés de plusieurs trous extérieurs & intérieurs, qui donnent passage à la moëlle alongée, ou de l'épine, aux nerfs, aux arteres, aux veines. Ils sont aussi composés de deux lames nommées *tables*, entre lesquelles se rencontre une substance appellée *diploé* ; enfin ils sont joints entr'eux, & quelques-uns même, avec ceux de la face, par sutures ; ces sutures sont d'autant plus apparentes que les sujets sont plus jeunes. Il est cependant évident que les diverses pieces des os du crâne n'en font qu'une seule ; qu'elles ne sont pas seulement appliquées les unes contre les autres ; mais que, dans tout le crâne, dès le moment de sa formation, il n'y a pas une seule interruption de continuité. Cette découverte est due à M. *Hunauld* ; & cela peut se concevoir, si l'on fait attention à la maniere dont se forment les différences du crâne, qui ne sont dans le fœtus peu avancé, qu'une membrane qui s'ossifie insensiblement par le tems. Cette ossification gagne peu-à-peu, & se continue par des lignes qui partent, comme d'un centre, de l'endroit où l'ossification a commencé. On trouve assez souvent, entre les sutures du crâne, mais sur-tout dans la lambdoïde, de petits os de différentes grandeur & figure, que les anatomistes appellent *clef*.

8. CAROTIDES.

Ce sont deux arteres du cou, placées l'une à droite & l'autre à gauche, dont l'office est de porter le sang de l'aorte au cerveau & aux parties externes de la tête. Elles naissent l'une après l'autre de la courbure ou arcade de l'aorte; la droite prend ordinairement son origine de l'artere sous-claviere; la gauche, de l'aorte immédiatement. Elles sont situées très-profondément, & défendues par la trachée-artere, à côté de laquelle elles sont placées. Elles passent, sans souffrir de compression & sans presque donner aucunes branches, jusqu'à ce qu'elles soient parvenues environ à la partie supérieure du larynx, où elles se divisent en deux grosses branches, qu'on appelle *carotides externes* ou *carotides internes*. La carotide externe se porte vers l'angle de la mâchoire inférieure & la glande parotide : elle se subdivise en plusieurs branches; la carotide interne monte sans aucune ramification jusqu'à l'orifice inférieur d'un produit de l'apophyse pierreuse de l'os des tempes, elle s'y coude suivant la conformation de ce canal.

9. CORPS CALLEUX.

C'est une partie de la substance médullaire qui n'est point recouverte de la corticale; c'est la réunion supérieure de la substance médullaire des deux côtés, & dans cette considération, sa superficie reçoit le nom de *grande commissure du cerveau*. Le corps calleux ne lie point les deux hémispheres du cerveau dans toute leur longueur, il se termine antérieurement & postérieurement par deux rebords bien figurés, qui ont une épaisseur de trois ou quatre lignes. On voit sur le corps calleux deux vaisseaux considérables qui rampent à nud, entre les deux hémispheres, de devant en arriere; ils marchent parallelement liés par plusieurs anastomoses ; ce sont les principaux troncs des rameaux antérieurs des carotides qui se répandent, en remontant chacun de son côté, sur les deux hémispheres.

10. GLANDE PINÉALE.

C'est un petit corps rond, figuré, de la grosseur d'un pois, qui a ordinairement la forme d'une pomme de pin ; elle est affermie dans sa situation par la toile vasculaire du plexus choroïde, qui l'embrasse fortement : sa base, qui est antérieure, est attachée à deux racines médullaires qui viennent, par des principes larges, des parties postérieures des couches des nerfs optiques. La glande pinéale paroît être de la nature de la substance corticale ; elle est très-souvent graveleuse ; elle n'a pas cependant, dans tous les sujets, la même substance ; lorsqu'on la souleve, on voit en-dessous une espece de cordon médullaire transversal, qui semble lier les parties postérieures des couches des nerfs optiques.

11. VENTRICULE DU CERVEAU.

On donne ce nom à quatre cavités particulieres du cerveau, dont deux appellées les *ventricules latérales*, beaucoup plus longues que larges, avec très-peu de profondeur, séparées l'une de l'autre par une cloison transparente, sont immédiatement situées sous la voûte médullaire. On les nomme aussi *antérieurs* ou *supérieurs*. Le troisieme ventricule est un canal particulier, situé au bas de l'épaisseur des couches des nerfs optiques, & directement au-dessous de leur union. Ce canal s'ouvre en-devant dans l'entonnoir, & sous l'ouverture commune antérieure, où il communique avec les ventricules latéraux. Il s'ouvre en arriere sous l'ouverture commune postérieure, & communique avec le quatrieme ventricule, qui est une cavité oblongue qui se termine en arriere comme le bec d'une plume à écrire, située sur la surface supérieure de la portion postérieure de la moëlle alongée.

12. *GLANDE PITUITAIRE.*

Elle reçoit l'extrémité de la tige pituitaire ; c'est un corps spongieux, situé sur la selle turcique, & qui en remplit exactement la cavité. Elle est enfermée entre les deux lames de la dure-mere ; l'inférieure lui fournit des attaches très-solides ; la supérieure est percée pour laisser passer l'extrémité de la tige pituitaire. La glande pituitaire reçoit encore une enveloppe de la pie-mere, qui n'est qu'une continuité de celle qui embrasse la tige ; les nerfs lui fournissent quelques filets ; ses veines se dégorgent dans les sinus caverneux.

13. *TIGE PITUITAIRE.*

La tige qui s'éleve de la glande pituitaire répond véritablement à la partie la plus profonde de cette fosse : mais elle n'a point de cavité ; c'est une espece de cylindre de deux ou trois lignes de hauteur, formé par la substance cendrée & recouvert de la pie-mere. On remarque de très-petits vaisseaux qui marchent dans son axe, communiquant avec ceux de la glande qui reçoit cette colonne, ou qui la soutient.

14. *NERFS OPTIQUES.*

Les couches des nerfs optiques sont deux éminences ovales, blanches au niveau des corps cannelés, mais postérieures ; elles portent sur les bras de la moëlle alongée, & sont composées, comme les corps cannelés, d'une substance cendrée, entrecoupée par quelques portions médullaires : mais la couleur en est plus délayée, & les cannelures n'y sont pas en si grand nombre. Ces deux protubérances sont recouvertes d'un lame médullaire qui les blanchit ; les nerfs optiques qui naissent de leur extrémité, forment avec ces deux corps un segment de chaque côté, en embrassant les bras de la moëlle alongée. Les couches des nerfs optiques sont adossées & contiguës : elles laissent au-dessous de leur union un espace en forme de canal, qu'on nomme *troisieme ventricule*.

15. Sinus.

Ce sont des canaux particuliers qui marchent dans l'épaisseur de la dure-mere, ou entre les deux lames qui la composent ; ils sont destinés à recevoir tout le sang qui vient du cerveau & de ses enveloppes pour le transmettre aux jugulaires ; ils sont en grand nombre, & les plus considérables sont le sinus longitudinal supérieur, les deux latéraux, le droit, le longitudinal inférieur, deux caverneux, le moyen, deux orbitaires, deux supérieurs du rocher, deux inférieurs de la même partie.

16. Lobes du cerveau.

Chacune des parties latérales du cerveau est distinguée en deux extrémités, une antérieure & l'autre postérieure, qu'on appelle *lobes*, entre lesquels il y a inférieurement une grosse protubérance, à laquelle on donne le même nom ; de sorte que chaque portion latérale a trois lobes, un antérieur, un moyen & un postérieur.

17. Lobes du poumon.

Ce mot se dit de chacune des deux portions qui composent le poumon ; cette séparation en lobes sert à la dilatation du poumon ; par leur moyen, il reçoit une plus grande quantité d'air ; d'où il arrive qu'il n'est pas trop pressé lorsque le dos est courbé. C'est pour cela que les animaux qui sont toujours penchés vers la terre ont le poumon composé de plus de lobes que l'homme ; leur foie même est partagé en plusieurs lobes, au lieu que celui de l'homme est un corps continu.

18. PLEXUS CHOROIDE.

C'est un réseau particulier de vaisseaux sanguins, arteres & veines, qui communiquent ensemble ; cet entrelacement est soutenu par des membranes très-fines, production de la pie-mere ; les carotides & les vertébrales lui fournissent une infinité de rameaux qui viennent de tous les côtés, après avoir traversé la substance du cerveau ; toutes ces artérioles sont autant de petits liens qui l'attachent aux parties qui le soutiennent. Le plexus choroïde reçoit, dans la pointe postérieure & inférieure des ventricules, des rameaux assez considérables des arteres ; les veines se réunissent en un tronc, qu'on nomme la *grande veine de Gallien.*

19. DURE-MERE.

C'est une enveloppe qui paroît la premiere quand on a enlevé le crâne ; elle est composée de deux lames épaisses ; l'externe qui fait fonction de périoste, est fortement attachée à la face interne du crâne par plusieurs filets qui pénetrent l'os, & par des vaisseaux du péricrane & des autres tégumens qui le traversent pour venir se rapprocher de ceux de la dure-mere. Le pie-mere est la seconde enveloppe du cerveau.

20. PÉRICRANE.

C'est le nom que les anatomistes donnent à une membrane solide & épaisse qui couvre le crâne par-dehors. Cette membrane est double & composée de deux tuniques ; on croit que le péricrane prend son origine de la dure-mere, qui, passant à travers les scitures du cerveau, forme cette membrane épaisse par divers filamens : donc le péricrane, comme on l'a plusieurs fois observé, est attaché à la dure-mere par des filons qui traversent les sutures.

21. PÉRIOSTE.

Ce mot se dit d'une membrane très-fine qui revêt les os ; elle est d'un tissu fort serré, parsemée d'une infinité d'arteres, de veines & de nerfs, qui le rendent extrêmement sensible. Cette membrane est plus épaisse dans certains endroits que dans d'autres, & paroît composée de fibres qui se croisent de différentes manieres ; mais cela provient des muscles & de leurs tendons, qui s'inserent dans le perioste avant que de s'unir aux os. Les os ont encore un périoste intérieur qui enduit & couvre les cavités qui contiennent la moëlle, & distribue les vaisseaux artériels aux vésicules médullaires ; il reçoit aussi un nombre incroyable de vaisseaux veineux, tant grands que petits.

22. ARACHNOIDE.

C'est une membrane fine, très-mince, transparente, qui regne entre la dure-mere & la pie-mere, & que l'on croit envelopper toute la substance du cerveau, la moëlle alongée & la moëlle de l'épine. Elle se prend aussi pour une tunique fine & déliée qui enveloppe l'humeur crystalline. Cette tunique a la propriété de séparer le crystallin de l'humeur aqueuse, & d'empêcher qu'il n'en soit continuellement humecté ; les vaisseaux lymphatiques fournissent une liqueur qu'ils déposent dans sa cavité, par le moyen de laquelle le crystallin est continuellement rafraîchi & tenu en bon état ; de sorte que, quand cette liqueur manque, le crystallin se seche bientôt, il devient dur & opaque, & réduit même quelquefois en poudre.

25. AORTE.

C'est une artere qui s'éleve directement du ventricule gauche du cœur, & de-là se partage dans toutes les parties du corps ; elle s'appelle encore la *grande artere*, parce qu'elle est le tronc d'où sortent les autres arteres comme de leur source, & le grand conduit par où le sang est porté dans tout le corps. Plusieurs auteurs assurent que l'aorte a éprouvé, sur certains sujets, des ossifications ; qu'il y en a eu même totalement ossifiées ; ils en donnent plusieurs exemples.

26. PLEVRE.

Membrane qui paroît composée de deux especes de sacs ou vessies, dont une des extrémités enfoncée vers l'autre reçoit de chaque côté le poumon & l'enveloppe immédiatement, tandis que l'autre tapisse, par sa convexité, l'intérieur du thorax. La plevre est d'un tissu fort semblable à celui du périoste ; son usage est de défendre l'intérieur du thorax, & d'empêcher que les poumons ne soient gênés dans leur mouvement ; cette membrane s'ossifie quelquefois en partie.

27. APOPHYSE.

On appelle ainsi l'éminence d'un os, ou la partie éminente qui s'avance au-delà des autres. L'usage des apophyses en général est de rendre l'articulation des os plus solide, soit qu'elle soit avec mouvement ou sans mouvement, de donner attache aux muscles & d'augmenter leur action en les éloignant du centre du mouvement.

28. ANASTOMOSES.

Ce mot signifie quelquefois une si grande ouverture de l'orifice des vaisseaux, qu'ils ne peuvent retenir ce qu'ils contiennent ; mais il est plus d'usage pour signifier l'ouverture de deux vaisseaux, dont elle rend la communication réciproque. La circulation du sang dans le fœtus se fait, par le moyen des anastomoses ou des jonctions de la veine-cave avec la veine pulmonaire, & de l'artere pulmonaire avec l'aorte. La même circulation, dans les adultes, se fait par les anastomoses ou les jonctions continuées des arteres capillaires avec les veines.

29. ARTERES.

C'est un canal membraneux, élastique, qui a la figure d'un cône alongé, intérieurement lisse & poli, sans valvules, si ce n'est dans le cœur, qui décroît à mesure qu'il se divise en un plus grand nombre de rameaux, & qui est destiné à recevoir le sang du cœur pour le distribuer dans le poumon & dans toutes les parties du corps. Toutes les arteres du corps sont des branches de deux gros troncs, dont l'un vient du ventricule droit du cœur & porte tout le sang du poumon, d'où on le nomme *artere pulmonaire* ; l'autre part du ventricule gauche du cœur, & distribue le sang dans toutes les parties du corps : on l'appelle *aorte*.

30. VALVULES.

Especes de soupapes qui sont aux orifices des ventricules du cœur. Il y en a de deux sortes : les unes permettent au sang d'entrer dans le cœur, & l'empêchent d'en sortir par le même chemin ; les autres le laissent sortir du cœur, & s'opposent à son retour. Celles de la premiere espece terminent les oreillettes, & celles de la seconde occupent les embouchures des grosses arteres. La structure des valvules est une méchanique fort considérable entre les organes qui servent à la distribution des humeurs.

31. VAISSEAUX.

On nomme *arteres* les vaiſſeaux qui reçoivent le ſang du cœur pour la diſtribution générale. On appelle *veines* les vaiſſeaux qui rapportent de toutes les parties au cœur une portion de ſang qui avoit été diſtribué dans toutes les parties du corps par les arteres. Ces ſortes de vaiſſeaux ſe diſtinguent aiſément dans le corps vivant : les arteres ayant deux mouvemens que les veines n'ont pas, ou du moins qui ne ſont pas ſi ſenſibles ; dans l'un de ces mouvemens les arteres ſont dilatées, & dans l'autre elles ſe reſſerrent : on nomme le premier *diaſtole*, & le ſecond *ſyſtole*. Les veines commencent où les arteres finiſſent, de ſorte qu'on les conſidere comme des arteres continuées ; elles naiſſent de l'union de pluſieurs rameaux ; il ſe forme des troncs d'une groſſeur plus conſidérable, laquelle augmente d'autant plus qu'ils s'éloignent de leurs origines en s'approchant du cœur. Les veines n'ont point de mouvement apparent ; il ſe rencontre dans leur cavité des membranes diviſées en ſoupapes ou valvules, qui facilitent le cours du ſang vers le cœur & empêchent ſon retour vers les extrémités ; les veines ont moins d'épaiſſeur que les arteres. On doit obſerver en général que toutes les arteres ſont accompagnées, dans leurs diſtributions, d'autant de veines, & qu'il ſe trouve le plus ſouvent deux veines pour une ſeule artere. Il n'en eſt pas ainſi des veines, dont pluſieurs ne ſont accompagnées d'aucunes arteres : telles ſont, pour l'ordinaire, les veines extérieures des bras & des jambes.

32. VENTRICULES DU CŒUR.

Ce ſont les deux cavités qui ſe rencontrent dans le corps muſculeux du cœur, dont l'une eſt épaiſſe & ferme, l'autre mince & mollaſſe. Chacun de ces ventricules est ouvert à la base par deux orifices; dont l'un répond à une des oreillettes, & l'autre à l'embouchure d'une grosse artere. On trouve vers le contour de ces orifices plusieurs pellicules mobiles, appellées *valvules*. Les ventricules ont aussi leur surface interne fort inégale; on y trouve quantité d'éminences & de cavités.

33. VOUTE MÉDULLAIRE.

Les anatomistes donnent ce nom à une portion du corps calleux qui, en se continuant de côté & d'autre avec la substance médullaire, qui, dans tout le reste de son étendue, est entiérement unie à la substance corticale, & forme, conjointement avec le corps calleux, une voûte médullaire un peu oblongue & comme ovale.

34. VEINES.

Les veines ne sont qu'une continuation des extrémités des arteres capillaires qui se réfléchissent vers le cœur; comme elles se réunissent à mesure qu'elles s'approchent du cœur, elles forment à la fin trois grosses veines ou troncs; savoir, la veine-cave descendante qui rapporte le sang de toutes les parties au-dessous du cœur; la veine-cave ascendante qui rapporte le sang de toutes les parties au-dessus du cœur, & la veine-porte qui va se rendre au foie. Les veines n'ont point de battement, parce que le sang y est poussé d'une maniere uniforme, & qu'il coule d'un canal étroit dans un plus grand; les arteres au contraire ont des mouvemens de pulsation modifiés ou augmentés par diverses causes, comme la trop grande abondance, ou la fermentation vive & subite du sang, ou sa trop grande lenteur.

35. SUTURE.

C'est une connexion particuliere de certains os

dans le corps animal, ainsi nommée, parce qu'elle ressemble à une couture. Il y a deux sortes de sutures; la vraie, c'est lorsque les os sont dentelés en forme de scie, & reçus mutuellement les uns dans les autres; la fausse est lorsque les os avancent l'un sur l'autre, comme les écailles de poissons. Les os du crâne & de quelques autres parties du corps animal sont joints ensemble par des sutures diverses, elles sont écailleuses ou dentelées.

36. DIPLOÉ.

Substance spongieuse, qui sépare les deux tables du crâne, & forme avec elles le crâne; cette substance s'imbibe aisément de sang, & se trouve partagée en une infinité de cellules de différente grandeur qui reçoivent les petites branches des arteres de la dure-mere, & donnent issue aux petites veines qui vont se rendre dans les sinus.

37. LAMBDOIDE.

C'est la troisieme suture propre du crâne; on appelle aussi *angle lambdoïde* une apophyse de l'os des tempes qui forme une partie de cette suture.

38. LYMPHE.

C'est une liqueur claire & limpide; elle vient des glandes par le moyen des vaisseaux limphatiques qui la reportent dans le sang. Ces vaisseaux se trouvent dans toutes les parties du corps; & c'est par eux que toutes les liqueurs du corps, à l'exception du chyle, se séparent du sang dans les vaisseaux capillaires par un conduit qui est différent du conduit commun où coule le reste du sang; ces conduits, quoique longs ou courts, visibles ou invisibles, donnent néanmoins passage à une certaine partie du sang, tandis qu'ils la refusent aux autres.

39. LARYNX.

Le larynx est un des organes de la respiration & le principal instrument de la voix. C'est la partie supérieure ou la tête de la trachée-artere, il est situé au-dessous de la racine de la langue. Il est cartilagineux, & toujours ouvert pour donner passage à l'air dans l'inspiration & l'expiration ; sa figure est circulaire, quoique légérement applatie pour ne pas incommoder l'œsophage sur lequel il se trouve placé. Le larynx se meut dans le tems de la déglutition. Lorsque l'œsophage s'abaisse pour recevoir les alimens, le larynx s'éleve pour les comprimer & les faire descendre plus aisément ; il differe dans les deux sexes & dans les différens âges ; les femmes & les jeunes gens l'ont plus étroit, ce qui rend leur voix plus foible & plus aiguë, les hommes l'ont plus large, ce qui leur rend la voix plus forte.

40. TRACHÉE-ARTERE.

On la considere comme un canal situé dans la partie moyenne & antérieure du cou devant l'œsophage. On appelle *larynx* son extrémité supérieure, d'où elle descend jusqu'à la quatrieme vertebre du dos, où, en se divisant, elle entre dans les poumons.

41. GLANDES.

Elles sont des parties d'une forme particuliere, elles résultent de l'assemblage des plus petits vaisseaux, elles sont renfermées dans des membranes particulieres, & different entr'elles par la figure, la grosseur & la consistance ; elles sont, pour la plus grande partie, destinées à séparer de la masse du sang quelques liqueurs particulieres. Les glandes sont les organes qui servent à séparer les fluides pour les usages des corps ; on les regarde comme des

des filtres dont les pores ayant différentes figures, ne donnent passage qu'aux parties similaires; ce sont de véritables tissus ou pelotons de vaisseaux diversement entrelacés; on a découvert, en outre, qu'elles sont aussi des circonvolutions continuelles des arteres capillaires. En général la structure des glandes & leur nature souffrent des variétés suivant la qualité du fluide qu'elles contiennent; de-là elles prennent différens noms, *glandes maxillaires*, *glandes labiales*, *glandes lacrymales*, *glandes parotides*, *glandes lombaires*, &c.

42. FOIE.

Viscere du corps, ample, multiforme, destiné à la secrétion de la bile, dont il est le principal organe, & qu'il opere par un méchanisme fort considérable; on divise le foie en deux parties latérales que l'on appelle *lobes*, dont l'un est à droite & l'autre à gauche; cette division est marquée sur la surface supérieure ou convexe par un ligament membraneux, & sur sa surface concave ou inférieure, par une ligne enfoncée ou scissure, qu'on appelle la *scissure du foie*; elle traverse la partie inférieure de ce viscere; & son commencement répond à l'extrêmité antérieure de la portion cartilagineuse de la premiere fausse-côte; cette scissure est changée quelquefois en un canal. La figure du foie n'est point réguliere, elle s'accommode à la conformation des parties qui lui sont voisines, c'est pourquoi il est convexe & uni dans sa surface supérieure, pour s'accommoder à la concavité unie du diaphragme dont il suit tous les mouvemens. Sa surface inférieure est concave & inégale, ayant des éminences & des cavités, tant pour s'accommoder à la convexité des organes qui lui sont voisins, que pour répondre aux cavités ou intervalles que ces organes laissent entr'eux; c'est-là qu'est logée la vésicule du fiel. Le foie est principalement soutenu par la plénitude de l'estomac & des intestins, qui le sont eux-mêmes par les muscles de l'abdomen. Le foie se trouve recouvert d'une membrane assez mince, qui est néanmoins composée de deux lames, & c'est entre ces deux lames que rampent un très-grand nombre de vaisseaux lymphatiques, tant sur la surface convexe, que sur la surface concave de ce viscere. La lame interne de cette membrane semble pénétrer la substance du foie pour le partager en un grand nombre de petits lobes. La substance du foie est faite de l'assemblage d'une multiplicité de vaisseaux de tout genre, qui paroissent tous se distribuer à une infinité de petits corps assez semblables à de petits grains ou vésicules, dont l'intérieur semble être garni d'une espece de velouté. Les vaisseaux qui se distribuent à ces grains pulpeux, peuvent être distingués en ceux qui y portent quelque liqueur, & en ceux qui en rapportent; les premiers sont les ramifications de l'artere hépatique, celles de la veine-porte, & celles des nerfs hépatiques. Parmi les vaisseaux qui rapportent de ces vésicules, on doit compter les rameaux des veines qui reçoivent le résidu du sang que la veine porte avoit déchargé dans le foie; il y a lieu de croire que ces mêmes veines rapportent aussi le résidu du sang qui avoit été fourni par l'artere hépatique, puisqu'on n'en découvre aucune qui réponde immédiatement à cette artere.

43. *FIBRES.*

De toutes les fibres qui composent le corps animal, c'est la musculaire qui a le plus occupé les anatomistes les plus célebres; on y observe une substance spongieuse, assez semblable à celle qu'on trouve dans les tuyaux de plume, d'où on a conclu avec raison que ces fibres étoient creuses; mais comme ces fibres devenoient par-là des membranes roulées, dont la supposition est toujours incertaine, il reste à déterminer quels plis reçoivent les filamens de ces membranes dans le mouvement des muscles. On suppose qu'alors, les fibrilles transversales qui forment, dans l'état de repos, des réseaux lâches & paralleles autour des grosses fibres, se tendent & resserrent ces fibres en différens points, en y produisant des vésicules qu'enflent les esprits animaux. Si l'on n'a égard qu'à l'action des esprits animaux, on trouvera toujours, à cause de la pression perpendiculaire des fluides, que dans chaque point, le rayon osculateur est en raison réciproque de la pression du fluide en ce même point; mais si l'on a égard aussi à la pesanteur des molécules de la fibre musculaire, les vésicules prendront toutes les courbures comprises sous l'équation générale des courbes produites par deux puissances, dont l'une est perpendiculaire à la courbe, & l'autre toujours parallele à une ligne donnée quelconque; cette équation est dans les Mémoires de Pétersbourg, par M. Daniel Bernoulli. On entend en général par fibres, dans la physique du corps animal, les filamens les plus simples qui entrent dans la composition, la structure des parties solides dont il est formé, & qui ont différens mouvemens infinis d'extensibilité, produits par les calculs des liqueurs & des esprits animaux.

44. JUGULAIRE.

C'est un nom que les anatomistes donnent à quelques glandes du cou, qui sont situées dans les espaces des muscles de cette partie: on le donne aussi aux veines du cou qui vont aboutir aux souclavieres: il y a deux jugulaires de chaque côté, l'une, externe, qui reçoit le sang de la face & des parties externes de la tête, & l'autre interne, qui reporte le sang du cerveau. Les jugulaires sont attachées les unes aux autres par des membranes & des vaisseaux, leur substance est semblable à celle des maxillaires; celles qu'on envisage comme glandes du cou, sont au nombre de quatorze, elles séparent la lymphe qui retourne par les vaisseaux à tous les muscles voisins, & c'est l'obstruction de ces glandes qui cause les écrouelles.

45. Nerfs.

Corps rond, blanc & long, semblable à une corde composée de différens fils ou fibres, qui prend son origine ou du cerveau ou du cervelet, moyennant la moëlle alongée, & de la moëlle épiniere, qui se distribue dans toutes les parties du corps, qui sert à y porter un suc particulier, que quelques Physiciens appellent *esprits animaux*, qui est l'organe des sensations, & sert à l'exécution des différens mouvemens. De chaque point de la substance corticale du cerveau, partent de petites fibres médullaires, qui s'unissant ensemble dans leurs progrès, deviennent enfin sensibles & forment ainsi la moëlle du cerveau & de l'épine; de-là elles se prolongent & deviennent distinctes & séparées, au moyen de différentes enveloppes. Il est probable que les fibres médullaires du cervelet partent des environs des parties antérieures de la moëlle alongée, se joignent en partie aux nerfs qui en sortent, mais de maniere à retenir toujours leur origine, leur cours & leur fonction particuliere. La substance des nerfs n'est pas différente de la substance du cerveau, elle n'est qu'une moëlle qui se répand dans toute l'étendue des tuyaux nerveux, & qui est envoyée du cerveau. Les enveloppes des nerfs sont par-tout garnies de vaisseaux sanguins, lymphatiques & d'autres vésicules d'une texture très-fine, qui servent à ramasser, à renforcer, & à resserrer les fibrilles.

46. ŒSOPHAGE.

Il prend son origine dans le gosier & va se terminer dans l'estomac où il fait passer tout ce qu'on doit avaler ou rejetter. C'est un canal en partie musculeux & en partie membraneux, situé derriere la trachée-artere & devant les vertebres du dos, depuis environ le milieu du cou jusqu'au bas de la poitrine, où il passe par l'ouverture particuliere du muscle inférieur du diaphragme, dans le bas-ventre, & se termine à l'orifice supérieur de l'estomac.

47. OREILLETTE.

Nom de deux cavités situées à la base du cœur; ce sont deux sacs musculeux, l'un du côté du ventricule droit, & l'autre du ventricule gauche, & unis ensemble par une cloison interne & par des fibres communes externes, à-peu-près comme les ventricules. L'oreillette droite est plus ample que la gauche, elle s'abouche avec le ventricule du même côté; elle a encore deux ouvertures formées par la rencontre de la veine-cave ascendante & de la descendante qui y aboutissent. L'oreillette gauche est un grand sac auquel s'abouchent quatre veines pulmonaires.

48. DIAPHRAGME.

Il a la figure d'un cœur irrégulier; de son contour tendineux partent des fibres musculeuses qui vont se terminer aux côtes. Le diaphragme ressemble à une voûte coupée obliquement, les parties latérales de cette voûte sont concaves, elles se collent toujours aux ailes des poumons qu'elles suivent dans tous leurs mouvemens, leur concavité n'est point formée par les visceres de l'abdomen; comme il n'y a point d'air entre le poumon & le diaphragme, ils sont unis étroitement, & l'un est obligé de suivre l'autre dans tous ses mouvemens.

49. *POUMON.*

C'est une partie du corps humain qui est composée de vaisseaux & de vésicules membraneuses, & qui sert pour la respiration; la substance des poumons est membraneuse, étant composée d'une infinité de cellules ou vésicules qui semblent n'être autre chose que des expansions des membranes des branches auxquelles elles sont suspendues comme des grappes de raisin. Toute la substance des poumons est recouverte d'une membrane qu'on regarde comme une production de la plevre. Les vaisseaux des poumons sont l'artere & la veine pulmonaire, & les vaisseaux lymphatiques; en général, les poumons sont fort élastiques, susceptibles des moindres impressions de l'air, ils sont des especes de soufflets qui l'attirent & le rejettent.

50. *CŒUR.*

C'est un corps musculeux, situé dans la cavité de la poitrine, où toutes les veines aboutissent, & d'où toutes les arteres sortent, & qui par sa contraction & sa dilatation alternative, est le principal instrument de la circulation du sang, & le principe de la vie. Les parties principales du cœur sont la base, c'est le côté droit du cœur, sa pointe c'est son extrêmité gauche; son bord antérieur & son bord postérieur, ce sont deux des côtés de sa figure triangulaire, & ainsi de suite; ses ventricules sont les deux cavités creusées dans sa substance, & qui le constituent; le cœur a presque la figure d'un cône, sa grandeur n'est point déterminée, il a ordinairement six pouces de long & quatorze de circonférence; il est situé dans le milieu de la poitrine, dans le médiastin, entre les deux lobes du poumon.

Il est soutenu par de gros vaisseaux sanguins qui s'insèrent immédiatement dans sa substance; il est enveloppé d'une membrane mince & entourée de graisse vers sa base; il est creux & divisé en deux grandes cavités qu'on appelle *ventricules*.

51. *SANG.*

C'est la liqueur renfermée dans les arteres qui battent, & dans les veines correspondantes à ces arteres. Le sang paroît à la premiere inspection, homogene, rouge & susceptible de coagulation dans toutes les parties du corps; mais différentes expériences ont démontré qu'il a différens caracteres. Il y a dans le sang des parties volatiles qui s'exhalent continuellement en vapeurs aqueuses; il s'épaissit plus ou moins si on l'expose à une chaleur moindre que celle de l'eau, & même de 150 degrés; il n'est que la pourriture & la force de l'air échauffé à 96 degrés, qui puissent occasionner une dissolution fétide dans toute la masse du sang, & sur-tout dans le serum; car la partie séreuse est la plus susceptible, la partie rouge l'est moins. On ne peut déterminer au juste la quantité de sang du corps animal; il est constant que le poids des humeurs surpasse de beaucoup celui des parties solides, mais plusieurs de ces humeurs ne circulent point; telles sont la graisse & le suc glutineux qui unit les différentes parties. Si on en peut juger par les grandes hémorragies qui n'ont cependant pas fait perdre la vie, par les expériences faites sur les animaux desquels on a tiré tout le sang, par la capacité des arteres & des veines; les humeurs qui circulent, peuvent s'évaluer au moins à 50 livres, dont la cinquieme partie constitue ce qu'on appelle le vrai sang; les arteres en contiennent environ la cinquieme partie, & les veines les quatre autres. La proportion de ces élémens n'est pas toujours la même, car l'âge viril, l'exercice, augmentent le sang renfermé dans les vaisseaux sanguins, sa rougeur, sa force, la cohésion de ses parties globuleuses; la nature des alimens lui donne la couleur rouge ou le change en parties aqueuses. Ainsi la partie rouge du sang paroît sur-tout propre à produire la chaleur; le serum qui est la partie blanchâtre, est destiné à la nutrition des parties, à la dissolution des alimens, à arroser la surface externe & interne des cavités du corps humain, à entretenir la souplesse dans les solides, au mouvement des nerfs, c'est ce qui fait que les vieillards qui ont moins de serum que les jeunes gens, sont moins agiles & moins vifs. Le sang n'a pas la même couleur dans tous ses vaisseaux; les expériences faites sur les animaux le démontrent. Si l'on ouvre un chien après qu'il aura mangé, on verra qu'il se trouve dans les arteres pulmonaires une matiere blanchâtre mêlée avec le sang; dans les veines, le sang est plus rouge, parce qu'il est entiérement fait, & que cette matiere blanchâtre n'est encore qu'une espece de résidu qui devient sang avec la digestion & la circulation ou filtration de toutes les molécules; en général, la rougeur du sang dépend de la cohésion des globules du chyle, ces globules par la pression qu'ils ont soufferte, ont été unis dans les arteres capillaires. Cette rougeur du sang dépend du mouvement qui se trouvant moins fort dans les veines, doit aussi y produire moins d'effet que dans les arteres où il abonde.

52. *ABDOMEN.*

Partie du corps, comprise entre le thorax & les hanches; les principaux visceres du corps sont contenus dans cette partie. Les anatomistes divisent le corps en trois régions, la tête, le thorax ou la poitrine, & l'abdomen qui fait la partie inférieure du trone & qui est terminé en haut par le diaphragme, & en bas par la partie inférieure du bassin des os innominés ; l'abdomen est doublé intérieurement d'une membrane unie & mince appellée *péritoine*, qui enveloppe tous les visceres contenus dans l'abdomen, & qui les retient à leur place ; quand cette membrane vient à se rompre ou à se dilater, il arrive souvent que les intestins & l'épiploon s'engagent seuls ou tous deux ensemble dans les ouvertures du bas-ventre, & forment ces tumeurs qu'on appelle *hernies*. Les muscles de l'abdomen servent, par leur contraction & dilatation alternative, à la respiration, à la digestion & à l'expulsion des excrémens.

53. *SUBSTANCE CORTICALE.*

Se dit de la partie extérieure du cerveau & du cervelet, ou de la partie qui est immédiatement au-dessous de la *pie-mere*, ainsi appellée parce qu'elle entoure la partie intérieure ou médullaire ; cette substance est de couleur grisâtre ou cendrée. La substance corticale est plus molle & plus humide que la médullaire, elle l'accompagne dans ses circonvolutions ; elle est formée par des ramifications capillaires des arteres carotides qui font un lassis dans les meninges, & qui de-là se continuent dans cette substance par des ramifications capillaires imperceptibles.

54. *SUBSTANCE MÉDULLAIRE.*

C'est la partie la plus fine & la plus subtile de la moëlle des os, elle ne passe pas dans les os par des conduits, mais par de petites vésicules accumulées en lobules distinctes, & revêtues de différentes membranes qui enveloppent la moëlle ; & les parties de cette huile ou substance qui vont aux articulations, s'y rendent par des conduits qui traversent l'os ; la ſubſtance médullaire du cerveau paroît compoſée de fibres creuſes, dont l'origine eſt dans les extrêmités des artérioles, & la fin dans les nerfs ; elle a un peu plus de conſiſtance que la ſubſtance corticale.

55. THORAX.

C'eſt cette partie du corps humain qui forme la capacité de la poitrine, & renferme le cœur & les poumons. Le thorax eſt terminé en haut par les clavicules, & en bas par le diaphragme ; la partie antérieure ſe nomme le *ſternum* ; les parties latérales, les côtes, les parties poſtérieures ſont l'épine, les vertebres du dos, & l'omoplate. Outre le cœur & les poumons, le thorax contient encore la veine-cave aſcendante, l'aorte, la veine & l'artere pulmonaire, la trachée-artere, l'œſophage, &c.

56. CRYSTALLIN.

Eſt une eſpece de lentille ſolide, ſphérique ; il eſt plus près de la cornée que la rétine, il eſt compoſé d'une infinité de vaiſſeaux, il eſt deſtiné à rompre les rayons, de maniere qu'il les raſſemble ſur la rétine de l'œil, & y forme l'image des objets qu'y doit produire la viſion. Le cryſtallin eſt placé à la partie antérieure de l'humeur vitrée, & y eſt retenu par une membrane qui l'environne ; on trouve ſous cette membrane une eau fixe tranſparente ; après cette eau, une ſubſtance molle qui entoure un noyau plus dur ; c'eſt de ce noyau que commence la cataracte ; après la mort il eſt le premier à s'obſcurcir. Le diametre du cryſtallin dans l'homme, a pour l'ordinaire 4 lignes $\frac{1}{4}$ ou $\frac{1}{2}$. ſon épaiſſeur 2 lignes ou 2 lignes $\frac{1}{4}$. ſa convexité antérieure eſt une portion de ſphere dont le diametre eſt de 6 lignes, 6 lignes $\frac{1}{2}$. la convexité poſtérieure eſt une portion de ſphere dont le diametre eſt de 5 lignes ou 5 lignes ½. C'est la configuration particuliere du crystallin qui fait qu'une personne est myope ou presbyte, c'est-à-dire qu'elle a la vue courte ou longue.

57. PHARINX.

Il se dit de l'ouverture supérieure de l'œsophage ou du gosier, qui est placé au fond de la bouche; on l'appelle plus particuliérement le gosier, par où commence l'action de la déglution, & où elle reçoit sa principale forme; cette fonction est aidée par tous les muscles qui composent principalement le pharinx.

58. VAISSEAUX CAPILLAIRES.

Ce sont les dernieres & les plus petites ramifications des veines & des arteres qui sont insensibles, & qui, lorsqu'on les rompt, ne rendent que fort peu de sang.

59. NERF SCIATIQUE.

Il est formé par l'union de la derniere paire lombaire; dans le trajet qu'il parcourt il jette plusieurs filets aux muscles fessiers & aux autres parties voisines, & lorsqu'il est parvenu au creux du jarret, il se divise en deux branches qui s'accompagnent & s'écartent ensuite peu à peu, en se glissant derriere les condyles du fémur; la grosse est interne, la petite est externe, elles vont se distribuer à toute la jambe & peuvent s'appeller, dans ce trajet, *nerfs sciatiques cruraux;* la grosse branche sciatique après avoir formé plusieurs rameaux, va gagner en dessous de la plante du pied, où, après avoir fourni encore plusieurs rameaux, elle se divise en deux autres branches nommées *nerfs plantaires;* de-là on peut conclure que les douleurs de sciatique se font sentir dans l'os sacrum dans les commencemens, &

se répandent dans la plus grande partie de la cuisse & même de la jambe.

60. OS SACRUM.

Nom d'un os qui est la base & le soutien de toute l'épine du dos ; il paroît composé de plusieurs vertebres qui vont toujours en décroissant vers la pointe ; ces fausses vertebres, dans les jeunes sujets, sont unies par des cartilages mitoyens ; mais le tout s'ossifie dans l'adulte, elles ne forment plus qu'une seule piece. La face antérieure est concave, on y observe sur les parties latérales quatre trous, quelquefois cinq. L'os sacrum est terminé par le coccyx.

61. BRONCHES.

On appelle ainsi, en Anatomie, les petits tuyaux dans lesquels se divise la trachée-artere à son entrée dans les poumons, & qui sont distribués dans chaque partie du poumon, pour servir de passage à l'air dans la respiration. Les bronches sont composées de cartilages comme la trachée-artere, sinon que leurs cartilages sont parfaitement circulaires, sans avoir aucune partie membraneuse ni dure ; ils sont joints ensemble par une membrane qui les enveloppe ; ils sont tirés en dehors en longueur, dans l'inspiration, & en dedans dans l'expiration.

62. BRONCHIALE.

C'est une artere des poumons qui vient du tronc de l'aorte descendante, & après avoir embrassé la trachée, poursuit son cours avec les bronches dont elle accompagne toutes les branches dans leur cours. On nomme aussi bronchiale une veine qui vient des intercostales, qui accompagne l'artere, en se divisant en autant de branches qu'elle. L'artere porte le sang aux bronches pour leur nourriture & pour celle des vésicules des poumons, & la veine le rapporte à la veine-cave, dans laquelle elle se jette. L'artere bronchiale est quelquefois simple, souvent double ou triple.

63. *INTERCOSTAL.*

Se dit des nerfs, des muscles & des autres vaisseaux qui sont situés entre les côtes. Les deux nerfs intercostaux, ou les grands nerfs sympathiques, commencent chacun par un filet de la moëlle alongée; ils accompagnent la carotide dans le canal osseux de l'apophyse pierreuse de l'os des tempes. Ces nerfs sont situés tout le long des parties latérales du corps de toutes les vertebres, à la racine de leurs apophyses transverses. Dès qu'ils sont sortis du crâne, ils forment un ganglion, qui est situé tout le long des parties latérales des trois premieres vertebres. Ce ganglion se termine par un cordon fort menu qui descend sur les muscles fléchisseurs du col, il est enveloppé dans une espece de gaîne commune avec la jugulaire, il enferme l'artere carotide & quelques nerfs. L'artere supérieure intercostale est située entre les côtes & vient quelquefois de la souclaviere, d'autres fois de l'aorte inférieure, & elle se distribue ordinairement dans les trois ou quatre espaces des côtes supérieures; les inférieures viennent du tronc de la grosse artere, & se répandent dans les espaces des côtes inférieures & dans les muscles voisins.

64. *VERTEBRES.*

Piece osseuse dont plusieurs sont articulées de suite le long de l'épine, & forment la composition de la troisieme partie du squelette de l'homme. L'épine est composée de 24 vertebres, pieces mobiles, appuyées sur l'os sacrum: il y a sept vertebres pour le col, nommées *cervicales*, douze pour le dos, cinq pour les lombes. Les vertebres sont de substance spongieuse, recouvertes d'une petite lame compacte, avec un cartilage épais entre le corps de chaque vertebre; un grand trou se trouve au milieu de chacune pour le passage de la moëlle, elles ont aussi des échancrures par où s'échappent latéralement vingt-quatre paires de nerfs. Les vertebres du col se distinguent aisément des autres, parce qu'elles sont d'une longueur à-peu-près égale, que leurs corps sont plus solides que les autres, & applatis sur la partie antérieure, pour faire place à l'œsophage; cet applatissement peut venir de la pression que ce conduit fait dessus, & de l'action des longs muscles du cou, droits & antérieurs. Les cartilages d'entre ces vertebres, sont plus épais que ceux qui appartiennent aux vertebres du thorax, parce qu'ils sont destinés à un plus grand mouvement; la substance des vertebres cervicales, surtout de leurs corps, n'est pas si poreuse ni si tendre que celle des autres vertebres. En général, outre ces caracteres communs, les vertebres du col & de l'épine en ont de particulieres qui différencient les uns des autres; la premiere vertebre, sur-tout, a son usage unique de soutenir le globe de la tête, on l'appelle *atlas*; sa différence des autres vertebres, consiste en ce qu'elle n'a point de corps, mais elle a en place une arcade osseuse, qui, dans sa partie antérieure convexe, a une petite élévation où les muscles longs du cou sont insérés. Cette structure des vertebres est la même dans tous les sujets, c'est un méchanisme admirable dont la nature ne s'est point écarté.

65. MUSCLES.

C'est une partie charnue & fibreuse du corps animal, destinée à être l'organe & l'instrument du mouvement. Le muscle est un paquet de lames minces & paralleles, & se divise en un grand nombre de petits faisceaux ou petits muscles renfermés chacun dans sa membrane propre, & de la surface intérieure desquels partent une infinité de filamens transverses, qui coupent le muscle en autant de petites aires distinctes, remplies chacune, par leurs petits faisceaux, de fibres. Tous les muscles n'agissent qu'autant que leur milieu s'enfle ou se gonfle, ce qui les raccourcit assez pour tirer à eux & entraîner, suivant la direction de leurs fibres, les corps solides auxquels ils sont attachés. Ainsi tout ce qu'on peut demander de la structure des muscles, c'est de déterminer la cause de leur gonflement & celle de leur mouvement. Boerhaave a remarqué que les nerfs s'insinuent dans tous les muscles le long de leurs veines & de leurs arteres, & que sans faire même attention à leur enveloppe extérieure, ils se distribuent si parfaitement dans le corps du muscle, qu'on ne sauroit assigner aucune partie qui en soit destituée; enfin, qu'ils se terminent dans le muscle, au lieu que dans les autres parties du corps, leurs extrêmités se répandent en forme de membrane; de-là cet auteur a conclu que les fibres musculaires ne sont autre chose que les expansions les plus déliées des nerfs, dépouillées de leur enveloppe, creusées en dedans, de la figure d'un muscle, & pleines d'un esprit, que le nerf qui a son origine dans le cerveau, leur communique au moyen de l'action continuelle du cœur. Sans entrer dans le détail des propriétés des muscles, il suffit de dire que les forces extérieures forcées leur communiquent facilement leurs influences, & que dans tous les cas ils éprouvent une contraction proportionnelle à l'impression qu'ils auront reçue. Si les muscles portent le nom des parties qu'ils meuvent, ils prennent aussi différens noms par rapport à leur situation; on les nomme dans les deux cas, *frontaux*, *occipitaux*, *intervertebraux*, &c; &

fléchiſſeurs, *extenſeurs*, *rotateurs*, *dilatateurs*, &c; ils ſont longs, courts, ou moyens, ſuivant les parties qui les contiennent; les muſcles qui compoſent le corps humain, ſont au nombre de 400 environ; leur ſiege eſt principalement au crâne & à toute la tête, aux jambes & aux bras; les extenſeurs & les fléchiſſeurs ſont les plus communs & ſans doute les plus eſſentiels du corps humain.

66. *INTESTINS.*

Ce ſont des parties creuſes, membraneuſes & cylindriques, qui s'étendent depuis l'orifice droit de l'eſtomac juſqu'à l'anus, au moyen deſquelles le chyle paſſe dans les veines lactées, & les excrémens ſe vuident. Les inteſtins ne ſont qu'une continuation du ventricule, car ils ont le même nombre de tuniques, & ſont conſtruits de la même maniere que lui; ils aboutiſſent par différentes circonvolutions & inflexions à l'anus par lequel ils déchargent les excrémens; ils ſont ordinairement ſix fois auſſi longs que le corps qui les porte, ils ſont tous humectés de graiſſe, principalement le gros, afin de laiſſer un libre paſſage aux parties qui les rempliſſent en partie. Le dernier des inteſtins & le plus néceſſaire, eſt le rectum, qui s'étend depuis l'os ſacrum juſqu'à l'anus; il eſt attaché au col de la veſſie dans les hommes, au vagin dans les femmes, auquel il tient fortement par une ſubſtance membraneuſe. Les inteſtins reçoivent auſſi du ſang des arteres méſentériques, lequel retourne par d'autres veines; & quelques vaiſſeaux leur fourniſſent une infinité de ramifications, & varient ſouvent dans pluſieurs ſujets de même eſpece.

67. *MÉSENTERE.*

C'eſt un corps gras & membraneux, ainſi appellé, parce qu'il eſt ſitué au milieu des inteſtins qu'il attache

attache les uns aux autres. Le mésentere est d'une figure circulaire, avec une production étroite à laquelle la fin du colon & le commencement du rectum sont attachés ; il a environ quatre doigts & demi de diametre ; sa circonférence, qui est pleine de replis, est d'environ trois aunes ; les intestins sont attachés comme un bord à cette circonférence du mésentere, & ce bord est d'environ trois pouces de large. Son usage est de ramasser les intestins dans un petit espace, afin que les vaisseaux qui portent le chyle aient peu de chemin à faire jusqu'au réservoir commun ; de mettre à couvert ces vaisseaux & les vaisseaux sanguins, & d'attacher & disposer tellement les intestins qu'ils ne puissent s'embarrasser les uns dans les autres, ce qui empêcheroit leur mouvement.

68. *VESSIE.*

La vessie est une espece de poche membraneuse & charnue, capable de dilatation & de resserrement, située au bas de l'abdomen, vis-à-vis l'intestin rectum. Sa figure est ronde & oblongue, elle n'est pas toujours d'une grosseur égale dans le même sujet ; car elle s'étend beaucoup plus quand elle est remplie d'urine, & elle s'affaisse sous l'os pubis quand elle est vuide. La vessie est placée, dans les hommes, sur l'intestin droit ; & dans les femmes, entre la matrice, le vagin & l'os pubis. La vessie est attachée & jointe par son cou à la partie honteuse de l'homme & de la femme, au moyen de l'uretre, qui est le canal par où sort l'urine dans les deux sexes. Pour empêcher que l'urine ne sorte involontairement de la vessie, la nature a entouré son cou de fibres charnues, obliques & circulaires, qui retiennent l'urine jusqu'à ce qu'une contraction ou une force extérieure volontaire ou trop forcée les oblige à se dilater & à se détendre.

69. Os pubis.

Il est situé à la partie antérieure & supérieure du bassin. On distingue dans le pubis un angle ou tubérosité, & deux branches, dont l'une est fort épaisse, & s'appelle le *corps de l'os*, l'autre est applatie ; il forme une partie de la cavité cotyloïde de l'os des îles par son union avec l'ilium & l'ischion, & la partie supérieure du trou ovalaire par l'union de sa branche applatie avec celle de l'os ischion.

70. Bassin.

C'est la partie la plus inférieure de la cavité de l'abdomen ; il est toujours plus grand dans les femmes que dans les hommes, pour faire place à l'accroissement du fœtus. Cette cavité est très-fortifiée par des os, pour mettre à couvert des impressions extérieures les parties qui y sont contenues, il est formé & environné par les os des hanches, le coccyx & l'os sacrum. Le bassin des reins est un grand sinus ou cellule membraneuse dans la partie concave des reins ; des douze mamelons des reins sortent douze canaux, appellés *tuyaux membraneux* ; ils se réunissent en trois grosses branches, d'où enfin il résulte une seule qui forme le bassin ; ce bassin venant encore à se contracter, se termine à un canal membraneux appellé l'*uretere*. L'urine étant séparée du sang par les canaux urinaires auxquels elle a été apportée par les mamelons, les tuyaux membraneux la reprennent pour la reporter dans le bassin, d'où elle se décharge dans l'uretere, & de-là dans la vessie.

71. Trou ovale.

Il est une des choses particulieres au fœtus, & par où il differe de l'adulte ; il sert à la circulation du sang du fœtus jusqu'à ce qu'il puisse respirer, &

que les poumons soient dilatés ; il naît au-dessus de la veine coronaire, proche de l'oreillette droite, & passe directement dans l'oreillette gauche du cœur ; il reste quelquefois ouvert dans les adultes ; l'on en a plusieurs exemples.

72. ŒIL.

L'œil est de tous les organes des sens celui qui est sans doute le plus important & le plus précieux ; c'est par lui que nous appercevons de la maniere la plus prompte & la plus distincte l'infinité des objets ; comme c'est par les autres sens que nous en recevons les impressions matérielles. Sans s'arrêter à donner la description externe de l'œil, il suffira de le considérer comme enveloppé de muscles, dont l'expression varie suivant les sujets, & de dire qu'il est placé dans la partie la plus élevée du corps, afin de nous faire découvrir de plus loin ce qui est avantageux ou nuisible, & pour communiquer plus promptement au cerveau les impressions diverses des objets visibles. Des usages différens de toutes les parties musculeuses qui composent l'œil, il en résulte la vision, qui n'est causée que par un ébranlement de la rétine excité par la lumiere, soit directe, soit réfléchie, dont l'impression se communique au cerveau, où demeurant, elle fait qu'on se ressouvient des choses apperçues lorsque les traces de cette impression se réfléchissent dans ce viscere ; de sorte que *voir* est seulement recevoir l'impression des objets éclairés qui nous frappent, & les appercevoir à son occasion. C'est de-là que l'on a dit que la lumiere qui réjaillit ou qui émane en droite ligne de tous les objets visibles, envoie sur notre œil qui les regarde autant de cônes lumineux qu'il y a de points perceptibles dans la surface des objets. Ainsi les filets nerveux & membraneux de l'œil forment un tissu compacte, par-tout très-mobile & homogene à la lumiere, c'est en quoi consiste sa transparence; donc on ne peut refuser à ce solide la qualité d'organe immédiat de la vision.

73. OREILLE.

Le sens le plus noble & le plus essentiel au corps de l'homme est celui de l'ouïe, tant par la délicatesse & l'étendue de ses opérations, que par la structure des parties qui le composent; l'oreille renferme des cavités, des cartilages, des nerfs, des muscles & des arteres. La peau qui la couvre est fort déliée & adhérente au cartilage par le moyen d'une membrane nerveuse qui la rend sensible; les nerfs sortent de la seconde paire des vertebres du cou; les arteres viennent des carotides, & les veines vont aux jugulaires. L'oreille a des muscles supérieurs & postérieurs, l'un prend son origine du muscle frontal, & les autres de l'os occipital & de l'apophyse mamillaire. Au-dessus des oreilles il y a de grosses glandes appellées *parotides*, dont l'usage est de séparer la salive; elle est composée intérieurement encore de conduits & de membranes; il y a dans le conduit tortueux une peau qui le tapisse de petites glandes qui fournissent intérieurement une humeur jaune & fort amere, pour empêcher qu'il ne s'y glisse des choses imperceptibles qui pourroient lui nuire; ce conduit est tortueux, oblique & étroit pour empêcher que l'air trop agité ne porte sa violence directement contre la membrane qui le termine; l'extrémité intérieure du conduit est terminée par une peau seche, mince, transparente & tendue, qu'on appelle *tambour*; cette peau ne contient cependant pas toute la capacité du conduit, ce qui fait qu'il y a une communication ouverte de la bouche à cette partie. C'est par ces nerfs, ces cavités, ces conduits auditifs que se forme la sensation de l'ouie. L'air extérieur étant agité par des secousses très-promptes, entre dans le conduit & va frapper le tympan ; l'agitation de cette membrane ébranle le petit nerf qui est derriere, & trois petits os qui y sont attachés, & fait passer, dans l'air intérieur, le mouvement qu'il a reçu de dehors ; cet air, par sa réflexion & par la repercussion des parties solides entre lesquelles il est comprimé, fortifie son agitation en se glissant dans les détours du labyrinthe, parce qu'il y pénetre d'un espace large dans un plus étroit. Cet air communiquant donc ses diverses modifications aux nerfs qui vont au sens commun, l'ame se forme des idées qu'on appelle des *sons*.

74. NEZ.

Il est composé d'os, de tégumens, de glandes, de muscles, de cartilages & de vaisseaux ; les os forment, par leur union, une voûte qui fait la partie antérieure & supérieure du nez ; il a sept muscles ; les vaisseaux arrosent sa membrane, & versent dans les narines une liqueur glaireuse, qui vient du sinus maxillaire, ou plus clairement du cerveau dont elle est la substance superflue. Il y a aussi le canal nazal qui se forme de la réunion des deux points lacrymaux ; c'est par ce conduit qu'une partie des liqueurs qui arrosent l'œil coule dans le nez. Il est rempli intérieurement de lames cartilagineuses, séparées les unes des autres : chaque lame se partage en plusieurs autres qui sont roulées en spirale ; les extrémités de ces lames aboutissent à la racine du nez, en s'étendant presque horizontalement de dedans en-dehors, & les trous, dont l'os cribleux est percé, sont vis-à-vis des intervalles qui les séparent. La tunique intérieure qui constitue la perfection du nez, est d'autant plus nécessaire que s'il n'y avoit point de détours & de sinuosités formés par l'intervalle qu'elle oppose, l'air qui passe par le nez pour entrer dans la poitrine, la plus grande partie des corps ou atomes qu'il entraîne, auroit passé immédiatement avec l'air dans la poitrine, sans causer aucun ébranlement dans l'organe. D'après cela on peut définir ainsi l'odorat. Les petits atomes qui exhalent d'un corps odorant sont portés avec l'air dans le nez, où, frappant sa membrane intérieure, ils ébranlent une quantité de rameaux des nerfs; & la matiere subtile dont ils sont remplis, ou plutôt les fibrilles qui s'étendent suivant la longueur de ces nerfs, recevant ces ébranlemens d'une extrémité à l'autre, il est sensible qu'ils les portent incessamment jusqu'aux éminences cannelées où ces filamens prennent leur origine, & où l'ame qui connoît les différentes ondulations des objets, dans leur production, sur les esprits & les fibres nerveuses, juge que c'est l'impression d'un corps odorant d'où naît la sensation d'odeur qui excite dans l'ame une certaine perception confuse des corps qui émeuvent l'organe immédiat de l'odorat qui n'auroient pas assez de force pour ébranler vivement cet organe, si elles n'y étoient appliquées par l'air inspiré qui augmente leur mouvement.

75. BOUCHE.

Les parties principales de la bouche sont la langue & le palais. Celui-ci est la partie supérieure, il est un peu concave, ce qui le fait appeller la *voûte*; il est formé par les os maxillaires & par les os du palais; il est revêtu, comme le dedans des joues & de la bouche, d'une tunique épaisse & ridée. La substance de cette tunique est parsemée de glandes conglomérées qui se contiennent jusqu'aux amigdales. Ces glandes séparent une sérosité qu'elles déchargent dans la bouche par une infinité de petits tuyaux qui la percent comme un crible. La luette a une petite éminence charnue fongueuse, un peu plus large & plus épaisse vers le haut que vers le bas où elle se termine en pointe émoussée ; elle prend du palais sur la fente du larynx au-dessus de la racine de la langue ; elle est composée de la réunion de deux petits muscles ronds qui viennent de la cloison du nez ; ils servent à la lever en-haut, & lorsque les muscles n'agissent plus, elle descend par sa pesanteur. On apperçoit aussi deux arcades qui sont l'entrée des fentes nazales, elles sont composées de fibres circulaires & de petites glandes ; c'est par le redressement de ces arcs demi-circulaires qui deviennent droits en s'alongeant, que l'air se comprime dans la bouche ; ils empêchent, en se mettant au-devant de l'entrée du larynx, que l'air ne s'échappe de la bouche quand on respire en gonflant les joues. Aux côtés de l'entrée du gosier, un peu au-dessous de la luette, entre le larynx & des muscles, il y a deux glandes conglomérées, qu'on appelle *amigdales* : elles ont des vaisseaux, en recevant des arteres & des veines des rameaux voisins, qui procedent des carotides & des jugulaires ; elles séparent & filtrent les sérosités qui servent à humecter la langue, le larynx & l'œsophage. La langue est composée de membranes, de chairs, de vaisseaux, de glandes, de ligamens & de muscles ; elle est couverte d'une membrane assez forte qui tient lieu d'épiderme ; elle a de petites éminences dures & pointues, qui sont plus émoussées & plus molles dans l'homme que dans la plupart des animaux ; la langue a une chair toute fibreuse & musculeuse, dont les filets s'étendent de sa base à sa pointe, & qui l'alongent & la raccourcissent selon le besoin. Elle a quatre grosses glandes en-dessous qui filtrent une sérosité comme une espece de salive, qu'elles déchargent par de petits canaux dans la bouche vers les gencives. Cette méchanique de la langue & du palais fait connoître que le goût consiste dans les émotions plus ou moins modifiées que les sels des alimens causent aux esprits, ou plutôt aux [illegible] sensibles de la langue, en irritant les nerfs ; ainsi les diverses impressions que les corps savoureux, les [illegible] des alimens, ou tous corps, soit solides, soit fluides, font sur les houppes nerveuses, étant transmises jusqu'au sens, lui donnent occasion d'éprouver les sensations proportionnelles de la saveur, de l'amertume, du déchirement & de toutes perceptions douloureuses.

76. OMOPLATE.

L'intérieur de l'omoplate est cet os qui forme l'épaule ; il est large & mince sur-tout au milieu & épais aux apophyses. Elle est située à la partie postérieure des os supérieurs, où elle sert comme de bouclier. La figure de l'omoplate en dehors est presque triangulaire, dont deux angles sont postérieurs, & le troisieme antérieur. Elle est convexe en dehors & concave en dedans, tant pour s'annexer aux côtes sur lesquelles elle est posée que pour contenir son muscle principal. La cavité de l'omoplate est enduite d'un cartilage qui facilite le mouvement, elle a un bord ligamenteux, qui formant la cavité la plus profonde, & embrassant la tête de l'humérus, en forme l'articulation. L'usage de l'omoplate est de donner origine & insertions aux muscles comme tous les autres os ; elle attache le bras au corps, elle lui sert d'appui pour lui faciliter le mouvement ; elle forme l'épaule & défend les parties internes par sa partie la plus large, qui est appliquée sur les côtes qu'elle affermit. Le bras n'est composé que de l'humérus qui est l'os le plus grand & le plus fort de tous ceux de cette extrêmité ; il est soutenu par une infinité de muscles qui lui donnent l'articulation ; & son corps, c'est-à-dire celui de l'humérus, a une cavité interne qui renferme de la moëlle ; on y remarque encore une ligne qui descend & qui se termine en deux condiles ;

elle a une superficie inégale pour attacher plus fortement les muscles qui s'inserent à cet os.

77. FEMUR.

La cuisse est faite, comme le bras, d'un seul os qui est le plus grand & le plus fort de tous les os du corps, parce qu'il en porte en lui seul le plus pesant fardeau, étant sans cesse tiré & comprimé par les muscles les plus puissans. La partie qui est à l'extrêmité de la cuisse & au-dessus de la jambe, s'appelle *rotule*, qui est un os particulier un peu plat & d'une figure arrondie qui approche de la triangulaire, il est couché au-devant de l'articulation du fémur avec le tibia. La rotule est maintenue en son lieu par un ligament particulier, & couverte des aponevroses des quatre muscles extenseurs de la jambe, lesquelles sont attachées à sa partie externe & à ses bords; elle forme, généralement parlant, la charniere la plus parfaite. Le tibia est l'os de la jambe, il est cave dans sa longueur & contient de la moëlle; ses articulations principales sont fortifiées par des ligamens qui embrassent les apophyses des deux os mutuellement articulés, & qui attachent les os de la jambe avec ceux de la cuisse; tout ce qui est compris depuis l'articulation inférieure de la jambe, jusqu'au bout des doigts du pied, s'appelle *le pied*, il est composé du tarse, du métatarse & des orteils. En général, les muscles de la jambe & ses ligamens font mouvoir le pied, comme ceux du bras font mouvoir les parties inférieures qui sont la main & les doigts.

78. VENTRE.

Le ventre est cette cavité qui s'étend depuis le diaphragme jusqu'à l'os pubis. La substance du ventre est molle & charnue pardevant, afin qu'il puisse s'étendre & se resserrer aisément, tant pour faciliter la digestion des alimens, & l'expulsion des excrémens, que pour donner de l'espace aux intestins quand il est trop rempli, ou à la matrice pendant les grossesses. Le ventre est borné à sa partie supérieure, par le diaphragme, antérieurement par le cartilage xiphoïde, & à côté par les fausses-côtes. On divise ordinairement le ventre en partie antérieure & postérieure; l'antérieure s'appelle *abdomen*, la supérieure s'appelle *épigastrique*, la moyenne *umbilicale*, & l'inférieure, *hypogastrique*; la premiere commence au cartilage xiphoïde, & finit à quelque intervalle au-dessus de l'umbilic; la seconde commence où finit la premiere, & se termine à quelque espace au-dessous de l'umbilic; & la derniere descend jusqu'à l'os pubis. La partie moyenne de la région umbilicale se nomme *umbilic* ou *nombril*, ses parties latérales sont les deux lombes. L'umbilic renferme la plus grande partie de l'intestin jejunum & des autres intestins grêles avec le mésentere; le lombe droit contient le rein droit, l'intestin cœcum & une partie du colon; & le gauche, le rein gauche & une autre partie du colon & du jejunum. La partie postérieure du ventre, s'étend depuis les dernieres côtes jusqu'à la fin de l'os sacrum, c'est-à-dire depuis la premiere vertebre des lombes jusqu'au coccyx; elle se divise en supérieure qu'on appelle le *rable*, en inférieure, qu'on appelle *les fesses*, entre lesquelles est l'anus. Ainsi le ventre est cette cavité qui contient & renferme les parties qui ont servi à la nourriture & à la secrétion de l'urine, des excrémens, & à la génération. Le nombril est un nœud formé de la réunion des vaisseaux umbilicaux, qu'on coupe à l'enfant dès qu'il est né. Ce cordon est une gaîne forte & souple qui renferme depuis le ventre de l'enfant jusqu'au placenta, les parties qui auroient été trop foibles pour pouvoir résister aux mouvemens de l'enfant dans la matrice.

79. STERNUM.

La poitrine est en partie osseuse & cartilagineuse & charnue ; parce qu'elle sert non-seulement à défendre le cœur & les poumons, mais il faut encore qu'elle puisse s'étendre & se resserrer suivant les mouvemens de ces parties ; elle est d'une figure ovale, elle est bornée par en haut de clavicules ; pardevant du sternum qui est la partie médiante, qui touche par en haut aux clavicules, & par en bas au cartilage xiphoïde, il se porte un peu en devant, & se courbe sur les côtés, pour former la figure ronde & ovale de la poitrine, sur laquelle il est couché. Le sternum change suivant les différens âges ; aux enfans, il est tout cartilagineux ; aux vieillards, il est tout osseux ; & à ceux qui sont entre les deux âges, il est en partie osseux & en partie cartilagineux ; il est aussi fort spongieux & très-léger, vu sa grandeur. L'usage du sternum est de joindre & d'articuler les côtes & les clavicules, de défendre & de contenir le cœur & les parties de la respiration.

80. VERGE.

Elle est placée à la partie inférieure & externe du bas-ventre, elle est adhérente & attachée à la partie moyenne & inférieure de l'os pubis. La verge est seche & dépourvue de parties grasses, elle a beaucoup de nerfs, d'arteres & de veines ; elle a deux nerfs qui la rendent très-sensible, ils viennent de la derniere paire de la moëlle alongée, & sortant par les trous de l'os sacrum, ils montent ; & parcourant le dos de la verge, ils se distribuent à tout son corps, au gland, aux muscles ; les plexus du bassin lui envoient encore des nerfs. Il y a quatre principaux muscles à la verge, les deux érecteurs & les deux éjaculateurs ; les érecteurs se gonflant dans leur corps & se raccourcissant, ils compriment les vésicules séminaires, & obligent la semence d'entrer dans l'uretre, d'où elle sort ensuite avec impétuosité par l'acte de sa compression ; l'uretre est le canal qui s'étend depuis le col de la vessie jusqu'au bout de la verge, ayant quelque continuité avec le gland ; il est situé au-dessous & au milieu des corps caverneux qui sont séparés l'un de l'autre, mais qui dans leur union se joignent & forment un Y ; ces corps couvrent & embrassent le conduit de l'urine & vont finir au gland ; l'uretre a une partie spongieuse & dilatable, il est composé de deux membranes charnues & tissues de fibres transverses ; son usage est de tenir lieu de conduit commun à la semence & à l'urine. Les prostates sont deux corps glanduleux, ils sont placés à côté l'un de l'autre, & situés à la racine de la verge, sous le col de la vessie au commencement de l'uretre ; les orifices des tuyaux qu'ils contiennent apportent l'humeur glaireuse de ces corps glanduleux dans l'uretre, & sont autour du trou par où sort la semence ; les vésicules séminaires servent de réservoir à la semence ; il sort de ces vésicules deux petits conduits, qui diminuent de largeur à mesure qu'ils approchent de l'uretre, ils sont séparés par une cloison. Le périné est une ligne ou suture qui commence à l'anus & qui finit au gland.

81. TESTICULES.

Ils sont situés à l'homme hors de l'abdomen, à la racine de la verge, dans le scrotum qui est une bourse faite de deux membranes qu'on nomme communes, à cause qu'elles entourent également les deux testicules. Les tuyaux n'ont de part à la formation de la semence, malgré le sentiment de plusieurs auteurs, que parce qu'ils charrient le sang dont la semence doit être séparée dans le testicule. Les testicules sont d'une figure ovale & de la grosseur d'un œuf de pigeon; les veines ne portent rien aux testicules, les arteres qui leur distribuent le sang, viennent toujours du tronc de l'aorte, & ceux à qui on a ôté un testicule, engendrent également; les testicules sont enveloppés de cinq tuniques, ils sont soutenus par deux muscles, ils prennent leur origine d'un ligament qui est à l'os du pénil, où les muscles transverses de l'abdomen, finissent. Pour comprendre l'usage des testicules, il faut remarquer que l'artere spermatique va toujours entre les circonvolutions de la veine, afin que le sang qu'elle contient, soit échauffé, raréfié & mis en mouvement par la chaleur du sang de la veine, ce qui le dispose à être filtré dans le testicule où il commence à faire sa précipitation. La partie la plus délicate, la plus fermentative, la plus subtile & la plus pénétrante du sang, est filtrée & séparée du reste, dans le testicule par sa substance glanduleuse qui ne permet le passage qu'à une portion de sang qui est parvenue à un certain degré de volatilité & de force, & le reste est repris par les veines; cette partie du sang ainsi filtrée, est perfectionnée par la longueur des tuyaux où elle passe, car plus une liqueur coule lentement, plus ses parties ont de tems pour se subtiliser; cette liqueur est encore épurée dans le canal excrétoire du testicule qui va former l'épididyme; ce canal est fait de la réunion de trois ou quatre petits tuyaux, qui en sont comme les racines, & qui, en traversant le testicule par le milieu, reçoivent par plusieurs ruisseaux, tout ce qui a été filtré dans les paquets des vaisseaux & dans les cellules. La semence se rectifie de plus en plus, en passant par le canal déférent où elle commence à blanchir & à devenir écumeuse & un peu consistante: au lieu que dans le testicule, elle est encore grisâtre & fluide ; elle reçoit enfin son dernier degré de perfection, c'est-à-dire l'activité & les caracteres qui la rendent fermentative & féconde par l'influence des esprits dans la passion ; car l'acte vénérien ne met pas seulement la semence en mouvement, mais il l'atténue & l'anime en la faisant pétiller dans les réservoirs. Cette semence est conservée dans les dilatations du canal déférent, & celle que les vésicules séminales ont filtrée, reste dans leur propre capacité, d'où elle sort quand l'imagination est échauffée par des images & des pensées ; alors elle est en mouvement & se raréfie de telle maniere, qu'elle force les soupapes qui garnissent ses conduits & leurs ouvertures ; mais ce qui contribue davantage à sa sortie, c'est la compression des membranes charnues qui en couvrent les réservoirs, & qui se contractent par l'ébranlement des nerfs & l'affluence des esprits. Pour parler en dernier lieu des testicules, on dira qu'en général l'homme en a deux, qu'on en a vu trois sur quelques sujets, ainsi qu'un seul sur d'autres ; quelques auteurs ont rapporté aussi que les testicules & la verge sont demeurés cachés dans l'abdomen jusqu'à l'âge de puberté à quelques personnes à qui ces parties n'ont paru au-dehors que par quelque effort violent qu'elles ont fait ; on a remarqué que les hommes qui ont trois testicules ont ordinairement plus d'ardeur que ceux qui en ont deux ou un ; ces témoignages sont assez reconnus pour n'en pouvoir douter.

82. *Matrice.*

Elle est le principal organe où s'acheve la génération, on la nomme aussi *utérus* à cause de sa figure & de son usage ; elle est située au bas de l'hypogastre, entre le rectum & la vessie, dans la cavité qu'on nomme le *bassin* qui est plus ample aux femmes qu'aux hommes, afin de donner à cet organe la liberté de s'étendre, de sorte qu'elle est environnée par sa partie extérieure de l'os pubis, par sa postérieure de l'os sacrum, & par les latérales des os ilion & ischion. La grandeur de la matrice ne peut se déterminer immédiatement, étant différente selon les différens états où se trouvent les femmes & les filles; elle n'est pas plus grosse qu'une noix dans celles-ci, & dans les femmes elle est de la grosseur d'une petite courge; lorsqu'elle contient un fœtus, elle devient d'une grandeur prodigieuse, & monte quelquefois jusqu'au nombril; à l'égard de son épaisseur, elle varie aussi beaucoup; dans les vierges, elle est mince; & dans les femmes qui ont eu des enfans, elle a un peu plus d'épaisseur. L'épaisseur de la matrice change encore & s'augmente sensiblement dans le tems des regles, parce que le sang qui y aborde étant versé dans toute sa substance, il la tuméfie, mais elle diminue à mesure qu'elles s'écoulent. En général la profondeur de la matrice, quand elle ne contient point de fœtus, est d'environ trois doigts; sa figure est ronde & oblongue, elle ressemble à une poire ou à une fiole renversée; on voit deux petites éminences aux parties latérales & supérieures de son fond, qu'on appelle les cornes de la matrice. Ces éminences qui répondent à deux petits enfoncemens qui sont en haut & aux côtés de la cavité de l'utérus, se trouvent proche des extrêmités par lesquelles les trompes s'insèrent dans le fond de cette poche. La substance de la matrice est membraneuse, & en quelque façon charnue, afin qu'elle puisse s'ouvrir pour recevoir la semence, se dilater & s'étendre pour l'accroissement du fœtus, se resserrer pour l'aider à sortir dans le tems de l'accouchement, & pour pousser après lui l'arriere-faix, & enfin se remettre dans son état naturel. La membrane propre qui peut passer pour la substance même de la matrice, est composée de plusieurs sortes de fibres diversement entrelacées, pour former des espaces cellulaires à peu-près comme dans les glandes conglobées; toute cette substance est tapissée par dedans d'une membrane nerveuse qui sert à la sensation, & qui appuie les fibres musculeuses de la substance de la matrice, dont la surface concave est lisse & égale dans son fond, excepté cependant dans les tems des menstrues où elle éprouve plus d'inégalité. Les arteres de la matrice sont en grand nombre, elles servent à porter le sang qui est nécessaire pour la nourriture du fœtus, elles le versent par une infinité de petits rameaux, principalement dans la partie glanduleuse à laquelle tient tout le corps du placenta, pour être conduit par le cordon à l'enfant ou au fœtus. L'orifice externe de la matrice est composée de plusieurs parties dont les unes paroissent à l'extérieur, comme le pénil, les levres & la grande fente; les autres sont cachées, comme les nymphes, le clitoris, le méat de l'urine & les caroncules; le pénil est situé à la partie antérieure des os pubis, il est graisseux, en forme de bourrelet; les grandes levres sont faites d'une peau redoublée & garnie intérieurement de chair spongieuse; l'espace qui se trouve entr'elles s'appelle *la grande fente*, parce qu'elle est beaucoup plus grande que l'entrée du col de la matrice, elle va jusqu'au périnée; les nymphes sont deux productions ou excroissances charnues, molles & spongieuses, elles conduisent l'urine en dehors, elles sont situées entre les deux levres à la partie supérieure; leur couleur est rouge comme la crête d'un coq, leur figure ressemble à une ovale coupée; leur principal usage est de s'étendre, afin de permettre aux grandes levres de prêter, autant qu'il le faut, pour le passage du fœtus dans le tems de l'accouchement. Le clitoris est un corps glanduleux, long,

long, rond & un peu gros à son extrêmité; c'est une des parties la plus sensible pour la femme, il ressemble par sa structure à la verge de l'homme, excepté qu'il n'a point l'apparence de l'enveloppe qu'on appelle *prépuce*; quoiqu'il soit assez ordinairement plus petit & plus mince que la verge de l'homme, néanmoins on a trouvé des femmes dont la longueur du clitoris approchoit de celle du membre viril; il n'est pas percé, quoiqu'il ait un gland, il est composé de nerfs & de muscles dont la contraction comprime des canaux sanguins, & les oblige de se décharger dans la substance spongieuse du clitoris; il a aussi deux éjaculateurs qui sortent du sphincter de l'anus, en s'avançant latéralement le long des levres. Les caroncules & les prostates font partie des corps qui composent celle dont on vient de traiter.

83. *VAGIN.*

Ce col de la matrice est un canal rond & long en forme de fourreau; il est d'une substance nerveuse & spongieuse, ce qui fait qu'il peut s'étendre & se resserrer; il est composé de deux membranes, l'une extérieure, qui est rouge & charnue, ayant ses fibres dirigées suivant la longueur de la partie, & faisant l'office d'un sphincter; c'est elle qui attache la matrice avec la vessie & le rectum; l'autre intérieure est blanche, nerveuse & ridée orbiculairement, sur-tout à la partie qui approche de l'orifice externe. Quelques anatomistes ont prétendu qu'il y a une membrane qu'ils appelloient *hymen*, située dans le vagin, proche des caroncules; ils veulent qu'elle soit placée en travers; qu'elle soit percée dans son milieu pour laisser couler les regles; qu'elle demeure ainsi tendue jusqu'à ce que, par l'approche de l'homme, elle soit rompue & déchirée, & qu'enfin cet hymen est le signe de la virginité. Sans s'arrêter à combattre cette opinion, on dira seulement que, malgré les recherches qu'on a faites, on n'a jamais apperçu cette cloison; mais qu'on a trouvé le col de la matrice fermé d'une membrane à quelques sujets, comme on l'a trouvé à l'endroit des caroncules à quelques autres, encore ce sont des faits particuliers & extraordinaires.

84. TROMPES.

Elles naissent du fond de la matrice par une production fort petite, & se dilatent insensiblement jusqu'à leur extrémité. Les trompes sont attachées au-dessous des testicules par des membranes larges & déliées, qui ressemblent aux ailes de chauve-souris; le dedans est ridé, leur longueur est de quatre à cinq doigts, & leur grosseur de celle d'un tuyau de plume; elles ont les mêmes vaisseaux que les testicules, savoir des veines, des arteres & des nerfs qui se distribuent aux ovaires, & des lymphatiques qui vont au réservoir. La substance des trompes est charnue & membraneuse pour avoir du mouvement, pour se dilater & se resserrer selon qu'il est nécessaire.

85. PLACENTA.

Sa figure est ronde & mollette, concave ou convexe; son siege est dans la matrice d'un femme grosse, son diametre est d'environ huit pouces & quelquefois un pied; sa masse est charnue & composée de ramifications des arteres & des veines ombilicales, il est attaché au fond de la matrice qui en contient autant qu'il y a de fœtus; il est doué d'une action particuliere qui cesse au moment de l'accouchement; mais, après cette opération, il doit être séparé de la matrice & tiré dehors. On l'appelle encore *arriere-faix*.

86. OVAIRES.

Ce sont les testicules des femmes qui sont situées dans la capacité du bas-ventre aux côtés du fond de la matrice, duquel ils sont éloignés de deux doigts. Leur grosseur n'excede pas ordinairement celle d'un petit œuf de pigeon. Leur figure n'est pas absolument ronde, mais large & applatie dans leur partie antérieure & supérieure; leur superficie externe est inégale & bosselée. Ils sont attachés & retenus dans leur place par un ligament large, & ils tiennent aux côtés de la matrice par un ligament court & fort; ils sont encore comme liés vers la région de l'os des îles par les vaisseaux spermatiques, & par le péritoine qui va de la trompe aux testicules, & qui lui sert comme de mésentere. La substance des testicules ou ovaires n'est autre chose qu'un amas de vésicules. Quand on examine les vésicules contenues dans l'ovaire de la femme, on y voit une infinité de vaisseaux sanguins d'une extrême délicatesse qui se ramifient sur leurs tuniques. Il y a sans doute aussi de petites glandes imperceptibles qui servent à filtrer une liqueur laiteuse, laquelle, en se perfectionnant dans la cavité de ces vésicules, compose la matiere & le germe où le fœtus est contenu.

87. COLON.

C'est un des gros intestins & le plus ample de tous, c'est en lui que se font sentir les douleurs de la colique. Sa longueur est de huit ou neuf pieds; il commence à la fin du cœcum, qui est le premier des gros boyaux vers le rein droit auquel il est attaché, & remonte à la partie cave du foie où il s'attache aussi très-souvent; il passe près de l'os sacrum, & va se terminer au rectum, de maniere qu'il environne tout le bas-ventre. Les différentes cellules que contient cet intestin, sont destinées à retarder la descente des excrémens; il y a encore plusieurs valvules d'espace en espace qui s'y trouvent.

88. RECTUM.

Il est un des gros boyaux; il est long d'un pied; & large de trois doigts, il se recourbe sensiblement vers le coccyx, à la fin duquel il est lié de même qu'à l'os sacrum par l'entremise du péritoine. Ses tuniques sont épaisses & solides, elles sont recouvertes d'une enveloppe particuliere qui lui sert à chasser les excrémens avec plus de force; il est attaché au col de la vessie aux hommes, & à celui de la matrice aux femmes, par le moyen d'une substance musculeuse. L'anus qui est formé par l'extrémité inférieure du rectum a trois muscles; savoir un sphincter & deux releveurs; le sphincter ressemble à un anneau naissant des dernieres vertebres de l'os sacrum, il est large de deux doigts: il tient pardevant à la vessie & à la verge aux hommes, & au col de la matrice aux femmes, par derriere au coccyx, & relativement aux ligamens de l'os sacrum & des hanches; par en haut il est épais & fort charnu; mais à sa partie basse jusqu'où l'intestin ne s'étend pas, il est plus mince, & tient fermement à la peau; il sert pour ouvrir & fermer l'anus selon la volonté. Les deux muscles, qu'on appelle *releveurs de l'anus*, naissent de la partie inférieure & latérale de l'os ischion, & s'inserent au sphincter de l'anus, pour le relever après la sortie des excrémens. Le rectum a des arteres & des veines particulieres qu'on nomme *hémorrhoïdales*; elles sont externes & internes.

89. PYLORE.

C'est le cercle charnu de l'orifice inférieur de l'estomac, ou un rebord circulaire, large & peu épais, qui laisse dans le milieu de son contour une ouverture plus ou moins arrondie. Le bord interne du pylore, qui est du côté du centre, est un peu enfoncé, & s'avance dans le canal intestinal comme une espece d'entonnoir, large & tronqué. Il est naturellement plus ou moins plissé, comme une bourse; c'est une espece de sphincter qui, par son action, peut rétrecir l'orifice inférieur de l'estomac, mais il ne paroît pas pouvoir le rétrecir entiérement. Le pylore sert à retenir & à faire séjourner les alimens jusqu'à ce qu'ils aient acquis la fluidité suffisante pour passer sans effort par l'ouverture de cet orifice. La situation presque transversale de l'estomac aide sans doute à y faire séjourner les alimens; mais plusieurs observations ont persuadé que le pylore étant situé un peu au-dessous du fond de l'estomac, cette situation fait que la partie des alimens, qui n'est pas encore bien digérée, ne descend pas trop tôt dans les intestins.

90. DUODENUM.

C'est le premier des intestins grêles ou petits boyaux, celui qui reçoit de l'estomac les alimens dont la chylification est à moitié faite; on l'appelle *duodénum*, parce qu'il est long de deux doigts. Il vient du pylore ou de l'orifice droit de l'estomac; de-là descendant vers l'épine de droite à gauche, il se termine où commencent les circonvolutions du reste. Le duodenum est parfaitement droit; mais l'intestin jejunum fait différens tours & inflexions; la raison en est que la bile & le suc pancréatique se mêlant au commencement de ces intestins, ou à l'extrémité du duodenum, précipiteroient trop rapidement, sans ces circonvolutions, non seulement les parties grossieres des excrémens, mais encore le chyle lui-même. Le duodenum, cette premiere portion du canal intestinal, est regardé par plusieurs auteurs comme un estomac succenturial, c'est-à-dire comme substitut de ce viscere, puisqu'il paroît que la digestion qui a été avancée dans le ventricule, prend sa perfection essentielle dans le duodenum.

91. PROSTATES.

Sont deux corps blanchâtres, spongieux & glanduleux, situés à la racine de la verge, immédiatement au-dessous du col de la vessie, & de la grosseur environ d'une noix. Leur substance spongieuse & glanduleuse provient d'un assemblage de petits vaisseaux & de cellules, au milieu duquel passent les vésicules séminales, sans qu'il y ait de communication entr'elles & les prostates. L'usage de l'humeur blanchâtre qui résulte des prostates est d'enduire & de lubrifier la cavité de l'uretre, de peur que l'urine, en passant, ne la blesse par son acrimonie, & aussi de servir de véhicule à la semence dans le moment de son passage.

92. GROSSESSE, ACCOUCHEMENT.

Il est reconnu que dans l'espece humaine la semence du mâle entre dans la matrice de la femelle, dont la cavité est considérable; que lorsqu'elle y trouve un quantité suffisante de celle de la femelle, le mêlange s'en fait, la réunion des parties les plus subtiles succede à ce mêlange, & la formation du fœtus suit. Toutes les parties qui constituent le fœtus se forment en même tems, comme cela doit nécessairement arriver, si l'on fait attention à l'ordre des particules dont on a parlé à l'article de la *Génération*; ces parties s'unissent à l'épine du dos qui, quoique mince, ainsi que le moindre cheveu, est formée la premiere dans l'embryon, & qui sert comme de charpente à sa construction. Il ne faut cependant pas croire que le fœtus, au moment de sa formation, soit un homme infiniment petit, qui ait la même forme que l'adulte ; l'embryon contient réellement toutes les parties qui doivent composer l'homme, mais ces parties viennent à se développer par le tems. L'embryon est renfermé dans un double sac, qui contient une liqueur qui n'est, dans les premiers instans, autre chose que la semence liquéfiée du pere & de la mere ; & comme il ne sort pas de la matrice, il jouit dans l'instant même de sa formation de la chaleur extérieure qui est nécessaire à son développement : elle communique un mouvement aux liqueurs, elle met en jeu tous les organes, & le sang se forme dans le placenta & dans le corps de l'embryon par le seul mouvement qu'occasionne cette chaleur. Le lieu où le fœtus se forme est la cavité de la matrice, parce que la semence y arrive plus aisément qu'elle ne pourroit arriver dans les trompes, & que ce viscere n'ayant qu'un petit orifice qui même est toujours fermé, à l'exception des instans de la copulation ou plutôt de l'éjaculation de la liqueur séminale, l'œuvre de la génération y est en sûreté. Il est probable qu'il se forme des fœtus dans le vagin, mais ils en retombent n'ayant rien pour les y retenir, comme dans la matrice où des mamelons les retiennent ; il s'en forme aussi dans les trompes, mais cela n'arrive que quand la liqueur séminale du mâle est entrée dans la matrice en grande abondance, & qu'elle a été poussée jusqu'à ces trompes ; on a trouvé aussi des fœtus formés dans les testicules, mais ce sont des phénomenes qui sont très-rares, ce dernier paroîtroit surprenant s'il n'étoit bien attesté. Les symptomes de la grossesse sont le changement prompt &, pour ainsi dire, subit qui arrive à la matrice dès les premiers tems : les regles sont d'abord supprimées, ce qui occasionne à la femme un mal-être qui résulte de cette situation nouvelle ; la matrice devient mollasse, elle se gonfle & paroît aussi enflée à l'intérieur. Tout l'ouvrage de la génération est donc dans la matrice, & toujours sous la forme d'un petit globe ; on sait, par les observations anatomiques, que trois ou quatre jours après la conception, il y a dans la matrice une bulle ovale qui a au moins six lignes sur son grand diametre & quatre sur son petit : cette bulle est formée par une membrane extrêmement fine, qui renferme une liqueur limpide assez semblable à du blanc d'œuf. On apperçoit dans cette liqueur quelques petites fibres réunies qui sont les ébauches du fœtus : quelques jours après les trois ou quatre jours dont on vient de parler, on apperçoit à l'œil simple les premiers linéamens du fœtus. Quinze jours après, on distingue la tête, la place des yeux, du nez & des oreilles ; le corps du fœtus a pris quelque accroissement, on commence à avoir de petites protubérances qui marquent les bras & les jambes ; la longueur du corps dans ce tems est à-peu-près de cinq lignes. A un mois, le fœtus a plus d'un pouce de longueur, il est un peu courbé dans la situation qu'il prend au milieu de la liqueur qui l'environne. A deux mois, le fœtus a deux pouces : à trois mois, il a trois pouces, il pese environ trois onces ; ses mouvemens commencent à être sensibles pour la mere ; ils sont assez variables, & dépendent peut-être plus, dans ces commencemens, de la sensibilité de la mere que de la force du fœtus ; à quatre mois & demi, il a six à sept pouces ; si l'on suit son accroissement par progression jusqu'au terme, qui est ordinairement de neuf mois, on trouvera que le fœtus dans ce tems peut avoir douze ou treize pouces, & quelquefois davantage. Les parties du corps du fœtus sont si augmentées à quatre mois & demi, qu'on les distingue toutes parfaitement, les ongles des pieds & des mains paroissent même. Comme le fœtus flotte librement dans le liquide qui l'environne, qui ressemble assez à une espece de lymphe telle que celle de l'homme fait, il y a toujours de l'espace entre son corps & les membranes qui l'enveloppent ; mais après un certain tems, il peut y toucher par les extrémités de son corps, il se trouve obligé de les plier. A la fin du troisieme mois, la tête est courbée en avant, le menton pose sur la poitrine, les genoux sont relevés, les jambes pliées en arriere, la pointe du pied tournée en-haut appliquée contre la cuisse, les bras repliés touchant la poitrine, l'une des mains, quelquefois toutes les deux touchent le visage ; mais le fœtus prend des situations différentes lorsqu'il est prêt à sortir de la matrice, & même long-tems auparavant ; c'est dans le tems du plus grand accroissement du fœtus que la matrice se prête à ses mouvemens, elle s'augmente & s'étend sur-tout dans les derniers tems. A l'égard de la nourriture du fœtus, on sait qu'il ne tient aucunement à la matrice ; qu'il n'y est attaché que par de petits mamelons ; qu'il n'y a aucune communication du sang de la mere avec le sien ; qu'il a ses organes, ses mouvemens, son sang ; que tout cela lui est propre & particulier ; que la seule chose qu'il tire de la mere est cette liqueur lymphatique ou lymphe nourriciere que filtre la matrice, & qui n'est autre chose que le résidu, en quelque façon, du sang de la mere ; que si cette lymphe est altérée ou envenimée par le virus vénérien, l'enfant devient malade de la même maladie ; ce sont les seules impressions qu'il puisse recevoir dans ce liquide ; mais jamais, comme la plupart des meres ont voulu le soutenir, l'enfant ne sera susceptible d'être frappé des mêmes objets que ceux dont la mere aura cru être frappée. Comme une digression, à cet égard, nous meneroit trop loin, nous renvoyons les meres trop crédules à ce qu'a dit sur ces craintes prétendues l'auteur moderne de l'*Histoire Naturelle* ; puissent-elles être convaincues après l'avoir lu ! On a dit plus haut, & l'on répete encore, que l'air n'agit point sur le fœtus, les expériences qu'on a faites à ce sujet constatent ce qu'on avance; donc le poumon du fœtus doit être sans aucun mouvement; il n'entre dans ce viscere qu'autant de sang qu'il en faut pour nourrir le fœtus & le faire croître; la circulation s'en fait par les voies connues; mais le développement, ou l'accroissement du placenta & des enveloppes, est aussi peu facile à concevoir que celui du fœtus, & on pourroit même dire que le fœtus nourrit le placenta, comme ce dernier nourrit le fœtus; cependant le placenta paroît tirer le premier sa nourriture de la matiere laiteuse qui est contenue dans la matrice, la convertir en sang & la porter au fœtus par des veines qui y sont propres: le fœtus tire aussi de cette liqueur une nourriture essentielle à son développement; car on peut concevoir que la liqueur dans laquelle le fœtus nage peut pénétrer immédiatement toutes ses parties, & fournir ainsi la matiere nécessaire à sa nutrition; on peut concevoir aussi que, dans les derniers tems, le fœtus prend de la nourriture par la bouche ou par d'autres parties analogues, mais non sans exception, car on a vu des enfans nouveaux-nés avec la bouche bien fermée, ainsi que des fœtus. Il y a aussi tout lieu de croire que le fœtus ne rend point d'excrémens, d'autant qu'on en a vu naître sans anus, & sans qu'il y ait eu pour cela une plus grande quantité de *meconium* dans les intestins; il est donc vraisemblable que la digestion de la nourriture que prend le fœtus, se fait dans ce cas par transpiration. Considérons maintenant l'action par laquelle le fœtus tend à percer son enveloppe & à paroître au jour. Quoique quelques anatomistes aient dit que le moment de l'accouchement étoit immédiatement celui où le fœtus forçoit sa retraite, y étant trop gêné par l'extrême rétrecissement de la matrice; cependant l'expérience justifie le contraire, puisqu'on a vu la matrice contenir deux ou trois fœtus, & quelquefois plus. C'est ce qui a fait croire à M. de Buffon, avec plus de vraisemblance, que lorsqu'une femme a conçu, la révolution périodique ou l'écoulement menstruel se fait comme auparavant; mais que, comme la matrice est gonflée & qu'elle a pris de la masse & de l'accroissement, les canaux excrétoires étant plus serrés & plus pressés qu'auparavant, ils ne peuvent fournir ni donner issue au sang, à moins qu'il n'arrive avec tant de force qu'il se fasse passage malgré la résistance qui lui est opposée; dans ce cas, il paroîtra du sang; & s'il coule en très-grande quantité, l'avortement doit s'ensuivre. Mais lorsque le fœtus a subi la premiere épreuve, il prend plus de force & d'accroissement; aux périodes suivantes, il éprouvera moins de danger; lorsque les dernieres périodes arrivent & que la matrice en éprouve l'action, le fœtus qui les éprouve aussi, puisqu'elles sont internes, fait des efforts qui se réunissent à ceux de la matrice & facilitent son exclusion, il peut venir au monde plutôt, s'il est assez fort pour vaincre cette action; au contraire si l'enfant ne venoit au monde que par la foiblesse de la matrice, qui n'auroit pu résister au coup du sang, l'accouchement seroit regardé comme une fausse-couche, & l'enfant à peine formé ne vivroit pas. Cette opinion que ce sont les menstrues qui sont la cause occasionnelle de l'accouchement en différens tems, peut être confirmée par plusieurs raisons des anatomistes: Hippocrate, qui est assez de cet avis, dit que le fœtus mâle doit se développer par cette raison plus promptement que le fœtus femelle, & que par ce moyen le premier est plus prompt à percer l'enveloppe qui le contient. Le moment où le fœtus fait de violens efforts pour sortir, celui où la mere en ressent de si vives impressions & des sensations si douloureuses, est celui de l'accouchement: plus le fœtus a de force pour dilater la capacité de la matrice, plus il trouve de résistance, le ressort naturel de cette partie tend à la resserrer & à en augmenter la réaction ; dès-lors tout l'effort tombe sur son orifice, il a déja été agrandi peu-à-peu dans les derniers mois de la grossesse : la tête du fœtus porte depuis long-tems sur les bords de cette ouverture, & la dilate par une pression continuelle. Dans le moment de l'accouchement, l'enfant, en réunissant ses propres forces à celles de la mere, ouvre enfin cet orifice autant qu'il est nécessaire pour se faire passage & sortir de la matrice. Il arrive quelquefois que l'enfant sort de la matrice sans déchirer les membranes qui l'enveloppent, & par conséquent sans que la liqueur qu'elles contiennent se soit écoulée, mais cela n'est pas aussi ordinaire que dans les animaux ; le fœtus humain perce ordinairement ses membranes à l'endroit qui se trouve sur l'orifice de la matrice ; dès que la membrane est déchirée, la liqueur qu'elle contient s'écoule, alors les bords de la matrice & les parois du vagin étant humectés, se prêtent plus facilement au passage de l'enfant. Après l'écoulement de cette liqueur, il reste dans la capacité de la matrice un vuide, dont l'accoucheur intelligent profite pour retourner l'enfant, s'il est dans une position désavantageuse pour l'accouchement, ou pour le débarrasser des entraves du cordon ombilical qui l'empêchent quelquefois d'avancer. Lorsque l'enfant est sorti, il reste dans la matrice le placenta & les membranes, l'enfant y est attaché par le cordon ombilical ; l'accoucheur & souvent le poids seul de l'enfant les tire en-dehors par le moyen de ce cordon ; alors on les sépare du corps de l'enfant en nouant le cordon à un doigt de distance du nombril, & on le coupe à un doigt au-dessus de la ligature ; ce reste de cordon se desseche & se sépare au bout de peu de jours. L'on croit devoir finir ici cet article que l'on a détaillé assez pour donner une idée du fœtus & du méchanisme de ses fonctions naturelles ; comme, par exemple, que le fœtus dans la matrice n'a aucune communication avec l'air libre ; quoique, quelques instans avant la naissance, il arrive qu'après l'écoulement des eaux, l'air entre dans la capacité de la matrice, & que l'enfant commence à respirer avant que d'en être sorti. On s'est fondé sur cet exemple qui est réel, pour avancer qu'on a entendu crier des enfans avant que de sortir du ventre de la mere ; mais on ne peut ajouter foi à des mots purement historiques & imaginaires. Il suffira de dire que le fœtus a des organes qui lui sont nécessaires dans le sein de la mere ; mais ils lui deviennent inutiles en partie lorsqu'il en est sorti. C'est ainsi que l'Auteur de la nature a tout prévu dans un ouvrage si admirable, ouvrage si compliqué, & qui cependant est peut-être l'une des moindres de ses merveilles.

93. *RESPIRATION.*

Le principale organe de la respiration est le diaphragme, il sert aux mouvemens alternatifs & réciproques de dilatation & de rétrécissement de la cavité de la poitrine ; les autres muscles n'y contribuent que comme des auxiliaires & des directeurs qui facilitent & reglent ces mouvemens perpétuels dans leur état ordinaire, & par lesquels on peut les accélérer, les ralentir ou les suspendre pour quelque tems. Le mouvement du diaphragme peut se faire indépendamment de celui des côtes, & par conséquent sans le secours des muscles qui meuvent les côtes ; & ce mouvement peut suffire à entretenir l'alternative de dilatation & de rétrécissement de la poitrine, alternative sans laquelle l'animal ne vit pas ; en un mot, on peut respirer, expirer & inspirer continuellement par le moyen du diaphragme, soit que les côtes se meuvent, soit qu'elles restent immobiles, soit que par leur moyen on tienne la poitrine fort dilatée pendant long-tems, soit enfin que par le même moyen on la tienne fort serrée ou rétrecie, cela n'empêche pas le diaphragme de faire ses mouvemens en même tems. Considérons maintenant le méchanisme de la respiration; il est certain que dans la respiration la poitrine & les poumons se dilatent & s'ouvrent pour recevoir l'air; mais la difficulté est de savoir si c'est la poitrine qui se dilate, parce que les poumons s'enflent, ou s'ils s'enflent parce que la poitrine se dilate par le moyen de ses muscles, les poumons n'étant d'eux-mêmes capables que de très-foibles mouvemens, & si l'air en sort par la compression qu'elle fait aux poumons lorsqu'elle se resserre. On ne peut mieux démontrer cette opération d'une maniere plus sensible, qu'en prénant une éponge dans les mains, comparer l'éponge aux poumons & les mains à la poitrine; lorsqu'on éloigne les mains l'une de l'autre, l'air entre dans les petites cavités de l'éponge qui s'élargit en même tems que les mains cessent de la serrer; mais lorsqu'on les rapproche & qu'on les ferme, l'air est chassé des cavités de l'éponge qui suit le mouvement des mains qui la compriment plus ou moins; c'est ainsi que s'opere la respiration, savoir, par la dilatation de la poitrine qui permet à la substance élastique & spongieuse des poumons de s'étendre, & par le rétrecissement de cette même capacité qui les réduit sous un volume plus petit. On considere deux choses dans la respiration, savoir, l'inspiration & l'expiration; l'inspiration est l'entrée de l'air du dehors au dedans, qui se fait par la dilatation du thorax & des poumons; & l'expiration est le transport de l'air & d'une lymphe vaporeuse du dedans au dehors, ce qui se fait par la contraction de ces mêmes parties. On demande si l'air renfermé dans les poumons se mêle immédiatement avec le sang, ou s'il ne fait seulement qu'en presser les vaisseaux pour arrêter l'impétuosité de ce liquide, ou bien au contraire pour en accélérer le mouvement ou pour agir sur lui de quelqu'autre maniere, par l'interposition des membranes de ce viscere; on peut répondre que le mélange de l'air avec le sang est substantiel & immédiat; car puisqu'on reconnoît que dans l'expiration le sang se décharge de plusieurs parties plus grossieres que celles de l'air, pourquoi l'air le plus subtil ne pourroit-il pas dans l'inspiration pénétrer les membranes des vaisseaux, & se mêler intimement avec le sang? Beaucoup d'expériences prouvent ce qu'on avance. Le sang reçoit par le mêlange de l'air beaucoup de perfections & de qualités. L'air se mêle avec le sang afin d'entretenir & d'augmenter sa fluidité, & de lui donner ces principes de chaleur & de vie qui lui sont nécessaires pour conserver l'animal dans une parfaite santé, l'air produisant cet admirable effet par sa pesanteur, par sa vertu de ressort, par son action pénétrante, & par une infinité de corpuscules nitreux dont il est rempli, & qui s'écoulent continuellement de tous les corps, quelque durs qu'ils puissent être, ensorte que le sang ne pourroit point avoir assez de vigueur & de force pour circuler dans les parties les plus éloignées & les plus étroites du cœur, si la propre substance de l'air extérieur ne se confondoit avec ce liquide dans les poumons par les divers mouvemens de la respiration, qui rend encore la circulation du sang plus facile, en ce que dilatant & resserrant alternativement les poumons, les branches de l'artere qui va droit du cœur à ces organes, ont lieu de s'épanouir dans les cellules, où les racines des petites veines s'ouvrent assez pour prendre l'humeur que ce vaisseau y a apportée, & la reconduire au cœur par le tronc de la veine pulmonaire, auquel ces petites veines se réunissent. On peut faire une objection & dire que la respiration n'est pas nécessaire pour entretenir le mouvement circulaire du sang, puisque le fœtus dans la matrice ne respire point, & que néanmoins le sang y circule très-manifestement de son cœur à toutes les parties de son corps, & de toutes les parties au cœur qui bat continuellement dans la mere; on répond qu'il est vrai que dans le fœtus la circulation se fait sans le secours de la respiration, puisqu'il ne respire point tant qu'il est enfermé dans la matrice; mais on peut dire que la mere respire pour lui, car il faut considérer que le sang ou le suc alimentaire étant commun à l'un & à l'autre, les préparations qu'il reçoit dans les poumons de la mere, lui impriment toutes les qualités qui lui sont nécessaires pour circuler dans le fœtus, comme il fait dans le foie & dans les autres visceres de la mere; on trouve dans le fœtus deux ouvertures qui sont aux quatre gros vaisseaux du cœur par lesquelles le sang a la liberté de passer d'un vaisseau dans l'autre, sans entrer dans les poumons. Le sang circule donc à la faveur de ces deux passages pendant que le fœtus est enfermé dans la matrice, quoiqu'il ne respire point; mais aussi-tôt qu'il est né, l'air se faisant un chemin dans les poumons, les dilate, & ouvre par ce moyen au sang une route nouvelle; alors le trou ovale & le canal ne faisant plus de fonction, se dessechent & se bouchent de façon qu'on n'en voit aucun vestige aux adultes. Ceux à qui ces ouvertures ne sont pas bien refermées, peuvent rester sans incommodité dans l'eau pendant plusieurs heures, comme font les pêcheurs de perles dans les Indes orientales; les deux conduits n'étant pas bien bouchés, le sang y passe d'un ventricule à l'autre, & le mouvement du sang n'étant point interrompu, il seroit possible qu'un malfaiteur, dans ce cas, qu'on attacheroit

attacheroit à une potence, vivroit toujours malgré les efforts qu'on feroit pour le faire mourir. La dilatation & la contraction réciproque des dimensions superficielles du corps qui suivent la respiration, sont si nécessaires à la vie, qu'il n'y a aucun animal quelqu'imparfait qu'il soit, en qui elles n'existent. La plupart des poissons & des insectes sont dénués de poumons & de côtes mobiles, ce qui fait que leur poitrine ne peut point se dilater; mais la nature a remédié à ce défaut par un méchanisme analogue; les poissons ont des ouies qui font l'office des poumons, & qui reçoivent & chassent alternativement l'eau, par le moyen de quoi les vaisseaux sanguins souffrent les mêmes altérations dans leurs dimensions, que dans les poumons des animaux les plus parfaits. Les insectes n'ayant point de poitrine ou de cavité séparée pour loger le cœur & les poumons, ont ces derniers distribués dans toute l'étendue de leurs corps, & l'air s'y insinue par plusieurs soupiraux auxquels sont attachées autant de petites trachées qui envoient des branches à tous les muscles & à tous les visceres, & paroissent accompagner les vaisseaux sanguins dans tout le corps, de même que dans les poumons des animaux les plus parfaits. Par cette disposition, le corps de ces petits animaux s'étend à chaque inspiration, & se resserre pendant chaque expiration, de sorte que les vaisseaux sanguins souffrent une vicissitude d'extension & de compression. Voyez ce qu'en dit M. de Réaumur dans son histoire des insectes. A l'égard des loix de la respiration, elles sont de la derniere importance pour l'intelligence parfaite de l'économie animale; c'est pourquoi on peut ici supputer sommairement la force des organes de la respiration, aussi-bien que celle de la pression de l'air sur ces mêmes organes. Il faut observer qu'en soufflant dans une vessie on éleve un poids considérable par la ſeule force de l'haleine, car ſi l'on prend une veſſie d'une figure à-peu-près cylindrique, que l'on attache un chalumeau à une de ſes extrémités, & un poids à l'autre, enſorte qu'il raſe la terre, on ſoulevera par une inſpiration douce un poids de 7 livres, & par une inſpiration plus forte, un poids de 28 livres. La force avec laquelle l'air entre dans le chalumeau eſt égale à celle avec laquelle il ſort des poumons, de ſorte qu'en déterminant une fois la premiere, il ſera facile de connoître celle avec laquelle il pénetre dans la trachée-artere. La preſſion de l'air ſur la veſſie eſt égale à deux fois le poids qu'elle peut lever, à cauſe que la partie ſupérieure de la veſſie étant fixe, réſiſte à la force de l'air autant que le poids qui y eſt attaché à l'autre extrêmité. Puis donc que l'air preſſe également de tous côtés, la preſſion entiere ſera à celle de ſes parties qui preſſe ſur l'orifice du tuyau, comme toute la ſurface de la veſſie eſt à l'orifice du tuyau; c'eſt-à-dire comme la ſurface d'un cylindre dont le diametre eſt de 4 pouces, & l'axe de 7, eſt à l'orifice du tuyau. Si donc le diametre du tuyau eſt 0.28, & ſon orifice 0.616, la ſurface du cylindre ſera 88; il s'enſuit donc que 88 : 0.616 :: 14, le double du poids à lever eſt à 0. 098, qui eſt preſque deux onces, & en levant le plus grand poids, eſt environ de ſept onces; telle eſt donc la force avec laquelle l'air eſt chaſſé par la trachée-artere dans l'expiration. Maintenant ſi l'on conſidere les poumons comme une veſſie, & le larynx comme un tuyau, la preſſion ſur l'orifice de la trachée-artere, lorſque l'air eſt chaſſé dehors, ſera à la preſſion ſur les poumons, comme toute la ſurface de ces derniers à l'orifice de la trachée-artere. Les maladies de la reſpiration, & les inconvéniens ordinaires qui ne ſont que trop fréquens, vont à l'infini; les aſthmatiques, par exemple, s'apperçoivent viſiblement de la différence de l'air, & du déſordre qui exiſte dans leurs poumons, ſur-tout ſi l'on conſidere qu'ils respirent plus fréquemment, c'est-à-dire que chaque expiration se fait en moins de tems; il y a donc moins de dilatation dans leurs poumons. Non-seulement les maladies de la poitrine, mais encore celles du bas-ventre, alterent la respiration; ces effets n'auront pas de quoi surprendre, si l'on sait que la respiration est une fonction maîtresse du corps humain, qu'elle excite toutes les autres, & qu'il y a un rapport essentiel entre les parties qui la constituent & toutes celles du corps, qu'ainsi leur correspondance uniforme est nécessaire pour son intégrité, & qu'enfin il faut, pour le mouvement de tous les organes qui y servent, une juste distribution de forces.

94. *DES MAMMELLES, ET DE LA FORMATION DU LAIT.*

On ne traitera point ici de la figure des mammelles, de leur grandeur, de leur grosseur, de leur situation extérieure, parce que tous ces détails sont assez connus, & que l'objet des observations anatomiques, est de démontrer l'évidence des parties les plus cachées & les plus secretes du corps humain. Commençons cependant par la division de la mammelle visible, ce qui nous conduira à l'objet que l'on s'est proposé dans cette démonstration. La mammelle se divise en mamelon & en mammelle qui compose l'un & l'autre; le mammelon est une petite éminence qu'on voit au milieu de la mammelle, il est d'une substance fongueuse & spongieuse, assez semblable à celle du gland de la verge; quantité de nerfs qui se distribuent dans les mammelles, viennent aboutir en cette partie, elle est revêtue d'une peau très-déliée, ce qui la rend susceptible d'un sentiment vif; il est rouge & petit aux vierges, livide & gros aux nourrices & à celles qui n'ont plus d'enfans; il est percé de plusieurs petits trous qui sont les extrémités des tuyaux qui viennent des sinus des mammelles; ces petits trous sont faits pour laisser sortir le lait. La mammelle est composée de graisse & d'une très grande quantité de glandes de grosseur inégale & de figure ovale; en disséquant cet organe, on y a observé des tuyaux lactés qui reçoivent des glandules une matiere laiteuse, qu'ils ne répandent que par la succion; ces tuyaux qui grossissent par la réunion de plusieurs vaisseaux capillaires, se dilatent & se resserrent inégalement dans leur route, formant d'espace en espace des cellules où le lait est en dépôt, & enfin s'étant répandus auprès du mamelon, ils vont se terminer à son extrémité. L'action des glandes dont on a déja parlé est de séparer les parties laiteuses d'avec la masse du sang, & de les verser dans des sacs formés par les dilatations des canaux laiteux, où le lait séjourne jusqu'au moment de la succion. Les nerfs des mammelles viennent des vertebres, & principalement de la cinquieme paire du dos, & d'un plexus qui se rencontre auprès des clavicules. Les mammelles ont deux sortes d'arteres, elles en ont d'extérieures & d'intérieures, parce que les unes arrosent la partie extérieure des mammelles, & les autres arrosent l'intérieure; les premieres sont les intercostales, les thorachiques supérieures qui viennent des axillaires, & les autres sont les mammaires qui viennent des souclavieres, & qui après s'être glissées de part & d'autre sous le sternum, sortent de la capacité de la poitrine au droit des mammelles, pour donner un rameau à chacune de ces glandes ovales qui forment ces organes. Il part de ces mêmes glandes plusieurs rameaux dont les veines mammaires sont formées; il en sort aussi plusieurs de la partie extérieure de la mammelle, qui sont les troncs des veines thorachiques supérieures qui vont aux axillaires; les arteres externes apportent le sang pour la nourriture, & les internes apportent celui qui va à divers conduits graisseux & à toutes les glandes où elles aboutissent. Ce sang passe ensuite dans les veines qui le reportent; ainsi le mouvement circulaire du sang s'exécute par deux arteres qui apportent le sang, & par deux veines qui en rapportent de chaque mammelle. On a pensé autrefois, je ne sais sur quel fondement, que le sang se convertit en lait par une vertu particuliere des glandes des mammelles, & que ces glandes lui communiquent leur blancheur par une faculté assimilatrice; mais il ne faut pas être fort éclairé dans l'Anatomie, sur-tout d'après les éclaircissemens & les définitions qu'a donnés M. Winslou sur ce sujet, pour détruire cette opinion; elle est détruite par l'expérience qui démontre que peu de tems après qu'une nourrice a mangé, le lait dont elle manquoit abonde dans ses mammelles, ce qui ne pourroit se faire qu'après un tems considérable, si cette transmutation prétendue avoit lieu; car il faudroit que les alimens devinssent chyle dans l'estomac, que ce chyle fût perfectionné & séparé dans les intestins, qu'il devînt sang dans le cœur, après plusieurs circulations & filtrations dans différens visceres; enfin il faudroit que le sang séjournât un tems considérable dans les mammelles; mais ce qui devient encore contraire à l'opinion qu'on vient de citer, c'est que le lait de presque tous les animaux retient assez l'odeur des alimens dont ils ont fait usage les derniers. D'après les principes que l'on vient d'exposer, voici donc comment le lait se forme & se régenere; le chyle ayant été porté par le canal thorachique dans la souclaviere, proche de l'axillaire, coule dans la veine-cave, d'où il est versé dans l'oreillette droite, & de-là dans le ventricule droit du cœur, où se mêlant intimement avec le sang qui le porte par les poumons dans le ventricule gauche, & passe avec lui, de ce dernier ventricule, dans la grosse artere, laquelle en fait une distribution dans toutes les autres arteres du corps; & de même que la portion la plus séreuse du sang est séparée dans les reins où il est porté par les arteres émulgentes, la portion lactée est aussi filtrée dans les mammelles, où le sang coule par les arteres mammaires, qui le conduisent & le distribuent par plusieurs petites branches à toutes les glandes de ces parties qui doivent le subtiliser & le dégager, de même que les corps papillaires qui sont dans les reins, filtrent l'urine. Toutes les particules lactées étant ainsi réunies, forment le corps du lait; donc le cœur est une cause qui perfectionne le lait; il est une liqueur moyenne entre le sang & le chyle, n'étant pas épais & chaud comme le sang, ni aussi séreux & si crud que le chyle; il n'est donc pas fait par le sang, mais par le chyle qui circule quelque tems avec le sang. Quelques Anatomistes ont voulu combattre l'opinion généralement reçue sur la formation du lait, en disant que le sang qui sort quelquefois des mammelles, est une preuve incontestable de ce que le lait ne s'engendre pas du chyle, mais du sang; mais on peut leur répondre en disant seulement qu'il ne sort jamais de sang des mammelles, qu'il n'y ait des vaisseaux ouverts par différentes causes, soit par différens efforts de la part de la femme, soit par une succion trop violente de l'enfant, sur-tout si la mammelle n'est pas fort abondante en lait dans ce dernier cas. On est aujourd'hui persuadé, dit M. Lieutaud dans son Anatomie historique, que la secrétion du lait a sa source dans le chyle, qu'il sert à la nourriture du fœtus renfermé dans la matrice, & qu'il se porte aux mammelles, lorsque l'état de ce viscere n'est plus propre à le recevoir. Il faut donc que le sang roule dans ces parties avec le même degré de vîtesse, & que les canaux qui doivent recevoir la matiere du lait, aient à-peu-près le même diametre. Si l'on peut juger de la vîtesse du sang par la distance du cœur & de l'aorte, on doit penser qu'elle sera la même dans la matrice & dans les mammelles. Ce viscere est moins éloigné de l'aorte, & ces organes sont plus près du cœur, de sorte qu'il paroît par une juste compensation, que le sang élevera leur vaisseau avec le même degré de force. Quoi qu'il en soit, le mouvement que les solides imprimeront à la matiere du lait, se communiquera à la sérosité qui en est le véhicule, de sorte que ces deux substances se présenteront tout à la fois aux couloirs, dont les diametres des ouvertures répondront à leurs masses. Le lait a dans le moment qu'il se filtre, beaucoup de fluidité, mais il s'épaissit, & prend la consistance qu'on lui connoît, en séjournant dans les mammelles; plus il s'y arrêtera, plus il perdra de son véhicule que les vaisseaux lymphatiques auront pompé, & que la transpiration insensible aura enlevé, le degré de fluidité du lait sera donc à raison de son séjour dans les mammelles. Sa secrétion est très-lente, & il faut que le sang passe un grand nombre de fois par les mammelles pour qu'il s'en sépare une certaine quantité; ce phénomene n'est pas étonnant si l'on sait que le chyle roule plus de six heures dans la masse du sang, avant de changer de nature. Rien ne doit donc tirer plus sûrement la source du lait que la diete; les conduits laiteux, dilatés par la présence du lait, se rétreciront & reprendront peu à peu leur premier ressort. La pression peut encore produire le même effet; si les mammelles n'ont pas la liberté de s'étendre, les tuyaux comprimés présenteront au liquide, qui s'y présentera, une résistance qui changera la détermination de son mouvement. Tout ce qui trouble la circulation du sang doit porter le désordre dans la secrétion du lait, & altérer la qualité de cette liqueur qui tend à s'alkaliser par la chaleur,

& qui dégénere très-souvent dans l'état de maladie. Il y a un grand nombre de maladies qui procedent des infiltrations laiteuses ou des dépôts laiteux; on en citera quelques-unes qui ont été démontrées par M. *Levret*, célebre accoucheur; celles que l'on donnera ici sont tirées de son traité des accouchemens; on pourra consulter cet ouvrage si l'on veut avoir des démonstrations plus étendues. Les femmes nouvellement accouchées sont quelquefois sujettes à des engorgemens laiteux dans le bassin, sur-tout s'il y a eu de la fievre de lait & que le sein se soit rempli, ils ne se déclarent le plus souvent, & d'après des faits multipliés, que douze ou quinze jours apres l'accouchement; lorsqu'il n'y a qu'un côté du bassin d'engorgé, comme il est fort rare que cela arrive autrement, l'engorgement s'annonce par une tension extrêmement douloureuse à la cuisse, il gagne insensiblement à la jambe & au pied; lorsque le gonflement est une fois parvenu à son dernier période, ce qui arrive assez souvent dans l'espace de huit ou dix jours, les douleurs diminuent sensiblement, si les sueurs se déclarent, & que les urines & les selles deviennent abondantes & laiteuses; si le contraire arrive, il faut s'attendre par la diminution sensible du gonflement, que l'humeur ne fait que se déplacer & qu'elle se déposera bientôt sur quelqu'autre partie; c'est pourquoi il faut faire prendre à la malade des remedes propres à provoquer les effets que l'on vient d'annoncer, comme le sel de duobus tous les jours, depuis la dose de deux scrupules jusqu'à deux dragmes, soit dans du bouillon, dans de la tisane, soit dans des lavemens; dans ce dernier cas, la dose du sel doit être double; on saigne aussi du bras, selon les occurrences, mais vingt-quatre heures après l'accouchement; si la tête est affectée, c'est le cas de la saignée du pied; les cataplasmes sont nécessaires pour empêcher les progrès du gonflement, mais il faut qu'ils soient accompagnés de lénitifs internes. Les mammelles des femmes nouvellement accouchées & de celles mêmes qui nourrissent sont sujettes à s'engorger de lait; on peut envisager pour cause de cet accident toutes celles qui sont capables d'ôter au lait sa fluidité naturelle & le coaguler, par conséquent d'empêcher son retour dans les voies de la circulation. L'air froid qui frappe le sein est la cause la plus ordinaire de la coagulation du lait dans les mammelles, car l'effet du contact de l'air est d'endurcir ces organes glanduleux, sans s'opposer à l'abord du nouveau lait, pendant qu'il ne se fait aucune dissipation de celui qui est déja séparé; les remedes à cet accident se présentent d'eux-mêmes, ce sont les saignées du bras, un régime sévere & délayant; les topiques doivent être employés, tels que les cataplasmes doux & émolliens; lorsqu'on apperçoit de la détente dans la tumeur, l'on passe à l'usage des résolutifs; il est essentiel aussi d'observer que dès qu'il n'y a plus de douleur au sein, les mouvemens ménagés des bras qui mettent en action les muscles, grand & petit pectoral, facilitent l'expulsion des matieres purulentes qui pourroient séjourner dans quelques sinuosités. La matrice n'est pas exempte de dépôts laiteux à la suite des couches; leurs progrès ont quelque analogie avec ceux des dépôts laiteux des mammelles; si l'on n'y applique les remedes qui sont peu faciles à employer, puisqu'on n'a pas assez de signes certains qui désignent le lieu particulier de ce dépôt, ils minent peu à peu les forces de la malade, en attaquant continuellement le principe vital. Le camphre pris modérément est très-utile; les saignées du bras sont d'un grand secours dans les commencemens, & dans l'augmentation de la maladie, ainsi que les lavemens émolliens, & l'application, sur le ventre, de flanelles trempées dans une décoction chaude de plantes relâchantes & souvent renouvellées ; on tire aussi beaucoup d'utilité, dans cet état, des bains complets d'eau de riviere, ainsi que de l'usage des eaux de Balaruc. Tels sont les remedes qu'indique M. Levret pour les accidens occasionnés par le lait ; ils ne seroient pas si multipliés, quoiqu'ils procedent de plusieurs causes, si la plupart des femmes vouloient s'astreindre à nourrir leurs enfans, & à ne pas confier ces petites machines délicates, & avides à recevoir les plus légeres impressions, à des nourrices mercénaires, en immolant cruellement ces victimes innocentes, à leurs plaisirs, à leur cupidité. Il n'est que trop prouvé que les enfans se ressentent d'abord des vices qui attaquent le lait qui fait leur nourriture, & qu'ils en portent les funestes marques pendant tout le cours d'une vie languissante & maladive ; quelquefois ils paient par une mort prompte, les dérangemens & les inattentions d'une nourrice, qui n'a d'autre intérêt de leur conserver l'existence que par le salaire qu'elle en reçoit. C'est ce qui a fait dire à un citoyen connu, que toutes choses égales, le lait des animaux doit être le plus salutaire pour les enfans, il en a fait plusieurs expériences.

95. ÉPYDIDIME.

Les épydidimes en parastates sont de petits corps ronds qui sortent d'un des bouts du testicule tout le long de la partie supérieure, duquel ils se réfléchissent & se replient plusieurs fois ; ils sont ainsi nommés à cause qu'ils sont couchés sur les testicules. Ils sont semblables à des vers à soie, & sont fortement attachés à la tunique albugineuse du testicule, laquelle leur fournit une membrane qui les lie & les resserre. Leur véritable usage est de recevoir la semence séparée dans les testicules, & de la verser dans le tronc du vaisseau déférent auquel ils sont continus. Les vaisseaux déférens servent à conduire la semence goutte à goutte dans les vaisseaux séminaires.

96. ÉPINE DU DOS.

Elle est un assemblage de plusieurs os articulés ensemble pour servir de retraite à la moëlle, comme le crâne fait au cerveau. Elle s'étend depuis la premiere vertebre du cou jusqu'à l'extrémité du coccix. Il faut remarquer dans les connexions de l'épine celles qui lui sont communes & celles qui lui sont particulieres : les communes sont celles qu'elle a avec les parties qui lui sont attachées : la premiere est avec la tête à laquelle elle est jointe par artrodie, l'os occipital ayant deux éminences qui entrent dans deux cavités glenoïdes de la premiere vertebre du cou : la seconde est avec les côtes qui sont articulées avec les douze vertebres du dos par une double artrodie, l'une au corps de la vertebre, & l'autre à son apophyse transverse ; la troisieme avec l'omoplate par sysarcose, y ayant des muscles qui naissent des apophyses épineuses des vertebres du cou, & de celles du dos, qui vont s'insérer à la base de l'omoplate ; la quatrieme est avec les os des hanches qui sont fortement attachés à l'os sacrum. Les connexions particulieres de l'épine sont celles que les vertebres ont ensemble : elles sont de deux ou trois sortes. Les ligamens qui sont aux articulations des vertebres de l'épine sont très-forts pour empêcher qu'elles ne se déplacent dans les mouvemens violens qu'elles font, puisque les corps se tournent diversement par le moyen des branches de l'épine qu'on appelle *vertebres*. On remarque au milieu de la partie extérieure ou postérieure de chacune un grand trou par où passe la moëlle de l'épine, ensorte que l'union de tous ces trous, quand les vertebres sont posées les unes sur les autres, forme le canal osseux qui contient cette moëlle dans son étendue. Les vertebres sont aussi percées par leurs parties latérales pour donner passage aux nerfs qui sortent de la moëlle épiniere. Elles sont aussi percées, principalement à leur corps ou base, de quantité de petits trous par où passent les vaisseaux propres de ces os. La premiere des vertebres est nommée *atlas*, parce qu'elle soutient immédiatement la tête. La seconde est appellée *tournoyante*, parce que c'est sur elle que la tête & la premiere vertebre se joignant ensemble, tournent l'une avec l'autre comme sur un pivot; on a traité ailleurs des autres parties.

97. POITRINE.

La figure de la poitrine est presque ovale, elle est plate par derriere, large & voûtée par devant. Elle doit être large & spacieuse, car lorsqu'elle est étroite & petite, le cœur & les poumons n'ont pas la liberté de se mouvoir. Sa substance est partie osseuse & partie charnue, elle sert à renfermer & défendre le cœur & les poumons. Les parties contenantes de la poitrine sont glanduleuses comme les mammelles, & cartilagineuses ou osseuses comme le sternum, les clavicules, les omoplates, *&c.* Les parties contenues sont les visceres & les vaisseaux avec plusieurs nerfs. Les visceres sont le cœur & les poumons, avec une partie de la trachée-artere & de l'œsophage. Les vaisseaux sont la grosse artere & la veine-cave & le canal thorachique.

98. ESTOMAC.

C'est une partie organique membraneuse, faite en forme de sac, qui est le receptacle des alimens, tant solides que liquides, & le principal instrument de la chylification. Sa situation naturelle est immédiatement sous le diaphragme sur les dernieres vertebres du dos entre le foie & la rate. La figure du ventricule ou de l'estomac est ronde & oblongue, & sa longueur s'étend suivant la largeur du corps. Il est convexe & rond par devant, mais par derriere il forme comme deux bosses qui sont séparées par l'épine. Sa superficie externe est polie & blanchâtre, & l'interne est ridée & rougeâtre; l'œsophage descend perpendiculairement dans le sac qu'il forme. L'orifice supérieur du ventricule est au côté gauche. Il commence où l'œsophage finit; il est d'un sentiment très-vif à cause de la quantité de nerfs qui l'environnent; il est plus ample que celui du côté droit, parce que c'est lui qui reçoit les alimens. Il est situé à la onzieme vertebre du dos. Il est exactement fermé par une infinité de fibres charnues & circulaires dans le tems qu'il est sans action; ce qui est necessaire pour en mieux faire la coction, & pour empêcher que les alimens ne regorgent dans la bouche, & que les fumées causées par la digestion n'incommodent. On appelle *pylore* l'orifice inférieur qui est au côté droit: on en a parlé ailleurs. Le fond du ventricule est cette partie ronde & charnue, qui s'étend depuis le bas jusqu'aux deux orifices; c'est l'endroit où est le magasin de la nourriture & où se font les premieres fermentations & digestions des alimens. Ce fond se dilate & se resserre à proportion des alimens qu'il reçoit; car il en embrasse aussi bien une petite quantité qu'une grande. La surface intérieure du ventricule est garnie, principalement vers son fond, de plusieurs petits poils qui s'élevent perpendiculairement à cette surface; ce sont des expansions de la membrane spongieuse: entre ces poils il y a des pores pour le passage de la liqueur fermentative que séparent les glandes de ce viscere. Le ventricule reçoit des nerfs de la huitieme paire, les uns vont embrasser le fond du ventricule, & les autres, se réunissant ainsi que les premiers, parcourent la région supérieure du ventricule, après s'être répandus proche la partie interne de son orifice gauche. Ainsi l'usage du ventricule ou de l'estomac est de recevoir les alimens, de les cuire & de les convertir en chyle.

99. SYSTOLE ET DIASTOLE.

Le systole est le raccourcissement du cœur : ce mouvement de contraction se fait lorsque ces mêmes fibres, qui ont été alongées par le sang qui s'est insinué dans les ventricules du cœur, se raccourcissent & contraignent ce même sang de s'élancer dans les arteres qu'il dilate en y entrant : alors la pointe du cœur se rapprochant de la base, il en devient plus court & ses cavités plus étroites. Le diastole est au contraire un alongement du cœur : ce mouvement, qu'on appelle la *dilatation*, se fait lorsque le sang poussant les parois des ventricules, pour y entrer, en sortant des oreillettes qui sont composées de fibres charnues recourbées, force ses fibres spirales de s'alonger ; alors la pointe s'éloignant de la base, le cœur en devient plus long & ses cavités plus amples. Il faut remarquer que la dilatation se fait en même tems dans les deux ventricules, & la contraction de même, & qu'il y a entre ces mouvemens des repos, qu'on nomme *périsistoles*, aussi bien dans les arteres que dans le cœur. Lorsque le cœur se resserre, il ne faut pas croire que sa pointe approche de sa base en ligne droite, ce qui rendroit ses cavités plus grandes, mais obliquement ; car les fibres extérieures du cœur descendant de la base vers la pointe en forme de limaçon, & remontant de même à la base où elles finissent, font nécessairement faire au cœur un demi-tour qui le raccourcit & qui approche les parois des ventricules les unes des autres, & contraignent le sang qui y est entré de sortir au-dehors avec impétuosité.

GÉOMÉTRIE.

CETTE science est celle de l'esprit, & des propriétés de l'étendue, si on la considere comme simplement étendue & figurée. On peut diviser la Géométrie en élémentaire & en transcendante ; la Géométrie élémentaire ne considere que la propriété des lignes, des figures & des solides les plus simples ; on peut lui rapporter aussi la solution des problêmes du second degré par la ligne droite & par le cercle. La Géométrie transcendante s'occupe aussi de la solution des problêmes du troisieme & du quatrieme degrés, & des degrés supérieurs. Les premiers se résolvent par le moyen de deux sections coniques, ou en général par le moyen d'un cercle & d'une parabole ; les autres se résolvent par des lignes du troisieme ordre & au-delà. La Géométrie transcendante est celle que les modernes appellent *sublime*, parce qu'elle applique le calcul différentiel & intégral à la recherche des propriétés des courbes. Il y a apparence que la Géométrie, par les deux mots grecs dont elle dérive, est née en Egypte, qui paroît avoir été le berceau des connoissances humaines. La Géométrie, imparfaite & obscure dans son origine, a commencé par des mesures & des opérations grossieres ; elle s'est ensuite perfectionnée. Mais nous sommes redevables aux *Descartes*, *Newton*, *Leibnitz*, d'avoir frayé les routes pénibles de cette science, & de lui avoir ouvert une carriere nouvelle d'exactitude & de sublimité.

1. LIGNE.

Lorsqu'on se sert de ce terme sans aucune addition, il signifie l'*équateur* ou la *ligne équinoxiale* ;

cette ligne rapportée au ciel est un cercle que le soleil décrit à-peu-près le 21 mars & le 21 septembre; & sur la terre, c'est un cercle fictif qui répond au cercle céleste; il divise la terre du Nord au Sud en deux parties égales, & il est également éloigné des deux poles, de façon que ceux qui vivent sous la ligne ont toujours les deux poles dans leur horizon. Les latitudes commencent à se compter depuis la ligne. On donne, en Géométrie, le nom de *ligne* à une quantité qui n'est étendue qu'en longueur, sans largeur ni profondeur. Dans la nature, il n'y a point réellement de ligne sans largeur, ni même sans profondeur; mais c'est par abstraction qu'on considere les lignes comme n'ayant qu'une seule dimension, c'est-à-dire la longueur. On regarde une ligne comme formée par l'écoulement ou le mouvement d'un point. Les lignes droites sont toutes de même espece; mais on peut concevoir autant de lignes courbes qu'il y a de mouvemens composés, elles sont méchaniques ou géométriques; leurs noms, leurs qualités, leurs usages sont renfermés dans ce qu'on appelle *sciences exactes*.

2. DEGRÉ.

Ce mot signifie la 360e partie d'une circonférence de cercle. Toute circonférence de cercle, grande & petite, est supposée divisée en 60 autres parties plus [illegible], qu'on nomme *minutes*; la minute en 60 autres, appellées *secondes*; la seconde en 60 tierces, d'où il s'ensuit que les degrés, les minutes, les secondes, dans un grand cercle, sont plus grands que dans un petit. On exprime, en Géométrie, le degré par °, la minute par ', la seconde par '', & la tierce par '''. Le degré, en Géographie, est de 25 lieues communes de 2200 toises.

3. RACINE.

La racine d'un nombre signifie le nombre qui étant

étant multiplié par lui-même, rend le nombre dont il est la racine : en général elle prend des dénominations suivant celle de la puissance dont elle est la racine ; elle s'appelle *racine quarrée*, si la puissance est quarrée ; *cubique*, si la puissance est un cube, & ainsi de suite. Ainsi la racine quarrée de 4 est 2, parce que 2 multiplié par 2 donne 4. Le produit 4 est appellé le *quarré* de 2, & 2 en est la racine ; il est évident que l'unité est à la racine quarrée comme la racine quarrée est au quarré ; donc la racine quarrée est moyenne proportionnelle entre le quarré & l'unité. Ainsi 1 : 2 :: 2 : 4. Si un nombre quarré comme 4 est multiplié par sa racine 2, le produit 8 est appellé *cube*, ou la troisieme puissance de 2 ; & le nombre 2, considéré par rapport au nombre 8, en est la racine cubique.

4. *Pas.*

C'est en général une mesure déterminée d'un espace à un autre. Le pas géométrique est de 5 pieds. Les anciens milles romains & les milles italiens modernes sont de mille pas ; la lieue françoise est de trois mille pas ; la lieue allemande de quatre mille pas.

5. *Diametre.*

C'est une ligne droite qui passe par le centre d'un cercle, & qui est terminée de chaque côté par la circonférence. Le diametre peut être défini, une corde qui passe par le centre d'un cercle ; la moitié du diametre tiré du centre à la circonférence s'appelle *demi-diametre* ou *rayon*. Le diametre d'un cercle étant donné, on peut en trouver la circonférence & l'aire ; ayant supposé le rapport du diametre à la circonférence, ou celui de la circonférence au diametre ; alors la circonférence multipliée par la quatrieme partie du diametre donne l'aire du cercle ; ainsi supposant le diametre 100, la circonférence sera de 300, & l'aire du cercle de 7850 ; mais le quarré du diametre est 10000 : donc le quarré du diametre est à l'aire du cercle à-peu-près comme 10000 est à 7850, c'est-à-dire presque comme 1000 est à 785.

6. AIRE.

C'est la surface d'une figure rectiligne, curviligne ou mixtiligne, c'est-à-dire l'espace que cette figure renferme. Si un aire, par exemple, un champ, a la figure d'un quarré dont le côté soit de 40 pieds, cet aire aura 1600 pieds, ou contiendra 1600 petits quarrés dont le côté sera d'un pied ; ainsi trouver l'aire ou la surface d'un triangle, d'un quarré, d'un parallélogramme, d'un rectangle, d'un poligone, d'un cercle ou d'une autre figure, c'est trouver combien cet aire contient de pieds, de pouces & de lignes quarrés.

7. SECTEUR.

C'est la partie d'un cercle comprise entre deux rayons, & l'arc renfermé entre ces rayons. Ainsi un triangle mixte, compris entre des rayons & un arc, est un secteur de cercle. Les géometres démontrent que le secteur d'un cercle est égal à un triangle dont la base est un arc, & la hauteur un rayon. Si, du centre commun de deux cercles concentriques, on tire deux rayons à la circonférence du cercle extérieur ; les deux arcs renfermés entre les rayons auront le même rapport que leurs circonférences, & les deux secteurs seront entr'eux comme les aires ou les surfaces de leurs cercles.

8. SECANTE.

C'est une ligne qui en coupe une autre, ou qui la divise en deux parties.

9. SECTION.

La section est l'endroit où des lignes des plans s'entrecoupent. La commune section de deux plans est toujours une ligne droite ; on appelle aussi *section* la ligne ou la surface formée par la rencontre de deux lignes ou de deux surfaces, ou d'une ligne & d'une surface, ou d'une surface & d'un solide. Si l'on coupe une sphere d'une maniere quelconque, le plan de la section sera un cercle dont le centre est dans le diametre de la sphere. Il y a cinq sections du cône, le triangle, le cercle, la parabole, l'hyperbole & l'ellipse. Voyez chacune de ces sections à leur article.

10. SECTIONS CONIQUES.

Section conique est une ligne courbe que donne la section d'un cône par un plan. Les sections coniques sont l'ellipse, la parabole & l'hyperbole, sans compter le cercle & le triangle qu'on peut mettre au nombre des sections. En effet, le cercle est la section d'un cône par un plan parallele à la base du cône, & le triangle en est la section par un plan qui passe par le sommet. On peut en conséquence regarder le triangle comme un hyperbole dont l'axe transverse, ou premier axe, est égal à zero. Ces cinq sections sont essentielles dans la Géométrie, l'Astronomie & la Méchanique.

11. CONIQUE.

Se dit en général de tout ce qui a rapport au cône, qui lui appartient & de tout ce qui en a la figure.

12. CONE.

On donne ce nom à un corps solide dont la base est un cercle, & qui se termine par le sommet en pointe.

13. CIRCONFÉRENCE.

C'est une ligne courbe qui renferme un cercle ou espace circulaire. Toutes les lignes tirées du centre à la circonférence du cercle & qu'on appelle *rayons*, sont égales entr'elles. Une partie quelconque de la circonférence s'appelle *arc* ; une ligne droite tirée d'une extrémité de cet arc à l'autre s'appelle *la corde de cet arc*. La circonférence du cercle est supposée divisée en 360 parties égales qu'on appelle *degrés*.

14. CIRCONSCRIPTION.

C'est l'action de circonscrire ou d'adapter un cercle à un poligone, ou un poligone à un cercle, ou à toute autre figure courbe.

15. ELLIPSE.

C'est une ligne courbe, rentrante, continue, réguliere, qui renferme un espace plus long que large, & dans laquelle se trouvent deux points également distans des deux extrémités de sa longueur, & tels que, si l'on tire de ces points deux lignes à un point quelconque de l'ellipse, leur somme est égale à la longueur de l'ellipse. Ces deux points sont éloignés de l'extrémité du petit arc d'une quantité égale à la moitié du grand arc.

16. CURVILIGNE.

Les figures curvilignes sont des espaces terminés par des lignes courbes, comme le cercle, l'ellipse, le triangle sphérique ; l'angle curviligne est un angle formé par des courbes.

17. CUBE.

Signifie un corps solide, régulier, composé de

six faces quarrées & égales, & dont tous les angles sont droits, & par conséquent égaux.

18. TANGENTE.

C'est une ligne droite qui touche un cercle, c'est-à-dire qui le rencontre, de maniere qu'étant infiniment prolongé de part & d'autre, elle ne le coupera jamais, ou bien qu'elle n'entrera jamais au-dedans de la circonférence.

19. EXCENTRIQUE.

Se dit de deux cercles ou globes qui, quoique renfermés l'un dans l'autre, n'ont cependant pas le même centre, & par conséquent ne sont point paralleles. Ce mot est en raison inverse de concentrique, qui se dit de deux globes ou cercles dont les centres sont paralleles.

20. MOYENNE PROPORTIONNELLE.

C'est une quantité qui est moyenne entre deux autres quantités, de maniere qu'elle excede la plus petite, d'autant qu'elle est surpassée par la plus grande. Elle est encore une quantité moyenne entre deux autres, mais de façon que le rapport qu'elle a avec l'une des deux, y soit le même que celui que l'autre a avec elle.

21. HÉMISPHERE.

C'est la moitié d'un globe ou d'une sphere, terminée par un plan qui passe son centre ; il est donc la moitié du globe terrestre. L'équateur divise la sphere en deux parties égales, qui sont l'hémisphere septentrional & le méridional. L'hémisphere septentrional est celui qui a le pole du Nord à son sommet, & l'hémisphere méridional est l'autre moitié terminée par l'équateur qui a le pole antarctique à son zénith. L'horizon divise encore la sphere en deux hémisphères ; l'un supérieur, est celui de la sphere du monde qui est terminé par l'horizon, & qui a le zénith à son sommet ; l'autre inférieur, est l'autre moitié terminée par l'horizon qui a le nadir à son sommet.

22. *Sphéroide.*

C'est le nom qu'on donne à un solide qui approche de la figure de la sphere, quoiqu'il ne soit pas exactement rond, mais oblong, parce qu'il a un diametre plus grand que l'autre, & qu'il est engendré par la révolution d'une demi-ellipse sur son axe.

23. *Sinus.*

C'est une ligne droite tirée d'une extrémité d'un arc perpendiculairement sur le rayon qui passe par l'autre extrémité. Le sinus d'un arc est la moitié de la corde du double de cet arc.

24. *Arc.*

C'est une portion de courbe, par exemple, d'un cercle, d'une ellipse, ou d'une autre courbe. L'arc de cercle est une portion de circonférence moindre que la circonférence entiere du cercle. Les arcs concentriques sont ceux qui ont le même centre. Les arcs égaux sont ceux qui contiennent le même nombre de degrés d'un même cercle, ou de cercles égaux ; d'où il s'ensuit que dans le même cercle, ou que dans des cercles égaux les cordes égales soutiennent des cercles égaux. Les arcs semblables sont ceux qui contiennent le même nombre de degrés de cercles inégaux. L'arc diurne du soleil est la portion d'un cercle parallele à l'équateur, décrite par le soleil dans son mouvement apparent d'Orient en Occident, depuis son lever jusqu'à son coucher. L'arc nocturne est la même chose, excepté qu'il est décrit depuis le coucher du soleil jusqu'à son lever; la latitude & l'élévation du pole sont mesurées par un arc du méridien; la longitude est mesurée par un arc de l'équateur. L'arc de progression ou de direction est un arc de l'écliptique qu'une planete semble parcourir, en suivant l'ordre des signes. L'arc de rétrogradation est un arc de l'écliptique qu'une planete semble décrire, en se mouvant contre l'ordre des signes; l'arc de vision est celui qui mesure la distance à laquelle le soleil est au-dessus de l'horizon, lorsqu'une étoile que ses rayons déroboient commence à reparoître.

25. *HEXAGONE.*

Figure composée de six angles & de six côtés; un héxagone régulier est celui dont les angles les côtés sont égaux. Il est démontré que le côté d'un héxagone est égal au rayon du cercle qui lui est circonscrit; on décrit donc un héxagone régulier en portant six fois le rayon du cercle sur la circonférence. Un hexagone en terme de fortification est une place fortifiée de six bastions.

26. *COURBE.*

C'est une ligne dont les différens points sont dans différentes directions ou sont différemment situés, les uns par rapport aux autres. La courbe est opposée à la ligne droite, dont les points sont tous situés de la même maniere, les uns par rapport aux autres. En général, la ligne droite est l'intervalle le plus court d'un point à un autre; & la ligne courbe est une ligne menée d'un point à un autre, & qui n'est pas la plus courte. Les figures terminées par des lignes courbes sont appellées figures curvilignes, pour les distinguer des figures qui sont terminées par des lignes droites & qu'on appelle *figures rectilignes.*

27. CORDE.

Ligne droite qui joint les deux extrêmités d'un arc, ou bien c'est une ligne droite qui se termine, par chacune de ses extrêmités à la circonférence du cercle, sans passer par le centre, & qui divise le cercle en deux parties inégales qu'on nomme *segmens*.

28. POLYGONE.

Se dit d'une figure de plusieurs côtés, ou d'une figure dont le contour ou le périmetre a plus que quatre côtés & quatre angles. Si les côtés & les angles sont égaux, la figure est appellée polygone régulier. On distingue les polygones suivant le nombre de leurs côtés; ceux qui en ont cinq s'appellent *pentagones*; les hexagones en ont six, les heptagones sept, les octogones huit, &c.

29. PENTAGONE.

Figure qui a cinq côtés & cinq angles. Si les cinq côtés sont égaux, & que les angles le soient aussi, la figure s'appelle un *pentagone régulier*; la plupart des citadelles sont des pentagones réguliers.

30. QUADRILATERE.

C'est une figure comprise entre quatre lignes droites, qui forment quatre angles. Si les quatre côtés sont égaux, & tous les angles droits, c'est un quarré; les angles opposés d'un quadrilatere inscrit dans un cercle, valent deux angles droits, puisqu'ils ont pour mesure la moitié de la circonférence ou 180^{d}.

31. ORDONNÉES.

C'est le nom qu'on donne aux lignes tirées d'un point de la circonférence d'une courbe à une ligne droite prise dans le plan de cette courbe, & qu'on prend pour l'axe ou pour la ligne des abscisses. Il est essentiel aux ordonnées d'être paralleles entre elles. Quand elles sont égales de part & d'autre de l'axe, on prend quelquefois la partie comprise entre l'axe & la courbe pour demi-ordonnée, & la somme des deux lignes pour l'ordonnée entiere. Il n'est pas essentiel aux ordonnées d'être perpendiculaires à l'axe, elles peuvent faire avec l'axe un angle quelconque, pourvu que cet angle soit toujours le même.

32. *Asymptotes.*

C'est une ligne qui étant indéfiniment prolongée, s'approche continuellement d'une autre ligne aussi indéfiniment prolongée, de maniere que sa tendance à cette ligne, ne devient jamais zéro absolu, mais peut toujours être trouvée plus petite qu'aucune grandeur donnée.

33. *Rectangle.*

On l'appelle encore *quarré long* & *oblong*; c'est une figure rectiligne de quatre côtés, dont les côtés opposés sont égaux & dont tous les angles sont droits. Un rectangle est aussi un parallélogramme, dont les côtés sont inégaux, mais qui a tous ses angles droits. Pour trouver la surface d'un rectangle, il ne faut que multiplier ses côtés l'un par l'autre; il suit de-là que les rectangles sont en raison composée de celle de leurs côtés; de sorte que les rectangles de même hauteur, sont entr'eux comme leur base, & ceux qui ont même base, sont l'un à l'autre comme leur hauteur.

34. *Parametre.*

C'est une ligne droite constante dans chacune des trois sections coniques; dans l'ellipse & l'hyperbole, le parametre eſt une troiſieme proportionnelle au diametre & à ſon conjugué.

35. BISSECTION.

C'eſt la diviſion d'une étendue queſconque, comme un angle, une ligne, en deux parties égales. Elle eſt le contraire de triſſection, qui eſt la diviſion d'une figure quelconque en trois parties.

36. RECTILIGNE.

C'eſt un terme qui s'applique aux figures dont le périmetre eſt composé de lignes droites; l'angle rectiligne eſt celui dont les côtés ſont tous deux des lignes droites.

37. PÉRIMETRE.

C'eſt le contour ou l'étendue qui termine une figure ou un corps. Les périmetres des ſurfaces ou figures ſont des lignes; ceux des corps, ſont des ſurfaces; dans les figures circulaires, il eſt appellé périhélie, ou circonférence.

38. PARALLÉLOGRAMME.

C'eſt une figure rectiligne de quatre côtés, dont les côtés oppoſés ſont paralleles & égaux. Le parallélogramme eſt formé, ou peut être ſuppoſé formé par le mouvement uniforme d'une ligne droite toujours parallele à elle-même; dans tout parallélogramme, la ſomme des quarrés des deux diagonales, eſt égale à la ſomme des quarrés des quatre côtés.

39. QUADRATURE.

Maniere de quarrer ou de réduire une figure en un quarré, ou de trouver un quarré égal à une figure propoſée; ainſi la quadrature d'un cercle, d'une parabole, d'une ellipſe, d'un triangle ou d'autres figures ſemblables, conſiſte à faire un quarré égal en surface, à l'une ou à l'autre de ces figures.

40. PLAN.

Ce mot signifie une surface à laquelle une ligne droite peut s'appliquer en tout sens, de maniere qu'elle soit toujours égale à la surface. Comme la ligne droite est la distance la plus vaste qu'il y ait d'un point à un autre, le plan est aussi la plus courte surface qu'il puisse y avoir entre deux lignes. En Géométrie, en Astronomie, on se sert fort souvent du plan, pour faire concevoir des surfaces imaginaires & abstraites, qui sont supposées couper ou passer à travers des corps solides; & c'est de là que dépend toute la doctrine de la sphere & la formation des courbes appellées *sections coniques.*

41. TRIANGLE.

C'est une figure comprise entre trois lignes ou côtés, & qui par conséquent a trois angles. Si les trois lignes ou côtés d'un triangle, sont des lignes droites, on l'appelle *triangle rectiligne;* si les trois côtés sont égaux, on l'appelle *triangle équilatéral;* si un des angles d'un triangle est droit, on dit que le triangle est rectangle; si les trois lignes sont courbes, on l'appelle *curviligne;* si quelque côté du triangle est droit, & les autres courbes, on l'appelle *mixtiligne;* si tous les côtés sont des arcs de grands cercles ou de sphere, le triangle s'appelle *sphérique.* Pour mesurer les triangles, il faut trouver leur superficie, en multipliant la base par la hauteur, la moitié du produit est la superficie du triangle. Tout triangle peut être inscrit dans un cercle; le côté d'un triangle équilatéral inscrit dans un cercle, est en puissance triple du rayon; les triangles de même base & même hauteur, c'est-à-dire qui ſe trouvent entre les mêmes lignes paralleles ſont égaux.

42. PARABOLE.

C'eſt une figure qui naît de la ſection du cône, quand il eſt coupé par un plan parallele à un de ſes côtés. La parabole eſt une courbe du premier ordre, dans laquelle les abſciſſes croiſſant, les ordonnées croiſſent pareillement.

43. CERCLE.

C'eſt une figure plane renfermée par une ſeule ligne qui retourne ſur elle-même, & au milieu de laquelle eſt un point ſitué de maniere que les lignes qu'on en peut tirer à la circonférence, ſont toutes égales. Le cercle eſt diviſé en 360 ^{d}, le degré vaut 60′, la minute 60″, & la ſeconde vaut 60‴. On trouve l'aire d'un cercle en multipliant la circonférence par le quart du diametre, ou la moitié de la circonférence par la moitié du diametre. La quadrature du cercle, ou la maniere de former un quarré dont la ſurface ſoit parfaitement & géométriquement égale à celle d'un cercle, eſt le problême de tous les ſiecles; on ſoutient qu'elle eſt impoſſible, ou du moins d'une difficulté qui l'a fait paſſer pour telle juſqu'à préſent; l'on ne connoît qu'Archimede qui ait approché le plus près de la ſolution. Les cercles de la ſphere ſont ceux qui coupent la ſphere du monde, & qui ont leur circonférence dans ſa ſurface. On diſtingue les cercles en mobiles & immobiles; les premiers ſont ceux qui tournent ou qui ſont cenſés tourner par le mouvement diurne, de maniere que leur plan change de ſituation à chaque inſtant, tels ſont les méridiens; les autres ne tournent pas ou tournent en reſtant toujours dans le même plan: tels ſont l'écliptique, l'équateur & ſes paralleles.

44. HYPERBOLE.

C'est une des lignes courbes formées par la section du cône. On peut définir l'hyperbole une ligne courbe dans laquelle le quarré de la demi-ordonnée est au rectangle de l'abscisse par une ligne droite composé de la même abscisse, & d'une ligne droite donnée qu'on appelle l'axe transverse, comme une autre ligne droite donnée, appellée le parametre de l'axe, est à l'axe transverse. Dans l'hyperbole, une moyenne proportionnelle entre l'axe transverse ou le parametre, est appellée l'axe conjugué ; & si l'on coupe l'axe transverse en deux parties égales, le point qui en résulte, est appellé le centre de l'hyperbole.

45. CENTRE.

Dans un sens général, le centre marque un point également éloigné des extrémités d'une ligne, d'une figure, d'un corps, ou le milieu d'une ligne, ou un plan par lequel un corps est divisé en deux parties égales. Le centre d'un cercle est le point du milieu, situé de façon que toutes les lignes tirées de là à la circonférence, sont égales. Le centre d'une section conique est le point où concourent tous les diametres ; ce point est dans l'ellipse en dedans de la figure, & dans l'hyperbole au dehors. Le centre d'un cadran est le point dans lequel le gnomon ou style qui est placé parallelement à l'axe de la terre, coupe le plan du cadran, & d'où toutes les lignes horaires sont tirées. Le centre de gravitation est le point vers lequel une planete ou une comete est continuellement poussée ou attirée, dans sa révolution, par la force de gravité. En méchanique le centre de gravité est un point situé dans l'intérieur du corps, de maniere que tout plan qui y passe, partage le corps en deux segmens qui se font équilibre, c'est-à-dire, dont l'un ne peut pas faire mouvoir l'autre; d'où il s'ensuit que, si on empêche la descente du centre de gravité, c'est-à-dire si l'on suspend un corps par son centre de gravité, il restera en repos.

46. *Section opposée.*

Signifie deux hyperboles produites par un même plan qui coupe deux cônes opposés. Si un cône est coupé par un plan qui passe par son sommet, & ensuite par un second plan parallele au premier, & que l'on prolonge ce dernier plan, ensorte qu'il coupe le cône opposé, on formera par ce moyen des sections opposées.

47. *Vertical.*

Se dit de ce qui est perpendiculaire à l'horizon, ou de ce qui est à plomb.

48. *Logarithme.*

Nombre d'une progression arithmétique, lequel répond à un autre nombre dans une progression géométrique. Pour comprendre la nature des logarithmes, d'une maniere claire & distincte, il faut prendre la progression arithmétique & géométrique, en supposant que les termes de l'une soient directement posés sous les termes de l'autre.

∷ 1 : 2 : 4 : 8 : 16 : 32 : 64 : 128 :
. 0 . 1 . 2 . 3 . 4 . 5 . 6 . 7 .

En ce cas, les nombres de la progression inférieure qui est arithmétique, font ce qu'on appelle les logarithmes des termes de la progression géométrique qui est au-dessus, c'est-à-dire que 0 est le logarithme de 1, & 1 est le logarithme de 2, & 2 est le logarithme de 4 & ainsi de suite.

49. POINT D'INTERSECTION.

On appelle ainsi le point où deux lignes, deux plans se coupent l'un sur l'autre. L'intersection mutuelle de deux plans, est une ligne droite, le centre d'un cercle est dans l'intersection de deux de ses diametres; le point central d'une figure réguliere ou irréguliere de quatre côtés, est le point d'intersection de ses deux diagonales.

50. SEGMENT.

C'est la partie du cercle, comprise entre un arc & sa corde, ou bien c'est une partie du cercle, comprise entre une ligne droite plus petite que le diametre & une partie de la circonférence. Comme il est évident que tout segment de cercle peut être ou plus grand ou plus petit qu'un demi-cercle; la plus grande partie d'un cercle coupé par une corde, c'est-à-dire la partie plus grande que le demi-cercle, est appellée le grand segment, & la partie plus petite que le demi-cercle est appellée le petit segment. Le segment d'une sphere est une partie d'une sphere terminée par une portion de sa surface, & au plan qui le coupe par un endroit quelconque hors du centre; on l'appelle aussi une section de sphere. Il est évident que la base d'un segment de sphere est toujours un cercle, dont le centre est dans l'axe de la sphere. Pour trouver la solidité d'un segment de sphere, il faut retrancher la hauteur du segment du rayon de la sphere, & par cette différence, multiplier l'aire de la base du segment: ôter ce produit de celui qui viendra en multipliant le demi-axe de la sphere par la surface convexe du segment; diviser le reste par 3, & le quotient sera la solidité cherchée.

51. COMPLÉMENT.

Le complément d'un angle ou d'un arc est ce qui reste d'un angle droit ou de 90° après qu'on en a retranché cet angle ou cet arc ; ainsi l'on dit que le complément d'un angle ou d'un arc de 30° est de 60° puisque 60 + 30 = 90. On appelle cosinus le sinus du complément d'un arc, & cotangente la tangente du complément ; on appelle complément d'un angle à 180° l'excès de 180° sur cet angle ; ainsi le complément à 180° d'un angle de 100° est 80°, mais complément seulement ne se dit que du complément à 90°, le complément de la hauteur d'une étoile se dit de la distance d'une étoile au zénith, ou de l'arc compris entre le lieu de l'étoile, au-dessus de l'horizon, & le zénith ; on appelle ainsi la distance de l'étoile au zénith, parce qu'elle est véritablement le complément à 90° de hauteur au-dessus de l'horizon, c'est-à-dire l'excès de 90° ou de l'angle droit, sur l'angle ou l'arc qui donne la hauteur de l'étoile. En général, complément se dit d'une partie qui, ajoutée à une autre, formeroit un tout, ou naturel ou artificiel.

52. COSINUS.

C'est le sinus droit d'un arc qui est le complément d'un autre ; ainsi le cosinus d'un angle de 30° est le sinus d'un angle de 60°.

53. COTANGENTE.

C'est la tangente d'un arc qui est le complement d'un autre ; ainsi la tangente ou cotangente de 30° est la tangente de 60°.

54. ABSCISSE.

C'est une partie quelconque du diametre ou de l'axe d'une courbe comprise entre le sommet de la courbe,

courbe, ou un autre point fixe, & la rencontre de l'ordonnée. On appelle en Géométrie, certaines lignes, *abscisses*, parce qu'elles sont des parties coupées de l'axe ou sur l'axe. Dans la parabole, l'abscisse est troisieme proportionnelle au parametre & à l'ordonnée, & le parametre est troisieme proportionnelle à l'abscisse & à l'ordonnée. Dans l'ellipse, le quarré de l'ordonnée est égal au rectangle du parametre par l'abscisse dont on a ôté un autre rectangle de la même abscisse, par une quatrieme proportionnelle à l'axe, au parametre & à l'abscisse. Dans l'hyperbole, les quarrés des ordonnées sont entr'eux comme les rectangles de l'abscisse, par une autre ligne composée de l'abscisse & de l'axe transverse.

55. *ANGLE.*

C'est l'ouverture que forment deux lignes qui se rencontrent à un point; les lignes sont appellées les jambes ou les côtés de l'angle, & le point d'intersection en est le sommet; lorsque l'angle est formé par trois plans, on le nomme *angle solide*. Les angles se distinguent par le rapport de leurs arcs à la circonférence du cercle entier; ainsi l'on dit qu'un angle est d'autant de degrés qu'en contient l'arc qui le mesure. Les angles sont de différentes especes; quand on les considere par rapport à leurs côtés, on les divise en rectilignes, curvilignes & mixtes; l'angle rectiligne est celui dont les côtés sont tous deux des lignes droites; l'angle curviligne est celui dont les deux côtés sont des lignes courbes; l'angle mixte ou mixtiligne est celui dont un des côtés est une ligne droite & l'autre courbe. Par rapport à la grandeur des angles, on les distingue encore en droits, aigus, obtus & obliques; l'angle droit est formé par une ligne qui tombe perpendiculairement sur une autre; ou bien c'est celui qui est mesuré par un arc de 90°. La mesure d'un angle droit est donc un quart de cercle, & par conséquent tous les angles droits sont égaux entr'eux. L'angle aigu est plus petit que l'angle droit, c'est-à-dire qu'il est mesuré par un arc moindre que l'arc de 90°. L'angle obtus est plus grand que l'angle droit, c'est-à-dire que sa mesure excede 90°. L'angle oblique est un nom commun aux angles aigus & obtus. L'angle de la position du soleil, en Astronomie, est l'angle formé par l'intersection du méridien avec un arc d'un azimuth ou de quelqu'autre grand cercle qui passe par le soleil; cet angle est proprement l'angle formé par le méridien & par le vertical où se trouve le soleil, & l'on voit évidemment que cet angle change à chaque instant, puisque le soleil se trouve à chaque instant dans un nouveau vertical. L'angle au soleil est l'angle sur lequel on verroit du soleil, la distance d'une planete à l'écliptique.

56. *RHOMBE.*

C'est un parallélogramme dont les côtés sont égaux, mais dont les angles sont inégaux, l'un des angles opposés étant obtus & les deux autres aigus. Pour trouver l'aire d'un rhombe sur une ligne prise pour base, laissez tomber une perpendiculaire qui sera la hauteur du parallélogramme; multipliez la base par la hauteur, le produit sera l'aire recherché; ainsi supposons que A soit de 456 pieds, & B de 234, l'aire sera de 102704 pieds quarrés; on appelle aussi rhombe solide, deux cônes égaux & droits joints ensemble par leur base.

57. *RHOMBOIDE.*

C'est un parallélograme dont les côtés & les angles sont inégaux, mais dont les côtés opposés sont égaux, ainsi que les angles opposés; autrement le rhomboïde est une figure de quatre côtés, dont les côtés opposés & les angles opposés sont égaux, mais qui n'est ni équilatérale ni équiangle.

58. CONJUGUÉS.

On appelle ainsi deux hyperboles opposés que l'on décrit dans l'angle vuide des asymptotes, des hyperboles opposées, & qui ont les mêmes asymptotes que ces hyperboles, & le même axe, avec cette seule différence que l'axe transverse des opposés, est le second axe des conjugués, & réciproquement.

59. INCOMMENSURABLE.

Se dit de deux quantités qui n'ont point de mesures communes, quelque petites que soient ces mesures pour mesurer l'une & l'autre quantité. On dit que des surfaces sont incommensurables en puissance, lorsqu'elles ne peuvent être mesurées par aucune face commune. Le côté d'un quarré est incommensurable avec sa diagonale, comme le démontre *Euclide*; mais il est commensurable en puissance, parce que le quarré de la diagonale contient deux fois le quarré fait sur le côté.

60. CONSTANTE.

C'est une quantité qui ne varie point, par rapport à d'autres quantités qui varient & qu'on nomme *variables*. Ainsi le parametre d'une parabole, le diametre d'un cercle, sont des quantités constantes, par rapport aux abscisses & aux ordonnées qui peuvent varier tant qu'on veut; en algebre on marque ordinairement les quantités constantes par les premieres lettres de l'alphabet, & les variables par les dernieres.

61. DIAGONALE.

C'est une ligne qui traverse un parallélogramme, ou toute autre figure quadrilatere, & qui va du sommet d'un angle au sommet de celui qui lui est opposé; il est démontré que toute diagonale divise un parallélogramme en deux parties égales, que deux diagonales tirées dans un parallélogramme se coupent l'une l'autre en deux parties égales, que la diagonale d'un quarré est incommensurable avec l'un des côtés; la somme des quarrés des deux diagonales de tout parallélogramme, est donc égale à la somme des quarrés des quatre côtés.

62. QUARRÉ.

Pour trouver l'aire d'un quarré, cherchez la longueur d'un côté, multipliez le par lui même, le produit sera l'aire du quarré. Si la longueur d'un côté est de 345, l'aire sera 119025, & si le côté du quarré est 10, l'aire sera 100. Un nombre quarré est le produit d'un nombre multiplié par lui-même, ainsi 4 produit de 2 multiplié par 2, ou 16 produit de 4 multiplié par 4 sont des nombres quarrés. La racine quarrée est un nombre qu'on considere comme la racine d'une seconde puissance ou d'un nombre quarré, ou bien un nombre qui, multiplié par lui-même, produit un nombre quarré; ainsi le nombre 2 étant un nombre qui, multiplié par lui-même, donne le nombre quarré 4, est appellé la racine quarrée de 4; puisque la racine quarrée est au nombre quarré comme l'unité est à la racine quarrée, la racine est moyenne proportionnelle entre l'unité & le nombre quarré. L'hypoténuse est le plus grand côté d'un triangle rectangle, ou la soutendante de l'angle droit; dans le triangle, le côté opposé à l'angle droit est appellé *hypothénuse*. C'est un théorême fameux en Géométrie, que dans tout triangle, rectiligne, rectangle, le quarré de l'hypoténuse est égal aux quarrés des deux autres côtés ; on l'appelle le *théorême de Pythagore*, parce qu'il en est l'inventeur.

63. INFINI.

La Géométrie de l'infini est proprement la Géométrie nouvelle des infiniment petits ; elle contient les regles du calcul différentiel & intégral. C'est par elle qu'on démontre qu'une grandeur qui n'est pas susceptible d'augmentation sans fin, non-seulement demeure toujours finie, mais ne sauroit jamais passer une grandeur finie ; mais la grandeur susceptible d'augmentation sans fin, demeure toujours finie, & peut être augmentée jusqu'à surpasser telle grandeur finie que l'on veut. La quantité infinie est proprement celle qui est plus grande que toute grandeur assignable ; & comme il n'existe point de telle quantité dans la nature, il s'ensuit que la quantité infinie n'est proprement que dans notre esprit, & n'y existe que par une espece d'abstraction dans laquelle nous écartons l'idée des bornes. L'idée que nous avons de l'infini est donc absolument négative, & provient de l'idée du fini, & le mot même négatif d'infini le prouve ; ainsi il y a cette différence entre infini & indéfini que, dans l'idée d'infini, on fait abstraction de toutes bornes, & que dans celle d'indéfini on fait abstraction de telle ou telle borne en particulier. Ligne infinie est donc celle qu'on suppose n'avoir point de bornes ; ligne indéfinie est celle qu'on suppose se terminer où l'on voudra, sans que sa longueur ni par conséquent ses bornes soient fixes. On appelle, en Géométrie, *infiniment petits* les quantités qu'on regarde comme plus petites que toute grandeur assignable ; mais ces prétendues quantités n'existent réellement ni dans la nature, ni dans les suppositions des géometres. A l'égard des infiniment petits des différens ordres, on peut les expliquer ainsi. Prenons l'équation $y = \frac{x^2}{a}$, on dit ordinairement, en Géométrie, que quand x est infiniment petit, y est infiniment petit du second ordre, c'est-à-dire aussi infiniment petit par rapport à x, que x l'est par rapport à a; cette explication signifie que plus on prendra x petit, & plus le rapport de y à x sera petit; ensorte qu'on peut toujours le rendre moindre qu'aucune quantité donnée.

64. GÉNÉRATION.

C'est la formation qu'on imagine d'une ligne, d'un plan, ou d'un solide, par le mouvement d'un point, d'une ligne, ou d'une surface. On peut imaginer par exemple qu'une sphere est formée par le mouvement d'un demi-cercle, autour de son diametre: on appelle pour lors ce diametre, *axe de révolution* ou *de rotation*. De même on peut regarder un parallélogramme, comme engendré par le mouvement d'une ligne droite qui se meut toujours parallelement à elle-même, & dont tous les points se meuvent en ligne droite; dans ce dernier cas, la ligne suivant laquelle le mouvement se fait, s'appelle quelquefois *la directrice*. De ce qu'on vient de dire on peut conclure que le mot *générateur* se dit de ce qui engendre par son mouvement, soit une ligne, soit une surface, soit un solide; ainsi on appelle *cercle générateur de la cycloïde*, le cercle qui dans son mouvement, trace la cycloïde par un des points de sa circonférence. On appelle *ligne génératrice* d'une surface, la ligne droite ou courbe, qui par son mouvement engendre cette surface.

65. DES SURFACES.

La surface de tout corps quelconque est composée de lignes posées les unes à côté des autres, comme la ligne ne contient que des points. Si les lignes qui composent une surface ont une largeur quelconque, il faut considérer les lignes comme ayant une largeur infiniment petite qui soit la même dans chacune des lignes qui servent d'élémens à une superficie; ainsi les élémens d'un parallélogramme seront une infinité de lignes paralleles & égales à la base, lesquelles rempliront l'espace compris entre les côtés du parallélogramme; les élémens d'un triangle seront une infinité de lignes paralleles à la base, qui seront d'autant plus courtes, qu'elles auront une plus grande distance à la base. D'après ces notions vagues sur les élémens des surfaces, & qui appartiennent à toutes les figures possibles, il faut traiter de leur égalité. Deux figures planes sont appellées *égales*, lorsque la surface de l'une est égale à la surface de l'autre, quoique les côtés de la premiere ne soient pas égaux à ceux de la seconde : par exemple, afin que deux triangles soient égaux, il suffit qu'ils aient des surfaces égales; un triangle est même considéré comme égal à un parallélogramme, lorsqu'il contient autant d'espace ou de surface que le parallélogramme; mais lorsque deux figures ont des surfaces égales, & que les côtés & les angles de l'une sont égaux à ceux de l'autre, pour lors on dit qu'elles sont égales en tout. Dans le premier cas, on dit souvent que les figures sont égales en surface, mais cela n'est pas nécessaire, il suffit de dire qu'elles sont égales. Donc il y a une très-grande différence entre des figures égales & des figures semblables. Deux rectangles de même base & de même hauteur sont égaux en tout; cette proposition peut passer pour un axiôme, car si on conçoit que l'on applique ces deux rectangles l'un sur l'autre, la base sur la base, & le côté sur le côté, on voit aisément que ces deux rectangles conviendront parfaitement, & par conséquent ils sont égaux en tout ; mais si on compare un rectangle avec un parallélogramme obliquangle, de même base & de même hauteur, on n'apperçoit pas si facilement si les surfaces sont égales. On prouve ainsi que le parallélogramme a plus de surface que le rectangle, les côtés du parallélogramme étant plus grands que ceux du rectangle, il est certainement plus long, & d'ailleurs il a autant de largeur, puisqu'ils ont la même base ; par conséquent le premier a plus de surface que l'autre. Il est vrai que le parallélogramme est plus long que le rectangle, mais aussi il a moins de largeur ; car la largeur se mesure par une perpendiculaire entre les deux côtés, & non par la base, à moins qu'elle ne soit perpendiculaire aux côtés, comme dans le rectangle ; or il est clair que la perpendiculaire tirée entre les côtés du parallélogramme est moindre que la base, puisque cette base est oblique par rapport à ces côtés du parallélogramme. Si le rectangle & le parallélogramme ont même base & même hauteur, ils sont égaux ; on peut dire aussi que si le rectangle & le parallélogramme sont égaux en surface, & qu'ils aient la même hauteur, ils ont des bases égales, car si le parallélogramme avoit une base plus grande ou plus petite, il est évident qu'il ne seroit plus égal au rectangle ; de même si le rectangle & le parallélogramme sont égaux & qu'ils aient la même base, ils ont aussi la même hauteur, car si l'on prolongeoit ou si l'on diminuoit la hauteur du parallélogramme, il ne seroit plus égal au rectangle. Cette surface des corps, leur connoissance, & les comparaisons faites les uns à l'égard des autres, ont conduit beaucoup de Géometres, après Archimede & Métius, à chercher à résoudre le problême de la quadrature du cercle ; on sait que la solution seroit d'avoir trouvé une méthode géométrique, de tirer une ligne droite égale à la moitié de la circonférence. Archimede a cherché à exprimer en nombres le rapport de la circonférence au diametre, il n'a pu trouver exactement ce rapport, quoiqu'il ait démontré qu'il étoit un peu moindre que celui de 22 à 7, & plus grand que celui de $21\frac{70}{71}$ à 7. Le rapport de 113 à 355, découvert par Métius, approche tellement du véritable rapport du diametre à la circonférence, qu'il est presqu'impossible d'en approcher davantage, car ce rapport de 113 à 355 ne fait pas tomber dans l'erreur d'une ligne entiere, c'est-à-dire de la douzieme partie d'un pouce, sur une circonférence dont le diametre seroit d'une lieue & demie. C'est d'après ces rapports trouvés par Archimede & Métius, qu'on peut trouver à-peu-près la surface d'un cercle dont on connoît le diametre ; c'est à un géometre célebre que nous devons cette découverte. Soit un cercle dont le diametre ait 800 pieds ; pour en avoir la surface, cherchez d'abord la circonférence qui est de 2514 p. $\frac{2}{7}$, en supposant le rapport du diametre à la circonférence de 7 à 22 : multipliez ensuite la moitié de la circonférence par le rayon, c'est-à-dire $1257\frac{1}{7}$ par 400 ; le produit 502857 pieds quarrés plus $\frac{1}{7}$ d'un pied quarré, est à-peu-près la surface du cercle dont le diametre est de 800 pieds. Si on suppose le rapport du diametre à la circonférence égal à celui de 113 à 355, on trouvera la circonférence de $2513\frac{31}{113}$ pieds, dont la moitié est $125\frac{1}{2} + \frac{31}{226}$, on a pris la moitié de la fraction $\frac{31}{113}$ en doublant son dénominateur. Or $\frac{1}{2} = \frac{113}{226}$; donc $\frac{1}{2} + \frac{31}{226} = \frac{113}{226} + \frac{31}{226}$: & ces deux dernieres fractions étant ajoutées ensemble, donnent $\frac{144}{226}$ ou $\frac{72}{113}$. Ainsi la moitié de la circonférence est $1256\frac{72}{113}$ qui étant multipliée par 400, le produit sera $502654\frac{98}{113}$ pieds quarrés. Ce nombre approche beaucoup plus de la véritable surface cherchée que le premier produit $502857\frac{1}{7}$; mais ils sont l'un & l'autre plus grands que cette surface, parce que le rapport de 22 à 7 & celui de 355 à 113 sont chacun plus grands que celui de la circonférence au diametre. Cependant, en se servant du rapport de 7 à 22, on auroit pu retrancher une unité de la circonférence trouvée qui est $2514\frac{2}{7}$, parce que cette circonférence surpasse 2486, & pour lors la moitié de la circonférence auroit été seulement $1256\frac{1}{2}+\frac{1}{7}$, ou bien $1256\frac{9}{14}$. Or en multipliant ce dernier nombre par 400, le produit est $502657\frac{2}{14}$ qui est encore un peu plus grand que celui qu'on a trouvé en se servant du rapport de 113 à 355, & par conséquent ce produit $502657\frac{1}{7}$ differe plus de la véritable surface cherchée, que celui qu'on a trouvé par le rapport de 113 à 355; mais il en approche beaucoup plus que le premier produit $502857\frac{1}{7}$. Les surfaces planes sont égales au produit de certaines lignes multipliées l'une par l'autre; c'est pour cela que ces lignes sont appellées *produisans*. Dans un parallélogramme, les deux produisans sont la hauteur & la base; or c'est par ces produits qu'on connoît le rapport des surfaces. En parlant de ce rapport, on emploie souvent les raisons composées & doublées. Une raison composée est le produit de deux ou trois raisons. Or, pour avoir le produit de deux ou trois raisons, & en général de plusieurs, il faut multiplier les antécédens l'un par l'autre, & les conséquens de même: par exemple, pour avoir le produit des deux raisons $\frac{3}{2}$ & $\frac{12}{4}$, on multiplie les deux antécédens 3 & 12, & les deux conséquens 2 & 4; la raison des produits 36 & 8 est composée de celle de 3 à 2, & de 12 à 4. Lorsqu'il n'y a que deux raisons composantes ou simples & qu'elles sont égales, la raison composée est appellée *doublée*: par exemple, si on a les raisons égales de la proportion 6.2 :: 12.4, en multipliant les antécédens l'un par l'autre, & les conséquences de même, on aura la raison de 72 à 8, qui est doublée de celles de 6 à 2, & de 12 à 4. Au lieu de prendre des raisons composantes égales exprimées par différens termes pour avoir une raison doublée, on peut se servir de la même raison répétée deux fois : ainsi à la place des deux raisons de 6 à 2, & de 12 à 4, que l'on a prises pour avoir la raison doublée 72 à 8, on pourroit prendre les deux raisons de 6 à 2 & de 6 à 2, qui ne sont que la même raison répétée deux fois. Or la raison de 36 à 4, qui est doublée de ces deux raisons, est égale à celle de 72 à 8, puisque les raisons, dont la premiere est le produit, sont égales à celles dont l'autre est le produit. Il suit de-là que la raison qui est entre les quarrés est doublée de celle qui est entre les racines : par exemple, la raison de 36 à 4 est doublée de celle des racines 6 & 2.

66. DES RAISONS.

Une raison est le rapport ou la comparaison de deux grandeurs, soit nombres, étendues, vîtesses, tems, &c; or on peut comparer deux grandeurs en deux manieres différentes, ou en considérant de combien l'une surpasse l'autre, ou en examinant comment l'une contient l'autre. La premiere maniere de considérer deux grandeurs est appellée *raison arithmétique*, & la seconde, *raison géométrique*. La raison arithmétique est une comparaison de deux grandeurs, dans laquelle on considere de combien l'une surpasse ou est surpassée par l'autre ; par exemple, si je considere que 6 surpasse 2 de 4, cette comparaison des nombres 6 & 2, est une raison arithmétique. La raison géométrique est une comparaison de deux grandeurs, dans laquelle on considere la maniere dont l'une contient l'autre, ou ce qui revient au même, la raison géométrique est la maniere dont une grandeur en contient une autre; par exemple, si je considere que 6 contient 2 trois fois, cette comparaison est une raison ou rapport géométrique. Remarquez qu'une grandeur en peut contenir une autre ou en entier ou en partie: par exemple, 6 contient 2 entiérement trois fois, mais 5 ne contient 20 qu'en partie, c'est-à-dire que 5 contient seulement une partie de 20, savoir le $\frac{1}{4}$; de même 12 contient en partie 18, parce qu'il en renferme $\frac{2}{3}$. On peut comparer une raison avec une autre, pour voir si elle est égale, plus grande ou plus petite. Il faut distinguer deux sortes de parties d'un tout, savoir les parties aliquotes & les parties aliquantes; les parties aliquotes sont celles qui, répétées un certain nombre de fois, mesurent leur tout exactement, c'est-à-dire sans reste, par exemple 3 est partie aliquote de 12, parce qu'étant répété quatre fois, il mesure exactement 12; de même 6 est partie aliquote de 30, parce qu'il est contenu cinq fois sans reste dans 30. Les parties aliquantes sont celles qui ne sont pas contenues exactement dans leur tout; par exemple 5 est partie aliquante de 12, parce qu'il est contenu 2 fois avec un reste qui est 2; 8 est aussi partie aliquante de 30, parce qu'il est contenu trois fois dans ce nombre avec un reste qui est 6. On ne traitera pas plus au long de ces parties, étant généralement connues. Si deux raisons sont égales chacune à une troisieme, elles sont égales entr'elles; de même, si de plusieurs raisons, la premiere est égale à la seconde, la seconde à la troisieme, la troisieme à la quatrieme, & ainsi de suite, il est évident que la premiere est égale à la derniere. Deux grandeurs égales ont un même rapport ou une même raison à une troisieme grandeur. Si *a* & *b* sont égaux, ils ont même rapport à *c*, ensorte que si *a* contient deux fois *c*, *b* le contiendra aussi deux fois, ou sera le double de *c*; si *a* est la moitié de *c*, *b* en sera aussi la moitié. De même, lorsque deux grandeurs ont un même rapport à une troisieme, les deux premieres sont égales entr'elles; ce principe est la proposition inverse du second, il est facile à concevoir, c'est pourquoi on retranche l'opération. Un autre principe, c'est qu'une raison devient d'autant plus grande, que son antécédent augmente, le conséquent demeurant le même; ainsi, la raison de 8 à 2 est plus grande que celle de 6 à 2; de même la raison de 12 à 15 est plus grande que celle de 9 à 15; c'est la même chose si les quantités sont exprimées par des caracteres algébriques. Le rapport de deux grandeurs est égal au rapport qui est entre leurs moitiés ou leurs tiers, leurs quarts ou leurs cinquiemes; par exemple, le rapport qui est entre 60 & 20, est égal à celui de leurs moitiés, 30 & 10 à celui de leurs quarts, 15 & 5 à celui de leurs cinquiemes 12 & 4. Quand on multiplie deux grandeurs comme 8 & 4 par une troisieme telle que 5, les produits 40 & 20 ont entre eux une raison égale à celle des deux premieres grandeurs avant la multiplication. Pour énoncer ce principe on dit ordinairement, les produits sont entr'eux comme les racines, lorsqu'elles ont été multipliées par la même quantité; dans l'exemple proposé 8 & 4 sont les racines. En général, si on multiplie a & b par d, les produits $a\,d$, & $b\,d$ sont entr'eux comme les racines a & b. Lorsqu'on divise deux grandeurs par une troisieme, les quotiens ont entr'eux une raison égale à celle des grandeurs avant la division; par exemple, si on divise 40 & 20 par 5, les quotiens 8 & 4 ont un même rapport que 40 & 20. Deux raisons sont égales, à proprement parler, lorsque chacun des antécédens contient son conséquent exactement ou sans reste & le même nombre de fois; par exemple, la raison de 12 à 4 est égale à celle de 15 à 5, parce que l'antécédent 12 de la premiere raiſon, contient ſon conſéquent 4 trois fois, comme l'antécédent 15 contient ſon conſéquent 5 auſſi trois fois ſans reſte; de même $\frac{30}{6}=\frac{10}{2}$, parce que les deux antécédens 30 & 10, contiennent chacun cinq fois leur conſéquent. Deux raiſons ſont égales quand les antécédens contiennent également & ſans reſte, les parties aliquotes pareilles des conſéquens; par exemple, la raiſon de 12 à 21 eſt égale à celle de 8 à 14, parce que les deux antécédens 12 & 8, contiennent autant de fois chacun les aliquotes pareilles de leurs conſéquens, car ces aliquotes pareilles ſont 3 & 2; or 3 eſt contenu quatre fois dans 12, & 2 eſt auſſi contenu quatre fois dans l'autre antécédent 8. De même $\frac{15}{6}=\frac{40}{16}$, parce que les aliquotes pareilles des conſéquens, ſavoir 3 & 8, ſont contenues chacune cinq fois dans leur antécédent, ſavoir 3 dans 15, & 8 dans 40; enfin $\frac{5}{7}=\frac{7}{21}$, parce que les aliquotes pareilles des conſéquens, ſavoir 5 & 7 ſont contenues chacune une fois exactement dans leur antécédent. On démontre encore l'égalité des raiſons dans d'autres cas, mais il n'eſt pas néceſſaire de pourſuivre d'après les éclairciſſemens qu'on vient de donner.

67. *Des proportions.*

Deux raiſons égales forment une proportion qui n'eſt autre choſe que l'égalité de deux raiſons, ou la comparaiſon de deux raiſons égales; & comme il y a deux ſortes de raiſons, il y a auſſi deux ſortes de proportions, la géométrique & l'arithmétique. La proportion géométrique eſt une comparaiſon de deux raiſons géométriques égales: par exemple, la raiſon géométrique de 15 à 5 étant égale à celle de 21 à 7, ces deux raiſons forment une proportion géométrique, que l'on marque ſouvent $\frac{15}{5}=\frac{21}{7}$, & plus ordinairement en mettant quatre points entre les deux raiſons,

& un point entre l'antécédent & le conséquent de chacune en cette maniere : 15 . 5 : : 21 . 7. En général s'il y a proportion entre les quatre grandeurs *a*, *b*, *c*, *d*, on les marque ainsi, *a* . *b* : : *c* . *d*, ou bien $\frac{a}{b} = \frac{c}{d}$. A l'égard de la proportion arithmétique, elle est une comparaison de deux raisons arithmétiques égales : par exemple, les raisons arithmétiques de 5 à 3 & de 8 à 6 étant égales, elles forment une proportion arithmétique qui se marque en cette maniere, 5 . 3 : 8 . 6, il n'y a point de grandeurs, soit nombres, étendues, mouvemens, vîtesses, &c, entre lesquelles il n'y ait une raison géométrique & une raison arithmétique ; par exemple, entre 12 & 3, il y a une raison géométrique que l'on exprimeroit par 4, parce que l'antécédent 12 contient quatre fois le conséquent 3. Il y a aussi entre les mêmes nombres 12 & 3 une raison arithmétique que l'on marqueroit par 9, parce que l'antécédent surpasse le conséquent de 9, ce qui fait voir qu'il y a bien de la différence entre la raison géométrique & l'arithmétique ; c'est pourquoi quatre grandeurs peuvent être en proportion géométrique, quoiqu'elle ne soient pas en proportion arithmétique ; par exemple, il y a une proportion géométrique entre ces quatre nombres, 12, 3, 20, 5, mais il n'y a point de proportion arithmétique, parce que 12 ne surpasse pas autant 3 que 20 surpasse 5, il faudroit mettre 11 à la place de 5, & on auroit 12 . 3 : 20 . 11 ; c'est une proportion arithmétique, parce que 12 surpasse autant 3 que 20 surpasse 11. Dans toute proportion, soit géométrique, soit arithmétique, le premier & le dernier terme s'appellent *les extrêmes*, le second & le troisieme, *les moyens*. La propriété fondamentale de la proportion géométrique est l'égalité du produit des extrêmes à celui des moyens ; il n'y a point de proposition dans toutes les mathématiques d'un usage aussi étendu. Dans toute proportion géométrique, le produit des extrêmes est égal au produit des moyens. Soit la proportion 8 . 4 : : 6 . 3, dont les deux extrêmes sont 8 & 3, & les deux moyens 4 & 6; il faut prouver que le produit de 8 par 3 est égal au produit de 4 par 6. Il est visible que si on multiplie 8 & 4 par 3, le produit de 4 par 3 sera la moitié du produit de 8 par 3, puisque 4 est la moitié de 8; mais si au lieu de multiplier 4 par 3, on le multiplioit par un nombre double de 3, le produit qui en viendroit seroit double du produit de 4 par 3, & par conséquent égal au produit de 8 par 3; or, le second moyen 6 est nécessairement le double de 3, parce que le premier antécédent 8 étant le double de son conséquent 4, il faut aussi que le second antécédent 6 soit le double de son conséquent 3, autrement il n'y auroit pas de proportion; donc le produit de 4 par 6 est égal au produit de 8 par 3, c'est-à-dire que le produit des moyens est égal au produit des extrêmes. Il est évident que la même démonstration peut s'appliquer à toute autre proportion, en changeant seulement les termes de moitié & de double, lorsque cela est nécessaire; si par exemple il s'agissoit d'une proportion dont les antécédens fussent trois fois plus grands que leurs conséquens, comme dans celle-ci, 15 . 5 : : 12 . 4, il faudroit mettre dans la démonstration, *tiers* à la place de *moitié*, & *triple* à la place de *double*, ainsi des autres proportions. Lorsque le produit des extrêmes est égal au produit des moyens, les quatre grandeurs sont proportionnelles; soient les quatre nombre 8, 4, 6, 3, dont le produit des extrêmes, 8 × 3, soit égal au produit des moyens 4 × 6; il faut prouver que 8 . 4 : : 6 . 3. Voici comme on peut le démontrer; le premier multiplicant de 8 étant double du second multiplicant de 4, il faut que le multiplicateur de 4 soit double

double du multiplicateur de 8; autrement, les produits ne seroient pas égaux, ce qui est contre l'hypothese, par conséquent le premier multiplicant est au second, comme le second multiplicateur est au premier, ou ce qui exprime la même chose, 8, 4 : 6, 3. On donne aussi le nom de *regle de proportion* à la regle de trois, parce qu'il y a proportion entre les termes qu'elle renferme. A l'égard de la proportion arithmétique, dans une telle proportion, la somme des extrêmes est égale à la somme des moyens; soit par exemple, la proportion 5 . 8 : 9 . 12 : je dis que la somme des extrêmes 5 + 12 est égale à la somme des moyens 8 + 9. On démontre que si le premier extrême 5 est surpassé de 3 par le premier moyen 8, aussi le second extrême 12 surpasse nécessairement le second moyen 9 de la même quantité 3; autrement il n'y auroit point de proportion; donc le défaut du premier extrême est compensé par l'excès du second, donc la somme des extrêmes 5 + 12 doit être égale à celle des moyens 8 + 9. Dans une proportion continue arithmétique, la somme des extrêmes est égale au double du moyen proportionnel: par exemple, si on a la proportion continue arithmétique 5 . 8 : 8 . 11, la somme des extrêmes 5 + 11 ou 16, égale 8 + 8 ou 16 double du moyen proportionnel 8. Ce raisonnement est évident pour toute autre nature de proportion arithmétique.

68. *DES PROGRESSIONS.*

La progression est une suite de termes en proportion continue, c'est-à-dire dont chacun est moyen entre celui qui le précede & celui qui le suit. Selon le genre de rapport qui regne entre ses termes, la progression est géométrique ou arithmétique; lorsqu'il y a plus de trois termes dans une proportion continue géométrique ou arithmétique, on la nomme progression; telle est la *progression* géométrique ∺ 5, 10, 20, 40, 80, 160, &c. & la progression arithmétique ÷ 5, 10, 15, 20, 25, 30, &c. ÷ 1 . 3 . 5 . 7 . est une progression arithmétique, où l'on voit que 3 est moyen proportionnel entre 1 & 5 . 5, entre 3 & 7, & que 2 est la différence constante de deux termes consécutifs quelconques. Une progression est donc une suite de raisons égales dont chacun des termes, excepté le premier & le dernier, est conséquent d'une raison, & antécédent de la suivante : nous disons que le premier & le dernier terme sont exceptés, car il est clair que le premier n'est qu'antécédent de la premiere raison, & que le dernier n'est que conséquent de la derniere. Pour énoncer la premiere progression, on dit : 5 est à 10 comme 10 est à 20, comme 20 est à 40, comme 40 est à 80, comme 80 est à 160. La seconde progression qui est l'arithmétique, s'énonce de la même maniere, en exprimant les termes 5, 10, 15, 20, 25, 30, à la place de ceux de la progression arithmétique. Dans toute progression géométrique, le quarré du premier terme est au quarré du second, comme le premier est au troisieme : & le cube du premier terme est au cube du second, comme le premier est au quatrieme. Soit la progression géométrique ∺ 2 . 6 . 18 . 54. &c. 2 est le premier terme, & son quarré est 4 ; 6 est le second terme, & son quarré est 36 ; je dis qu'on a la proportion 4 . 36 : : 2 . 18 : & pour les cubes, 8 étant le cube du premier terme 2, & 216 celui du second terme 6 ; on a encore la proportion 8 . 216 : : 2 . 54. Dans une progression arithmétique, la somme de deux termes également éloignés de deux extrêmes, est égale à la somme de ces extrêmes. Dans la progression arithmétique ÷ 1 . 2 . 3 . 4 . 5 . 6 . 7 . les termes 3 & 5 sont également éloignés des extrêmes 1 & 7 ; je dis donc que $3 + 5 = 1 + 7$: car les termes 3 & 5 de la progression étant également éloignés des extrêmes, la différence de 1 à 3 est égale à celle de 5 à 7, c'est-à-dire qu'on a la proportion arithmétique $1 . 3 : 5 . 7$: ainsi $3 + 5 = 1 + 7$. si le nombre des termes de la progression arithmétique est impair, le double du terme qui est au milieu, est egal à la somme des deux extrêmes ou de deux termes également distans des extrêmes. Dans l'exemple qu'on vient de donner, & dont on cite ici la démonstration par lettres alphabétiques, $2\,d = a + g$ ou $c + e$: car à cause de la progression, on a $c . d : d . e$: par conséquent, $2\,d = c + e$. Dans toute progression soit géométrique, soit arithmétique, on peut distinguer cinq élémens principaux: le premier terme p. le dernier d. la différence m. le nombre des termes n. la somme de la progression s. or, de ces cinq élémens, trois pris comme on voudra, étant connus, on connoît les deux autres; & comme cinq choses peuvent être combinées dix fois trois à trois, il en résulte autant de cas, pour chacun desquels on trouvera par ordre la valeur des deux inconnus; il suit de-là que lorsqu'on connoît les deux premiers termes d'une progression, on en connoît la différence, & dès-là toute la progression; il n'est pas même nécessaire que les deux termes connus soient les deux premiers, ils peuvent être quelconques, pourvu qu'on sache leurs quantiemes; car d'abord on aura la différence de la progression par la formule de m. en y substituant à $(n - 1)$ la différence donnée des quantiemes des deux termes; ensuite on aura le premier terme par celle de p, en y substituant à d, celui qu'on voudra des deux termes donnés, & à n son quantieme: par exemple, si 4 & 16 sont les second & sixieme termes d'une progression, la différence de celle-ci est $\frac{16-4}{6-2} = \frac{12}{4} = 3$. & $p = 4 - 3 . \overline{2 - 1} = 4 - \overline{3 . 1} = 4 - 3 = 1$. Sans entrer dans un plus grand détail sur l'expression de toute progression, soit géométrique, soit arithmétique, on dira seulement que l'une & l'autre peuvent se concevoir divisées en deux branches, l'une croissante, l'autre décroissante depuis p, ou premier terme, qui s'étendent en sens contraire, & se perdent toutes deux dans l'infini; ou si l'on veut, ce n'en sera qu'une seule croissante ou décroissante dans tout son cours, selon le côté duquel on voudra la prendre, mais qui n'a ni commencement ni fin.

69. LONGIMÉTRIE.

Elle est la mesure & la pratique des lignes, des angles & des figures; elle donne l'art & la méthode de les tracer, de les diviser & de les comparer. Ses résultats sont, 1°. de mener une perpendiculaire sur une ligne donnée; 2°. d'un point donné dans une ligne, élever une perpendiculaire sur cette ligne; 3°. d'un point donné hors d'une ligne, abaisser une perpendiculaire sur cette ligne; 4°. élever une perpendiculaire à l'extrêmité d'une ligne donnée; 5°. mener une ligne parallele à une autre ligne donnée; 6°. d'un point donné hors d'une ligne, mener une parallele à cette ligne. Il faut remarquer que quand on veut tracer des lignes paralleles, on se sert ordinairement de la double regle qui est un instrument de l'étui de mathématiques, & qui consiste en deux regles paralleles jointes ensemble par deux lignes égales, paralleles & mobiles, par le mouvement desquelles les deux regles peuvent être ou rapprochées ou éloignées l'une de l'autre, en conservant toujours leur parallélisme. On peut toujours sur une ligne donnée, construire, soit un parallélogramme, soit un rectangle; car si sur les extrêmités d'une ligne donnée on éleve des perpendiculaires égales, & qu'on joigne les extrêmités par une ligne droite, on aura un rectangle; ou si l'on éleve deux obliques égales & également inclinées, & que l'on mene une droite quelconque, on aura un parallélogramme. La suite des résultats de la Longimétrie, est 7°. de diviser une ligne droite donnée en trois parties égales; 8°. diviser une ligne donnée en des parties semblables ou proportionnelles à celle d'une autre ligne donnée; 9°. une circonférence de cercle étant donnée, en trouver le centre; 10°. pour diviser un arc en deux également, joignez les extrêmités de cet arc par une corde, coupez cette corde en deux par une perpendiculaire, & l'arc se trouvera divisé en deux parties égales; car toute perpendiculaire qui divise une corde en deux également, divise aussi en deux portions égales l'arc soutenu par la corde. On peut toujours continuer un arc de cercle donné, car, menant sur cet arc deux cordes, & les divisant chacune en deux également par des perpendiculaires, on trouvera le centre de cet arc; or, posant l'une des pointes du compas sur le centre, & l'autre sur l'arc, on pourra, en tournant le compas, continuer & achever la circonférence du cercle; 11°. trouver une ligne quatrieme proportionnelle à trois lignes données; 12°. trouver une ligne moyenne proportionnelle entre deux lignes données; 13°. trouver une troisieme ligne proportionnelle à deux lignes données, ensorte qu'on ait une proportion; 14°. d'un point donné dans la circonférence du cercle, mener une tangente; du centre, menez un rayon à ce point de la circonférence, & sur l'extrêmité du rayon, élevez une perpendiculaire à ce rayon, elle sera la tangente demandée; car, toute ligne qui est perpendiculaire à l'extrêmité du rayon, est tangente par rapport à la circonférence; 15°. un angle étant donné, en trouver la valeur; du sommet de l'angle pris comme centre, décrivez un arc entre les côtés, cherchez le nombre de degrés que contient cet arc, & vous aurez la mesure de l'angle. On trouve la meſure de cet arc par le moyen du rapporteur, qui eſt un demi-cercle, diviſé en degrés & minutes ; on mettra le centre du rapporteur au ſommet de l'angle, les côtés de l'angle prolongés, s'il eſt néceſſaire, intercepteront un arc du rapporteur qui donnera le nombre de degrés, que contient l'arc qu'on a décrit, parce que ces deux arcs ſont ſemblables, & contiennent par conſéquent un même nombre de degrés. Dans tout parallélogramme où une diagonale eſt coupée en un point quelconque par deux lignes paralleles aux côtés, les portions qui reſtent s'appellent *les complémens du parallélogramme*, & ces complémens ſont toujours des parallélogrammes égaux, mais diſſemblables. Si le parallélogramme étoit un quarré, les complémens ſeroient alors des parallélogrammes non-ſeulement égaux, mais ſemblables.

70. PLANIMÉTRIE.

Son objet eſt la meſure des ſurfaces. Pour meſurer une ſurface, il faut ſouvent, ſur-tout lorſqu'elle eſt irréguliere, la partager en triangles par des diagonales, ou des rayons, ou autres lignes ſemblables, & la meſure de tous ces triangles donne la meſure totale de la ſurface. Le but important dans la Planimétrie eſt donc de ſavoir meſurer les triangles. On meſure aiſément la ſurface d'un triangle dont on connoît la hauteur & la baſe ; mais il eſt ſouvent impoſſible de déterminer ces deux dimenſions, parce que l'on ne peut point y appliquer immédiatement la meſure. Dans ce cas, pourvu qu'il y ait de certaines conditions données, ou pourvu que de différentes parties qui compoſent le triangle, ſavoir trois côtés & trois angles, il y en ait un certain nombre de connues, on a, en Géométrie, l'art & la méthode de connoître & de déterminer toutes les autres, & c'eſt ce qu'on appelle *ſolution des triangles* ou *trigonométrie*. Celle-ci, en donnant la mesure des triangles, procure en même tems le moyen, non-seulement d'évaluer une surface quelconque donnée, mais aussi de déterminer des hauteurs, des distances *&c.* inconnues; d'où l'on peut juger quelle est son utilité dans l'application des mesures. Voici quelques résultats des opérations de la Planimétrie. 1°. Pour trouver l'aire ou la surface d'un quarré, il faut mesurer l'un des côtés du quarré, & le multiplier par lui-même, le produit sera l'aire du quarré; si le côté est de 4 pieds, on aura $4 \times 4 = 16$ pieds pour la surface du quarré. 2°. Trouver l'aire ou la surface d'un rectangle, il faut multiplier sa base par sa hauteur, & on aura l'aire du rectangle; si la base est de 5 pieds & la hauteur de 3, on aura $3 \times 5 = 15$ pieds pour la surface du rectangle. 3°. Trouver l'aire ou la surface d'un triangle; d'un des angles du triangle, abaissez une perpendiculaire sur le côté opposé, qu'on regardera comme la base du triangle, & cette perpendiculaire sera la hauteur du triangle; multipliez la base par la hauteur, & prenez la moitié du produit, & vous aurez la surface du triangle. La base étant de 5 pieds & la hauteur de 4, vous aurez $\frac{5+4}{2} = \frac{20}{2} = 10$ pieds pour la surface du triangle. 4°. Trouver la surface d'un parallélogramme; du sommet d'un des angles du parallélogramme, abaissez une perpendiculaire sur le côté prolongé, s'il est nécessaire, que vous prenez pour base: cette perpendiculaire sera la hauteur du parallélogramme, laquelle multipliée par la base donnera la surface du parallélogramme. 5°. Trouver l'aire ou la surface d'un polygone quelconque; réduisez le polygone en triangles par des diagonales menées du sommet d'un des angles à tous les autres; cherchez l'aire de chacun de ces triangles, la somme des aires triangulaires donnera l'aire du polygone. Si le polygone est régulier, menez du centre du polygone des rayons obliques, lesquels partageront le polygone en autant de triangles égaux, qu'il y a de côtés dans le polygone : cherchez la surface d'un de ces triangles, & multipliez-la par le nombre des côtés du polygone, & on aura la surface du polygone. 6°. Trouver l'aire ou la surface d'un cercle dont on connoît la circonférence ; il faut chercher le diametre de ce cercle, lequel est à la circonférence à-peu-près dans le rapport de 7 à 22 : ou de 100 à 314 ; ce dernier rapport est un des plus exacts que l'on ait trouvé ; multipliez la circonférence par le rayon, & la moitié de ce produit donnera l'aire ou la surface du cercle ; car la surface du cercle est égale au produit de son rayon par sa demi-circonférence ; le cercle n'étant qu'un polygone régulier d'une infinité de côtés, sa surface est égale à celle d'une infinité de triangles dont les sommets seroient réunis au centre du cercle, & les bases appuyées sur les côtés infiniment petits du cercle ou du polygone infinitaire ; la surface de tous ces triangles est égale à la surface d'un triangle unique, qui auroit pour hauteur le rayon du cercle, & pour base une ligne égale à la circonférence du cercle : or la surface de ce triangle unique est égale au produit de sa hauteur par la moitié de sa base : c'est pourquoi appellant la circonférence c & le rayon r, l'expression de la surface circulaire sera $s = \frac{1}{2} r c$ ou $s = \frac{rc}{2}$.

71. STÉRÉOMÉTRIE.

La Stéréométrie est l'art de connoître la mesure des solides, le rapport des solides, la mesure des capacités. En voici plusieurs exemples. 1°. Pour trouver la solidité d'un cube, il faut mesurer un côté du cube & le multiplier par lui-même, le produit sera la base : multipliez cette base par la hauteur du cube ou par le côté, qui n'est pas distingué de la hauteur, ce second produit donnera la solidité du cube ; si le côté du cube est de 4 pieds, vous aurez $4 \times 4 = 16$, & c'est la base ; faites ensuite $16 \times 4 = 64$, c'est la solidité du cube. 2°. Pour trouver la solidité d'un prisme, il faut chercher sa base, en multipliant l'un par l'autre les deux produisans d'où résulte cette base ; multipliez ensuite la base par la hauteur du prisme, vous aurez la solidité ; si la base du prisme est un exagone régulier, dont chaque côté soit de 5 pieds, & dont la circonférence sera conséquemment de 30 pieds, cherchez-en le rayon droit, qu'on suppose être de 4 pieds, vous aurez $4 \times 30 = 120$, dont la moitié 60 sera la base du prisme ; multipliez cette base par la hauteur supposée de 8 pieds, vous aurez $60 \times 8 = 480$ pour la solidité du prisme. La pyramide étant le tiers d'un prisme de même hauteur & de même base, on trouvera la solidité de la pyramide en cherchant celle d'un prisme de même hauteur & de même base, qu'on divisera par 3. 3°. Pour trouver la solidité d'un cylindre, il faut chercher la surface du cercle qui est la base du cylindre en multipliant le rayon par la demi-circonférence, & multiplier cette base par la hauteur du cylindre, le produit sera la solidité ; le cône étant le tiers d'un cylindre de même base & de même hauteur, on trouvera la solidité du cône en cherchant celle d'un cylindre de même base & de même hauteur, dont on prendra le tiers. 4°. Pour trouver la solidité d'une sphere dont le diametre est donné, il faut chercher la circonférence d'un grand cercle de la sphere en se servant du rapport 100 ; 314, qui est un des rapports les plus exacts du diametre à la circonférence, multiplier cette circonférence par le diametre donné, le produit sera la surface de la sphere ; multipliez cette surface par la sixieme partie du diametre, ou par le tiers du rayon, le produit sera la solidité de la sphere. 5°. Trouver la solidité d'un cylindre circonscrit à une sphere donnée; puisque la solidité de la sphere est à celle du cylindre circonscrit, comme 2 est à 3; cherchez un quatrieme terme proportionnel aux nombres 2, 3, & à la solidité de la sphere supposé de 150 pieds cubes, on aura 2 . 3 :: 150 . $x = \frac{150 \times 3}{2} = \frac{450}{2} = 225$. 6°. Trouver le rapport de la solidité de la sphere au cube circonscrit, ou au cube de son diametre; supposez que le diametre de la sphere soit 100, le cube circonscrit à la sphere sera 1000000. Cherchez la solidité du cylindre circonscrit à une sphere dont le diametre est 100, cette solidité est égale au produit de la hauteur du cylindre, laquelle n'est pas distinguée du diametre de la sphere par sa base : celle-ci est égale au produit de la circonférence d'un grand cercle de la sphere par la moitié du rayon, & cette circonférence est au diametre comme 314 est à 100; ainsi on trouve que la solidité du cylindre circonscrit, est 785,000. On trouve aussi par la méthode qu'on a donnée ci-dessus, que la solidité de la sphere inscrite à ce cylindre est 523,333, $\frac{1}{3}$; donc la solidité de la sphere sera à celle du cube circonscrit comme 523,333, $\frac{1}{3}$ est à 1000000, & en multipliant par 3, comme 1,570,000 est à 3,000,000, & en divisant par 10,000, comme 157 est à 300; ainsi la sphere est au cube circonscrit à peu près dans le rapport de 157 à 300. 7°. Mesurer la capacité d'un vase circulaire ou celle d'un tonneau, comme celui-ci forme un ventre vers le milieu, & que de ce milieu il va toujours en diminuant vers ses deux extrêmités, on a coutume de le considérer comme un cylindre dont la base est un cercle moyen proportionnel arithmétique entre le cercle qui forme le fond & celui qui forme le ventre ; c'est pourquoi, mesurez l'aire ou la surface d'un des fonds, & celui du plus grand cercle, prenez-en la somme, & la moitié de cette somme multipliée par la longueur du tonneau, donnera à-peu-près la capacité du tonneau, car ce produit donnera un cylindre qui aura pour hauteur la longueur du tonneau, & pour base un cercle moyen arithmétique contre le plus petit & le plus grand cercle du tonneau. Ainsi lorsque l'on connoît la capacité d'un vase cylindrique, ou la quantité de fluide qu'il peut contenir, il est facile de déterminer celle d'un autre vase cylindrique de même hauteur, mais de différent diametre, car les cylindres de même hauteur sont entr'eux comme leurs bases, mais les bases étant des cercles, sont entr'elles comme les quarrés de leurs diametres ; conséquemment les capacités de deux vases cylindriques qui ont même hauteur, sont entr'elles comme les quarrés de leurs diametres.

72. *TRIGONOMÉTRIE.*

Elle est l'art de résoudre les triangles, c'est-à-dire de connoître les parties inconnues du triangle par le moyen de celles qui sont connues. Dans tout triangle il y a cinq choses à considérer, savoir trois côtés & deux angles ; or, lorsque de ces cinq choses, trois sont connues, la Trigonométrie donne l'art & la méthode de connoître les autres. Si l'on a un triangle dont on connoisse l'angle quelconque & deux côtés autour de cet angle, on pourra connoître le troisieme côté & les autres angles ; on pourra les connoître en traçant un triangle moindre, mais semblable au premier, car si l'on fait l'angle & les côtés petits proportionnels aux côtés du grand, & que l'on mene le troisieme côté, le petit triangle sera parfaitement semblable au grand ; or, tous les côtés & tous les angles du petit triangle peuvent être mesurés immédiatement; ils feront donc connoître ceux des angles ou côtés du grand triangle qui étoient inconnus. On peut aussi résoudre immédiatement le grand triangle, par le moyen des sinus, tangentes & sécantes des angles, lesquels ont un rapport géométrique avec les côtés du triangle, & font connoître les parties inconnues du triangle par le moyen de celles qui sont connues. *Planche II. fig. 1.* Pour résoudre un triangle quelconque *A B C* dans lequel on connoît deux côtés *A B*, & *B C*, & un angle *A* opposé à l'un des côtés connus; faites la proportion, le côté *B C* est au sinus de l'angle opposé *A* comme le côté *A B* est au sinus de l'angle opposé *C*, ou *B C*. *S*. *A* : : *B A*. *S*. *C*, & par ce moyen on connoîtra un second angle dans le triangle *A B C*, & par conséquent le troisieme angle sera aussi connu; de plus, le troisieme côté *A C*, se connoîtra facilement, en faisant une proportion semblable dans laquelle le côté cherché soit le quatrieme terme, savoir le sinus de l'angle *A* est au côté opposé *B C*, comme le sinus de l'angle en *B* est au côté opposé *A C*, ou *S*. *A* : *B C* : : *S*. *B* : *A C*. C'est pourquoi supposant l'angle en *A* de 35°. 40′, le côté opposé *B C* de 336 toises, & que le triangle soit rectangle en *B*, la proportion précédente deviendra

$$58306.87 : 336 :: 10000000 : x,$$

ou en retranchant les deux derniers chiffres dans les nombres qui expriment les sinus, l'on aura

$$58307 : 336 :: 100000 . x,$$

& le quatrieme terme x ou le côté cherché *A C*, qui est l'hypothénuse, se trouvera être $x = 576$.

Fig. 2. Dans tout triangle rectangle, comme *C A B*, le sinus total, ou le rayon est au sinus de l'un ou l'autre des angles aigus, comme l'hypothénuse est au côté opposé à cet angle aigu, en effet *C A* est au

Fig. 1.

Fig. 2.

Fig. 3.

Fig. 4.

Fig. 5.

Fig. 6.

Fig. 7.

Fig. 8.

Fig. 9.

Fig. 10.

Fig. 11.

même tems sinus total & hypothénuse, *A B* est en même tems sinus de l'angle *C*, & côté opposé à cet angle, or l'on a évidemment *C A*. *A B* :: *C A*. *A B*. & ainsi de suite des autres figures.

Fig. 3. Dans tout triangle scalene *A B C*, si du plus grand angle *B* on abaisse une perpendiculaire au côté opposé, le plus grand côté *A C* sera à la somme des deux autres *B C*, *B A*, comme la différence de ces côtés est à la différence des segmens *C E*, *E A*, faits par la perpendiculaire abaissée.

Fig. 4. Dans tout triangle scalene, la somme de deux côtés quelconques *B A*, *B C*, est à leur différence *D C*, comme la tangente de la demi-somme des angles *A* & *C* opposés à ces côtés, est à la tangente de la demi-différence de ces mêmes angles.

Fig. 5. Dans tout triangle, les sinus des angles sont proportionnels aux côtés opposés à ces angles. Les moitiés sont proportionnelles aux tous : or les sinus des angles sont les moitiés des côtés opposés aux angles ; car si l'on inscrit le triangle *A B C* dans un cercle, l'angle *A* étant inscrit a pour mesure la moitié de l'arc sur lequel il est appuyé : or le sinus de la moitié de l'arc *C B*, & par conséquent de l'angle *A* est la moitié de la corde *B C*, laquelle corde est le côté opposé à l'angle *A* ; de même l'angle *C* étant inscrit, a pour mesure la moitié de l'arc sur lequel il est appuyé ; or le sinus de la moitié de l'arc *A B*, & par conséquent de l'angle *C*, est la moitié de la corde *A B*, laquelle est le côté opposé à l'angle *C* : il faut dire la même chose de l'angle *B*.

73. *SECTIONS CONIQUES.*

L'on a donné à l'*article 10* l'explication du mot *Section conique* en lui-même ; on va actuellement l'envisager sous différens rapports. Si, dans le cône, on fait différentes sections par le moyen d'un plan, les lignes qui paroîtront décrites à l'extrémité de ces sections s'appellent *sections coniques*, on peut donc considérer les sections coniques, soit dans le cône même où elles prennent leur origine, soit hors du cône, ou dans un plan sur lequel on peut les décrire, ou les concevoir décrites. Si, dans le cône, on fait des sections par le moyen d'un plan coupant, les figures ou sections coniques qui en résulteront seront de différente espece, suivant la direction qu'aura suivie le plan. Si l'on coupe le cône par un plan qui tombe du sommet sur la base, soit perpendiculairement, soit obliquement, la section faite par ce plan sera un triangle. Si l'on coupe le cône par un plan parallele à la base, la section donnera un cercle. Si le plan coupant qui vient de donner le cercle, au lieu d'être parallele à la base, venoit un peu à s'incliner & à devenir oblique sur cette base, alors la section *S s* qui en résultera ne sera plus un cercle, mais pourra être regardée comme un cercle alongé d'une part, & rétreci de l'autre, ou dont les deux axes seroient inégaux; cette courbe s'appelle une *ellipse*. *Fig*. 6.

Fig. 7. Si le plan coupant qui vient de donner l'ellipse devenoit oblique sur la base, de façon qu'il devînt tout-à-fait parallele au côté *A B*, alors la section ne sera plus une ellipse, mais pourra être regardée comme une ellipse infinie, ou dont le sommet inférieur seroit infiniment éloigné; car le plan coupant étant parallele au côté *AB* du cône, ne pourra jamais couper ce côté & donner un second sommet opposé au premier *S*; cette section s'appelle *parabole*.

Fig. 8. Si le plan coupant étoit perpendiculaire à la base du cône, ou même s'il étoit incliné sur la base, mais sans être parallele au côté du cône, alors la section donneroit une corde infinie, & on l'appelle *hyperbole*: telle est la courbe *M*, *S*, *m*. Si au cône CAB, on joignoit par le sommet A un autre cône égal au premier, & si le plan coupant étoit supposé prolongé, il rencontreroit le second cône & y feroit une section, laquelle seroit encore une hyberbole semblable à la premiere, on l'appelle *hyperbole conjuguée.* Il n'est donc pas possible de faire dans le cône des sections d'où résultent d'autres figures que le triangle, le cercle, l'ellipse, la parabole & l'hyperbole. En effet le plan coupant commence la section ou par le sommet du cône, ou par un point de la surface du cône. Si la section commence au sommet du cône, elle donnera un triangle. Si elle commence à un point de la surface du cône, ou le plan coupant sortira du cône, ou il restera en-dedans du cône. Si le plan coupant sort du cône, ou il sera parallele à la base, & alors la section donnera un cercle; ou il sera incliné sur la base, & alors la section donnera une ellipse. Si le plan coupant reste en-dedans du cône, ou il sera parallele au côté du cône, ou il sera parallele à l'axe du cône, ou il sera incliné sur la base, sans être parallele ni au côté, ni à l'axe du cône: or, dans le premier cas, la section sera une parabole; dans le second & le troisieme, elle sera une hyperbole.

De la parabole.

Fig. 9. Si sur une droite AD posée sur un plan on mene une perpendiculaire AC sur laquelle on prenne à volonté un point F, & si par tant de points que l'on voudra de la droite AD, on mene des paralleles DM sur chacune desquelles on prenne un point M, tel que l'on ait toujours $MD = MF$, la courbe qui passera par tous ces points M s'appelle *parabole*, & a les même propriétés que celle du cône. La ligne AD ou DD s'appelle *directrice*, & le point F s'appelle *foyer*. La ligne AF est partagée en deux également au point *S*, c'est-à-dire l'on a *S A* = *S F*; car *S* étant un point de la courbe décrite, doit être également distant de *F* & de la ligne *D A*. C'est pourquoi le point *S* est de tous les points de la courbe le plus proche de *D A*, & par cette raison est le point le plus élevé, & s'appelle le *sommet de la courbe*, & ainsi de suite, *&c.*

De l'ellipse.

Fig. 10. Ayant mené sur un plan une ligne *A B*, dans laquelle on a déterminé deux points *Ff* également distans chacun des extrémités *A B*; si on prend hors de cette droite des points *M G*, tels que la somme des distances de chacun de ces points aux deux points *F*, *f*, soit constante & toujours égale à la droite *A B*, la courbe qui passera par ces points *M G* s'appelle une *ellipse*, & est la même chose que celle qu'on considere dans le cône.

De l'hyperbole.

Fig. 11. Si sur une droite *A a* on prend deux points *F*, *f*, également éloignés du milieu *C*, & que dans le plan sur lequel la droite est posée, on prenne tant de points que l'on en voudra, comme *M*; tels que la différence de leurs distances *F M*, *f*, *M*, aux points *F*, *f*, soit constante, & toujours égale à la ligne *A a*, la courbe qui passera par tous ces points *M* s'appelle *hyperbole*, & est la même que celle qu'on considere dans le cône; & comme on peut prendre du côté opposé des points semblables, la courbe qui passera de même par tous ces points s'appelle *hyperbole conjuguée*.

Ce qui vient d'être démontré renferme les principales propriétés des sections coniques considérées par rapport à leur description; on pourroit démontrer un grand nombre d'autres affections de ces mêmes

mêmes courbes ; il seroit même facile de trouver leurs équations dans le cône ; mais on ne s'est proposé ici que de faire voir comment elles y sont formées ; si l'on veut s'instruire davantage, on le trouvera dans la plupart des livres des mathématiques, il n'en est presqu'aucun qui n'en traite.

74. DE L'ALGEBRE.

C'est la science qui traite de la grandeur ou quantité exprimée par des caracteres dont la signification est indéterminée. Si l'on vouloit, par exemple, combiner les grandeurs 3 & 4 pour en avoir la somme $3+4=7$; il est clair qu'on peut représenter les grandeurs 3, 4, 7, par tels autres signes ou caracteres que l'on veut, différens des chiffres ; comme par les lettres a, b, c, & qu'en ce cas la somme $3+4=7$ sera représentée sous une autre expression ; savoir, $a+b=c$. que ces mêmes grandeurs 3, 4, 7, auroient pu aussi-bien être représentées par les lettres c, d, f, que par les lettres a, b, c, ce qui auroit donné l'expression $c+d=f$. Les grandeurs qui sont représentées par les lettres de l'alphabet s'appellent *grandeurs indéterminées* ; les lettres qui représentent ces grandeurs, & qui en sont comme le symbole & l'expression s'appellent *quantités algébriques* ; l'algebre est donc un calcul qui a pour objet les grandeurs indéterminées. Lorsque les grandeurs sur lesquelles on opere sont connues, on les représente par les premieres lettres a, b, c, d, e, f, &c. lorsqu'elles sont inconnues, on les représente par les dernieres lettres x, y, z ; on appelle *quantités simples* celles qui n'ont qu'un terme, & *quantités complexes* celles qui sont composées de plusieurs termes, comme $ab-bc$; $a-b+abc$; la quantité simple s'appelle autrement *monome* ; la quantité complexe s'appelle *binome*, ou *trinome*, ou *quadrinome*, suivant qu'elle est composée de deux, de trois ou de quatre termes ; en général, on appelle *polygone* une quantité composée de plusieurs termes. Les quantités algébriques sont susceptibles des mêmes opérations que les quantités numériques, comme on va le voir.

De l'addition & de la soustraction.

Les géometres ajoutent les quantités algébriques, en les écrivant à côté les unes des autres, sans rien changer aux signes dont elles sont affectées. Pour ajouter $+ a$ & $+ b$, on écrit simplement $a + b$; pour ajouter $abc +, ab, - acd$, on écrit $abc + ab - acd$, & ainsi du reste. Dans l'addition, il se fait quelquefois une véritable soustraction ; par exemple, quand on ajoute ensemble la quantité positive $+ ab$ & la négative $- bc$ pour avoir la somme $ab - bc$, on soustrait réellement la quantité bc de la quantité ab; d'où il suit qu'en Algebre c'est une même chose d'ajouter une quantité négative, ou de retrancher une quantité positive. Pour abréger l'expression algébrique, au lieu de $a + a$, on écrit $2a$: car, comme dans les nombres, $4 + 4$ est la même chose que deux fois 4 ou $2 \times 4 = 8$, de même pour les lettres $a + a$ est la même chose que deux fois a ou $2 \times a = 2a$; par la même raison, au lieu de $a + a + a$, on écrit $3a$; on aura de même $3a + a = 4a$; on a aussi $4a + 3a = 7a$; $b + b + b - ac - ac = 3b - 2ac$, & ainsi des autres. La réduction des termes est toujours possible dans les nombres ; par exemple, $2 + 3$ se réduisent au seul terme 5 : $12 - 8$ se réduisent au seul terme 4 ; mais, en Algebre, la réduction ne peut avoir lieu que lorsque les termes sont semblables ; $a + b$ ne peuvent pas se réduire à un seul terme ; pareillement on ne peut pas réduire $a - b$. D'où il arrive que, dans les nombres, l'addition & la soustraction s'effectuent ; mais qu'elles ne s'effectuent réellement, en Algebre, que lorſque les termes ſont ſemblables, comme dans ces exemples, $2a+a=3a$; $3b-b=2b$.

De la multiplication & de la diviſion.

La multiplication algébrique ſe fait en joignant le multiplicande & le multiplicateur par le ſigne de multiplication : pour multiplier a par b, on écrit $a\times b$, ou plus ſimplement ab; car, en Algebre, $a\times b$ eſt la même choſe que ab; pareillement $ab\times ab=aabb$, obſervant pour l'ordre & la clarté de ranger les lettres ſuivant l'ordre alphabétique. Or ſi le multiplicande & le multiplicateur ſont des quantités incomplexes, il n'y a nulle difficulté. Si le multiplicande eſt une quantité complexe, & le multiplicateur une quantité incomplexe, il faudra multiplier chaque terme du multiplicande par le multiplicateur; par exemple, $\overline{a+b}$ multiplié par c, donne le produit $ac+bc$, ou $\overline{a+b}\times c=ac+bc$. Cette ligne qui eſt au-deſſus de la quantité $a+b$, ſignifie que tous les termes qui ſont joints par cette ligne ſont ſoumis à la même opération, c'eſt-à-dire que dans cet exemple ils doivent être multipliés tous deux par le terme c. Si le multiplicande & le multiplicateur ſont des quantités complexes, on opere comme dans les nombres, c'eſt-à-dire on multiplie tout le multiplicande par chaque terme du multiplicateur; par exemple, $\overline{a+b}\times\overline{a+b}$ donne $aa+ab+ab+bb$ qui, par la réduction, devient $aa+2ab+bb$. La diviſion algébrique eſt une opération inverſe de la multiplication; c'eſt pourquoi, dans la multiplication, pour avoir le produit, on écrit les lettres du multiplicateur à côté de celles du multiplicande; au contraire, dans la diviſion, il faut effacer dans le dividende les lettres qui lui ſont communes avec le diviſeur, & celles qui y reſtent donneront le quotient; par exemple, l'on a dans la multiplication $a \times b = ab$, & l'on aura dans la division $\frac{ab}{a} = b$. Si le dividende & le diviſeur ſont affectés de coëfficiens, il faut diviſer les coëfficiens par la raiſon contraire à celle pour laquelle on les multiplie, par exemple, $\frac{6ab}{2a} = 3b$. Si le dividende & le diviſeur ſont exprimés par les mêmes lettres affectées d'expoſans, il faut ſouſtraire les expoſans par une raiſon contraire à celle pour laquelle on les ajoute dans la multiplication ; c'eſt pourquoi $\frac{a^6}{a} = a^4$. Si le dividende & le diviſeur ſont des quantités incomplexes, & ſont les mêmes lettres affectées d'expoſans, il peut arriver 1°. que l'expoſant du dividende ſoit plus grand que l'expoſant du diviſeur, & alors l'expoſant du quotient ſera poſitif: 2°. que l'expoſant du dividende & celui du diviſeur ſoient égaux, & dans ce cas l'expoſant du quotient ſera zero : 3°. que l'expoſant du dividende ſoit plus petit que celui du diviſeur, & alors l'expoſant du quotient ſera négatif. Si le dividende eſt une quantité complexe, & le diviſeur une quantité incomplexe, il faut diviſer chaque terme du dividende par la quantité incomplexe, & chaque fois écrire le quotient, lequel doit être multiplié auſſi chaque fois par le diviſeur pour en retrancher le produit du dividende, comme dans la diviſion numérique, afin de connoître le reſte s'il y en a un ; par exemple, ſi j'ai la quantité $8abbc - 12abcc + 4bbcf$ à diviſer par $4bc$.

$$\left.\begin{array}{l} 8\overset{0}{a}bbc - 12\overset{0}{a}bcc + 4\overset{0}{b}bcf \\ \hline -8abbc + 12abcc - 4bbcf \end{array}\right\} \frac{4bc}{2ab - 3ac + bf}$$

Si le dividende & le diviſeur ſont tous les deux des quantités complexes, on opere comme la diviſion numérique, obſervant qu'il faut employer la réduction des termes ſemblables chaque fois que l'on a opéré ſur un membre de diviſion : par exemple, s'il faut diviſer $6abb - 2bbc - 3aab + abc$ par $2b - a$, voici l'ordre des termes :

$$\left.\begin{array}{l} \underline{6\overset{\circ}{a}bb - 2\overset{\circ}{b}bc - 3\overset{\circ}{a}ab + \overset{\circ}{a}bc} \\ \mp 6\overset{\circ}{a}bb \pm 3\overset{\circ}{a}ab \pm 2\overset{\circ}{b}bc \mp \overset{\circ}{a}bc \end{array}\right\} \begin{array}{l} \underline{2b - a} \\ 3ab - bc \end{array}$$

L'exaltation algébrique eſt une opération dans laquelle on éleve une quantité à une puiſſance quelconque ; pour cela il faut la multiplier par elle-même autant de fois moins une, qu'il y a d'unités dans l'expoſant de la puiſſance : par exemple, pour avoir la 2e, 3e, 4e puiſſance de a, il faut multiplier a par lui-même une fois, deux fois, trois fois, &c. & l'on aura la ſeconde puiſſance aa ou a^2 ; la troiſieme, aaa ou a^3 ; la quatrieme, $aaaa$ ou a^4, ou bien, pour élever une quantité algébrique incomplexe à une puiſſance quelconque, on l'affecte d'un expoſant qui exprime le degré de la puiſſance : par exemple, la ſixieme puiſſance de a eſt a^6 ; de ab eſt $a^6 b^6$; de cd eſt $c^6 d^6$.

L'extraction des racines eſt une opération inverſe de l'exaltation : c'eſt pourquoi, puiſque pour élever une quantité à une puiſſance, il n'y a qu'à multiplier ſon expoſant par l'expoſant de la puiſſance ; pour extraire une racine quelconque, il n'y aura qu'à diviſer au contraire l'expoſant de la puiſſance donnée par l'expoſant de la racine que l'on cherche ; par exemple, la troiſieme puiſſance de a ou a^1 eſt $a^{1\times3} = a^3$, & au contraire la racine troiſieme de a^3 ſera $a^{\frac{3}{3}} = a^1 = a$; pareillement la racine ſeconde de a^3 ſera $a^{\frac{3}{2}}$, & ainſi du reſte.

Les principes & les regles qui viennent d'être données pour l'extraction des racines des puiſſances algébriques, s'appliquent auſſi à l'extraction des racines des puiſſances numériques. Voici les quarrés

Ff 3

& les cubes des dix premiers nombres, on peut les continuer tant que l'on veut,

racines, 1. 2. 3. 4. 5. 6. 7. 8. 9. 10.
quarrés, 1. 4. 9. 16. 25. 36. 49. 64. 81. 100.
cubes, 1. 8. 27. 64. 125. 216. 343. 512. 729. 1000.

De cette table il est aisé de déduire qu'un nombre simple peut avoir à son quarré moins de deux chiffres, mais qu'il ne peut en avoir plus de deux; car le plus grand des nombres simples est 9, dont le quarré 81 ne contient que deux chiffres. De même un nombre composé de deux chiffres peut avoir à son quarré moins de quatre chiffres, mais il ne peut en avoir plus de 4; car le plus grand nombre composé de deux chiffres est 99, dont le quarré 9801 ne contient que quatre chiffres; ainsi un nombre composé de trois chiffres ne peut avoir à son quarré plus de six chiffres, parce qu'en général une quantité composée d'un certain nombre de chiffres ne peut avoir à son quarré plus que le double du nombre de ses chiffres. Un nombre simple peut avoir à son cube moins de trois chiffres, mais il ne peut en avoir plus de trois, car le plus grand des nombres simples est 9, dont le cube 729 ne contient que trois chiffres. De même un nombre composé de deux chiffres ne peut avoir à son cube plus de six chiffres: car le plus grand des nombres composés de deux chiffres est 99, dont le cube 970299 ne contient que six chiffres. En général une quantité composée d'un certain nombre de chiffres ne peut pas avoir à sa troisieme puissance plus que le triple du nombre de ses chiffres. On doit raisonner de la même maniere des autres puissances, c'est-à-dire qu'une quantité composée d'un certain nombre de chiffres ne pourra jamais avoir à sa quatrieme puissance plus que le quadruple: à la cinquieme plus que le quintuple du nombre de ses chiffres, & ainsi du reste: de sorte qu'appellant z le nombre des chiffres de la puissance, n celui des chiffres de la racine, & p l'exposant de la puissance, on aura quelquefois $z < np$ & $z = np$, mais jamais $z > np$.

Le quarré d'un nombre renferme les mêmes parties que celui d'une quantité algébrique. Le cube d'un nombre quelconque renferme les mêmes parties que celui d'une quantité algébrique ; d'où il suit qu'on opere de même sur l'un & l'autre. Voici des exemples relatifs à l'extraction de la racine quarrée des nombres. Extraire la racine quarrée d'un nombre donne 214369. Partagez le nombre donné en tranches de deux chiffres chacune, vous aurez trois tranches ; il y aura donc trois chiffres à la racine,

```
21,43,69, } 463
16
--------
 5' 4
21 16
--------
  27, 6
21 43 69
--------
00 00 00
```

L'opération se laisse concevoir ; on peut cependant la simplifier pour l'extraction des racines quarrées de cette maniere.

```
21,43,69 } 463
16
--------
  5,43
    86
--------
  5,16
    27,69
     9,23
    -----
    27 69
    -----
    00 00
```

Extraire la racine cubique d'un nombre donné 47437928. Je partage le nombre donné en tranches qui contiennent chacune trois chiffres, excepté la premiere à gauche qui peut en contenir moins : il y a trois branches, il y aura donc trois chiffres à la racine.

```
47,437,928  } 362
27
──────
20,4
46,656
──────
   781'9
47 437 928
──────────
00000000
```

La démonstration de ces regles est aisée à appercevoir, si l'on connoît l'extraction des racines, laquelle est une décomposition des puissances, & dont les regles se déduisent de la nature & de la composition elle-même des puissances.

75. GNOMONIQUE.

C'est la science du calcul par lequel on parvient à tracer les cadrans solaires sur un plan quelconque, avec la précision dont le calcul est susceptible. L'on se contentera d'en donner ici quelques notions de la maniere la plus exacte & la plus facile, parce qu'il faudroit s'étendre davantage sur la connoissance de la sphere pour en traiter plus au long, & que la nature de cet ouvrage ne permet point de trop longues disgressions, & des répétitions qui ne pourroient répondre au plan qu'on s'est proposé sur chaque matiere ; nous renvoyons à cet égard aux articles où il en est question. Tout le monde sait que c'est à l'aide de quelques instrumens de mathématiques qu'on trace les cadrans ; la pratique en est moins rare que la théorie, c'est pourquoi il y a peu de cadrans so-

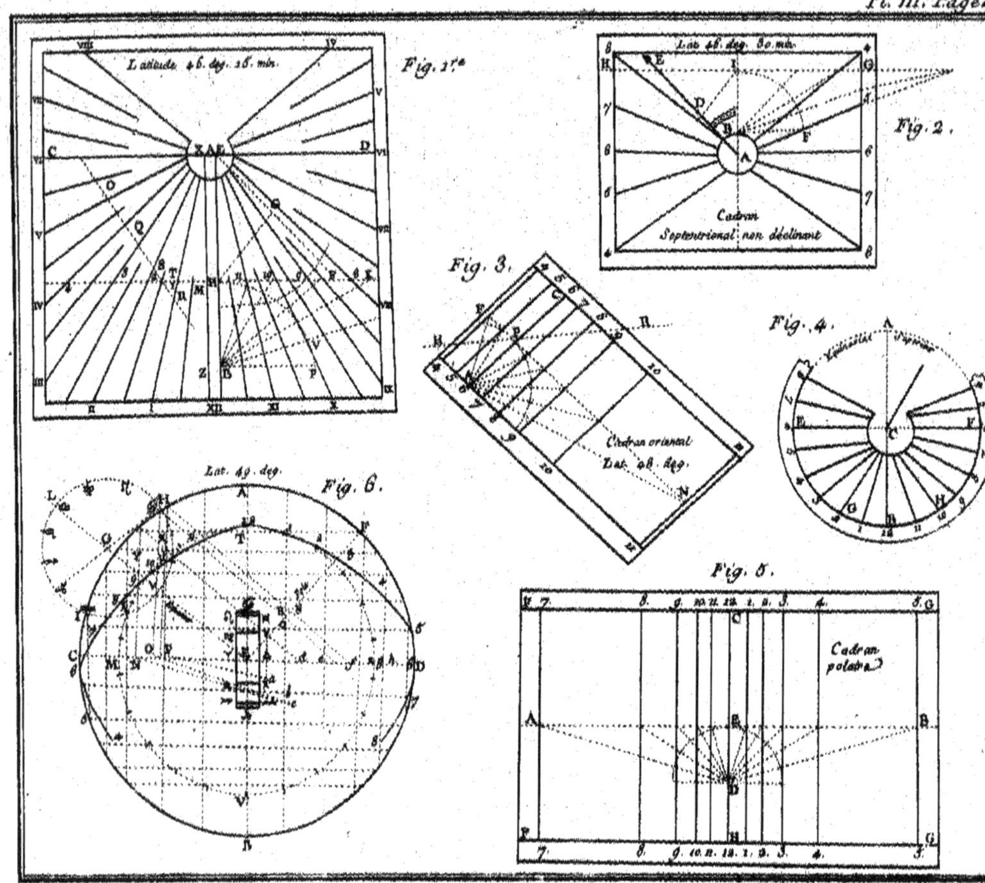
Latitude 46. deg. 16. min.
Fig. 1.re
Lat. 48. deg. 50. min.
Fig. 2.
Cadran
Septentrional non déclinant
Fig. 3.
Cadran oriental
Lat. 48. deg.
Fig. 4.
Fig. 6.
Lat. 49. deg.
Fig. 5.
Cadran
polaire
Picquet Sc

laires qui sont exacts ; les définitions qu'on en donnera ici, pourront servir à tout le monde, même à ceux qui sont peu versés dans les mathématiques, & pourront être d'un grand secours à ceux qui les connoissent. Voici une maniere géométrique de tracer un cadran horizontal. *Planche III. fig. 1.* Sur le plan où vous voulez tracer le cadran horizontal, choisissez un point comme *A* sur lequel faites passer la ligne *C D.* aux côtés & à égale distance du point *A* sur les points *X* & *E*, élevez les deux perpendiculaires *E B* & *X Z* distantes entr'elles de toute l'épaisseur que vous voulez donner à l'axe, savoir, une ligne, ou 2, 3, 4, 5, 6 lignes, selon l'épaisseur de l'axe. Ces deux lignes ensemble *E B* & *X Z* sont destinées à marquer midi par l'ombre de l'épaisseur de l'axe qui remplira l'espace entre ces deux lignes. L'autre ligne *C D* marquera à droite 6 heures du matin, à gauche 6 heures du soir, *E* & *X* seront les deux centres du cadran, & ainsi de suite. Du point *E* qui est un des centres du cadran, tirez la ligne indéfinie *E F* qui fasse l'angle *B E F* égal à l'élévation du pôle du lieu où l'on doit poser le cadran. La ligne *E F* représente l'axe du monde auquel l'axe du cadran doit être parfaitement parallele ; sur cette ligne *E F* choisissez un point *G* plus près ou plus éloigné du centre du cadran ; de ce point *G* tirez la ligne *G H* perpendiculaire à *E F.* Cette ligne qui doit rencontrer la méridienne *E B* au point *H* s'appelle *le rayon de l'équateur.* Menez par le point *H* la ligne *L K* parallele à *C D* ; cette ligne *L K* sera l'équinoxiale ; faites le reste de l'opération comme elle est tracée ici, vous obtiendrez le cadran horizontal tel qu'on le desire ; c'est la maniere la plus simple & la plus facile pour tracer un pareil cadran. On peut consulter les traités de gnomonique, entr'autres celui de *Dom Bedos*, qui est le plus clair, & dont nous avons extrait quelques opérations ; on y trouvera aussi la maniere de tracer le cadran horizontal par le calcul, quand on saura, 1°. que le soleil paroît faire sa révolution entiere autour de la terre dans 24 heures; que le cercle qu'il parcourt est comme tous les autres de 360 degrés; il parcourt donc 15 degrés dans une heure, puisque 15 multipliés par 24 fait 360; 15 degrés est donc la 24e partie de 360 degrés; si dans une heure le soleil paroît parcourir 15 degrés, il s'ensuit qu'il en parcourt 30 dans deux heures; il parcourt 45 degrés dans 3 heures, 60 dans 4 heures, 75 dans 5 heures, 90 dans 6 heures; il s'ensuit encore que le soleil parcourt 7 degrés 30 minutes dans $\frac{1}{2}$ heure, 3 degrés 45 minutes dans $\frac{1}{4}$ d'heure, 1 degré 15 minutes dans 5 minutes, & enfin 15 minutes de degrés dans une minute de tems. 2°. Que tous les degrés que le soleil paroît parcourir dans sa révolution journaliere de 24 heures, commencent à se compter depuis le méridien du lieu où l'on est, représenté dans le cadran par la ligne du midi. Ce que l'on appelle la distance du soleil au méridien, n'est autre chose que le nombre des degrés & minutes que l'on compte depuis le méridien jusqu'à l'endroit où le soleil se trouve à cette heure; ainsi on dit que la distance du soleil au méridien est de 15 degrés pour une heure & onze heures; pour midi $\frac{1}{2}$ & 11 heures $\frac{1}{2}$, la distance du soleil au méridien est de 7 degrés 30 minutes; pour midi $\frac{1}{4}$ & 11 heures $\frac{3}{4}$, la distance du soleil au méridien est de 3 degrés 45 minutes; pour midi 5 minutes & 11 heures 55 minutes, la distance du soleil au méridien est d'un degré 15 minutes; pour une heure $\frac{1}{4}$ & 10 heures $\frac{3}{4}$ qui sont des points horaires également éloignés de midi, la distance du soleil au méridien est de 18 degrés 45 minutes, parce qu'il faut ajouter à 15 degrés pour une heure les 3 degrés 45 minutes pour le quart, ce qui fait 18 degrés 45 minutes; pour 2 heures $\frac{1}{4}$

& 9 heures $\frac{1}{2}$, la distance du soleil au méridien est de 37 degrés 30 minutes, parce qu'il faut ajouter à 30 degrés pour 2 heures, les 7 degrés 30 minutes pour la $\frac{1}{2}$ heure ; il en est de même de toutes les heures, quarts & minutes. D'après cette connoissance de la distance du soleil au méridien, il sera facile de procéder au calcul qui est nécessaire pour tracer le cadran horizontal. Le cadran septentrional non déclinant, est celui que l'on décrit sur un mur ou plan directement tourné vers le nord ou septentrion, il est opposé du vertical méridional non déclinant ; sa description est fort simple ; renversez & tournez de haut en bas un cadran vertical méridional, & vous aurez le vertical septentrional. L'axe alors sera dans sa vraie position, & les angles horaires seront les mêmes ; mais il faudra prolonger au-delà du centre, les lignes horaires de 7 & de 8 heures du soir, pour avoir les 7 & 8 heures du matin, & prolonger aussi au-delà du centre les 4 & 5 heures du soir, pour avoir les 4 & 5 heures du matin.

Fig. 2. *A I*, méridien ou ligne de minuit.
A, centre du cadran.
B, centre diviseur de l'équinoxial.
H G, ligne équinoxiale.
A E, l'axe du cadran.
I F, $\frac{1}{4}$ de cercle divisé en six parties égales.
A D, ligne de complément de la latitude.
D I, rayon de l'équateur.

Ce cadran ne pouvant être éclairé que lorsque le soleil est dans la partie septentrionale du monde, c'est-à-dire depuis l'équinoxe du mois de mars jusqu'à celui du mois de Septembre, on en retranchera toutes les heures qu'il ne peut marquer, savoir, les 9, 10, 11, 12, 1, 2, 3 heures, on n'y laissera que les 4, 5, 6, 7, 8 heures du matin, & les 4, 5, 6,

7, 8 heures du soir; celles du matin seront tracées du côté occidental du cadran, c'est-à-dire à la droite de celui qui regarde le cadran, & les heures du soir à la gauche. Ce cadran ayant le centre en bas par sa situation renversée, son axe qui regarde en haut, doit être posé sur la méridienne, laquelle dans ce cadran est la ligne de minuit. Pour mieux concevoir la situation de l'axe, imaginez que celui qui est planté sur le vertical méridional, traverse le mur de part en part, & a autant de saillie du côté du septentrion que du côté du midi. Cette disposition de l'axe sera celle du cadran septentrional: cet axe supposé prolongé à l'infini vers le midi & du côté du nord, en ligne droite, aboutiroit aux deux poles du monde. Telle doit être la situation des axes de tous les cadrans.

Les cadrans oriental & occidental sont tracés l'un & l'autre sur le plan du méridien du lieu; le premier regarde directement l'orient, & le second l'occident, sans aucune déclinaison. Voici donc la construction géométrique du cadran oriental. *Fig. 3.*

Tirez la ligne horizontale *H R* & choisissez sur cette ligne le point que vous voudrez *P* pour le pied du style, dont le bout supérieur doit marquer les heures; faites au point *P* vers la gauche un angle *H P E* du complément de l'élévation du pôle sur l'horizon du lieu en prolongeant *E P* en *N*. Cette ligne *E N* sera l'équinoxiale. Menez ensuite la ligne *C A* qui passe par le pied du style, & qui fasse avec la ligne *H R* un angle *A P H* égal à l'élévation du pôle: cette ligne *C A* qui se rencontrera à angles droits avec l'équinoxiale *E N* sera la ligne horaire de 6 heures du matin, & sera aussi la soustylaire; le reste s'opere ainsi qu'il est ici tracé. Ce cadran ne peut marquer les heures que depuis le matin au lever du soleil jusqu'à 11 heures $\frac{1}{4}$ & quelques minutes. Si l'on veut y marquer les demi-heures ou les quarts, on divisera chaque arc du demi-cercle en deux ou en quatre parties égales, & ensuite par le point *A*, & par les divisions du demi-cercle, on marquera les points horaires sur l'équinoxial sur lesquels on tirera des paralleles aux autres lignes horaires que l'on distinguera des autres. Ces sortes de cadrans n'ont point de centre, étant polaires, puisqu'ils sont dans le plan de l'axe du monde. Le cadran occidental est précisément le même, mais dans une situation opposée; au lieu d'y marquer les heures du matin comme 4, 5, 6, 7, 8, 9, 10, 11, il faudra mettre celles du soir, comme 1, 2, 3, 4, 5, 6, 7, 8 heures; la ligne de 6 heures est toujours la soustylaire; on posera l'axe dans une situation parallele à cette ligne. Si l'on traçoit un cadran oriental sur une feuille de papier huilé, & qu'étant tourné de l'autre côté, on le regardât à travers le papier, on verroit un cadran occidental tout tracé.

Le cadran équinoxial est de deux especes; l'équinoxial supérieur, & l'équinoxial inférieur; celui-ci regarde le midi, & le supérieur est tourné vers le septentrion. Voici la maniere de tracer l'équinoxial supérieur. *Fig. 4.*

Du centre *C* décrivez la circonférence *E B F*; divisez-la en quatre parties égales par les diametres perpendiculaires *A B* & *E F*; divisez chaque quart de cercle en six parties égales. Cette opération étant faite, tirez les lignes horaires du centre *C* à chaque point de division, & prolongez-les au-delà du centre jusqu'à l'autre demi-circonférence, pour les heures seulement convenables, avant la sixieme du matin & après la sixieme du soir. Fixez ensuite dans le centre du cercle un style de la hauteur d'environ la moitié du rayon *A C*, bien perpendiculaire au plan du cadran. Pour orienter ce cadran, il faut le mettre en pente, de façon que le point *A* soit en haut, que la ligne *A B* soit bien dans le plan du méridien du lieu, & le plan du cadran dans celui de l'équateur, c'est-à-dire qu'il faut que le dessus du cadran qui doit regarder le septentrion, soit élevé de maniere à faire un angle sur l'horizon ou le niveau, égal au complément de l'élévation du pôle. Le cadran étant ainsi disposé, aura son axe parallele à l'axe du monde, & son ombre marquera les heures depuis le lever du soleil jusqu'à son coucher, depuis l'équinoxe de mars jusqu'à celui de septembre.

Pour avoir l'équinoxial inférieur, on le trouvera de la même maniere que le supérieur; mais on retranchera les heures qui sont avant les six heures du matin & celles qui suivent les six heures du soir; parce que l'équinoxial inférieur ne peut être éclairé que depuis l'équinoxe de septembre jusqu'à celui du mois de mars, où le soleil ne se leve jamais avant six heures du matin, & ne se couche jamais après six heures du soir. On peut faire par un seul plan un cadran équinoxial supérieur sur la surface supérieure, & un inférieur sur la surface inférieure dudit plan.

Fig. 5. Le cadran polaire est une espece de cadran incliné. S'il est supérieur, il regarde le ciel, s'il est inférieur, il regarde la terre. Son plan est parfaitement parallele à l'axe de la terre, il ne peut jamais marquer les six heures du matin ni du soir, parce qu'alors l'ombre de son axe ou de son style étant parallele au plan du cadran, elle ne peut pas le rencontrer. Ce cadran n'a point de centre & les heures sont paralleles entr'elles & à l'axe du monde.

Pour décrire un cadran polaire supérieur, tracez la ligne *A B* parallele à l'horizon, & menez par le point *E*, milieu de *A B*, la droite *C E H* perpendiculaire à *A B*; vous donnerez une distance quelconque entre ces deux paralleles *F G*, *F G*, à l'égard de *A B*. Ensuite, suivant la longueur que vous voulez donner au cadran, choisissez le point *D*, duquel, comme centre, prenant pour rayon *DE*, décrivez un quart de cercle que vous diviserez en six parties égales, & du point *D* vous menerez des lignes par chaque point de division du quart de cercle, & les prolongerez jusqu'à la ligne *AB*, sur laquelle vous aurez les points horaires. Tirez sur ces points horaires des lignes paralleles à *CH*, qui seront les lignes horaires. *CH* sera la méridienne, & les autres lignes seront les horaires. Pour orienter le cadran polaire supérieur, on fera convenir sa ligne méridienne avec le méridien du lieu, de sorte que le côté *AF* regarde l'occident, & le côté *BG* l'orient. Il faut que le côté *FCG* soit plus élevé que celui *FHG*, en sorte que le plan du cadran fasse un angle égal à l'élévation du pôle, & qu'il soit bien de niveau de l'orient à l'occident. Le cadran polaire inférieur s'orientera de même.

Fig. 6. On appelle *analemme* la projection ou représentation ortographique des principaux cercles de la sphere sur un plan; ce cadran s'appelle *analemmatique*, parce que pour le construire, on est obligé de représenter les principaux cercles de la sphere sur un plan. Après que l'on a trouvé les points qui constituent le cadran, on efface tous les traits & les lignes de construction qui sont en assez grand nombre. Voici donc comment se décrit ce cadran.

Tirez premierement les lignes *AB*, *CD*, qui se coupent à angles droits au point *E* duquel, comme centre, décrivez le cercle *ABCD* représentant le méridien; son diametre *CD* l'horizon, & *AB* le premier vertical. Du point *D* comptez jusqu'en *F* l'élévation du pôle qui sera supposée de 49° & tirez la ligne *FE* représentant l'axe du monde; de l'autre côté comptez sur le méridien de *C* en *G* l'élévation de l'équateur qui sera de 41° la hauteur du pôle étant supposée de 49° & tirez la ligne *G E* par l'équateur. Du point *G* comptez de part & d'autre jusqu'en *H* & en *I* 23° 28' pour la plus grande déclinaison du soleil. Tirez la ligne *H I* coupant l'équateur au point *Y* duquel, comme centre, vous décrivez le cercle *HLIK* ou seulement sa moitié que vous diviserez en 6 parties égales. Par chaque point de division, tirez les paralleles à l'équateur, jusqu'à la ligne horizontale, & ainsi de suite comme on le voit décrit. Pour construire le petit zodiaque, l'on conçoit assez la maniere dont il est tracé. Le cercle à demi-tracé marque les heures, il est divisé en 24 parties; les heures du matin sont à gauche, & celles du soir à droite de la courbe qui embrasse une partie du petit cercle intérieur; pour avoir les demi-heures, on divise les cercles en 48 parties, & pour les quarts en 96 parties. Pour donner une plus grande exactitude à l'analemme, on se sert le plus souvent du calcul, & voici comment. Ayant tiré les deux perpendiculaires *A B*, *C D*, qui se coupent en *E*, on prendra la moitié *C E* pour le grand demi-axe. On suppose qu'il contient 625 parties, & que la latitude est de 49°. Pour trouver le petit demi-axe *E T*, on fera cette analogie.

Le rayon est au sinus de la hauteur du pole 49°, comme le grand demi-axe *C E* de 625 est au petit demi-axe *E T*,

log. sin. de 49°	987778
log. de *C E* de 625	279588
Somme & reste	+ 267366

c'est le log. de 472 parties égales de l'échelle pour le petit demi-axe *E T*. Les points horaires 1, 2, 3, &c. soit sur des lignes *d* 1, *e* 2, *f* 3, &c. perpendiculaires au grand demi-axe *D E* : pour trouver les

les distances *E d*, *E e*, *E f*, &c. on fera cette analogie :

> Le rayon est aux sinus des distances horaires, 15°, 30°, 45°, &c. comme le grand demi axe *D E* de 625 est aux distances *E d*, *E e*, *E f*, &c.

log. sin. de 15°	941300
log. de *D E* de 625	279588
Somme & reste . . .	1220888

qui est le log. de 162 parties égales de l'échelle pour la distance *E d*. Par des analogies semblables, on trouvera *E e*, de 312 : *E f*, de 442 : *E g*, de 541 : & *E h*, de 604 ; on fera donc passer par ces points *d*, *e*, *f*, *g*, *h*, des perpendiculaires au grand demi-axe *D E*, ou des paralleles au petit demi-axe *E T* ; on trouvera sur ces lignes les points horaires, 1, 2, 3, &c. par cette analogie :

> Le rayon est au cosinus des distances horaires de 75° pour une heure, 60° pour 2 heures, &c. comme le petit demi-axe *E T* est aux distances *d* 1, *e* 2, *f* 3, &c.

log. sin. de 75°	998494
log. de 472, petit demi-axe *E T*.	267366
Somme & reste . . .	1265860

c'est le log. de 456 parties de l'échelle pour la distance *d* 1. Les autres distances *e* 2, *f* 3, &c. se trouveront de même. On n'a pris le sinus que de 15° en 15°, parce qu'on n'a marqué que les heures ; mais si l'on vouloit avoir les demi-heures & même les quarts d'heure, il faudroit prendre les sinus de 3°, 45', en 3°, 45', c'est-à-dire le sinus de 3°, 45' ; ensuite le sinus de 7°, 30' ; puis le sinus de 11°, 15', & ainsi de suite. Il ne reste plus que le zodiaque pour lequel il faut d'abord chercher *G M* par l'analogie suivante :

Le rayon est au cosinus de la latitude ou au sinus de 41°, comme le grand demi-axe *C E* ou *D E* est à *G M*.

log. sin. de 41°	981694
log. du grand demi-axe *C E* ou *D E* . .	279588
Somme & reste . . .	1261282

il n'est pas nécessaire de chercher la valeur de *G M*; il suffit d'avoir son logarithme, pour la division du zodiaque, par exemple, pour *E* ♋ ou *E* ♑, on fera cette analogie :

Le rayon est à la tangente de 23°, 28', déclinaison du soleil dans les signes du ♋ & du ♑ qu'on veut marquer, comme *G M* est à la distance *E* ♋ ou *E* ♑,

log. tang. de 23°, 28'	963761
log. de *G M*	261282
Somme & reste . . .	1225043

c'est le log. de 178 parties de l'échelle, pour la distance *E* ♋ ou *E* ♑.

Comme le cadran analemmatique est d'une construction parfaitement symmétrique, & que ce qui se trouve d'un côté, est tout-à-fait égal à ce qui est de l'autre, on s'est contenté de parler d'un côté *E D*; l'on voit assez par la figure, qu'il faut rapporter dans le côté *C E*, les distances & les divisions correspondantes du côté *E D*; & que même dans un même côté *E D*, les distances *h* 5, *h* 7, sont égales entr'elles, aussi-bien que les distances *g* 4, *g* 8.

Il est encore une infinité de manieres de construire des cadrans, soit géométriquement, soit par le cal-

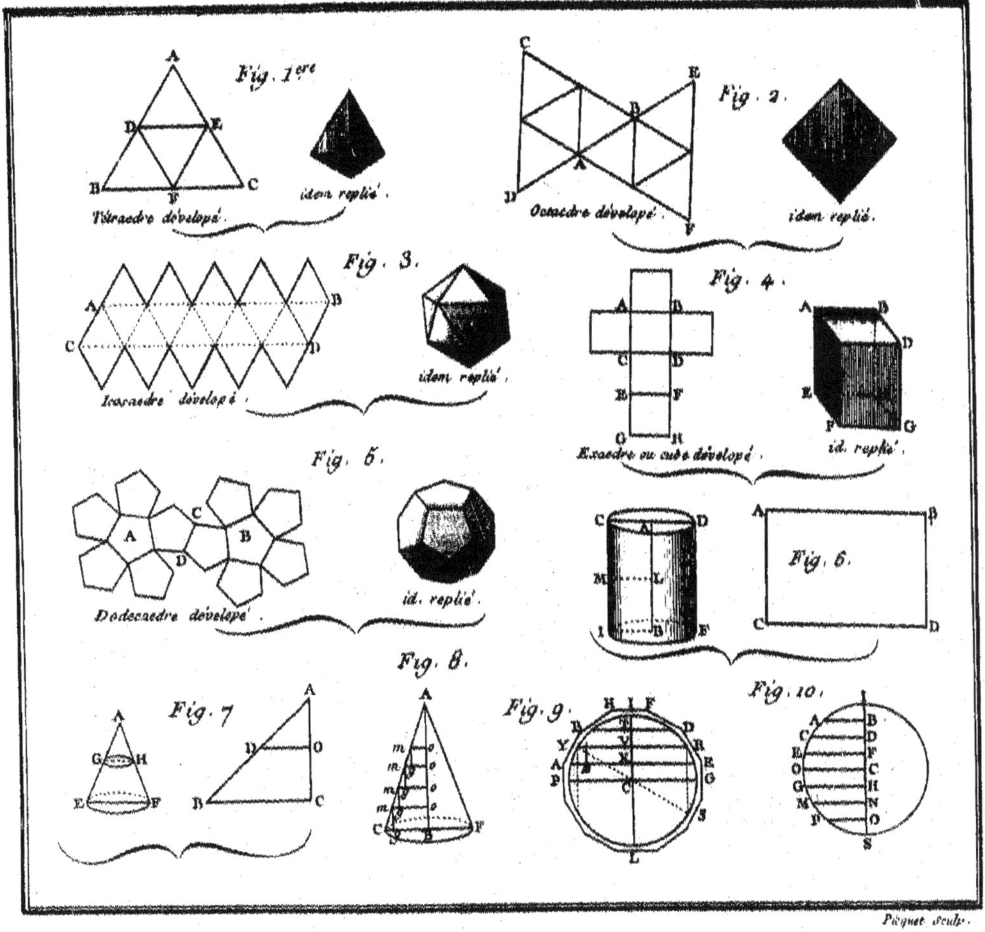

Fig. 1ere

Tétraedre dévelopé. idem replié.

Fig. 2.

Octaedre dévelopé. idem replié.

Fig. 3.

Icosaedre dévelopé. idem replié.

Fig. 4.

Exaedre ou cube dévelopé. id. replié.

Fig. 5.

Dodecaedre dévelopé. id. replié.

Fig. 6.

Fig. 7

Fig. 8.

Fig. 9.

Fig. 10.

Picquet Sculp.

cul : l'on en a dit assez pour donner une idée de la gnomonique, de sa méthode, de son étude ; un plus grand nombre d'exemples & de procédés, deviendroit insuffisant encore, vu les difficultés qui se présentent souvent dans les opérations, & dans l'immensité des résultats, l'intelligence parfaite de cette science étant seule & plus sûrement réservée aux Mathématiques.

76. *Des solides.*

Un point qui se meut, décrit une ligne ; une ligne en se mouvant décrit une surface ; une surface qui se meut décrit un solide. Il y a trois choses à considérer dans les solides : leur génération ou formation, leur surface, & leur solidité : on conçoit que les solides peuvent se former de deux manieres, ou en joignant des surfaces planes par leurs angles, pour en former des angles solides, ou en faisant mouvoir une surface : la premiere se fait par l'assortiment des plans, la seconde par le mouvement d'un plan. Si l'on joint ensemble des surfaces planes par leurs angles, pour former des angles solides, & que l'on renferme un espace ou un volume sous ces surfaces, il en résultera des solides qui prennent différens noms ; les polyedres qui sont des corps ou solides terminés par des angles solides & des surfaces planes ; ils sont réguliers, lorsque leurs faces sont des polygones réguliers, égaux & semblables, & lorsque leurs angles solides sont formés par un nombre égal de plans ; on distingue cinq sortes de polyedres réguliers, savoir (*Planche IV. fig. 1.*) le tetraédre compris sous quatre triangles égaux & équiangles ; l'octaédre, (*Fig. 2.*) compris sous huit angles égaux & équilatéraux ; l'icosaédre, (*Fig. 3.*) compris sous vingt triangles égaux & équilatéraux ; l'exaédre, (*Fig. 4.*) ou le cube compris sous six quarrés égaux, & le dodécaédre (*Fig. 5.*), compris ſous douze pentagones réguliers & égaux.

Ces ſurfaces planes qui, jointes par leurs angles, & repliées les unes ſur les autres, repréſentent le ſolide, donnent exactement la ſurface du ſolide : or, ſi l'on conçoit que ces ſurfaces ſoient développées ou poſées ſur un même plan, à côté les unes des autres, elles s'appellent *le développement de la ſurface du ſolide*, & ſi l'on replie, & que l'on enveloppe les ſurfaces qui donnent le développement, on renfermera ſous ces ſurfaces un eſpace, une capacité préciſément égale au volume du polyédre. Des cinq polyédres réguliers repréſentés ici, on peut dériver & faire naître d'autres polyédres, il ne faut pour cela que tronquer les angles du polyédre régulier, en diviſant les côtés, ſoit par moitié, ſoit par le $\frac{1}{3}$ ſoit par le $\frac{1}{4}$, *&c*, ce qui augmente le nombre des angles ſolides & des faces ; ces polyédres dérivés peuvent s'appeller *tronqués* ou *ſemi-réguliers*, parce qu'alors les angles, auſſi-bien que les faces, ne ſeront plus de même eſpece. Si l'on tronquoit les angles du polyédre à l'infini, les angles deviendroient nuls, & les faces deviendroient infiniment petites, & alors le polyédre ſeroit une ſphere ; d'où il ſuit que tout ſolide en général a pour développement une ſurface que l'on peut tracer & évaluer. A l'égard de la formation des ſolides par le mouvement, il faut concevoir que le plan *E F G H* ci-deſſus, monte parallelement à lui-même le long de la ligne *E A*, & que ce plan laiſſe des traces partout où il paſſe, il eſt évident qu'il en réſultera le corps ou le ſolide *A B C G H*, que l'on appelle en général *priſme*. C'eſt un ſolide qui dans toute ſa longueur a une égale groſſeur, qui eſt entouré de faces qui ſont des parallélogrammes, & eſt compris ſous deux baſes, l'une ſupérieure *A B C D*, &

l'autre inférieure *E F G H* qui sont des figures paralleles, égales & semblables. Si le plan générateur est un parallélogramme, alors le prisme est appellé *parallelipipede*. Si le plan générateur est un parallélogramme rectangle, & la ligne *A E* perpendiculaire à la base, alors le parallelipipede s'appelle *rectangle*. Si le plan générateur est un quarré, & qu'il s'éleve à une hauteur égale au côté du quarré, alors il s'appelle *cube*, ou *exaédre*. En général, le prisme s'appelle *triangulaire*, *quadrangulaire*, *pentagonal*, *exagonal*, *&c*, selon que le plan générateur est un triangle, un rectangle, *&c*. Une ligne tirée du centre de la base supérieure au centre de la base inférieure, s'appelle l'*axe du prisme*. Une ligne tirée d'un des angles du prisme perpendiculairement sur la base prolongée, s'il le faut, s'appelle *la hauteur du prisme*. Un prisme est appellé *droit* lorsque son axe est perpendiculaire aux bases; il est oblique, lorsque l'axe n'est pas perpendiculaire aux bases, & alors on le distingue de la hauteur, car lorsqu'il est droit, il n'en est pas distingué. Si le plan générateur est un polygone d'un nombre infini de côtés, ou est un cercle, alors ce prisme deviendra un cylindre; celui-ci peut donc être regardé comme un prisme entouré de faces, qui sont des parallélogrammes d'une largeur infiniment petite. Si le plan générateur qui monte parallelement à lui-même, est un polygone fini, dont chaque côté, pendant le mouvement, décroisse toujours uniformément jusqu'à ce qu'il devienne nul, ou $= 0$, alors le solide se terminera en pointe & s'appelle *pyramide*. On l'appelle *tronqué*, lorsqu'on en a retranché le sommet; elle s'appelle *triangulaire*, *quadrangulaire*, *pentagonale*, selon que le plan générateur est un triangle, un quarré, un pentagone, & ainsi de suite. Si le plan générateur est un cercle dont la circonférence décroisse uniformément à mesure qu'elle monte parallelement à elle-même, alors la pyramide devient un cône : il peut donc être regardé comme une pyramide entourée de faces qui sont des triangles d'une base infiniment petite. Dans ces hypotheses, on peut regarder les traces que laisse le plan générateur, en montant parallelement à lui-même pour former le solide, comme autant de petits solides d'une hauteur infiniment petite, & dont la somme donne le solide tout entier. Autre hypothese. Concevez (*Pl. IV. fig. 6.*) qu'un plan, par exemple, *CABI* tourne autour d'un de ses côtés *AB* pris comme axe. Ce plan, dans sa révolution, formera un solide qui reçoit différens noms selon l'espece du plan générateur. Si le plan générateur est un rectangle *CABI*, le solide qui sera formé par ce mouvement sera un cylindre *CDFI*. Si le plan générateur est un triangle rectangle *ABC*, le solide décrit par la révolution de ce triangle sera un cône *CAF* ou *EAF* (*fig. 7 & 8.*).

Si le plan générateur est un polygone d'un nombre fini de côtés, que l'on suppose tourner autour de l'axe *IL*, alors le solide décrit dans sa révolution un sphéroïde (*fig. 9.*).

Si le plan générateur est un polygone d'un nombre infini de côtés, ou un cercle que l'on suppose tourner autour d'un de ses diametres *IS*, alors le solide décrit sera une sphere (*fig. 10.*).

On se dispensera de traiter ici des surfaces & des solidités des solides, parce qu'il en est question ailleurs, & sous un rapport assez étendu. Les solides sont entre eux en raison composée de celles de leurs trois dimensions, hauteur, largeur, profondeur, chaque solide est égal au produit de ses trois dimensions : donc les solides sont entr'eux comme les produits sont en raison composée de celles de leurs racines qui sont leurs trois dimensions. C'est pourquoi, si l'on appelle les solides *P*, *p*, les hauteurs *A*, *a*, les largeurs *B*, *b*, les profondeurs C, c, on aura $P = ABC$ & $p = abc$; donc $P \,.\, p :: \frac{P}{p} = \frac{ABC}{abc}$: or il est évident que l'on a,

$$\frac{P}{p} = \frac{ABC}{abc} = \frac{A \times B \times C}{a \times b \times c} = \frac{A}{a} \times \frac{B}{b} \times \frac{C}{c},$$

où l'on voit que la raison $\frac{ABC}{abc}$ est composée des raisons $\frac{A}{a}$, $\frac{B}{b}$, $\frac{C}{c}$, qui sont celles des hauteurs, des largeurs & des profondeurs des solides. Ceux ci sont en raison composée de celles de leurs bases & de leurs hauteurs ; car chaque solide est égal au produit de sa base par sa hauteur : donc ils sont entr'eux comme les produits des bases par les hauteurs, & par conséquent sont en raison composée de celles des bases & des hauteurs ; c'est pourquoi, nommant les hauteurs A, a, & les bases BC, bc, on aura $P \,.\, p :: ABC \,.\, abc$. ; donc si deux solides ont même hauteur, ils sont entr'eux comme leurs bases ; car la hauteur étant la même dans la proportion $P \,.\, p :: ABC \,.\, abc$, on aura $A = a$: donc à leur place substituant l'unité, on aura $P \,.\, p :: BC \,.\, bc$: pareillement lorsque les bases sont les mêmes, on a $BC = bc$, donc à leur place substituant l'unité, on aura $P \,.\, p :: A \,.\, a$. donc si la hauteur & la base d'un solide sont réciproquement proportionnelles à la hauteur & à la base d'un autre solide, alors les deux solides seront égaux ; car par l'hypothese $A \,.\, a :: bc \,.\, BC$: donc $ABC = abc$., & par conséquent $P = p$. Les solides semblables sont en raison triplée de celles de leurs dimensions homologues. Les solides P, p, sont en raison composée de leurs dimensions homologues, c'est-à-dire l'on a $P \,.\, p :: ABC \,.\, abc$: or, à cause de la similitude des solides, les dimensions homologues sont proportionnelles, c'est-à-dire l'on a la proportion $A \,.\, a :: B \,.\, b :: C \,.\, c$:

donc la raiſon qui eſt compoſée de ces trois raiſons égales, ſavoir la raiſon $ABC.abc$, eſt une raiſon triplée. Donc les ſolides ſemblables ſont entr'eux comme les cubes de leurs côtés homologues, c'eſt-à-dire l'on aura $P.p :: A^3.a^3 :: B^3.b^3 :: C^3.c^3$; car ils ſont en raiſon triplée de celles de leurs dimenſions homologues : or une raiſon triplée eſt égale à la raiſon qu'ont entr'eux les cubes des termes de l'une des trois raiſons compoſantes. Deux ſolides ſemblables ſont toujours repréſentés par des nombres cubiques. Les ſolides ſemblables ſont entr'eux comme les cubes de leurs dimenſions homologues : or ces cubes ſont toujours repréſentés par des nombres cubiques ; car ſi les dimenſions homologues ſont comme 1 & 2, les cubes ſeront comme 1 & 8 : ſi les dimenſions homologues ſont comme 1 & 3, les cubes ſeront comme 1 & 27 ; par conſéquent les dimenſions homologues des ſolides ſemblables ſont toujours entr'elles comme les racines cubiques de deux cubes. Une racine cubique eſt toujours la premiere de deux moyennes proportionnelles entre l'unité & le cube. Le cube eſt en raiſon triplée de ſa racine : donc il eſt toujours repréſenté par le quatrieme terme d'une progreſſion géométrique quelconque ∺ 1.2.4.8. ou ∺ 1.3.9.27. car on ſait que, dans une progreſſion, le premier & le quatrieme termes ſont en raiſon triplée des deux premiers : or, dans toute progreſſion géométrique, le premier terme étant l'unité, le ſecond eſt la racine, le troiſieme eſt le quarré & le quatrieme eſt le cube ; mais de plus, le ſecond & le troiſieme termes ſont moyens proportionnels entre l'unité & le cube. Par conſéquent lorſqu'on a un cube donné, pour en trouver la racine, il n'y a qu'à chercher deux moyennes proportionnelles entre l'unité & le cube donné : or pour trouver deux moyennes proportionnelles entre deux quantités, par exemple,

a & b, on fait la progression $\div\!\div\, a \,.\, x \,.\, y \,.\, b$: donc $a \,.\, b :: a^3 \,.\, x^3$: donc $a x^3 = a^3 b$, & divisant par a, on aura $x^3 = a^2 b$; donc $x = \sqrt[3]{aab}$, & c'est le premier moyen proportionnel ; maintenant il sera facile de trouver le second moyen proportionnel, qui est le troisieme terme de la progression ; car connoissant le premier terme, le second & le quatrieme ; pour trouver le troisieme, il ne faudra plus que chercher une moyenne proportionnelle entre le second & le quatrieme termes, suivant la regle de trois. Un cube doublé d'un cube donné n'est pas une quantité possible géométriquement, en ne se servant que de la regle & du compas, ou n'employant que la ligne droite & le cercle. Car en n'employant que la regle & le compas, ou la ligne droite & le cercle, on peut bien trouver une moyenne proportionnelle entre 1 & 2, ou 1 & 3, ou 1 & 4, mais on n'en peut trouver deux. Une quantité triple, quadruple, quintuple d'un cube n'est pas elle-même un cube : en général une quantité cubique multipliée par une quantité non cubique, ne peut pas être un cube parfait. Ce n'est que par les lignes courbes qu'on peut trouver & construire un cube double d'un autre cube, parce que combinant le cercle avec la parabole, on peut trouver deux lignes moyennes proportionnelles entre deux autres lignes données ; la duplication du cube est donc seule résoluble dans la géométrie des courbes.

77. DU CALCUL DÉCIMAL.

Il sert à remédier à l'insuffisance de la division lorsqu'elle n'est pas juste, & qu'elle laisse un reste qu'on pourroit négliger. Car plus les nombres que l'on divise sont petits, moins on peut négliger les restes : par exemple, si l'on divise 5 par 2, on aura $\frac{5}{2} = 2 + \frac{1}{2}$ où on a la fraction ou le reste $\frac{1}{2}$, qu'on ne peut négliger sans une erreur sensible, parce que cette fraction ou ce reste est une quantité de quelque conséquence par rapport à un petit nombre, comme 5 ; mais si l'on avoit à diviser 501 par 2, on auroit $\frac{501}{2} = 250 + \frac{1}{2}$ où l'on voit que la fraction ou le reste $\frac{1}{2}$ peut être négligée sans erreur sensible, parce qu'elle est de peu de conséquence par rapport à un grand nombre tel que 501. Les géometres, afin de pouvoir négliger sans inconvénient les restes, ont coutume de transformer les petits nombres qu'ils ont à diviser en des nombres très-considérables. Ils divisent la petite quantité dont ils veulent négliger les restes par un très-grand nombre quelconque, par le principe que plus les parties d'un tout diminuent en grandeur, plus elles augmentent en nombre ; de plus, ils la multiplient aussi par le même nombre qui a divisé pour conserver à la quantité sa même valeur, ce qui la transforme en une expression composée d'un grand nombre de chiffres : d'où il résulte que les restes que laisseroit la division qu'on en feroit seroient de peu de conséquence. Il vaut mieux multiplier & diviser la quantité par un nombre décimal quelconque 10, 100, 1000, 100000, plutôt que par tout autre nombre ; par la raison que la multiplication & la division par les nombres décimaux est plus aisée & plus prompte. C'est pourquoi si je veux transformer en un grand nombre les quantités 3, 25, 48, j'aurai, en multipliant & divisant par 10, les quantités $\frac{30}{10}$, $\frac{250}{10}$, $\frac{480}{10}$, ce qui s'exprime d'une façon abrégée ; ainsi 3.0 ; 25.0 ; 48.0 ; en intercalant un point qui soit suivi d'autant de caracteres qu'il y a de zeros dans le dénominateur décimal sous-entendu ; pareillement si je multiplie & divise par 100 les quantités 3, 25, 48, elles deviendront $\frac{300}{100}$, $\frac{2500}{100}$, $\frac{4800}{100}$, ou 3.00 ; 25.00 ; 48.00, *&c.* les quantités 3.0, 25.0, 48.0, *&c.* ou 3.00, 25.00, *&c.* ou d'autres semblables, sont ce qu'on appelle *fractions décimales* : fractions, parce qu'elles ont un numérateur & un dénominateur ; décimales, parce que leur dénominateur est toujours un nombre décimal. Or comme le dénominateur est toujours sous-entendu, l'expression de la fraction se trouve changée en celle d'entiers, ce qui en rend le calcul plus aisé. Par la même raison, si j'avois les fractions $\frac{3}{10}$, $\frac{25}{10}$, $\frac{48}{10}$, *&c.* je puis les écrire d'une façon abrégée par 0 . 3 , 2 . 5 , 4 . 8, *&c.* il en est de même des fractions $\frac{3}{100}$, $\frac{25}{100}$, $\frac{48}{100}$, $\frac{50}{1000}$, *&c.* qui sont la même chose que 0.03, 0.25, 0.48, 0.050, ce qui se fait en mettant un zero avant le point pour le rendre plus remarquable, & après le point des zeros placés de façon que l'ordre & le rang des chiffres soient conservés. Une quantité, par exemple 3, multipliée & divisée par différens nombres pris successivement conserve toujours sa même valeur : par exemple, les quantités $\frac{30}{10}$, $\frac{300}{100}$, $\frac{3000}{1000}$, *&c.* sont égales entr'elles, & sont chacune $= 3$; par conséquent les fractions 3.0, 3.00, 3.000, 3.00000, quoique différentes en apparence, sont cependant égales. Mais une quantité, par exemple 3, divisée simplement par différens nombres pris successivement, ne conserve plus la même valeur ; par exemple, les quantités $\frac{3}{10}$, $\frac{3}{100}$, $\frac{3}{1000}$, ne sont point égales, & par conséquent les fractions 0.3, 0.03, 0.003, sont de différente valeur. D'où il suit que l'expression 3.0 n'est pas la même chose que 0.3 ; car $3.0 = \frac{30}{10}$ & $0.3 = \frac{3}{10}$: pareillement l'expression 0.05 n'est pas la même chose que 0.50 ; car la quantité $0.05 = \frac{5}{100}$, au lieu que $0.50 = \frac{50}{100}$. Pour réduire un nombre entier en fraction décimale, il n'y a qu'à mettre, après l'entier un point suivi d'autant de zeros que l'on voudra ; par exemple, l'entier 37 se transforme en 37.0, ou 37.00, ou 37.000, *&c.* Si l'on a un nombre entier joint à une fraction, par exemple, $23\frac{4}{10}$, que l'on veuille réduire en une fraction décimale, il est clair que, puisque $\frac{4}{10} = 0.4$, l'on aura 23

$\frac{4}{10} = 23.4$; par la même raison on aura aussi $23 \frac{4}{100} = 23.04$; pareillement l'on a $23 \frac{4}{1000} = 23.004$, & ainsi du reste, insérant toujours avant le 4 des zeros, de façon qu'après le point il se trouve autant de caracteres qu'il y aura de zeros au dénominateur. Si l'on veut réduire une fraction ordinaire en une fraction décimale, il faut d'abord la réduire à un dénominateur qui soit un nombre décimal; la fraction étant devenue décimale s'écrira, en intercalant un point qui soit suivi, par exemple, $\frac{2}{4}$ se réduit en fraction décimale, en faisant $\frac{2}{4} = \frac{2.5}{4.5} = \frac{5}{10} = 0.5$. D'où il suit que les chiffres qui précedent le point, peuvent être regardés comme des nombres entiers, & que les décimales ne sont exprimées que par les chiffres qui suivent le point; par exemple, la fraction $4.05 = 4 + \frac{5}{100}$; car $4.05 = \frac{405}{100} = 4 + \frac{5}{100} = 4 + \frac{1}{20}$. Les fractions décimales sont en général susceptibles des opérations arithmétiques, lesquelles sont pour les fractions décimales précisément les mêmes que celles qui se font sur les nombres entiers; il y a seulement quelques précautions à prendre pour placer le point qui sépare les nombres entiers des nombres fractionnaires.

78. *DU CALCUL LOGARITHMIQUE.*

On sait que les logarithmes ne sont que des nombres artificiels que l'on substitue à la place des nombres ordinaires, & que l'usage qu'on en fait s'appelle *calcul logarithmique*, lequel est fondé sur la nature des deux progressions arithmétique & géométrique. Dans toute progression géométrique dont les termes sont affectés d'exposans, les exposans sont en progression arithmétique; par exemple, si j'ai la progression géométrique,

$$\div\!\!\div a^0 . a^1 . a^2 . a^3 . a^4 . a^5 . a^6 . \&c.$$

les exposans donneront la progression arithmétique

$$\div 0 . 1 . 2 . 3 . 4 . 5 . 6 . \&c.$$

en sorte que si je suppose $a = 2$, j'aurai les deux progressions suivantes,

$$\div\!\div 1 . 2 . 4 . 8 . 16 . 32 . 64 . \&c.$$
$$\div 0 . 1 . 2 . 3 . 4 . 5 . 6 . \&c.$$

dont l'une est la progression des termes, & l'autre celle des exposans, & que pour une plus grande facilité on écrit en deux colonnes ainsi :

0	1
1	2
2	4
3	8
4	16
5	32
6	64
7	128
8	256
&c.	&c.

Dans la progression géométrique, si je prends les quatre termes 1 . 2 . 4 . 8, le produit des deux moyens $2 \times 4 = 1 \times 8$ produit des extrêmes ; au lieu que prenant les termes correspondans 0 . 1 . 2 . 3 dans la progression arithmétique, on a la somme des moyens $1 + 2 = 0 + 3$, somme des extrêmes. Pareillement si, dans la progression géométrique, je prends le produit des moyens $4 \times 8 = 32$, & que je le divise par 2, j'aurai $\frac{32}{2} = 16$, qui est le quatrieme terme de la proportion 2 . 4 :: 8 . 16 ; au lieu que dans la proportion arithmétique, il faut prendre la somme des moyens $2 + 3 = 5$, & en retrancher le terme 1, pour avoir le dernier terme de la proportion arithmétique correspondante 1 . 2 . 3 . 4, que j'ai prise dans la progression arithmétique. Si, dans la progression géométrique, j'éleve le second terme 2 à la troisieme puissance, j'aurai le quatrieme terme 8 : mais dans la progression arithmétique, au lieu d'élever à la troisieme puissance le second terme 1, je n'ai qu'à le tripler ou le multiplier par 3, & j'aurai le quatrieme terme 3. Si, dans la progression géométrique, je veux extraire la racine troisieme du septieme terme 64, j'aurai pour racine le nombre 4 qui est le troisieme terme de la progression; mais, dans la progression arithmétique, je n'ai qu'à diviser par 3 le septieme terme 6, & j'aurai le troisieme terme 2. de la progression. Les termes de la progression arithmétique s'appellent les *logarithmes* des termes de la progression géométrique auxquels ils répondent, & dont ils peuvent être regardés comme les exposans; d'où il suit que le produit de deux nombres répond à la somme de leurs logarithmes; que la puissance d'un nombre répond au produit de son logarithme, multiplié par l'exposant de cette puissance; que la racine d'un nombre répond au quotient de son logarithme divisé par l'exposant de cette racine. Pour la construction des tables, il est libre de choisir telle progression géométrique que l'on voudra; mais il faut que cette progression contienne tous les nombres naturels, autrement la table des logarithmes ne seroit point générale. Si l'on choisissoit donc la progression double 1 . 2 . 4 . 8 . 16 ., il faudroit insérer des moyens géométriques entre 1 & 2, 2 & 4, 4 & 8; afin que dans l'intervalle qui sépare ces termes, on puisse trouver les nombres naturels intermédiaires. Les logarithmes des nombres 1, 10, 100, 1000 de la progression décuple étant 0 . 1 . 2 . 3, il s'ensuit que les logarithmes des nombres intermédiaires de la progression décuple ne peuvent être qu'entre 0 & 1, 1 & 2, 2 & 3; or on ne peut avoir que des fractions entre 0 & 1, 1 & 2, 2 & 3. Pour éviter l'inconvénient des fractions, les géometres ont réduit les logarithmes des termes de la progression décuple en fractions décimales, dont le dénominateur est

10000000, & par ce moyen les deux colonnes qui suivent le démontrent :

0 . 0000000	1
1 . 0000000	10
2 . 0000000	100
3 . 0000000	1000
4 . 0000000	10000

Il est évident que les logarithmes de tous les nombres compris entre 1 & 10 commencent par 0 ; que les logarithmes de tous les nombres compris entre 10 & 100 commencent par 1 ; que les logarithmes de tous les nombres compris entre 100 & 1000 commencent par 2. Ce premier chiffre 0, ou 1 ou 2, qui précede toujours le point dans la fraction décimale, s'appelle la *caractéristique du logarithme*. Que le nombre qui répond à un logarithme, contient autant de caracteres & un de plus, qu'il y a d'unités dans la caractéristique, & par conséquent celle-ci servira à faire connoître de combien de caracteres est composé le nombre dont il est logarithme. Que c'est une même chose d'ajouter une unité à la caractéristique d'un logarithme, ou de multiplier le nombre naturel qui lui répond par 10 ; d'ajouter deux unités à la caractéristique, ou de multiplier le nombre correspondant par 100, & ainsi de suite. Que pareillement retrancher une unité, deux, trois, de la caractéristique d'un logarithme, c'est diviser le nombre correspondant par 10, par 100, par 1000, *&c.* Les géometres ont remarqué que les logarithmes des termes de la progression décuple ayant été transformés en décimales entre le premier logarithme 0 . 0000000, & le second 1 . 0000000, on pourroit insérer 9999998 moyens arithmétiques ou logarithmes ; c'est pourquoi ils ont jugé qu'il falloit insérer 9999998 moyens géométriques entre 1 & 10, entre 10 & 100, entre

100 & 1000, &c. & ont trouvé que les nombres 2, 3, 4, 5, &c. tenoient un certain rang parmi les moyens géométriques compris dans l'intervalle de 1 à 10; pareillement que les nombres 11, 12, 13, &c. tenoient un certain rang parmi les moyens géométriques compris dans l'intervalle de 10 à 100, & ainsi du reste. Que connoissant le rang que tiennent les nombres intermédiaires 2, 3, 4, ou 11, 12, 13, dans la progression décuple, on connoîtra leurs logarithmes, parce que ces logarithmes sont les exposans qui conviennent à ces nombres dans cette suite de moyens géométriques, & ils sont toujours déterminés par le rang que tiennent les termes dans la progression; car si le nombre 0477121 exprime le rang du terme, il exprimera aussi son logarithme, comme dans la progression suivante:

$$\div\!\div\; a^0 . a^1 . a^2 . a^3 . a^4 . a^5 . a^6 . \&c.$$

ou en supposant $a = 2$

$$\div\!\div\; 2^0 . 2^1 . 2^2 . 2^3 . 2^4 . 2^5 . 2^6 . \&c.$$

L'état de la question se réduit donc à chercher des moyens géométriques entre les termes consécutifs 1, 10, 100, &c, de la progression géométrique & des moyens arithmétiques entre les termes correspondans 0.0000000, 1.0000000, 2.0000000, &c. de la progression arithmétique, car les nombres intermédiaires 2, 3, 4, 5, 6, 7, 8, 9, se trouveront après un certain nombre d'opérations, parmi les moyens géométriques, & l'on trouvera leurs logarithmes en prenant les moyens arithmétiques qui leur sont correspondans. Sur les principes & les regles qu'on a exposés & sur une infinité d'autres, les géometres ont construit des tables de logarithmes pour les nombres naturels, depuis l'unité jusqu'à 10000 & même jusqu'à 20000. Ces tables sont partagées en trois colonnes; la premiere contient les nombres

nombres naturels, la seconde renferme leurs logarithmes, & dans la troisieme se trouvent les différences des logarithmes.

N.	Logarithmes.	Différences.
1	000000 , 00	
2	030103 , 00	3010300
3	047712 , 13	1760913
4	060206 , 00	1249387
5	069897 , 00	969100
6	077815 , 13	791813
7	084509 , 80	669467
8	090309 , 00	579920

Or, lorsque le nombre dont on cherche le logarithme, se trouve dans les tables, on en trouve aussitôt le logarithme, lequel est à côté de ce nombre dans la colonne des logarithmes; & pareillement étant donné un logarithme qui se trouve dans les tables, il sera aisé d'avoir sa valeur ou le nombre auquel il répond, lequel sera à côté du logarithme dans la colonne des nombres naturels. L'usage des tables se réduit à deux choses; savoir, un nombre quelconque étant donné, trouver son logarithme; & un logarithme quelconque étant donné, trouver sa valeur ou le nombre auquel il appartient; exemple, un nombre entier étant donné, trouver son logarithme. Si le nombre donné se trouve dans les tables, il n'y a aucune difficulté; mais s'il ne s'y trouve pas, ce sera parce qu'il excede le plus grand nombre des tables supposé de 10000. Soit donc proposé le nombre 3255682, pour en trouver le logarithme, je retranche de ce nombre les trois derniers chiffres, afin que le nombre restant 3255, se puisse trouver dans les tables, & j'y prends son logarithme qui est 35125510, je prends aussi le logarithme du nombre 3256 plus grand d'une unité que le précédent, & ce logarithme est 35126844; maintenant en ajoutant une unité à la caractéristique de ces deux logarithmes, ils deviendront 45125510. 45126844, & leurs valeurs ou les nombres qui leur répondent, seront 32550. 32560. Si j'ajoute deux unités aux caractéristiques, j'aurai les logarithmes 55125510. 55126844, & les nombres qui leur répondent se changeront en 325500. 325600. Si j'ajoute trois unités aux caractéristiques, les logarithmes deviendront 65125510. 65126844, & leur valeur ou les nombres correspondans seront 3255000. 3256000, lesquels ont maintenant chacun autant de caracteres que le nombre donné 3255682. Je fais donc cette proportion, puisque 1000, difference entre les nombres 3255000 & 3256000 donne 1334 pour différence entre leurs logarithmes; 682, différence entre les nombres 3255000 & 3255682, que donnera-t-il pour différence entre leurs logarithmes? Il viendra 909 que j'ajoute à 65125510, logarithme de 3255000, & j'aurai 65126419, qui sera le logarithme de 3255682. La raison est que les différences entre les logarithmes sont proportionnelles aux différences qui sont entre les nombres correspondans lorsque ceux-ci sont grands, & qu'ils ne different pas considérablement. Autre exemple. Un logarithme étant donné, trouver sa valeur ou le nombre auquel il appartient. Si le logarithme donné se trouve dans les tables, il n'y a point de difficulté; mais s'il ne s'y trouve pas, ce sera ou parce que la caractéristique de ce logarithme excede celle des tables, ou parce que ce logarithme se trouve entre deux logarithmes consécutifs des tables, soit donné le logarithme 524920, dont la caractéristique 5 excede celle des tables qui est quatre; ôtez deux unités de la caractéristique 5, & le logarithme donné deviendra 324920, lequel se trouve dans la table & répond au nombre 1775; or si, à ce nombre dernier, vous ajoutez autant de zero que vous avez retranché d'unités de la caractéristique, savoir deux zeros, vous aurez le nombre 177500, auquel appartient le logarithme donné : car lorsque vous avez retranché deux unités de la caractéristique, c'est la même chose que si vous aviez divisé le nombre correspondant par 100; donc puisqu'après cette soustraction vous avez trouvé le nombre 1775, en ajoutant à ce nombre deux zeros ou en le multipliant par 100, vous aurez la valeur juste du logarithme donné 524920. Si, après avoir ôté de la caractéristique autant d'unités qu'il est nécessaire, on ne trouvoit pas exactement le reste dans les tables, alors ce reste seroit un logarithme compris entre deux logarithmes consécutifs, on trouveroit sa valeur par la méthode qui suit : si le logarithme donné 203454 ne se trouve pas dans les tables, parce qu'il est compris entre deux logarithmes consécutifs, c'est une marque qu'il appartient à un nombre entier joint à une fraction ; si on veut négliger la fraction on prendra le nombre correspondant au logarithme qui approche le plus du logarithme donné. Si on veut avoir l'entier & la fraction, il faut prendre la différence des deux logarithmes consécutifs entre lesquels est compris le logarithme donné ; cette différence est dans cet exemple 401, tandis que la différence entre leurs nombres correspondans n'est que 1 ; prenez aussi la différence entre le logarithme donné 203454, & le moindre 203342, laquelle est 112, & faites cette regle de trois : puisque 401, différence entre les deux logarithmes consécutifs, donne 1, pour différence entre les nombres qui leur répondent ; 112, différence entre le logarithme donné & le moindre, combien donnera-t-il pour différence entre leurs nombres correspondans ? ou $401 . 1 :: x . 112 = \frac{112}{401}$, on trouve pour quatrieme terme la fraction $\frac{112}{401}$, laquelle ajoutée à 108, valeur du logarithme moindre, donnera $108 + \frac{112}{401}$

pour la valeur du logarithme donné. Il faut observer que plus les nombres sont petits, plus les différences entre leurs logarithmes sont grandes & croissent inégalement, d'où il arrive que la regle pratiquée en second lieu ne donne pas toujours assez exactement le quatrieme terme que l'on cherche, lorsque le logarithme donné appartient à un petit nombre. Pour remédier à cet inconvénient, on augmente la caractéristique du logarithme de quelques unités; si le logarithme donné est 16076543, en augmentant la caractéristique de deux unités, j'aurai le logarithme 36076543, & je cherche le nombre auquel il appartient, je trouve qu'il répond au nombre 4018 $\frac{2}{3}$, & que cette fraction est juste ou peu s'en faut, parce que ces grands logarithmes n'ont point les inégalités des premiers; mais quand j'ai ajouté deux unités à la caractéristique du logarithme, c'est la même chose que si j'avois multiplié sa valeur ou le nombre correspondant par 100: donc le nombre trouvé 4018 $\frac{2}{3}$ est cent fois trop grand; je dois donc le diviser par 100, & j'aurai 40 $\frac{24}{100}$, qui sera la valeur ou le nombre que je cherche.

79. DES FRACTIONS.

Une fraction est une quantité qui exprime le rapport ou la raison d'une partie à son tout, c'est pour cela qu'elle est réellement une raison géométrique & une division. Une fraction telle que $\frac{2}{3}$ se peut représenter comme une raison géométrique 2 : 3, & réciproquement une raison géométrique telle que 2 : 3, peut s'exprimer par une fraction $\frac{2}{3}$. Comme la valeur & l'exposant de la raison géométrique est le quotient de l'antécédent divisé par le conséquent, de même la valeur ou l'exposant de la fraction est le quotient du numérateur divisé par le dénominateur. D'où il suit que lorsque deux fractions ont le même dénominateur, la plus grande est celle dont le numérateur est plus grand, parce qu'elle approche plus alors de l'unité ; lorsqu'elles ont même numérateur, la plus grande est celle dont le dénominateur est plus petit. C'est pourquoi l'on dit que les valeurs des fractions sont entr'elles en raison directe des numérateurs, & en raison réciproque des dénominateurs. La valeur d'une fraction ne change pas, soit qu'on multiplie, soit qu'on divise ses deux termes par une troisieme quantité : si on multiplie les deux termes de la fraction $\frac{1}{2}$ par 2, on aura la fraction $\frac{2}{4}$ qui est la même chose que $\frac{1}{2}$. Les fractions en général sont susceptibles de toutes les opérations que l'on fait sur les nombres entiers : mais pour pouvoir être assujetties au calcul, elles ont quelquefois besoin d'être préparées par des opérations qui leur sont propres, & que l'on appelle par cette raison *préliminaires* ; celles-ci sont différens changemens qu'on fait subir aux fractions, sans en changer la valeur ; mais pour en rendre le calcul plus facile, elles peuvent se réduire en transformation & en réduction. La transformation a lieu pour transformer une fraction en une autre fraction, comme en multipliant par une même quantité le numérateur & le dénominateur de la fraction ; par exemple, en multipliant par deux les termes de la fraction $\frac{1}{2}$, on aura $\frac{2}{4}$, $\frac{4}{8}$, $\frac{8}{16}$, $\frac{16}{32}$, *&c.* lesquelles fractions ont différentes expressions, mais conservent la même valeur. En divisant par une même quantité le numérateur & le dénominateur de la fraction, lorsque cette division peut se faire sans reste, en divisant par 2 les termes de la fraction $\frac{16}{32}$, on aura $\frac{8}{16}$, $\frac{4}{8}$, $\frac{2}{4}$, $\frac{1}{2}$: cette opération réduit la fraction à une expression plus simple, & par cette raison s'appelle *réduction des fractions* à leurs plus simples termes : or pour réduire une fraction à la plus simple expression possible, il n'y a qu'à diviser le numérateur & le dénominateur de la fraction par leur diviseur plus commun, c'est-à-dire par le plus grand nombre qui puisse diviser sans reste les deux termes de la fraction. On transforme un entier en fraction, en multipliant l'entier par le dénominateur qu'on veut lui donner; par exemple, on aura $2 = \frac{2}{1} = \frac{4}{2} = \frac{8}{4} = \frac{16}{8}$, &c. pareillement on aura $a = \frac{a}{1} = \frac{aa}{a} = \frac{a^3}{a^2} = \frac{ab}{b}$, &c. or l'entier, sous ces différentes expressions, conserve toujours la même valeur, parce qu'étant multiplié & divisé par une même quantité, la division détruit ce qu'avoit fait la multiplication, & réciproquement on transforme une fraction en entier en divisant le numérateur par le dénominateur, lorsque la division est possible. Pour ce qui est de la réduction des fractions, elle se fait en donnant aux fractions un dénominateur commun, ou un dénominateur quelconque. La réduction, dans le premier cas, se fait en multipliant les termes de chaque fraction par le dénominateur de l'autre fraction, s'il n'y a que deux fractions, ou par le produit des dénominateurs des autres fractions s'il y en a plusieurs: les fractions $\frac{1}{3}$ & $\frac{1}{4}$ se réduisent à $\frac{1 \times 4}{3 \times 4} = \frac{4}{12}$, & $\frac{1 \times 3}{4 \times 3} = \frac{3}{12}$. On réduit une fraction $\frac{1}{2}$ à un dénominateur quelconque 4, en multipliant les termes de la fraction par le dénominateur donné 4, ce qui donne $\frac{4}{8}$; en divisant ensuite les deux termes de la fraction nouvelle par le dénominateur 2 de la première fraction, ce qui donnera la fraction réduite $\frac{2}{4}$, dont le dénominateur est devenu 4. Cette réduction s'appelle *évaluation*, elle sert à évaluer les fractions en parties connues; par exemple, les parties ou fractions de livres en sols, ou en parties vingtiemes qui sont des parties connues, car le sol est la $\frac{1}{20}$ partie de la livre, ce qui se fait en réduisant la fraction de livre au dénominateur 20. De deux fractions dans lesquelles la différence du numérateur au dénominateur est la même, la plus grande est celle qui est exprimée par de plus grands nombres; par exemple, l'on a $\frac{2}{3} < \frac{3}{4}$; car réduisant au même dénominateur, on aura $\frac{2}{3} = \frac{8}{12}$ & $\frac{3}{4} = \frac{9}{12}$; or $\frac{8}{12} < \frac{9}{12}$. L'addition & la soustraction des fractions ne souffrent aucune difficulté lorsqu'elles ont le même dénominateur; il est évident que $\frac{1}{7} + \frac{2}{7} = \frac{1+2}{7} = \frac{3}{7}$, que $\frac{4}{8} - \frac{3}{8} = \frac{4-3}{8} = \frac{1}{8}$; c'est-à dire que l'on trouve la somme ou la différence des fractions qui sont de même dénomination, en prenant la somme ou la différence des numérateurs. Mais lorsque les fractions sont de différente dénomination, on doit les rendre homogenes en les réduisant à un même dénominateur; car l'addition & la soustraction ne peuvent s'effectuer que sur les quantités homogenes; il faut prendre la somme ou la différence des numérateurs des fractions réduites; par exemple, $\frac{2}{3} + \frac{4}{5} = \frac{10+12}{15} = \frac{22}{15}$; $\frac{a}{b} + \frac{c}{d} = \frac{ad}{bd} + \frac{bc}{bd} = \frac{ad+bc}{bd}$: pareillement $\frac{4}{5} - \frac{2}{3} = \frac{12}{15} - \frac{10}{15} = \frac{12-10}{15} = \frac{2}{15}$; de même $\frac{a}{b} - \frac{c}{d} = \frac{ad}{bd} - \frac{bc}{bd} = \frac{ad-bc}{bd}$. Dans la multiplication des fractions il s'agit de multiplier une fraction par une fraction, une fraction par un entier, ou un entier par une fraction. La multiplication d'une fraction par une fraction n'est que la composition directe des rapports ou liaisons, laquelle consiste à multiplier les antécédens l'un par l'autre, ainsi que les conséquens; par exemple, la raison composée directe ou le produit des deux raisons $4:2$, & $9:3$ sera $4 \times 9 : 2 \times 3$, ou $36:6$; de même on aura $\frac{4}{2} \times \frac{9}{3} = \frac{4 \times 9}{2 \times 3} = \frac{36}{6} = 6$; or 6 est évidemment le produit des deux fractions $\frac{4}{2}$, $\frac{9}{3}$; car $\frac{4}{2} = 2$ & $\frac{9}{3} = 3$; or $2 \times 3 = 6$. j'aurai pareillement $\frac{2}{4} \times \frac{3}{9} = \frac{2 \times 3}{4 \times 9} = \frac{6}{36} = \frac{1}{6}$: car $\frac{2}{4} = \frac{1}{2}$, & $\frac{3}{9} = \frac{1}{3}$: or $\frac{1}{2} \times \frac{1}{3} = \frac{1}{6}$ par la raison contraire à ce que $2 \times 3 = 6$, donc, pour avoir le produit des fractions, on doit multiplier les numérateurs par les numérateurs, & les dénominateurs par les dénominateurs. Lorsqu'on multiplie une fraction par un entier, par exemple, $\frac{4}{5}$ par 3, l'entier peut être regardé comme une fraction qui a pour dénominateur l'unité ; ainsi l'on aura $\frac{4}{5} \times 3 = \frac{4}{5} \times \frac{3}{1} = \frac{4 \times 3}{5 \times 1} = \frac{12}{5}$; c'est-à-dire que, pour avoir le produit d'une fraction par un entier, il n'y a qu'à multiplier le numérateur de la fraction par l'entier donné. Si l'on multiplie un entier par une fraction, par exemple, 3 par $\frac{4}{5}$, il est évident que l'on aura $3 \times \frac{4}{5} = \frac{3}{1} \times \frac{4}{5} = \frac{3 \times 4}{1 \times 5} = \frac{12}{5}$; c'est-à-dire qu'il faut multiplier l'entier par le numérateur de la fraction, & conserver le même dénominateur. La division d'une fraction par une fraction n'est autre chose que la composition renversée ou réciproque des rapports ou raisons, laquelle consiste à multiplier l'antécédent du premier rapport par le conséquent du second, & le conséquent du premier par l'antécédent du second ; sans en faire ici l'opération, on peut dire que, pour diviser une fraction par une autre, il faut multiplier le numérateur de la premiere par le dénominateur de la seconde, & le dénominateur de la premiere par le numérateur de la seconde, le premier produit sera le numérateur du quotient, & le second produit en sera le dénominateur. Si l'on veut diviser une fraction par un entier, celui-ci peut être regardé comme une fraction qui a pour dénominateur l'unité ; ainsi, pour diviser une fraction par un entier, il ne faut que multiplier le dénominateur de la fraction par l'entier. Si l'on divise un entier par une fraction, il est évident par ce qui a été dit que, par exemple, 4 divisé par $\frac{2}{7}$ sera $\frac{4}{1} \times \frac{2}{7} = \frac{4}{1} \times \frac{7}{2} = \frac{4 \times 7}{1 \times 2} = \frac{28}{2}$, c'est-à-dire qu'on doit multiplier l'entier par le dénominateur de la fraction, & le diviser par le numérateur. L'exaltation d'une fraction à une puissance quelconque se fait en élevant le numérateur & le dénominateur chacun à la puissance proposée ; par exemple, le quarré de $\frac{2}{3}$ eſt $\frac{4}{9}$; car le quarré de $\frac{2}{3}$ eſt $\frac{2}{3} \times \frac{2}{3} = \frac{2 \times 2}{3 \times 3} = \frac{4}{9}$; pareillement le cube de $\frac{2}{3}$ eſt $\frac{2}{3} \times \frac{2}{3} \times \frac{2}{3} = \frac{8}{27}$. L'exaltation des fractions ſe fait, en prenant la racine, tant du numérateur que du dénominateur ; par exemple, $\frac{2}{3}$ eſt la racine quarrée de $\frac{4}{9}$ & la racine cubique de $\frac{8}{27}$: lorſqu'il n'eſt pas poſſible d'extraire la racine juſte, on ſe contente de l'indiquer par le ſigne radical ; par exemple, la racine quarrée de $\frac{1}{2}$ eſt $\sqrt{\frac{1}{2}}$. Les fractions décroiſſent dans l'exaltation, & croiſſent dans l'extraction, c'eſt-à-dire que dans la fraction la racine eſt plus grande que la puiſſance, au lieu que dans les nombres entiers la puiſſance eſt plus grande que la racine : par exemple, la fraction $\frac{1}{2}$ eſt plus grande que ſon quarré $\frac{1}{4}$, que ſon cube $\frac{1}{8}$, &c. comme il eſt évident. Il y auroit encore beaucoup de principes à préſenter pour l'objet ſeul des fractions ; ce qu'on vient de dire, ſervira aſſez à faire comprendre ce qu'on a eu occaſion d'en dire ailleurs.

MÉCHANIQUE.

C'EST cette partie des Mathématiques mixtes qui considere le mouvement & les forces motrices, leur nature, leurs loix & leurs effets dans les machines. La partie des Méchaniques qui considere le mouvement des corps, lorsqu'il vient de la pesanteur s'appelle quelquefois *statique*. On appelle plus proprement *statique* la partie de la Méchanique qui considere les corps & les puissances dans un état d'équilibre, & Méchanique la partie qui les considere en mouvement. Les descriptions des lignes & des figures, dans la Géométrie, appartiennent à la Méchanique; & l'objet véritable de la Géométrie est seulement d'en démontrer les propriétés après en avoir supposé la description. Ainsi on applique le nom de *Géométrie* à la partie qui a l'étendue pour objet, & le nom de *Méchanique* à celle qui considere le mouvement. La Méchanique rationnelle, en ce dernier sens, est la science des mouvemens qui résultent de quelque force que ce puisse être, & des forces nécessaires pour produire du mouvement. Les anciens n'ont cultivé la Méchanique que par rapport à la Statique, & parmi eux Archimede s'est distingué. Il étoit réservé aux modernes, non seulement d'ajouter encore des vérités nouvelles aux découvertes des anciens sur la Statique, mais encore de créer une science sous le nom de *Méchanique*, ou la science des corps & du mouvement.

1. CORDE.

La résistance des cordes est très-considérable, & doit, par toutes sortes de raisons, entrer dans le calcul de la puissance des machines. Une corde est d'autant plus difficile à courber, qu'elle est plus roide & plus tendue par les poids qu'elle porte, qu'elle est plus grosse, qu'elle est plus courbée, c'est-à-dire, qu'elle enveloppe un plus petit cylindre. Lorsqu'on se sert de cordes dans une machine, il faut ajouter ensemble toutes les résistances que leurs roideurs produisent, & toutes celles que le frottement occasionne, ce qui augmentera si considérablement la difficulté du mouvement, qu'une puissance méchanique qui n'a besoin que d'un poids de 1500 livres pour en élever un de 3000 livres par le moyen d'un moufle simple, c'est-à dire d'une poulie mobile & d'une poulie fixe, doit en avoir un de 3942 livres, à cause des frottemens & de la résistance des cordes. Ainsi l'on doit préférer les grandes poulies aux petites, dans l'opération des fortes puissances, non-seulement, parce que ayant moins de tours à faire, l'axe de ces poulies a moins de frottement, mais encore parce que les cordes qui les entourent y souffrent une moindre courbure, & ont par conséquent moins de résistance. On voit clairement, en évaluant la roideur de la corde, que si on vouloit enlever un fardeau de 800 livres avec une corde de 20 lignes de diametre, & une poulie qui n'eût que 3 pouces, il faudroit augmenter la puissance de 212 livres pour vaincre la roideur de la corde; au lieu qu'avec une poulie d'un pied de diametre, cette résistance céderoit à un effort de 22 livres, toutes choses égales d'ailleurs. Lorsqu'on a quelque grand effort à faire avec plusieurs cordes en même tems, on doit observer de les faire tirer le plus également qu'il est possible; sans cela, il arrive souvent qu'elles cassent les unes après les autres.

2. PENDULE.

C'est un corps pesant suspendu de maniere à pouvoir faire des vibrations, en allant & venant autour d'un point fixe, par la force de la pesanteur, il décrit toujours un arc de cercle. Le point autour duquel le pendule fait ses vibrations est appellé *centre de suspension* ou *de mouvement*. Les mouvemens d'un pendule se font dans des espaces sensiblement égaux; c'est ce qui fait que c'est le meilleur instrument pour la mesure des tems. Le froid ou la chaleur font varier sensiblement les pendules; on a exposé un pendule dans la machine pneumatique, & l'on a trouvé, que dégagé de l'air, ses arcs étoient de $\frac{1}{6}$ de pouce plus grands de chaque côté que dans l'air; cet effet est sensible par le moins d'effort opposé au balancement du pendule & la non pression de l'air qui est chassé du récipient. C'est ainsi que les pendules servent à calculer la pesanteur de l'athmosphere, sur les montagnes les plus élevées, comme sur les plus bas fonds.

3. PROJECTILE.

Se dit d'un corps pesant qui ayant reçu un mouvement ou une impulsion, suivant une direction quelconque, par quelque force externe qui lui a été imprimée, est abandonné par cette force & laissé à lui-même, pour continuer sa course; telle est, par exemple, une pierre jettée, une fleche, un boulet; cette continuation de mouvement d'un corps, qu'on nomme *projectile*, n'est qu'une suite naturelle des premieres loix de la nature; savoir, que tous les corps sont indifférens au mouvement & au repos, & qu'ils doivent par conséquent, rester dans celui de ces deux états où ils sont, jusqu'à ce qu'ils en soient tirés ou détournés par quelque nouvelle cause. L'existence du mouvement étant une fois supposée, un mobile qui a reçu quelque impulsion, doit continuer à se mouvoir toujours uniformément en ligne droite, en rapport au mouvement qu'il aura reçu, tant que rien n'intercepte sa route. Quoi qu'il en soit, c'est un principe avoué, qu'un projectile mis en mouvement, continueroit à se mouvoir éternellement en ligne droite, & avec une vitesse toujours uniforme, si la résistance du milieu où il se meut, & l'action de la gravité, n'altéroient son mouvement primitif.

4. PROJECTION.

C'est l'action d'imprimer un mouvement à un projectile. Si la force qui met le projectile en mouvement, a une direction perpendiculaire à l'horizon, on dit que la projection est perpendiculaire; si la direction est parallele à l'horizon, on dit que la projection est horizontale; si la direction de force fait un angle oblique, la projection est oblique.

5. OSCILLATION.

C'est le mouvement d'un corps qui va & vient alternativement en sens contraire comme un pendule; par exemple, un corps solide placé sur un fluide, peut y faire des oscillations, lorsque ce solide n'est pas en repos parfait. Les astronomes ont apperçu aux satellites de Jupiter un mouvement qu'ils appellent d'oscillation; les planetes ni les fixes ne rendent point ce mouvement.

6. LEVIER.

C'est une verge inflexible & sans pesanteur, à deux points de laquelle sont appliquées deux puissances qui font effort dans un même plan, tandis que le point d'appui ou point fixe se trouve appuyé sur un point inébranlable, pour résister à l'effort des deux puissances. On appelle *bras du levier*, les parties comprises depuis le point d'appui jusqu'à celui où sont appliquées les puissances. La position du point d'appui, est ordinairement déterminée par celle de la puissance & par celle du poids; car alors l'effort du point d'appui se dirige vers le concours de ces deux directions. S'il se trouve qu'un poids est suspendu à un levier, son effort est dans une ligne verticale, ou perpendiculaire à l'horizon; & si la puissance fait un effort dans une ligne verticale, les trois directions sont paralleles entr'elles.

7. HYDRAULIQUE.

C'est une partie de la méchanique qui considere le mouvement des fluides, & qui enseigne la conduite des eaux, & le moyen de les élever, tant pour les rendre jaillissantes que pour d'autres usages; elle traite encore du mouvement des corps fluides & de leurs loix. L'hydrostatique considere l'équilibre des fluides qui sont en repos; en détruisant l'équilibre, il en résulte un mouvement, & c'est-là que commence l'hydraulique. Celle-ci suppose donc la connoissance de l'hydrostatique, ce qui fait que plusieurs auteurs ne les séparent point, cependant il est beaucoup mieux de les distinguer. Les machines hydrauliques servent à augmenter les forces mouvantes, & à élever les eaux par différens moyens. On y emploie pour moteur, la force des hommes & des animaux; mais lorsqu'on se sert des élémens de l'eau, du feu, & de l'air, on peut s'assurer d'une plus grande quantité d'eau; leur produit qui est presque continuel, les fait préférer aux eaux naturelles, qui tarissent, la plupart, en été, en automne; on appelle alors ces machines, *élémentaires*.

8. PUISSANCES.

On appelle ainsi toute cause qui exerce son action sur un corps, pour changer son état de repos ou de mouvement, soit que ce changement se fasse, soit qu'il ne se fasse point. L'effet de l'action d'une cause qui a mis un corps en mouvement, c'est de lui avoir communiqué par ce mouvement une force égale à cette action ; en sorte qu'un corps en mouvement, fait sur un corps immobile qu'il rencontre, un effort égal à celui que la force motrice lui a imprimé. Ainsi, on appelle *force absolue*, tout l'effort dont une puissance est capable, & qu'elle exerce, lorsqu'elle est appliquée, le plus avantageusement qu'il est possible, par rapport à l'effet qu'on se propose; on appelle aussi *force relative*, tout l'effort qu'une puissance peut exercer, dans la circonstance où elle se trouve appliquée.

9. RENCONTRE DES CORPS.

Elle occasionne un choc mutuel entr'eux. Si la direction des corps qui se rencontrent, est dans une ligne droite de l'impulsion, leur choc s'appelle *direct*. Si leurs directions font un angle, leur rencontre s'appelle *un choc oblique*. Tous les corps en mouvement se communiquent leurs mouvemens dans leur choc, & cette communication se fait de la même maniere que l'on conçoit des puissances qui donnent une impulsion aux mobiles. Il y a cependant des différences à observer ; un corps parfaitement dur, ne peut communiquer son mouvement que dans un instant indivisible, & sans changer de figure, à la rencontre d'autres corps. Le corps parfaitement mou, communique son mouvement pendant un tems fini, & ce tems est égal à celui que ses parties postérieures emploient à parcourir uniformément un espace égal au diametre de ce corps, il prend en même tems la figure du corps choqué. S'il étoit dur, & si ce corps choqué étoit un plan dur, le corps choquant s'applatiroit en une surface infiniment mince, sans pouvoir reprendre sa figure. Un corps élastique communique son mouvement dans un espace fini ; lorsque ses parties antérieures ont atteint le corps choqué, ses parties postérieures continuent de s'en approcher par un mouvement uniforme retardé, jusqu'à ce que le corps choqué ait reçu toute l'impression communiquée par le corps choquant, de sorte que le corps choquant perd sa figure ; mais il la reprend aussi-tôt par un mouvement uniforme accéléré, & en sens contraire dans ses parties postérieures, en sorte que toutes les circonstances de la restitution sont égales à celles de la compression.

10. *Mouvement.*

C'est le transport d'un corps d'un lieu dans un autre ; le repos est la demeure d'un corps dans un même lieu. L'idée qu'on a du mouvement renferme celle d'une force & d'une puissance qui le causent ; celle d'un espace compris entre les termes du mouvement ; celle du tems ou de la durée du mouvement. Toutes les forces produisent différens mouvemens. Le mouvement absolu d'un corps est celui où l'on considere que ce corps change réellement de place, par rapport aux limites qu'on imagine dans l'espace immense de l'univers. Le mouvement relatif est celui où l'on considere le corps changeant de place, par rapport à des bornes prises dans une partie déterminée de l'univers. Le mouvement réel est celui qui s'exécute en effet dans le corps qu'on voit en mouvement. Le mouvement apparent est une illusion optique occasionnée par quelque mouvement réel dont on ne s'apperçoit pas, & qu'on attribue à des objets qui ne l'ont pas, du moins tel qu'on le voit. Le mouvement est uniforme lorsqu'un corps parcourt des espaces égaux en tems égaux. Il est accéléré lorsque le corps parcourt des espaces qui, en tems égaux, deviennent de plus en plus grands. Il est retardé quand un corps parcourt des espaces qui,

qui, en tems égaux, vont en décroissant. Tous ces mouvemens sont simples & composés ; les uns se font en ligne droite ; les autres, en courbes de différentes especes ; ils se font dans un ou dans différens plans.

11. CORPS.

C'est un amas de matieres homogenes ou hétérogenes, & un composé de substances étendues. Les propriétés de la matiere sont l'impénétrabilité & la divisibilité. On considere dans un corps sa figure, sa surface, sa solidité, son volume & sa masse. On sait par expérience qu'il n'y a pas de corps qui ne soit comme criblé d'une infinité de pores en tout sens ; c'est ce qui fait qu'une certaine quantité de matiere occupe plus d'espace qu'elle n'en occuperoit sans cela. La masse est la quantité absolue de matiere qui compose un corps, & son volume est l'espace que ce corps occupe dans le lieu où il est ; de sorte que si l'on pouvoit réduire un corps à n'avoir plus de pores, son volume deviendroit égal à sa masse. On distingue aussi les corps en solides & fluides. Les corps solides sont ceux dont toutes les parties restent naturellement unies & adhérentes entr'elles ; les fluides sont ceux dont toutes les parties cedent à toute impression très-promptement, & en y cédant, elles se meuvent entr'elles facilement. Un corps parfaitement élastique est celui qui ayant changé de figure par une impression quelconque, la reprend aussi-tôt avec une force de restitution égale à celle de l'impression ; un corps est donc plus ou moins élastique, suivant que sa force de restitution approche plus ou moins d'être égale à la force de compression. C'est ainsi que les corps ont pour propriété la dureté, la fluidité, la mollesse & l'élasticité.

12. ÉQUILIBRE.

Il y a équilibre entre plusieurs puissances, quand il se trouve une force, appellée *résistante*, égale à la force composée de deux autres forces appellées *agissantes*, qui poussent en même tems un corps pour le mouvoir dans une direction opposée à celle de la premiere force. On peut encore mieux dire, qu'il y a équilibre lorsque plusieurs forces agissantes, qui concourent au mouvement d'un même corps, rencontrent une ou plusieurs autres forces résistantes. S'il y a équilibre entre plusieurs puissances, la somme des forces relatives des puissances qui agissent d'un côté, sera égale à la somme des forces relatives des puissances qui agissent du côté opposé. Donc, dans l'équilibre, on peut exprimer les puissances agissantes par les côtés, & la résistance par la diagonale du parallélogramme. Donc, quand trois puissances sont en équilibre, elles sont dans un même plan.

13. EFFORTS.

Les machines tendent à augmenter tellement la force relative d'une puissance ou d'un poids, qu'il puisse contrebalancer celle d'un poids quel qu'il soit. Or la puissance qu'on leur applique pour les mettre en mouvement, ne peut être qu'un fluide, comme l'eau, le vent; ou qu'un poids, des hommes ou des chevaux. Quand les fluides agissent sur une surface qu'ils ont mise en mouvement, ils n'y agissent qu'avec une force qui n'est qu'environ $\frac{1}{7}$ de leur force absolue: comme si on estimoit que la force d'une eau courante fût de 100 livres sur un plan immobile, elle ne se trouvera plus que de 15 livres lorsqu'elle aura mis ce plan en mouvement. On applique très-rarement des poids à une machine qui doit enlever des fardeaux considérables, parce qu'il faut à ce poids de trop grands espaces pour descendre, & qu'il faudroit le remonter trop souvent. Car pour faire remonter à 100 pieds de hauteur un bloc de marbre qui peseroit 10,000 livres, en appliquant à une machine un poids de 400 livres, il est facile de calculer qu'en faisant abstraction de toutes les imperfections de la machine, il faudroit que ce poids pût descendre de 2500 pieds, ou qu'on le remontât vingt-cinq fois. A l'égard des hommes & des chevaux, on a fait l'expérience qu'un homme d'une force ordinaire, qui n'agit que par sa force & non par son poids en se suspendant, ne peut faire plus de 25 livres d'effort continuel sur une machine en trois heures de tems, ni parcourir, avec ses pieds ou avec ses mains, un espace de plus de 12000 pieds par heure, & qu'un bon cheval ne peut faire que le travail de sept hommes ensemble, c'est-à-dire qu'il ne peut faire un effort continuel de plus de 175 liv. en trois heures, ni parcourir, en tirant continuellement, plus de 12000 pieds par heure; de sorte qu'on peut estimer que 12000 pieds est le plus grand espace possible qu'une puissance motrice puisse décrire par heure dans un travail continu.

14. *Poulie.*

La figure de la poulie est trop connue pour donner ici sa description. Il suffit de dire qu'on l'appelle *poulie fixe* quand la chape est attachée à un point inébranlable comme à un puits, & qu'elle s'appelle *poulie mobile* quand la chape est attaché au fardeau qu'on veut enlever. Dans la poulie, les deux puissances en équilibre, qui tirent la corde qui passe dans sa rainure, sont égales entr'elles; car alors la direction de la puissance résistante étant celle du poids suspendu à la poulie ou de l'effort fait sur le crochet qui retient la poulie, les deux autres puissances sont entr'elles réciproquement comme les rayons perpendiculaires à leur direction, c'est-à-dire sont égales entr'elles. Si la poulie est fixe, une puissance doit faire un effort égal à la pesanteur d'un poids pour le tenir en équilibre ; la vîtesse avec laquelle la puissance tireroit le poids, seroit égale à celle avec laquelle le poids monteroit. Une poulie fixe ne contribue en elle-même de rien pour augmenter la puissance ; elle sert à en changer, comme on veut, les directions. C'est ainsi que, par son moyen, on peut substituer des poids à leur place ; si la poulie est mobile, la corde doit être fixe à une de ses extrémités, & alors il est clair que la puissance qui attire le fardeau avec sa poulie n'en soutient qu'une partie. On peut dire aussi que dans la poulie mobile la puissance est au poids, comme le demi-diametre de la poulie est à la sous-tendante de l'arc embrassé par la corde.

15. *Tour*.

On entend par *tour* un cylindre ou tambour mobile sur son axe, ou sur deux pivots ronds & polis fixés à ses deux extrémités. Dans le tour, la puissance appliquée à la roue, ou à la manivelle, est au poids qu'on attire & qui reste en équilibre, comme le rayon du tambour & le rayon de la roue, ou de la manivelle, ou à la longueur du levier prise depuis l'axe du cylindre. Dans le tour armé d'une roue, on peut supposer la puissance appliquée à une corde qui embrasse la roue, & cette corde tirée dans le plan de cette roue & dans une direction quelconque, laquelle est toujours une tangente à la roue au point où la corde commence à la quitter. On peut donc supposer la puissance appliquée à un point quelconque de la roue sans rien changer à l'effet, pourvu que la direction de cette puissance soit une tangente à la roue en ce point, & qu'elle tende à faire tourner la roue dans le même sens.

A l'égard de la charge des appuis, on peut trouver celle que cause l'action de deux puissances, en faisant abstraction du poids du tambour & de la roue. Car, après en avoir trouvé la quantité absolue par une ligne droite tirée d'un point perpendiculairement, comme si les deux appuis étoient réunis à un point dans le plan de la roue du tour, on peut considérer cette quantité comme un poids suspendu à un autre point, & la quantité absolue de la charge est donc partagée en deux parties, qui sont entr'elles en raison réciproque des bras du levier.

16. *Plan incliné.*

Lorsqu'on retient un corps sur un plan incliné, les deux forces agissantes qui forment l'équilibre sont la pesanteur absolue de ce corps, dont la direction est perpendiculaire à l'horizon, & qui tend à pousser le corps en-bas; la puissance qui retire ce corps, suivant une direction quelconque, la résistance est une perpendiculaire tirée du centre du corps sur le plan, parce que c'est, suivant cette direction, que le plan incliné soutient le corps.

17. *Trajectoire.*

Elle se dit de la courbe que décrit un corps animé par une pesanteur quelconque, & jetté, suivant une direction donnée & avec une vitesse donnée, soit dans le vuide, soit dans un milieu résistant; dans le vuide, & si l'on suppose une pesanteur égale, toujours dirigée suivant des lignes paralleles, la trajectoire des corps pesans est toujours une parabole, & les trajectoires des planetes ou leurs orbites sont des ellipses.

18. *Forces centrales.*

Ce sont les forces ou puissances par lesquelles un corps mû tend vers un centre de mouvement ou s'en éloigne. La loi générale de la nature est que tout corps tend à se mouvoir en ligne droite ; par conséquent un corps qui se meut sur une ligne courbe, tend à chaque instant à s'échapper par la tangente de cette courbe : ainsi, pour l'empêcher de s'échapper suivant cette tangente, il faut nécessairement une force qui l'en détourne & qui le retienne sur la courbe, & c'est la force centrale. Il n'est pas nécessaire que la force centrale soit toujours dirigée vers un même point ; elle peut changer de direction à chaque instant : il suffit que sa direction soit différente de celle de la tangente, pour qu'elle oblige le corps à décrire une courbe.

19. *FORCE CENTRIPETE.*

C'est celle par laquelle un mobile poussé dans une droite est continuellement détourné de son mouvement rectiligne, & sollicité à se mouvoir dans une courbe.

20. *FORCE CENTRIFUGE.*

C'est la force par laquelle un corps qui tourne autour d'un centre, fait effort pour s'éloigner de ce centre. Un mobile ne s'éloigne jamais de la direction rectiligne de son premier mouvement, tant qu'il n'y sera pas obligé par quelque nouvelle force imprimée dans une direction différente : après cette nouvelle impulsion, le mouvement devient composé ; mais il continue toujours en ligne droite, quoique la direction de la ligne ait changé.

21. *FORCE D'INERTIE.*

C'est la propriété qui est commune à tous les corps de rester dans leur état, soit de repos, soit de mouvement, à moins que quelque cause étrangere ne les en fasse changer. Les corps ne manifestent cette force que lorsqu'on veut changer leur état,

& on lui donne alors le nom de *résistance* ou d'*action*, suivant l'aspect sous lequel on la considere. On l'appelle *résistance* lorsqu'on veut parler de l'effort qu'un corps fait contre ce qui tend à changer son état ; on la nomme *action* lorsqu'on veut exprimer l'effort que le même corps fait pour changer l'état de la force qui lui résiste.

22. FORCE VIVE.

On l'appelle aussi la *force des corps en mouvement*. Ce terme a été imaginé par M. Leibnitz pour distinguer la force d'un corps actuellement mis en mouvement d'avec la force d'un corps qui n'a que la tendance au mouvement, sans se mouvoir en effet. Il suppose un corps pesant appuyé sur un plan horizontal. Ce corps fait un effort pour descendre, & cet effort est continuellement arrêté par la résistance du plan, de sorte qu'il se réduit à une simple tendance au mouvement. Il appelle cette force & les autres de même nature *forces mortes*. Mais si l'on imagine un corps pesant qui est jetté de bas en-haut, & qui en montant ralentit toujours son mouvement, à cause de l'action de sa pesanteur, jusqu'à ce qu'enfin sa force soit totalement perdue, ce qui arrive lorsqu'il est parvenu à la plus grande hauteur à laquelle il puisse monter ; il est visible que la force de ce corps se détruit par degrés, & se consume en s'exerçant ; cette force s'appelle *force vive*.

23. FORCE MORTE.

On distingue deux sortes de forces mortes : les unes cessent d'exister dès que leur effet est arrêté, comme il arrive dans le cas de deux corps durs égaux qui se choquent directement en sens contraires avec des vitesses égales. La seconde espece de forces mortes renferme celles qui périssent & renaissent à chaque instant, ensorte que si on supprimoit l'obstacle, elles auroient leur plein & entier effet; telle est celle de deux ressorts bandés, tandis qu'ils agissent l'un contre l'autre; telle est encore celle de la pesanteur.

24. FORCES ACCÉLÉRATIVES.

Tout corps qui n'a reçu qu'une seule impulsion se meut uniformément; si, dans le cours de son mouvement, il reçoit plusieurs impulsions, sa vîtesse augmente proportionnellement. Mais s'il reçoit à chaque instant une nouvelle impulsion, & si elle est toujours égale, son mouvement est uniformément accéléré. La force accélérative est dans la force qui donne au corps à chaque instant une nouvelle impulsion; si cette impulsion est égale dans un tems égal, la force qui la donne s'appelle *accélérative constante.* Par la raison contraire, si le corps qui avoit d'abord une certaine vîtesse se trouve retardé dans un tems égal par des impulsions égales, cette force est retardée. Donc le mouvement ou la force accélérée est une suite de mouvement uniforme en progression arithmétique croissante.

25. PERCUSSION.

C'est l'impression qu'un corps fait sur un autre qu'il rencontre & qu'il choque; ou le choc & la collision de deux corps qui se meuvent, & qui, en se frappant l'un & l'autre, alterent mutuellement leur mouvement. La percussion est directe ou oblique. La premiere est celle où l'impulsion se fait suivant une ligne perpendiculaire à l'endroit du contact, & qui passe par le centre de gravité commun des deux corps qui se choquent, la percussion oblique est celle où l'impulsion se fait suivant une ligne oblique à l'endroit du contact, ou suivant une ligne perpendiculaire à l'endroit du contact, qui ne passe point par le centre de gravité des deux corps.

26. RÉPERCUSSION.

Elle est synonyme en Méchanique à réflexion ; c'est le retour ou mouvement rétrograde d'un mobile occasionné par la résistance d'un corps qui l'empêche de suivre sa premiere direction. Malgré les divers sentimens des philosophes anciens, les auteurs modernes conçoivent la réflexion ou répercussion comme un mouvement propre aux corps élastiques, par lequel, après en avoir frappé d'autres qu'ils n'ont pu mouvoir, ils s'en éloignent en reculant par leur force élastique. C'est une des grandes loix de la réflexion, que l'angle qu'un corps réfléchi fait avec le plan de l'obstacle réfléchissant est égal à celui sous lequel il frappe cet obstacle ; cette loi est démontrée en Géométrie.

27. CHOC DES CORPS.

C'est l'action par laquelle un corps en mouvement en rencontre un autre, & tend à le pousser ; c'est le même effet que celui de la percussion ou de la communication du mouvement. Cette derniere est l'action par laquelle un corps qui en frappe un autre met en mouvement le corps qui le frappe. Le choc des corps ne peut être produit que par leur rencontre. Car tout corps qui en rencontre un autre perd nécéssairement une partie plus ou moins grande de son mouvement ; ainsi un corps qui aura perdu une partie de son mouvement par la rencontre d'un corps, en perdra toujours davantage par la rencontre d'un second, d'un troisieme, d'un quatrieme, & ainsi de suite. C'est pour cette raison qu'un corps qui se meut dans un fluide, perd continuellement de sa vîtesse par le choc continuel des corpuscules, auxquelles il communique une partie de sa vîtesse ; il finit par la perdre totalement.

28. TRIGONOMÉTRIE.

C'eſt une partie de la Géométrie qui eſt l'art de trouver les parties inconnues d'un triangle, par le moyen de celles qu'on connoît ; elle eſt la ſcience qui traite des lignes & des angles des triangles. La trigonométrie ou la réſolution des triangles eſt fondée ſur la proportion mutuelle, qui eſt entre les côtés & les angles d'un triangle : cette proportion ſe détermine par le rapport qui regne entre le rayon d'une cercle, & certaines lignes qu'on appelle *cordes*, *ſinus*, *tangentes* & *ſécantes*. Cette ſcience qu'on appelle *ſphérique* dans l'Aſtronomie, lui eſt d'un grand uſage.

29. FROTTEMENS.

Il n'y a preſque point de machines où il ne s'en trouve. Il n'y a pas de ſurface ſi polie qui ne ſoit hériſſée de petites pointes, dont les intervalles ſont des petites cavités ; le microſcope les fait voir. Quand une ſurface gliſſe ſur une autre, ſes petites pointes entrent dans les cavités de l'autre & réciproquement : elles ne peuvent donc ſe mouvoir que les petites pointes ne ſortent mutuellement de leurs cavités pour retomber dans d'autres, & ainſi de ſuite ; ce qui eſt un obſtacle évident au mouvement qu'on ſuppoſe, & qu'il eſt eſſentiel de calculer pour déduire de l'action ; car on ſait que quand les ſurfaces ſont molles, comme dans les bois & les pierres ordinaires, exception faite des métaux pour le plus grand nombre, la quantité du frottement eſt ordinairement $\frac{1}{3}$ de la preſſion. On a trouvé par expérience que les ſurfaces des corps hétérogenes ſont ſujettes à un moindre frottement réciproque, que celles des corps homogenes. Ainſi le cuivre & l'acier s'uſent moins par le frottement que le cuivre qui agit ſur le cuivre, l'acier ſur l'acier ; il en eſt ainſi des bois.

30. CYCLOIDE.

C'est une des courbes méchaniques que quelques auteurs appellent *transcendantes.* Elle est décrite par le mouvement d'un point, tandis que le cercle fait une révolution sur une ligne droite. Quand une roue d'un carrosse tourne, un des clous de la circonférence décrit dans l'air une cycloïde. Si sur une ligne droite on fait rouler un cercle qui la touche au point de l'une de ses extrémités, ce point, en faisant un tour entier, décrira par un mouvement composé du rectiligne & du circulaire, une courbe qui sera la cycloïde. La ligne droite s'appelle la *base*, & il est évident que sa longueur est égale à la circonférence qu'a décrite le cercle roulant. Enfin si un corps doit descendre par l'action de la cause de la gravité, il arrivera à ce point dans le moindre tems possible, s'il décrit une demi-cycloïde. C'est pourquoi les géometres disent que la cycloïde est la courbe de la plus vîte descente.

31. POMPES.

On distingue les pompes en différentes especes, eu égard à leur différente maniere d'agir. La pompe commune, appellée *pompe aspirante*, qui agit par le moyen de la pression de l'air, & dans laquelle conséquemment l'eau est élevée de bas en haut, jusqu'à la hauteur de 32 pieds, & presque jamais au-delà. Il y a aussi la pompe foulante; il y en a aussi de foulantes & d'aspirantes. La regle qui établit la hauteur de l'aspiration des pompes, est que le poids de l'athmosphere qui nous environne, est égal à une colonne d'eau de base égale & de 32 pieds de haut, ou à une colonne de mercure de 28 pouces de haut & de même base, ce qui se connoît facilement par le barometre. On peut élever l'eau par différentes machines; par la force des pompes à bras & à cheval, en se servant de l'air, de l'eau, & du feu. Voyez sur cela, les expériences faites par l'académie des sciences dans ses mémoires, & en dernier lieu, le projet d'un savant M*** qu'il a donné à l'académie pour établir à Paris des pompes à feu, & distribuer l'eau, non-seulement dans tous les quartiers de cette ville, mais aussi chez chaque propriétaire de maison qui desireroit en avoir. En général, le cylindre de la plus forte machine hydraulique a 52 $\frac{1}{2}$ pouces de diametre; elle éleve l'eau de la profondeur de 612 pieds, par dix répétitions de pompe dont le diametre est de 8 $\frac{1}{2}$ pouces; elle donne par minute 8 coups de piston $\frac{1}{2}$ dont la levée est de 6 pieds, ce qui donne par jour 28940 pouces cubes d'eau. On peut supposer qu'une machine de 52 $\frac{1}{2}$ p. de diametre peut élever à la hauteur de 612 p. 27, 734 p. cubes d'eau par jour; & si cette eau n'étoit élevée qu'à 70 p. elle pourroit en élever dans le même tems 242, 474 p. cubes. On doit cependant retrancher de cette quantité, celle qui est nécessaire pour les besoins de la machine, comme pour le refroidissement du piston du cylindre, & par l'injection qui détruit la vapeur; cette pompe est à feu. Voyons en détail les différens effets des pompes; parmi les propriétés qui conviennent spécialement à l'air, la principale est celle *de contension*, *d'élasticité*, & *de palintonie*, ainsi nommée, par rapport à quelques-uns de ses effets, qui sont conformes à ceux que produisent les corps élastiques; car on remarque que l'air comprimé est réduit dans un plus petit espace, qu'il se rétablit dans son premier état, & qu'il reprend son premier volume, dès que la force qui a agi contre lui, commence à cesser. On peut observer ce phénomene, lorsqu'ayant fermé exactement l'orifice d'une pompe, & ayant renfermé de l'air dans le corps de la pompe, on pousse le piston vers son fond; l'air comprimé entre le piston & le fond de la pompe, cede à la pression exercée contre lui, il se retranche dans un plus petit espace; si on cesse de pousser le piston, & qu'on l'abandonne à lui-même, l'air par sa réaction, le repousse en sens contraire & s'empare de l'espace que sa pression l'avoit forcé d'abandonner. Cette palintonie de l'air differe cependant de l'élasticité des corps, qui ne changent que leur figure par la pression, & non leur volume, tandis que l'air change de volume, ainsi que la laine & le coton, lorsqu'ils sont comprimés. L'élasticité propre de l'air paroît dépendre d'une certaine force répulsive, en vertu de laquelle les parties qui se touchent, & même celles qui ne se touchent point, se repoussent mutuellement par des forces qui viennent comme du centre, & qui agissent en toutes sortes de sens. Mais quelle est cette force répulsive? est-ce l'électricité ou une autre cause? c'est ce que nous ne connoissons point encore ou à demi; & conséquemment l'on est réduit à garder le silence, lorsqu'il s'agit d'expliquer ce qui produit le ressort de l'air. Comme l'élasticité de l'air comprimé est toujours en équilibre avec le poids qui le comprime; l'air qui est toujours naturellement comprimé par le poids de l'athmosphere, résiste toujours avec une force égale à son poids; cela se remarque lorsqu'on renferme un peu d'air & de mercure dans une fiole, & qu'on y introduit par en haut un tube de verre ouvert à ses deux extrémités; si on renferme cette fiole sous le récipient de la machine pneumatique, & qu'on en retire l'air, on retire par le même moyen celui qui est en possession de la cavité du tube, & on observe alors que l'élasticité de l'air compris dans la fiole, pousse le mercure & le fait jaillir par ce tube jusqu'à la même hauteur à laquelle la colonne de mercure est suspendue dans le barometre, en supposant néanmoins que l'air compris dans l'intérieur de la fiole ne soit pas raréfié, ce qui ne peut pas être dans cette occaſion, car, le mercure qui ſort de la fiole, abandonne à cet air une partie de la place qu'il occupoit; l'air ſe raréfie donc dans cette fiole, & à proportion qu'il ſe raréfie, il pouſſe moins haut le jet du mercure, parce que le récipient n'étant pas exactement vuide d'air, ce qui fait encore que le jet du mercure ne s'éleve point auſſi haut que l'on peut s'y attendre; mais ſi on rend l'air deux fois plus denſe dans un vaſe, ſa force élaſtique ſera deux fois plus grande; elle ſera alors ſuffiſante pour pouſſer le mercure à hauteur égale à celle que la colonne de mercure meſure dans un barometre; ou ſi on ſubſtitue de l'eau au mercure, on la verra alors jaillir à la hauteur de 32 pieds; & le jet s'élevera encore plus haut, ſi on condenſe l'air davantage. La force avec laquelle les molécules d'air ſe repouſſent mutuellement, eſt en raiſon réciproque des diſtances qui ſe trouvent entre leurs centres. La pompe dont les marchands de vin font uſage eſt un tube de verre dont la queue eſt formée d'un tube plus petit; cette pompe eſt ouverte à ſes deux extrémités; on la plonge perpendiculairement dans la liqueur, juſqu'à une profondeur quelconque; on ferme alors avec le pouce l'ouverture d'en haut, & on retire l'inſtrument; par ce moyen, la liqueur qui s'eſt élevée dans ſon intérieur, y demeure ſuſpendue; cette maſſe de liquide fait cependant effort en vertu de ſon poids, pour s'écouler par l'ouverture d'en bas; outre cela, elle eſt encore ſollicitée à tomber par la quantité d'air, mais la colonne d'air extérieur qui répond à l'orifice inférieur, oppoſe ſa réſiſtance à la colonne de liqueur, & agiſſant de bas en haut avec une force égale, elle contient la liqueur dans ſa ſituation perpendiculaire, & elle s'oppoſe à l'action de la colonne d'air qui eſt au-deſſus & qui eſt un peu raréfiée; de ſorte que la liqueur ne peut couler alors par l'orifice inférieur, à moins qu'on ne retire le pouce, & qu'on ne donne entrée à la colonne d'air extérieure qui se présente à cet orifice; car alors cette colonne pressant de haut en bas la masse de liqueur avec une force égale à celle qu'elle éprouve à la partie inférieure de bas en haut, cette masse de liquide cédant à l'effort de sa pesanteur, s'écoule par l'orifice inférieur; mais si on donnoit à cet orifice ou plutôt à la queue un plus grand diametre, dès qu'on retireroit la pompe du liquide dans lequel on l'auroit plongée, on verroit ce liquide couler par l'orifice inférieur, quoique l'orifice supérieur soit exactement fermé, parce que l'air se feroit jour & glisseroit le long des parois de la queue, s'éleveroit vers la partie supérieure de la pompe, & obligeroit la liqueur à couler par l'orifice inférieur. Les parties du vin s'attirent mutuellement, & elles sont attirées par les parois de la queue de l'instrument; la force attractive du fluide est égale à la plus grosse goutte qui puisse s'en former. Si donc le poids de la derniere tranche du fluide, comprise dans la queue, surpasse la force attractive, cette tranche pourra tomber en se séparant du côté où les parois du tube l'attirent moins fortement; or, l'air qui entoure ce tube, & qui fait effort pour y pénétrer, se glissera aussi tôt le long de ces parois, pour s'élever à la partie supérieure de l'instrument, la liqueur continuera à couler, & l'air à s'élever, de sorte que le tube restera entiérement vuide. Les forces qui agissent sur les surfaces égales, sont entr'elles comme les forces avec lesquelles l'air est comprimé. L'élasticité de l'air étant connue, on peut comprendre aisément comment les récipiens dont on se sert pour faire le vuide, s'évacuent. Concevons que le piston de la machine pneumatique étant porté au haut de la pompe, descende, & qu'il y ait un tube de communication entre le fond de la pompe & le récipient; alors l'air compris sous ce récipient, en vertu de sa force expansive, se précipitera dans le corps de pompe, jusqu'à ce qu'il soit de même densité sous le récipient & dans le corps de pompe; si on pousse au-dehors la quantité d'air qui s'est jettée dans la pompe, & qu'après avoir reporté le piston jusqu'au fond de cette pompe, on le fasse encore descendre; l'air qui reste sous le récipient se précipitera de nouveau & de la même maniere que précédemment, dans l'espace vuide que lui ouvre le piston par sa chûte; & ce même phénomene aura lieu, tant qu'on répétera la même manipulation. Si l'air qui subsiste sous le récipient est porté à un degré de rareté, qui, étant comparé à celui de l'athmosphere, soit égal à 1000, prenez le logarithme de ce nombre, ainsi que celui du rapport de la cavité du récipient, jointe à celle de la pompe, la seule cavité du récipient, divisez par ce dernier logarithme celui du nombre 1000, & le quotient donnera le nombre de fois qu'il faudra faire agir le piston, pour évacuer le récipient autant que ce vuide puisse exister totalement; car chaque fois qu'on fait descendre le piston, l'air qui est compris sous le récipient se distribue dans toute la capacité du récipient & de la pompe: conséquemment chaque fois qu'on fait descendre le piston, l'air se raréfie selon le rapport qu'il y a entre la capacité du récipient & du corps de pompe pris ensemble, & la capacité seule du récipient. Si l'on suppose que ce rapport soit $= \frac{a}{1}$ ou $= a$; donc la rareté de l'air sous le récipient, avant qu'on fit descendre le piston, étant $= 1$, est devenue $= a$ après le premier coup de piston, $= a\,a$ après le second coup, $= a\,a\,a$ après le troisieme, & après un coup de piston indiqué par l'indéterminé x, cette rareté est devenue $= a^x$. En supposant maintenant que la raréfaction de l'air qu'on veut produire, comparée à celle dont il jouit naturellement, soit dans un rapport exprimé par

par $\frac{r}{1}$ ou par r, on aura alors $a^x = r$. Or comme les nombres égaux ont des logarithmes égaux, on aura x logar. $a =$ logar. r, ou $x = \frac{\text{logar. } r}{\text{logar. } a}$. Supposons encore que la cavité du récipient soit égale à celle de la pompe, on aura $a = \frac{2}{1}$, dont le logarithme $= 0.3010300$. Le logarithme du nombre 1000 ou r sera 3.0000000, par conséquent $\frac{\text{logar. } r}{\text{logar. } a} = \frac{30071}{3010300} = 9,965785$, ou il ne faudra pas employer tout-à-fait 10 coups de pompe, pour que l'air devienne mille fois plus rare sous le récipient. Quoique l'air soit élastique, & qu'il soit composé de particules qui se repoussent mutuellement, il y a cependant des corps qui attirent ce fluide & auxquels il s'attache fortement. Lorsque l'air s'attache ainsi à la surface des corps, on ne parvient pas aisément à l'en détacher, ainsi qu'on peut s'en convaincre lorsqu'on renferme un vase de verre, en partie rempli d'eau, sous le récipient de la machine pneumatique; dès qu'on fait le vuide sous ce récipient, on voit des bulles d'air adhérentes au fond & aux parois du vase, qui ne s'en peuvent détacher qu'avec beaucoup de peine, eu égard à l'adhérence qu'elles contractent avec ces surfaces. On observe pareillement que l'air contracte une adhérence avec les métaux, les demi-métaux, les pierres, les bois, les végétaux quelconques, sur-tout avec la surface nerveuse des feuilles, ainsi qu'avec les parties animales qu'on plonge dans l'eau, effet qui paroît assez sensible; car l'eau est, dans ce cas, attirée par les vuides poreux des corps dont il sort de l'air, & qui occasionnent ces globules d'eau, comme on le voit lorsqu'on plonge la main dans l'eau. Ainsi le poids de l'air & tous les phénomenes qu'il présente, & son poids qui est proche la surface de la terre, étant connus, on peut comprendre aisément tout ce qui concerne le méchanisme des pompes. Leur perfection dépend de plusieurs conditions ; c'est aux artistes habiles à déterminer les proportions des puissances qu'ils veulent employer pour servir la pompe ; à diminuer sur-tout le frottement du piston contre les parois de la pompe ; à faire attention que le mouvement du piston soit proportionné à la capacité de la pompe, à celle du canal qui porte l'eau dans la pompe, & à la hauteur à laquelle on veut élever l'eau ; tous ces motifs & beaucoup d'autres doivent être calculés par les rapports des puissances aux forces, ou par le rapport de certaines forces avec quelques puissances. Nous ajoutons à cet article la quantité d'eau qu'il faut calculer dans l'opération des machines hydrauliques ou des pompes simples. Le pouce d'eau est la quantité d'eau courante qui s'écoule par l'ouverture circulaire du canon d'une jauge qui a un pouce de diametre ; l'expérience a fait connoître qu'il donnoit par minute 13 pintes $\frac{1}{2}$ d'eau mesure de Paris, & dans une heure 810 pintes ou 2 muids $\frac{3}{4}$ & 18 pintes ; & dans un jour 67 muids $\frac{1}{2}$ sur le pied de 288 pintes le muid. Il y a plusieurs sortes de pouces ; le pouce courant, qui est divisé en 12 lignes courantes. Le pouce quarré est de 144 lignes quarrées en multipliant 12 par 12, dont le produit est 144. Le pouce circulaire est de 144 lignes circulaires en multipliant 12 par 12, dont le produit est 144. Le pouce cylindrique, qui est un solide, est la multiplication de la superficie d'un pouce circulaire, contenant 144 lignes circulaires, par sa hauteur 12 ; ce qui donne 1728 lignes circulaires. Le pouce cube est la multiplication de la superficie d'un pouce quarré de 144 lignes quarrées, par sa hauteur 12 ; ce qui donne au produit 1728 lignes cubes.

32. OBSTACLES.

Tout ce qui résiste à une puissance qui comprime, se nomme *obstacle*; tant que l'obstacle, qu'une puissance comprime, ne cede point à son effort, & n'abandonne pas le lieu qu'il occupe, ni ne change point de figure, la pression de la puissance est regardée comme nulle, & est détruite par la résistance de l'obstacle; dans ce cas, il se fait une action sans mouvement, ou une action dans le lieu, puisque la puissance agit réellement en faisant un effort continu, tandis qu'elle presse; mais l'effet de la résistance est de détruire ou d'empêcher celui de la pression. La puissance qui comprime demeure donc constamment dans le même lieu, indépendamment de son action, & par conséquent reste en repos; & parce que l'obstacle que cette puissance comprime, demeure aussi dans le même lieu, il reste aussi en repos; ce qui arrive, lorsque des hommes ou des animaux pressent d'autres corps qu'ils s'efforcent de mouvoir hors de leurs places; lorsqu'un corps grave s'appuie sur un autre corps, le premier presse celui sur lequel il s'appuie, lors même que celui-ci est soutenu; la force élastique d'un ressort bandé & courbé entre deux autres corps, produit le même effet; ce ressort tend à se débander, & comprime les deux corps qui s'opposent au développement de son ressort. La vertu magnétique presse deux corps l'un contre l'autre, de la même maniere que s'ils étoient comprimés l'un contre l'autre, par une force extérieure. Les obstacles résistent à l'effort fait contre eux par leur inertie, leur grandeur, leur fermeté, leur poids. Lorsqu'une puissance, par sa pression, produit du mouvement, l'obstacle qui cede alors à son effort se met en mouvement, & le mouvement qu'on remarque en lui, est l'effet de la puissance qui le comprime. Un obstacle qui est mis en mouvement par une puiſſance qui le comprime, peut différer de plusieurs manieres; par ſa grandeur, ſa viteſſe, ou par l'eſpace qu'il parcourt dans un tems donné; le mouvement qu'il reçoit eſt l'effet que produit la puiſſance ſur lui, & c'eſt l'effort que fait cette puiſſance contre cet obſtacle qui eſt la cauſe de l'effet: or, comme tout effet eſt néceſſairement proportionnel à ſa cauſe, on connoîtra l'action de la puiſſance qui meut un corps, par la grandeur de ce corps, & par l'eſpace qu'il parcourra dans un tems donné. Lorſqu'on ne peut pas juger de la grandeur d'une preſſion, il faut en comparer deux enſemble; ces deux preſſions peuvent alors agir ſur des obſtacles égaux ou inégaux; elles peuvent les mouvoir avec une viteſſe égale ou inégale. Si deux puiſſances, agiſſant l'une contre l'autre contre deux obſtacles égaux, leur impriment, à l'un & à l'autre, la même viteſſe; alors l'action de ces deux puiſſances ſera égale, puiſqu'elles produiront alors des effets égaux, & les effets, comme on l'a dit ci-deſſus, étant proportionnels à leurs cauſes, ces cauſes ſeront entr'elles comme leurs effets, c'eſt-à-dire égales. Si deux puiſſances, agiſſant contre des obſtacles inégaux, leur impriment la même viteſſe, les efforts de ces puiſſances ſeront entr'eux comme la grandeur des obſtacles contre leſquels elles auront agi. Si deux puiſſances qui compriment, font mouvoir deux obſtacles égaux, de façon qu'ils parcourent des eſpaces inégaux dans le même tems, leurs actions ſeront entr'elles comme les eſpaces parcourus par les obſtacles; les actions ſont conſtamment comme les effets qui ſont produits dans des tems égaux, & dans cette hypotheſe, les effets ſont comme les eſpaces parcourus par des obſtacles égaux. Si deux obſtacles inégaux ſont mus avec des viteſſes inégales, les viteſſes des puiſſances comprimantes ſeront entre elles en raiſon compoſée des eſpaces parcourus &

de la grandeur des obstacles. Si on suppose que les efforts de deux puissances soient égaux, & que les obstacles soient inégaux, les grandeurs des obstacles seront en raison inverse des espaces; il suit de tout ce qu'on vient dire, qu'en supposant égales les puissances qui compriment, plus les obstacles seront grands, & plus les espaces parcourus seront petits; & au contraire, plus les obstacles seront petits, & plus les espaces seront grands.

33. PONT-LEVIS.

Les ponts-levis qui sont bâtis sur pilotis, sont des machines composées d'un levier du second genre & d'un guindal qui sert à les élever ou à les abaisser. Ces ponts sont simples ou composés, leur construction dépend de la largeur du fossé sur lequel on les établit. Il y a des ponts levis à bascules & à fleches; les ponts-levis à bascules sont composés d'une espece de chassis dont une partie est dessous la porte, & l'autre en dehors; ce pont se meut sur une espece d'axe ou d'essieu, en sorte qu'en baissant sa partie qui est sous la porte, celui qui joint le pont dormant, qui est stable, s'éleve & bouche la porte; & qu'en élevant ensuite cette partie, l'autre s'abaisse pour s'unir avec le pont dormant & former le passage ou l'entrée de la place ou de l'ouvrage auquel le pont appartient. Les ponts-levis à fleches sont ceux qui se meuvent par le moyen de deux pieces de bois suspendues en bascules au haut de la porte, & auxquelles le pont est attaché avec des chaînes de fer, par sa partie qui tombe sur le pont dormant; ces pieces de bois se meuvent sur une espece d'essieu placé sur le bord extérieur de la porte; elles sont appellées *fleches*, ce qui a fait donner ce nom aux ponts-levis où elles sont employées. A la partie extérieure des fleches, c'est-à-dire à leur extrémité, sous la porte, il y a des chaînes attachées qui servent à tirer cette partie des fleches en bas; pour faire lever le pont; ce pont étant levé, il couvre la porte comme dans les ponts à bascules. L'on ne s'étendra pas davantage sur cet art dans cet article, parce qu'il appartient moins à la méchanique qu'à la charpenterie; si l'on en veut savoir davantage, l'on peut consulter M. Belidor, & autres auteurs qui ont traité des fortifications des places.

34. MOUFFLES.

On emploie souvent le secours de plusieurs poulies dans la construction des machines qu'on appelle *mouffles*, & auxquelles on donne différentes formes. Une mouffle est composée de deux parties; chaque partie de la mouffle à trois yeux, qui est la meilleure, contient trois poulies; une des deux parties est fixe, & l'autre est mobile, & peut se mouvoir de haut en bas & de bas en haut. Les poulies qui roulent dans chacune des parties de cette mouffle, sont de différens diametres, afin que les cordes qui les enveloppent, puissent se mouvoir librement, sans se toucher, & que le frottement qu'elles éprouveroient, si elles se touchoient, ne s'oppose point à leur mouvement. Il y a un crochet qui soutient, non-seulement le poids des mouffles, mais encore celui des cordes & du fardeau attaché au crochet de la partie qui contient les poulies mobiles, & le poids qui exprime l'effort de la puissance.

35. GRUE.

Les grues sont faites de plusieurs manieres; celle qu'on va décrire est commode dans son usage; il y a aux deux côtés de cette machine une manivelle à laquelle on applique les puissances qui doivent la faire mouvoir; l'axe qui porte ces deux manivelles, porte aussi une petite roue dentée, dont les dents engrenent avec celles de la grande roue, dont l'axe est établi dans son lieu propre ; sur cet axe s'enveloppe une corde, laquelle, suivant la direction du bec de la grue, passe sur la gorge d'une poulie, & sous celle d'une autre, & vient s'attacher au crochet, à la châsse de la poulie est suspendu le fardeau qu'on veut enlever. Cette construction étant supposée, on demande quelle force doit employer la puissance appliquée à l'extrêmité de la manivelle, pour faire mouvoir le fardeau ? Voici ce qu'on peut répondre ; la puissance qui seroit appliquée de part ou d'autre, agissant contre un poids qui est suspendu à la châsse d'une poulie mobile, n'auroit à porter que la moitié d'un fardeau ; le diametre de l'axe étant à celui de la roue : : 1 : 20, la puissance qui agiroit contre une des dents de la roue ne porteroit que $\frac{1}{40}$ du fardeau. Le rayon de la manivelle étant à celui de la petite roue : : 2 : 1, la puissance appliquée à l'extrémité de la manivelle doit être = $\frac{1}{2}$ ou par rapport au poids : : 1 : 80 ; cela posé, un seul homme appliqué à cette machine, pourra élever un très-grand fardeau, car s'il emploie 10 ℔ de force, il fera équilibre à une résistance = 800 ℔ : & si on applique un homme à chaque manivelle, qui agissent l'un & l'autre avec une force = 10 ℔, ils soutiendront conjointement un poids de 1600 ℔. On peut se servir de cette machine, non-seulement pour élever des fardeaux, mais encore pour les faire descendre, en y ajoutant dans ce dernier cas, plusieurs pieces essentielles dont on trouve la description dans plusieurs traités de méchanique.

36. Cric.

Le cric est une machine composée d'une lame de fer dentée, sur la tête ou sur le crochet de laquelle on appuie les fardeaux qu'on veut élever ou mouvoir ; les dents de cette lame engrenent avec les aîles d'un pignon qui a le même axe que la grande roue dentée ; les dents de cette roue engrenent avec les aîles d'un autre pignon, à l'axe duquel est adapté une manivelle ; la puissance appliquée au point donné de cette manivelle, doit être au poids qui s'appuie sur la tête de la regle dentée, en raison composée des demi-diametres des pignons ou lanternes, au demi-diametre de la roue & de la longueur de la manivelle ; car supposé que le rayon de chaque lanterne = 1, que le rayon de la roue = 6, & que la longueur de la manivelle = 6, on aura cette proportion ; la puissance est au poids qu'elle doit faire mouvoir, : : 1 : 36.

37. JET.

Ce mot a différentes significations suivant les circonstances dans lesquelles on l'emploie. Il se dit en général du mouvement d'un corps lancé, soit par le secours des hommes ou des animaux, soit par d'autres forces comme celles des élémens. Jet, en hydraulique, est une lame d'eau qui s'éleve en l'air par un seul ajutage qui en détermine la grosseur ; il est démontré qu'un jet d'eau ne peut jamais monter aussi haut qu'est l'eau dans son réservoir. En effet, l'eau qui sort d'un ajutage devroit monter naturellement à la hauteur de son réservoir, si la résistance de l'air, & les frottemens des tuyaux ne l'en empêchoient ; mais cette résistance & ces frottemens font que l'eau perd nécessairement une partie de son mouvement, & par conséquent ne remonte pas si haut ; on a fait voir aussi que lorsqu'un grand jet se distribue en un grand nombre d'autres jets plus petits, le quarré du diametre du principal ajutage doit être proportionnel à la somme de toutes les dépenses de ses branches, & que si le réservoir a 52 pieds de haut, & l'ajutage 6 lignes de diametre, celui du conduit doit être de 3 pouces. Le jet des bombes est attribué à la partie des Mathématiques qui traite de leur mouvement & de la ligne parabolique qu'elles décrivent dans l'air, comme de la maniere dont il faut disposer le mortier, pour qu'elles tombent à une distance donnée. Cette science explique les loix du mouvement des bombes, & de tout corps lancé avec une vîtesse & une direction données. Les auteurs anciens qui ont écrit sur l'artillerie ne nous ont laissé que des hypotheses qui ont été abandonnées & oubliées, dès que Galilée eut donné ses observations si exactes; c'est lui qui, malgré les auteurs qui l'avoient précédé, a déterminé que la bombe devoit décrire une parabole, comme se mouvant dans un milieu non résistant, & dans la supposition que la pesanteur fait tendre les corps au centre de la terre; car si un corps est supposé poussé par une force quelconque dans une direction oblique ou parallele à l'horizontale, elle sera celle de projection de ce corps, c'est-à-dire la ligne dans laquelle il tend à se mouvoir, & ce mouvement le long de cette ligne sera appellé *mouvement de projection*. Ainsi comme il est reconnu que la pesanteur fait parcourir aux corps des espaces inégaux dans des tems égaux, la ligne qui résulte du concours de ces deux mouvemens, doit être une ligne courbe. Pour trouver cette ligne, il faut diviser la ligne de projection en plusieurs parties égales; ces parties étant parcourues dans des tems égaux, peuvent exprimer le tems de la durée du mouvement du corps; & comme les espaces que la pesanteur fait parcourir au mobile, sont comme les quarrés des tems, ces espaces sont donc entr'eux comme les quarrés des parties de la ligne de projection.

38. *MASSES.*

Afin de pouvoir se former une idée de la composition & de la texture des corps qui ont une certaine étendue, il faut supposer que plusieurs tamis percés d'une grande quantité de trous soient posés les uns ſur les autres, il en réſultera une maſſe qui ſe trouvera de tous côtés percée d'outre en outre de pluſieurs trous. Tous les corps ſont compoſés de cette maniere ; & pour ſe former une idée de la maniere dont ils peuvent être pénétrés, il faut recourir à cette comparaiſon : de même que la pouſſiere paſſe par un crible, lorſqu'elle eſt plus petite que les trous qui s'y trouvant, de même auſſi les parties les plus fines pourront paſſer à travers la maſſe qui réſultera de la ſuperpoſition des tamis dont on vient de parler. La Phyſique offre des phénomenes multipliés de cette propriété des corps ; il arrive cependant que des matieres plus ſubtiles & qui ſont plus petites que l'ouverture des pores des vaſes qui les contiennent, ne s'échappent pas, à cauſe d'une vertu répulſive qui ſe trouve entre différens corps ; c'eſt pour cette raiſon que l'eau pénetre aiſément une veſſie de porc, lorſqu'elle eſt mouillée, & que l'eſprit de vin ne peut paſſer à travers ſes pores, quoique les parties de l'eſprit de vin ſoient beaucoup plus ſubtiles que celles de l'eau. Les pores du liege ſont beaucoup plus larges que les parties de l'eau & de quelqu'autre liqueur, cependant aucun de ces deux liquides ne peut pénétrer à travers le liege & paſſer outre ; la lumiere ne pénetre qu'avec peine à travers un papier blanc, s'il eſt imbibé d'huile, elle y paſſera aiſément. Les pores de différens corps ſont ſouvent, en quelque façon, remplis par des ſubſtances étrangeres & en parties vuides. Ceux des végétaux contiennent pour l'ordinaire, du feu, de l'air & de l'eau, & différentes émanations qui ſurnagent dans l'athmoſphere, parce que ces pores ſont très-ouverts. Dans les corps dont les pores ſont plus ſerrés, il ne peut pénétrer que des parties plus ſubtiles, tels que la matiere du feu, les écoulemens électriques, & encore ces pores ne ſont pas ſi remplis de ces corpuſcules, qu'il ne ſe trouve encore quelqu'eſpace vuide dans leur étendue. En effet un morceau de métal qui est froid, ne contient que très-peu de feu & qu'une très-petite portion de matiere électrique, puisque ce n'est que par le frottement qu'il puisse s'échauffer; mais si on le met au feu, il contiendra alors plus de parties ignées. On peut aussi faire passer dans les pores des métaux une plus grande quantité de matiere électrique, de sorte qu'il est constant que les pores des métaux qu'on a exposés à l'action du feu, ou qu'on a électrisés, sont beaucoup plus remplis qu'auparavant; mais aussi ils reviennent dans leur état naturel, & ils se dépouillent des parties surabondantes de matiere ignée & électrique, dès qu'ils se refroidissent, ou que la matiere électrique s'en sépare. Puisque les corpuscules étrangers qui s'emparent de l'espace que les parties solides des corps laissent entr'elles, sont tantôt en plus grande, tantôt en moindre quantité, ces corpuscules font que la masse de ces corps varie, tandis qu'elle demeure constamment la même, relativement aux parties qui lui sont propres, & qui la constituent. Il paroît que les grands corps sont à peu près composés de la maniere suivante; concevons que trois ou quatre ou même un plus grand nombre de particules indivisibles, se réunissent ensemble & ne fassent qu'une masse d'une certaine figure, qu'on peut appeller *masse du premier ordre.* Supposons ensuite que quelques-unes de ces masses se réunissent, & en forment une autre qui sera une masse du second ordre, ou une masse plus grande que la premiere. Supposons encore que quelques-unes de ces dernieres, en se joignant les unes aux autres, composent une troisieme masse. Peut-être se fait-il dans la nature des masses qui sont formées de la réunion de celles du troisieme & même du quatrieme, cinquieme & sixieme ordre. Les grands corps se forment donc, ou peuvent se former de pareilles masses de différens ordres. Ceux qui s'appliquent à faire des obſervations microſcopiques ; & qui examinent avec attention les différens corps qui flottent dans l'eau, doivent s'appercevoir de la réunion de pluſieurs globules qui forment enſuite des maſſes de différentes figures & de différentes grandeurs ; ce qui prouve que les différens ordres de corpuſcules qu'on établit comme parties conſtituantes des corps. n'eſt pas une hypotheſe purement gratuite. Si on ſuppoſe que les particules indiviſibles ſoient entiérement ſemblables entr'elles, il pourra s'en former de petites maſſes du premier ordre, qui ſeront ſemblables les unes aux autres, ou qui différeront ſuivant la différence qui ſe trouvera dans la maniere ſelon laquelle ces particules ſeront arrangées entr'elles. Suppoſons que les dernieres parties indiviſibles ſoient des globules, dont ſix venant à ſe réunir, forment une petite maſſe du premier ordre ; ces ſix globules peuvent être placés entr'eux de différentes manieres, d'où il paroît que les différentes figures & les différentes formes qu'on remarque dans les corps d'une certaine étendue, ne ſuppoſent pas différentes figures dans les parties élémentaires qui conſtituent ces corps. Si les derniers corpuſcules indiviſibles ne ſe reſſemblent pas quant à la forme, ils peuvent former, quoique raſſemblés en nombre égal, de petites maſſes du premier ordre, qui ſeront très-différentes entr'elles, tant en grandeur qu'en figure & en combinaiſon. On conçoit, d'après ce qu'on vient de dire, que les petites maſſes du premier ordre peuvent différer beaucoup entr'elles, en grandeur, en figure, en poroſité, en épaiſſeur, en peſanteur & en adhérence, ſuivant la différence qu'il y aura entre les parties indiviſibles qui les compoſeront, ſoit à l'égard du nombre, de l'arrangement, de la figure, ou de la grandeur de ces parties. Les petites maſſes du ſecond ordre peuvent auſſi différer entr'elles en une infinité de manieres ; il en eſt auſſi de même à l'égard des petites maſſes de tout ordre quelconque. On peut donc concevoir aisément comment de pareilles petites masses peuvent former les grands corps, qui different les uns des autres, en une infinité de manieres, tant en figure, en grandeur, en pesanteur, en épaisseur & en solidité. Si un corps est composé de parties entre lesquelles il se trouve une étendue poreuse aussi grande qu'est leur propre étendue ; & si ces parties sont aussi formées de particules qui ne soient pas moins poreuses que leur propre étendue ; si enfin la même chose a lieu à l'égard de ces particules, en supposant trois ordres semblables, il y aura dans une telle masse sept fois plus d'étendue poreuse que d'étendue solide ; & de cette maniere, en supposant quatre ordres, & le dernier ordre entiérement solide, l'étendue poreuse sera quinze fois plus grande que l'étendue solide ; & en supposant cinq ordres pareils, la masse aura trente-une fois plus de porosité que de solidité. En supposant six ordres, il se trouvera dans la masse soixante-trois fois plus de porosité que de solidité ; car la quantité des pores suit la progression des nombres 1 . 3 . 7 . 15 . 31 . 63 . car leur étendue croît selon la progression $\frac{1}{2} . \frac{1}{2} + \frac{1}{4} . \frac{1}{2} + \frac{1}{4} + \frac{1}{8} . \frac{1}{2} + \frac{1}{4} + \frac{1}{8} + \frac{1}{16} . \frac{1}{2} + \frac{1}{4} + \frac{1}{8} + \frac{1}{16} + \frac{1}{32} . \frac{1}{2} + \frac{1}{4} + \frac{1}{8} + \frac{1}{16} + \frac{1}{32} + \frac{1}{64}$. lesquelles fractions étant réduites à la même dénomination $= \frac{32}{64} . \frac{48}{64} \frac{56}{64} \frac{60}{64} . \frac{62}{64} . \frac{63}{64}$. La solidité des corps décroît selon cette progression : $\frac{1}{2} . \frac{1}{2} - \frac{1}{4} . \frac{1}{2} - \frac{1}{4} - \frac{1}{8} . \frac{1}{2} - \frac{1}{4} - \frac{1}{8} - \frac{1}{16} . \frac{1}{2} - \frac{1}{4} - \frac{1}{8} - \frac{1}{16} - \frac{1}{32} . \frac{1}{2} - \frac{1}{4} - \frac{1}{8} - \frac{1}{16} - \frac{1}{32} - \frac{1}{64}$; lesquelles fractions réduites au même dénominateur $= \frac{32}{64} . \frac{16}{64} . \frac{8}{64} . \frac{4}{64} . \frac{2}{64} . \frac{1}{64}$. De-là on aura les rapports suivans entre l'étendue poreuse & l'étendue solide des corps :

32 . . . . 32 :: 1 : 1.
48 . . . . 16 :: 3 : 1.
56 . . . . 8 :: 7 : 1.
60 . . . . 4 :: 15 : 1.
62 . . . . 2 :: 31 : 1.
63 . . . . 1 :: 63 : 1.

39. ROUES.

Il est facile d'estimer les puissances qui sont appliquées à des machines où il se trouve des roues dentées, & qui sont propres à mouvoir de lourds fardeaux. Si les dents placées à la circonférence d'une roue, sont placées dans la direction des rayons de cette roue, alors elle est appellée *étoilée*; si ces dents sont placées perpendiculairement au plan de la roue, on la nomme *à cheville*. Les Méchaniciens ont coutume d'observer que les dents des pignons rencontrent, le moins souvent qu'il est possible, les mêmes dents des roues avec lesquelles ils engrenent, parce qu'alors elles s'usent plus également, & le mouvement en devient plus aisé : on parviendra à cette exactitude, si le nombre des aîles des pignons n'est pas un diviseur exact du nombre des dents d'une roue, par exemple, si la roue porte 60 dents, & qu'elle engrene avec un pignon de 7, de 9 ou de 11, on peut faire la denture avec du bois ou du métal; mais toute sorte de bois n'y est point propre, il faut que le bois qu'on destine à cet usage soit dur, flexible, & peu poreux, & le neflier semble le meilleur & le plus propre. Les roues dentées qu'on fait de métal, sont de fer ou de cuivre; on en fait rarement avec d'autres métaux, soit parce que parmi ceux-là, les uns sont trop mous & les autres trop durs. Il est donc aisé de supputer quelle sera celle de deux roues données, l'une plus grande, l'autre plus petite, qui fera plus difficilement ses révolutions sur un terrein inégal, raboteux ou mou. On peut aussi avancer plusieurs raisons pour prouver l'avantage d'une grande roue sur une petite roue. 1°. Parce que le frottement de la grande roue sur son axe est à celui de la petite sur le sien, comme le diametre de la petite roue est au diametre de la grande. 2°. Parce que la petite roue s'engage plus profondément dans les inégalités du chemin que la grande, & que par conséquent il faut l'élever plus haut que la grande pour la faire avancer. 3°. Si on suppose que ces deux roues se meuvent sur un terrein mou & gras, la petite roue s'enfonce plus profondément que la grande ; car puisqu'on les suppose également chargées l'une & l'autre, chacune fera sortir de l'orniere une même quantité de terre, & il faut pour cela que la petite roue soit plus profondément engagée ; par conséquent on ne pourra les faire avancer l'une & l'autre qu'en élevant davantage la plus petite. Comme le frottement des roues sur leurs essieux est très-considérable lorsque les voitures sont chargées d'un fardeau pesant, & que ce frottement apporte un grand obstacle à leur mouvement, on a trouvé le moyen favorable d'éviter cet inconvénient ; c'est de placer les fardeaux sur des rouleaux, sur des cylindres ; lorsque le terrein sur lequel on doit transporter ces fardeaux est uni & suffisamment dur, pour lors le frottement est beaucoup moindre, & par cette manœuvre on parvient, avec beaucoup moins de force, à faire mouvoir des fardeaux immenses ; les Hollandois se servent de cette méthode avec avantage ; ils l'ont puisée des anciens, chez lesquels cet usage étoit fort commun pour transporter des vaisseaux du bord de la mer sur le continent. On construit des treuils avec plusieurs roues dentées qui portent sur leurs axes des pignons ou des petites roues dentées. A l'axe de la plus grande roue est attachée la corde qui porte le fardeau, & cette corde, par le mouvement circulaire de cet axe, se raccourcit en l'enveloppant. La manivelle qui conduit cette machine, & à laquelle la puissance est appliquée, s'adapte à l'axe de la derniere roue : or puisque les dents qui divisent la circonférence de ces roues sont comme leur périphérie, & leur périphérie comme leurs diametres ou leurs rayons, on pourra donc trouver le rapport que la puissance devra avoir avec la résistance dans de telles machines, sans faire attention aux rayons de ces différentes roues, mais seulement au nombre de dents qu'elles porteront. Ainsi il faut diviser le nombre des dents que portent les grandes roues, par ce nombre de dents ou d'ailes que portent leurs pignons, & de même que le quotient qui en viendra sera à 1, de même le poids sera à la résistance : si on multiplie après cela le quotient par la longueur de la manivelle, & l'unité par la longueur du rayon de l'axe sur lequel la corde se contourne, le premier produit sera au second comme le poids est à la puissance. Lorsqu'on veut construire une machine composée de roues dentées & de pignons, & que le fardeau qu'on veut mouvoir, ainsi que la puissance qu'on veut employer, sont donnés, il est aisé de déterminer le nombre de roues & de pignons qu'on doit employer pour construire cette machine. Il ne s'agit que de diviser le nombre qui désigne le poids du fardeau, par celui qui exprime l'intensité de la puissance, & ensuite de diviser le quotient par des nombres qui, multipliés les uns par les autres, deviendront égaux à ce quotient ; alors si on prend chaque pignon pour l'unité, on aura le nombre des roues & des pignons. Par exemple, on suppose que la puissance donnée = 1, que le fardeau = 150 ; en divisant 150 par 1, le quotient sera = 150. Si l'on divise ensuite ce quotient par des diviseurs exacts, tels qu'ils soient, par exemple, par 10, par 5, par 3 ; alors on construira une roue dont le rayon sera = 10, une autre dont le rayon sera = 5, une troisieme enfin dont le rayon sera = 3. Si l'on adapte à ces roues des pignons dont les rayons soient = 1, par rapport aux rayons des roues avec lesquelles ils doivent engrener ; or, de même que les circonférences sont entr'elles comme les rayons, il faut que le nombre des dents des roues

roues ait le même rapport avec le nombre des dents des pignons : par exemple, si le premier pignon porte quatre dents, la roue avec laquelle il engrene, doit porter quarante dents; si le second pignon a cinq dents, la seconde roue en doit avoir vingt-cinq : enfin si la troisieme a quatre dents, la troisieme roue doit porter douze dents. Le nombre de roues d'une machine étant donné, on peut trouver combien de fois la grande roue fait sa révolution, tandis que celle qui se meut le plus lentement ne fait qu'une seule révolution; que le nombre des dents de chaque roue soit divisé par le nombre des dents du pignon avec lequel chacune engrene; il faut multiplier les quotiens trouvés les uns par les autres, & le produit sera le nombre cherché; par exemple, si la premiere roue porte quarante dents, & que son pignon en porte quatre, on aura alors $\frac{40}{4} = 10$. Si la seconde roue porte vingt-cinq dents, & son pignon cinq, alors on aura $\frac{25}{5} = 5$; enfin si la troisieme roue porte douze dents & son pignon quatre, on aura $\frac{12}{4} = 3$. Multipliant ensuite ces quotiens les uns par les autres, on aura $10 \times 5 \times 3 = 150$. Cela posé, si la puissance est appliquée à la premiere roue, lorsque cette roue aura fini sa 150e révolution, la derniere roue n'aura fait qu'une seule révolution; ou si la puissance est adaptée à cette roue lorsqu'elle aura achevé une révolution, la plus grande roue en aura fait 150.

40. CABESTAN.

Le cabestan n'a pas la forme exactement cylindrique, mais à-peu-près comme un cône tronqué qui va en diminuant de bas en-haut, afin que le cordage qu'on y roule soit plus ferme & moins sujet à couler ou glisser de haut en-bas. Ainsi le cabestan n'est autre chose qu'un treuil, dont l'axe, au lieu d'être horizontal, est vertical. Dans le cabestan, le tambour est le cylindre, & l'axe ou l'essieu sont les leviers qu'on adapte aux cylindres, & par le moyen desquels on fait tourner le cabestan. Il n'est donc proprement qu'un levier ou un assemblage de leviers auxquels plusieurs puissances sont appliquées; donc, suivant les loix du levier, & abstraction faite du frottement, la puissance est au poids, comme le rayon du cylindre est à la longueur du levier auquel la puissance est attachée, & le chemin de la puissance est à celui du poids comme le levier est au rayon du cylindre : moins il faut de force pour élever le poids, plus il faut faire de chemin : il ne faut donc point faire les leviers trop longs, afin que la puissance ne fasse pas trop de chemin; ni trop courts, afin qu'elle ne soit pas obligée de faire trop d'effort. Quoique les effets du cabestan aient présenté divers avantages, cependant il n'est pas encore parvenu à son degré de perfection, & c'est pour remédier aux inconvéniens qu'il présente que l'académie a proposé souvent pour sujet du prix quelle étoit la maniere de perfectionner le cabestan. Parmi les pieces qui ont concouru, il y en a eu sept ou huit qui ont été adoptées comme savantes & ingénieuses; antérieurement à celle-ci, M. de Pontis avoit imaginé des cabestans à fusée qui n'ont pas eu le même avantage que le projet de celui qui a été présenté à l'académie en 1771 par le sieur Arnoux; elle a paru en l'adoptant lui donner la préférence sur tous les autres. Voici l'Extrait du *Prospectus* qui a paru à ce sujet. Le cabestan est une machine d'une utilité si commune & si universellement reconnue, même dans l'état d'imperfection où il a resté jusqu'à présent, que l'annonce de sa plus grande perfection possible ne sauroit manquer d'être accueillie le plus favorablement. Sans le cabestan, comment mouvoir ces fardeaux énormes sur lesquels la force des hommes & des animaux n'a pas la commodité d'agir? faciliter son opération, la rendre non-seulement plus sûre, mais constamment infaillible, c'est donc rendre à la Méchanique le service le plus important. La construction de ce cabestan est aussi simple que facile ; son usage est aussi commode de loin que de près ; il ne choque point & ne s'engorge jamais ; deux inconvéniens considérables des anciens cabestans, dont celui-ci est absolument préservé dans tous les cas avec une force moindre ou plus considérable, & à des distances plus ou moins grandes. Pour obtenir un effet égal, on y emploie moitié moins d'hommes & de cordages. Sa force surpasse, sans comparaison, celle des anciens cabestans. On pourra multiplier cette force autant qu'il sera nécessaire, en augmentant le nombre des cabestans & des hommes. Ces différens cabestans employés en même tems ne se nuiront jamais entr'eux, & leur effet réuni se tiendra toujours dans le plus parfait accord. On transportera le cabestan par-tout aisément, & on le placera où l'on voudra avec la même facilité, sans rien diminuer de son action. Employé au lieu de cric, machine ordinaire très-connue, son opération sera aussi prompte & aussi sûre que celle du cric est lente & dangereuse pour ses agens. A quelque distance du fardeau que le cabestan se trouve placé, sa force sera toujours la même à la seule déduction du poids de la corde ou du cable. Que le cabestan soit placé en-bas ou en-haut sur un plan horizontal ou incliné, il tire également le fardeau, & avec la même force, ce qui le rend fort utile pour tous les travaux des digues, jettées, fortifications, &c. & généralement pour toutes les constructions ou démolitions possibles. On peut, dans tous les cas, laisser couler le fardeau jusqu'au point de son repos sans craindre sa chûte, & sans le moindre danger pour les hommes ; ce cabestan est utile sur terre comme sur mer.

41. VIS.

On appelle *vis* une arête contournée autour d'un cylindre, ou creusée autour d'une cavité cylindrique ; la premiere se nomme *extérieure*, l'autre est appellée *intérieure* ou *écrou*. L'usage de cette machine exige qu'une des deux vis tourne dans l'autre, c'est-à-dire que les filets ou arêtes de l'une s'engagent entre les filets de l'autre, & les parcourent successivement : mais il faut qu'une de ces deux vis soit fixe ; il faut donc toujours deux vis pour pouvoir se servir de cette machine, dont l'usage est d'élever des corps, de les presser ou de les faire mouvoir ; les filets des vis peuvent être angulaires ou quarrés, simples, doubles ou triples. Plus les filets de la vis sont près les uns des autres, le diametre du cylindre demeurant le même, ou les filets étant à égale distance les uns des autres, plus la grosseur du cylindre augmente, & plus la puissance qui aura à élever un poids pourra être moindre ; c'est pourquoi les vis à doubles & à triples filets ne sont pas d'un grand avantage pour augmenter l'effort de la puissance. On a coutume de ficher un levier dans la tête de la vis, ou de l'attacher autour de cette même tête pour faire tourner la vis plus facilement. Lorsqu'une puissance appliquée à ce levier tourne la vis selon une direction parallele à la base, il faut que cette puissance, pour qu'elle puisse élever le poids, soit à ce poids comme la distance entre deux filets immédiatement consécutifs, est à la périphérie du cercle que décrit l'extrémité du levier à laquelle la puissance est appliquée. Plus le levier, à l'extrémité duquel la puissance sera appliquée, sera long, & moins la puissance sera obligée d'employer de force pour vaincre la résistance : on fait sur tout usage de la vis pour presser des corps, ou pour les élever : lorsque les filets d'une vis s'engagent entre ceux de son écrou, dans ce cas, 2, 3, 4, & même un plus grand nombre de filets se touchent immédiatement, & par de très-grandes surfaces; & comme les parties qui supportent une grande pression s'appliquent fortement les unes des autres, & que les inégalités des unes, quelque petites qu'elles soient, s'engrenent entre les inégalités aux autres, quoique ces parties soient lubrifiées avec de l'huile, du savon; le frottement de cette machine est très-considérable, & il faut une puissance beaucoup plus grande pour le vaincre: outre cela les filets des deux vis étant engagés les uns dans les autres, s'opposent à ce que la vis retourne sur ses pas. Souvent on emploie le service de deux vis: on place alors entre ces deux vis une poutre de bois qui est arcboutée par une masse énorme, comme un mur, un toit, ce qui sert à donner de la stabilité à la machine. La vis d'Archimede ou la vis sans fin ne differe de la vis simple, que par une roue dentée que l'on adapte à celle-ci. La puissance appliquée à la manivelle fait tourner le cylindre; celui-ci est garni de deux spires qui engrenent la roue dentée; la roue porte sur son axe un cylindre autour duquel s'enveloppe la corde qui suspend le poids.

42. *Treuil ou tour.*

Le tour, dont on a déja parlé, s'appelle *treuil* quand le tambour est posé parallelement à l'horizon; il s'appelle *cabestan* quand il lui est perpendiculaire. On attache ordinairement au treuil ou tour, qui n'est, à proprement parler, qu'un cylindre, une corde qui est elle-même attachée à un fardeau, afin de l'attirer vers la machine à mesure que la corde s'entortille autour du tambour qu'on fait tourner, par le moyen d'une manivelle, d'une roue, ou de plusieurs leviers engagés dans des trous faits à travers le cylindre. C'est ainsi que sont construites les machines qui servent à tirer les pierres des carrieres ou à tirer de l'eau des puits.

43. PIGNON.

Le pignon est en général la plus petite des deux roues qui engrenent l'une dans l'autre ; cependant on donne ce nom plus particuliérement à la roue qui est menée ; c'est dans ce dernier sens que nous le prenons en Méchanique. On emploie dans les machines deux sortes de pignons ; dans les grandes, ce sont ordinairement des pignons à lanterne ; dans les petites, des pignons dont les dents ou ailes sont disposées & formées à-peu-près de la même façon que celles des roues : tels sont ceux des montres & des pendules ; la face des ailes ou des dents de ceux-ci doit être terminée par une ligne droite tendante au centre. En général la figure des ailes d'un pignon doit être toujours conditionnelle à celle des dents de la roue ; mais comme il y a telle forme de dent pour laquelle il seroit impossible de trouver une figure pour les ailes du pignon, telle qu'il en résulte un mouvement uniforme de ce pignon, & que de plus il seroit souvent impraticable de donner aux faces de ces ailes certaines formes requises, on a choisi la ligne droite comme étant la plus simple & la plus facile à exécuter ; comme les diametres des pignons doivent être à ceux des roues dans lesquelles ils engrenent, comme leur nombre à celui de ces dernieres, il s'ensuit que les dents de l'un & de l'autre sont toujours égales, c'est-à-dire que la corde d'une dent du pignon doit être égale à celle d'une dent de la roue ; or comme, dans les pendules & dans les montres, les roues sont ordinairement faites les premieres, & que c'est sur leurs diametres que se déterminent ceux des pignons, il en résulte qu'un nombre quelconque de dents de la roue étant pris pour le diametre du pignon, ce diametre, en formant cette analogie 7 est à 22 comme le nombre des dents de cette roue est à ce qu'on cherche ; le quatrieme terme qui viendra par cette regle de trois, sera le nombre du pignon ; ou lorsque le nombre est donné en renversant cette analogie, & disant 22 est à 7 comme le nombre du pignon est à ce qu'on cherche, on aura le nombre des dents de la roue qu'il faudra prendre pour le diametre du pignon. Le pignon de renvoi sert à communiquer le mouvement d'une partie d'un horloge à une autre, comme du mouvement à la quadrature. Le pignon du volant est dans un rouage de sonnerie ou de répétition, le dernier pignon dans les montres à répétition ; on le nomme *délai.* On l'appelle *pignon du volant*, parce que dans les horloges, les pendules, & quelquefois dans les montres il porte sur sa tige une piece à laquelle on donne le nom de *volant.*

MÉMOIRE *sur la pesanteur de l'air & sur les variations ou changemens qu'il éprouve.*

L'action que l'air exerce sur les corps terrestres se diversifie en tant de manieres, qu'on ne sauroit s'en former une idée juste, à moins que d'entrer dans un détail de ses effets. On se contentera d'exposer ceux qui sont les plus remarquables, & qui peuvent servir de principes pour expliquer plusieurs autres effets qu'on rapporte à l'air comme à leur cause.

On a cru pendant plusieurs siecles que l'air étoit léger, & que différant en cela des autres corps terrestres, il n'avoit aucune tendance vers le centre de la terre. Ce n'est que dans ces derniers tems qu'on a découvert que l'air est pesant, & que le même principe qui tend à faire descendre les corps agit aussi sur l'air. Lorsque les philosophes se furent assurés du fait, ils firent diverses expériences pour le mettre dans tout son jour, & pour être en état de dissiper les doutes & d'éclaircir les difficultés. Galilée fut le premier; il introduisit avec une seringue une grande quantité d'air dans un balon ou une bouteille ronde de verre, & après avoir réduit par la compression un gros volume d'air à occuper un petit espace, il boucha la bouteille avec un robinet, la mit dans une balance pour la peser, il trouva que dans cet état elle pesoit davantage qu'auparavant, lorsqu'elle ne contenoit qu'un air libre tel que nous le respirons. MM. Wolfius & Nienvenrit ont réitéré dans la suite avec le même succès l'expérience de Galilée. Toricelli, disciple de Galilée, remplit avec du vif-argent un long tuyau de verre qui n'étoit ouvert que par un bout, afin d'ôter toute communication de l'air avec le dedans du tuyau; il tint ainsi ce tuyau rempli dans une situation verticale ou perpendiculaire à l'horizon, de maniere que le bout fermé étoit tourné vers le haut, & le bout ouvert vers le bas qu'il boucha cependant avec le doigt pour empêcher le tuyau de se vuider; il mit ensuite tremper ce bout dans du mercure qu'il avoit disposé dans un vase; & après avoir retiré le doigt qui le tenoit bouché, le mercure descendit en partie dans le vase, & le reste demeura suspendu dans le tuyau. M. Pascal fit aussi une expérience semblable; il se servit d'un long tuyau *ABCD* recourbé dans son milieu, les deux branches *AB*, *CD* étoient paralleles, l'une au-dessus, l'autre au-dessous de la courbure, la branche supérieure étoit fermée à l'extrémité d'en-haut, & la branche inférieure ouverte aux deux bouts *D*, *C*; après avoir fermé avec le doigt l'extrémité supérieure de cette branche, il fit l'expérience de Toricelli, il remplit le tuyau de vif-argent, & le mit ensuite dans une situation convenable à l'expérience précédente, c'est-à-dire qu'il mit tremper le bout d'en-bas dans un vaisseau où il avoit préparé du mercure, en tenant toujours l'ouverture *C* d'en-haut de la branche inférieure fermée avec le doigt ; pour lors le vif-argent, qui étoit dans la branche inférieure, descendit en partie dans le vase, & l'autre partie y demeura suspendue en *E*, comme dans l'expérience de Toricelli, & le mercure qui étoit dans la branche supérieure descendit aussi en partie dans le vase, & le reste fut reçu dans la recourbure *B C*, qui formoit une espece de chambre ; il ôta enfin le doigt qui bouchoit l'ouverture *C* d'en-haut de la branche inférieure, & le mercure qui y étoit demeuré suspendu fut précipité dans le vase, & celui qui étoit demeuré dans la recourbure monta aussi-tôt dans la branche supérieure.

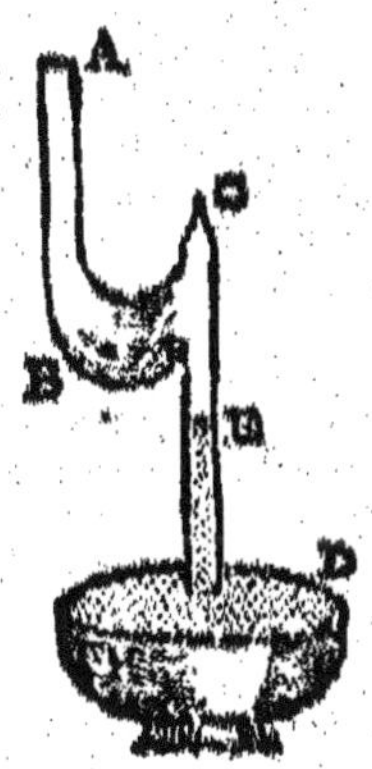

M. Perrier fit de nouveau, vers ce même tems, l'expérience de Toricelli sur la montagne du Puy-de-Domme, en Auvergne, elle est élevée de 500 toises au-dessus des Minimes de la ville de Clermont ; le mercure qui, dans le jardin des Minimes, étoit demeuré suspendu dans le tuyau à la hauteur de 26 pouces 3 lignes $\frac{1}{2}$, descendit de 3 pouces une ligne $\frac{1}{2}$, & il ne s'en trouva au haut de la montagne que 23 pouces 2 lignes.

Ces expériences qui sont les plus célebres de

celles qui ont été faites sur la pesanteur de l'air, prouvent évidemment cette même pesanteur. Car si, en ajoutant un corps à une matiere étrangere & d'une autre nature, on trouve que le tout qui en résulte est plus pesant que ce corps, il est hors de doute que la matiere qui a été ajoutée est pesante, puisqu'elle augmente la pesanteur du corps auquel elle est unie : or l'expérience de Galilée démontre qu'un balon plein d'un air comprimé est plus pesant que lorsqu'il est vuide, ou qu'il ne contient qu'un air raréfié tel que nous le respirons ; l'expérience de Galilée prouve donc que l'air est pesant. Par la même raison & par les résultats, les expériences de Toricelli, de MM. Pascal & Perrier le démontrent aussi évidemment par cet axiome reconnu en Physique, que l'air, par sa direction naturelle, tend à descendre de même que les corps pesans. Ainsi de ce que l'air est un fluide pesant, il suit que, s'il est abandonné à lui-même & qu'aucune cause différente de la pesanteur n'agisse sur lui, il se met de niveau, c'est-à-dire qu'à sa surface supérieure aucune partie n'est plus élevée que les autres ; car si l'air étoit plus élevé en quelqu'endroit de sa surface, la partie la plus haute seroit sollicitée à descendre par l'effort de la pesanteur, & parce qu'on suppose que cet effort peut avoir son effet plein & entier, elle seroit contrainte de descendre, & de se mettre au niveau des autres parties. On peut donc déduire que l'air environne la terre, & sa surface supérieure en imite la courbure, autrement elle ne seroit pas de niveau, ce qui est contre la nature des fluides pesans. Il y a la même hauteur d'air dans tous les endroits de la terre, puisque sa surface supérieure est de niveau. Si on divise par la pensée l'athmosphere, c'est-à-dire la masse d'air qui environne la terre, en couches concentriques, les parties d'une même couche sont également pressées, puisqu'elles ont toutes au-dessus la même hauteur d'air qui doit les charger toutes également. La surface de la mer doit être également pressée par le poids de l'athmosphere ; car la surface de la mer peut être considérée comme étant de niveau, c'est-à-dire qu'elle est environnée par une même couche concentrique d'air ; or on vient de voir que toutes les parties d'une même couche sont également chargées ; donc la surface de la mer qui touche immédiatement cette couche, supporte une égale pression par-tout. Tous les endroits de la terre ferme ne sont pas également pressés par le poids de l'air, les lieux qui sont au niveau de la mer sont chargés d'un égal poids d'air, & égal à celui qui presse la surface des eaux ; les lieux qui sont au-dessus du niveau de la mer portent un moindre poids, & les lieux qui sont au-dessous de ce niveau en portent un plus grand. Enfin l'air pese également dans tous les lieux qui sont au même niveau, soit que ce niveau se trouve au-dessus ou au-dessous de celui de la mer, ou qu'il n'en differe pas. Si on divise par la pensée l'athmosphere en colonnes verticales & perpendiculaires à l'horizon, elles sont toutes en équilibre entr'elles ; les colonnes les plus longues, celles qui pesent sur les lieux les plus bas, sont en équilibre avec les colonnes les moins longues, celles qui répondent aux endroits les plus élevés, comme les montagnes ; car l'équilibre ne peut être rompu, à moins que les parties d'une même couche concentrique ne se dérangent en changeant de place, que les unes ne montent ou ne descendent, tandis que les autres demeurent ; or les parties d'une même couche sont également pressées, aucune d'elles ne doit donc quitter sa place : conséquemment toutes les colonnes doivent être en équilibre entr'elles. Si l'air ne se comprimoit pas, qu'il conservât sensiblement son volume, comme l'eau, le mercure & la plupart des autres liqueurs, lorsqu'on les presse, il feroit de même densité dans toute sa hauteur, & l'on pourroit determiner sa pesanteur spécifique, de même que celle de l'eau du mercure & des autres liqueurs; mais l'expérience démontre que l'air est capable de condensation & de raréfaction; une même masse ou quantité d'air occupe un espace plus ou moins grand, selon la force qui la comprime; ainsi parce que l'air que nous respirons est plus chargé que celui des montagnes, & celui des montagnes plus chargé que celui où sont les nuées, il faut que l'air de la plaine soit plus dense que l'air des montagnes, & l'air des montagnes encore plus dense que l'air des nuées & que celui qui est au-dessus. On ne peut donc pas déterminer en général la pesanteur spécifique de l'air, il faut pour cela en distinguer plusieurs sortes, comme l'expérience le démontre. Si l'air étoit également dense par-tout, on pourroit déterminer la hauteur de l'athmosphere d'une maniere aisée par l'expérience du Puy-de-Domme; car, selon cette expérience, 3 pouces une ligne ½ de mercure font équilibre avec une hauteur d'air de 500 toises; on pourroit donc savoir, par une regle de proportion, avec quelle hauteur d'air 28 ou 26 pouces de mercure feroient équilibre; mais parce que l'air n'est pas également dense par-tout, on ne peut pas employer ce moyen pour déterminer la hauteur de l'athmosphere. L'air étant un corps fluide, il en a la principale propriété, qui est de presser & d'être pressé également en tout sens; les couches supérieures doivent charger les inférieures, de maniere que la pression se communique suivant toutes les directions possibles. De-là vient que l'air fait effort, non-seulement suivant sa direction naturelle qui est celle des corps pesans, mais qu'il agit aussi en tout sens. Les effets sont donc des preuves de la pesanteur de l'air; ils peuvent donner une idée plus étendue de la maniere dont ce fluide agit.

Pour démontrer comment la pesanteur de la masse de l'air fait monter l'eau dans les pompes à mesure qu'on tire le piston, il faut faire voir un effet entiérement égal du poids de l'eau qui en fera parfaitement comprendre ainsi la raison. Supposons qu'au fond d'une cuve pleine d'eau il y a un vase où l'on ait mis du mercure, cette liqueur étant plus pesante que l'eau, demeurera dans le vase ; qu'on enfonce une seringue dans l'eau jusqu'à ce que le bout d'en-bas soit plongé dans le mercure, on éprouve que, pour enfoncer la seringue & pour empêcher que le piston qu'on suppose baissé ne monte, il faut employer une force égale au poids du volume d'eau dont la seringue tient la place ; si, après que la seringue est ainsi enfoncée & que le bout d'en-bas trempe dans le mercure, de maniere que l'eau ne puisse s'insinuer par l'ouverture, on lâche le piston, & qu'on le laisse en liberté, il remontera aussi-tôt, le mercure sera contraint d'entrer dans la seringue & de le suivre en s'élevant au-dessus du niveau du vase qui le contient. La raison de cet effet est facile à entendre. L'eau tend par son poids à se mettre de niveau & à soulever la seringue & le piston qu'on tient enfoncés : elle pese donc sur le mercure du vase & le presse en toutes les parties de sa surface, excepté en celles qui sont à l'ouverture de la seringue ; or la pression se communique aussi-tôt de celles-là à celles-ci, & parce que rien ne s'oppose à ce qu'elles entrent dans le corps de la seringue, elles obéissent à la pression, & montent pour contrepeser dans la seringue le poids de l'eau qui pese au-dehors. Il est évident que rien n'empêche l'ascension du mercure & le relevement du piston ; car l'air agit également sur la surface de l'eau & sur le piston : ainsi l'action qu'il exerce en des sens opposés, ne doit être comptée pour rien. Il est aisé de faire l'application de cet exemple à la pesanteur &

à l'ascension des liqueurs dans les tuyaux lorsqu'on en pompe l'air. Si on trempe le bout d'une pompe ou d'un tuyau dans l'eau, l'air touche l'eau du vaisseau en toutes les parties de sa surface, excepté en celles qui sont à l'ouverture de la pompe où il n'a point d'accès, puisqu'elle est enfoncée dans l'eau; or la pression se communique par la propriété des fluides de ces premieres parties à celles-ci; l'eau ne montera cependant pas dans la pompe, si on laisse les choses dans cet état; car il est constant que l'air qui presse sur la surface de l'eau tend à la faire monter dans la pompe, mais l'air qui est au-dessus du piston détruit cette impression; or si on tire le piston avec assez de force pour vaincre cette résistance, l'eau qui est à l'ouverture de la pompe ne sera plus poussée que de bas en-haut par l'air qui pese sur sa surface; elle obéira donc à cette pression par la même raison & avec la même nécessité que le mercure, lorsque pressé par le poids de l'eau, il montoit dès que la force qui retenoit le piston enfoncé cessoit de lui être appliquée. L'eau montera donc pour contrepeser au-dedans du tuyau le poids de l'air qui pese au-dehors. Il est donc visible que l'ascension des liqueurs dans les tuyaux est un effet de la pesanteur de l'air.

Toutes les expériences prouvent que la masse de l'air est pesante, & qu'elle presse par son poids les corps qu'elle environne également en tout sens. On sait que l'air est un corps compressible, & qu'il se comprime en effet par son propre poids; & l'air qui est en-bas, c'est-à-dire dans les lieux profonds, est bien plus comprimé que celui qui est plus élevé, comme au sommet des montagnes, parce qu'il est chargé d'une plus grande quantité d'air. Non-seulement l'air se comprime, mais il se rétablit, comme auparavant, lorsqu'il cesse d'être comprimé étant de nature élastique. C'est pourquoi si l'on porte de l'air tel qu'il est ici-bas, & comprimé, comme il y est, sur le sommet d'une montagne, il doit s'élargir de lui-même, & devenir au même état que celui qui l'environne sur cette montagne, puisqu'il cesse d'être comprimé par la masse d'air qui est le long de la montagne. Par conséquent si on prend un balon à demi-plein d'air seulement, & qu'on le porte sur une montagne, il doit arriver qu'il sera plus enflé au haut de la montagne, & qu'il s'élargira à proportion qu'il sera moins chargé: la différence doit être visible si la quantité d'air, qui est le long de la montagne & de laquelle il est déchargé, a un poids considérable pour causer un effet & une différence sensible. On pourroit apporter encore un plus grand nombre d'exemples des effets de la pesanteur de l'air, ceux-ci suffisent pour faire entendre ceux dont on omet de parler, & pour donner une idée de l'action que l'air exerce par sa pesanteur sur les corps qu'il environne. On pourroit objecter contre la pesanteur de l'air qu'on ne le sent point. Si l'air, dit-on, étoit pesant, on sentiroit son poids, car, selon les supputations ordinaires, il est considérable, s'il est vrai qu'une colonne d'air fasse équilibre par son poids avec une colonne de mercure de 28 pouces de haut, un homme est chargé par la masse de l'air, de même que s'il portoit une colonne de mercure haute de 28 pouces, & dont la base seroit égale en superficie à celle de son corps. Or si on suppose que cette superficie soit de deux pieds en quarré, une telle colonne peseroit plus de 4000 livres. On peut réfuter ce raisonnement par un exemple sensible. Il est certain, & l'expérience le démontre, que les animaux qui sont dans l'eau n'en sentent pas le poids; or comme l'on ne pourroit pas conclure que l'eau n'a pas de poids de ce qu'on ne le sent pas quand on y est enfoncé; ainsi on ne peut pas conclure que l'air n'a pas de pesanteur, parce qu'on ne le sent pas. La raison de cet effet est qu'un corps mou qui est également pressé en tout sens, n'est pas sensiblement comprimé, s'il est d'une matiere serrée & compacte, c'est-à-dire que ses parties ne se dérangent pas d'une maniere sensible, en s'approchant du centre du corps vers lequel elles sont poussées, quelque grande que soit la force qui le presse ; mais la compression seroit visible si ce corps étoit pressé inégalement, ou si ses parties solides étoient fort écartées les unes des autres, comme la plupart des corps spongieux qui ont plus ou moins de cavités ou de pores. Or l'air presse également en tout sens le corps de l'homme, & la chair en est compacte ; d'ailleurs au-dedans du corps des animaux il y a de l'air qui contrebalance l'action ou la pesanteur de l'air extérieur, c'est pourquoi la compression ne doit pas être sensible. Cela posé, nous ne devons donc pas sentir la pesanteur de l'air ; car la douleur que nous sentons quand quelque chose nous presse est grande, si la compression est grande, parce que la partie pressée est épuisée de sang, & que les chairs, les nerfs, & les parties qui la composent sont poussées dehors leur place naturelle ; mais si la compression est petite, qu'elle ne cause aucun changement sensible aux parties, nous ne devons sentir aucune douleur d'une compression si légere. Ceci doit se rapporter en partie à tous les corps de la nature. Si l'air n'étoit pas dans une agitation continuelle à cause des vents qui y régnent ; s'il n'étoit pas sujet aux vicissitudes du froid & du chaud ; s'il ne sortoit pas un air nouveau de l'intérieur de la terre ; si l'air, qui est au-dessus de sa surface, étoit pur, & qu'il ne se chargeât pas de corps étrangers, sa pesanteur seroit la même, non-seulement à l'égard d'un même lieu, mais aussi pour tous les lieux qui sont également élevés au-dessus de la mer : car, dans l'équilibre, toutes les parties d'une même

même couche concentrique à la terre doivent être chargées d'un poids égal, & être toutes dans le même état de pression : or l'observation journaliere, par les barometres, nous apprend que cette pesanteur varie considérablement. Les philosophes se sont appliqués à observer ces variations, à en rechercher les causes. Daniel Bernoulli donne son sentiment sur ce sujet, il est digne d'attention : il suppose d'abord que la masse de l'air est en équilibre ou dans l'état de permanence. Cela posé, si l'air étoit partout également échauffé, & que toutes ses parties fussent agitées d'une égale vîtesse, les divers lieux de la terre supporteroient des pressions proportionnelles aux poids des colonnes d'air qui peseroient sur leur surface, les lieux qui sont à la même hauteur seroient également pressés, les lieux profonds le seroient davantage ; en un mot, la pression causée sur un lieu seroit mesurée exactement par le poids de la colonne d'air qui répondroit sur ce lieu ; car le degré de chaleur & de vîtesse des particules d'air étant le même pour tous les lieux, ne produiroit aucune différence dans l'action qu'elles exercent par leur pesanteur. Mais si la chaleur n'est pas la même par-tout, la pression que l'athmosphere exerce sur un lieu ne sera pas mesurée par le poids de la colonne d'air qui y répond ; car, dans l'équilibre, les parties d'une même couche concentrique sont également pressées, sans quoi il seroit un flux, un écoulement d'air vers l'endroit où la pression seroit moindre ; il n'y auroit donc point d'équilibre, ce qui est contre la supposition. On peut déduire que l'air doit presser avec la même force à l'équateur & au pole. Le barometre doit donc se tenir à la même hauteur à l'équateur & au pole, puisque l'air y est également pressé, quoiqu'il soit inégalement pesant, & que d'ailleurs la hauteur est proportionnelle à la pression, & non point à la pesanteur. Cela seul explique assez clairement différens phénomenes attribués à la compression de l'air, à sa raréfaction, à sa condensation ; les expériences les multiplient, & ajoutent encore aux simples démonstrations les vérités les plus distinctes & les plus évidentes.

44. DES PROPRIÉTÉS DES CORPS PESANS.

Les physiciens sont fort partagés sur la cause & la nature des corps pesans. Galilée est le premier qui ait raisonné juste, à cet égard, à l'aide des expériences qu'il fit. Il mit des corps très-polis sur des plans différemment inclinés qu'il laissa glisser ; &, après avoir répété l'expérience un grand nombre de fois pour chaque inclinaison, il trouva toujours qu'un corps parcouroit sur un même plan des espaces qui étoient entr'eux comme les quarrés des tems ; ensorte que si dans la premiere partie du tems le mobile avoit parcouru un pied, après qu'il s'étoit écoulé trois parties du tems, il en avoit parcouru 9 ; or 1 & 9 sont les quarrés des tems 1 & 3. Des expériences que Galilée fit toutes parfaitement d'accord entr'elles, il conclut que la pesanteur est une force constante. En effet on peut sentir d'une maniere générale la justesse de ce raisonnement. Si la pesanteur communique à un corps qui tombe des degrés égaux de vitesse en tems égaux ; qu'après un tems double, elle lui ait donné deux degrés de vitesse ; on peut concevoir qu'après ce tems double le mobile aura parcouru un espace quadruple. Car si la vitesse qu'il a acquise successivement dans la premiere partie du tems lui a fait parcourir dans ce même tems un pied, étant toute acquise, lui fera parcourir pendant la seconde partie un espace double, c'est-à-dire deux pieds. D'ailleurs le degré de vitesse qu'il reçoit dans la seconde partie du tems, étant égal au degré reçu dans le premier tems, lui fait parcourir un pied. Le mobile parcourt donc dans le second tems trois pieds en tout ; si à ces trois pieds on ajoute celui qui a été parcouru dans le premier tems, tout l'espace parcouru sera de quatre pieds. Ainsi les espaces parcourus après la premiere, & après les deux premieres parties du tems sont comme 1 & 4, c'est-à-dire comme les quarrés des tems.

Galilée s'étoit contenté de faire des expériences sur les corps terrestres, elles l'avoient toutes porté à croire que la pesanteur est une force uniforme qui agit également par-tout, il n'avoit pas porté ses vues plus loin. Mais M. Newton soupçonna dans la suite, qu'il pourroit se faire que la pesanteur diminuât en allant du centre vers la circonférence, & que la force qui retient la lune sur son orbite ne fût pas différente de la pesanteur des corps terrestres, ou qu'elle fût de même espece ; il voulut vérifier sa conjecture par le calcul. La recherche qu'il avoit faite de la force centrale, lui avoit fait trouver qu'un corps qui décrit une ellipse est retenu sur cette courbe par une force variable, & que si cette force ramene constamment le mobile vers l'un des foyers, elle fait des efforts qui sont entr'eux réciproquement comme les quarrés des distances ; en sorte qu'à une distance triple il suffit que son effort soit $\frac{1}{9}$ partie de l'effort qu'elle fait à une distance simple ; or on peut regarder la force qui ramene ainsi le mobile continuellement vers le foyer, comme sa pesanteur ; d'où il suivroit que la pesanteur d'un tel corps augmenteroit ou diminueroit en raison réciproque des quarrés des distances. Cela posé, si la force qui contraint la lune de tourner autour de la terre, est de même espece que la pesanteur des corps terrestres, l'action qu'elle exerce à la distance où est la lune, est à l'action qu'elle exerce sur les corps terrestres, comme le quarré de la distance qu'il y a de la surface de la terre au centre, est au quarré de la distance qu'il y a de l'orbite de la lune au même centre; or M. Newton trouve que cela est évident. La distance moyenne de la lune au centre de la terre est de 60 demi-diametres terrestres; la distance de la surface de la terre au même centre est de ½ diametre; les quarrés de 1 & de 60 sont 1 & 3600 : M. Newton trouve donc que l'action de la force qui agit à la distance où est la lune, & celle qui pousse les corps terrestres au centre, sont entr'elles comme 1 & 3600; d'où il conclut que la force qui oblige la lune de tourner autour de la terre, est de même espece que la pesanteur des corps terrestres. Voici le fondement de ce calcul.

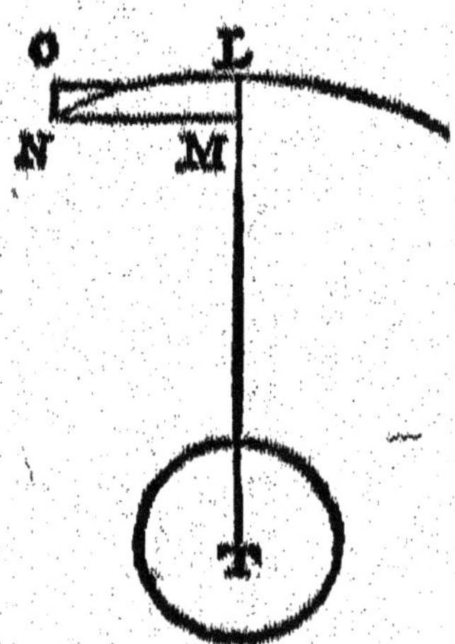

Supposons que l'arc *L N* représente celui que la lune décrit dans une minute en tournant sur son orbite, l'arc *L N*, à cause de sa petitesse & de la grande distance au centre de la terre, peut être considéré comme une ligne droite. Cela posé, la lune décrit l'arc *LN* par l'action conjointe de deux forces, dont l'une est dirigée suivant la tangente *L O*, & l'autre vers le centre *T* de la terre; c'est pourquoi si du point *N* on mene les lignes *N O*, *N M*, paralleles à *L O*,

LT, la force centrale ou celle qui retient la lune sur son orbite, sera exprimée par le côté *LM* du parallélogramme *MO*; il faut donc évaluer la force exprimée par *LM*. Le tems périodique & la circonférence qu'elle décrit, sont connus; donc la vîtesse ou l'espace *LN* qu'elle décrit dans une minute, est aussi connu; donc la tangente *LO* & le sinus *LM*, sont pareillement connus. On peut donc trouver l'espace que la force centrale feroit décrire en une minute à la lune; or le calcul donne l'arc *LM* de 15 pieds. On voit que la pesanteur fait parcourir aux corps pesans qui sont sur la terre, dans une minute, un espace qui est exprimé par le produit de 3600 & de 15, c'est-à-dire par 60 × 60 × 15 pieds; donc la force centrale qui retient la lune sur son orbite, est à la force de la pesanteur auprès de la terre, comme 15 est à 60 × 60 × 15, ou comme 1 est à 60 × 60, c'est-à-dire, réciproquement comme les quarrés des distances au centre; donc ces deux forces sont de même espece, elles ne different point quant à leur nature, puisque c'est la même loi qui regle leur action, & qu'elles different seulement par le degré. La pesanteur est donc variable, & elle diminue à mesure qu'on s'éloigne de la terre; mais l'on voit bien que cette diminution ne peut être sensible, à moins qu'on ne porte un corps à plusieurs centaines de lieues loin de la terre, ce qui n'arrivera pas certainement, puisque les plus fortes machines peuvent à peine élever un corps à quelques centaines de toises; on peut donc supposer que la pesanteur est la même à quelque hauteur que les corps pesans montent.

On sait que les corps terrestres tendent à descendre & par conséquent à s'approcher du centre de la terre; mais on peut douter s'ils tendent directement vers ce centre ou seulement à côté, loin ou proche de ce centre. Si on tient un poids suspendu par un fil, il le bande & prend une situation verticale ou perpendiculaire à l'horizon, car le fil n'incline pas plus vers un côté que vers un autre; or si l'on suppose que la terre est un globe, comme on le croit ordinairement, il faut dire que les corps pesans tendent au centre; car toute ligne qui est perpendiculaire à la surface d'un globe, étant prolongée, passeroit par le centre; donc les corps pesans dont la direction est indiquée par le fil perpendiculaire à la surface de la terre, tendent au centre.

C'est la pesanteur qui fait aussi que les liqueurs se mettent de niveau, c'est-à-dire que leurs parties se disposent de maniere que celles qui sont à la surface sont également élevées ou également distantes du centre, en sorte que cette surface imite parfaitement la courbure de la terre.

Si l'on suppose que la terre tourne sur son axe, il semble qu'on peut aussi déduire cette supposition des phénomenes de la pesanteur. Si aucune cause ne diminue l'effet de la pesanteur, on ne voit pas pourquoi elle seroit moindre sous l'équateur qu'aux autres régions de la terre, comme en France; mais si la terre tourne, l'effet de la pesanteur doit être moindre sous l'équateur, & les corps y doivent descendre moins vîte qu'en France, parce que la force centrifuge qui naît du mouvement circulaire, est plus grande sous l'équateur qu'en France, & que d'ailleurs elle y agit directement contre l'effort de la pesanteur; en sorte que si effectivement les corps descendent moins vîte sous l'équateur qu'en France & que dans tous les autres pays de la terre, on a tout lieu de croire que cette diminution de pesanteur est un effet de la force centrifuge qui est elle-même un effet du mouvement circulaire; or plusieurs expériences prouvent que les corps descendent moins vîte sous l'équateur & auprès de l'équateur que dans les autres pays comme en France, d'où il suit que la terre tourne. Une expérience faite dans l'île de Cayenne, distante de l'équateur de 5° en voulant faire un pendule qui fît ses vibrations en une seconde, & donner la même longueur qu'il doit avoir à Paris, pour les faire dans le même tems d'une seconde, fit trouver que les vibrations de ce pendule étoient plus tardives qu'à Paris, & qu'elles duroient plus d'une seconde; on fut obligé de raccourcir le pendule de $1 + \frac{1}{4}$ de ligne pour lui faire battre les secondes; d'où l'on voit que deux pendules de même longueur font leurs vibrations & descendent en des tems inégaux. Plusieurs observations prouvent aussi que les corps pesans descendent plus vîte aux endroits qui sont plus éloignés de l'équateur; c'est pourquoi si la pesanteur est une force par-tout égale, il faut que son action soit diminuée par la force centrifuge, & parce que cette force diminue continuellement jusqu'au pôle où elle est nulle, il s'ensuit que l'action de la pesanteur doit être d'autant plus grande, que les corps terrestres sont plus proches du pôle. Puisque les directions des corps pesans concourent, il s'ensuit que les murs des édifices que l'on éleve à plomb, ou deux poids que l'on tient suspendus, n'ont pas leurs directions paralleles, quoiqu'elles le paroissent, & que le plancher d'un lieu qu'on dresse au niveau, n'est pas une surface plane, mais doit former une courbe insensible; ces différences sont si petites, qu'on peut supposer qu'un plancher qui est de niveau, est un vrai plan, & que les directions des corps qui ne sont pas considérablement éloignés les uns des autres, ont leurs directions paralleles. Un édifice peut subsister quoiqu'il soit incliné à l'horizon; car, ou la direction du centre de gravité du mur qui penche, est hors de la base du mur, ou elle la rencontre; dans le second cas, il n'est pas étonnant qu'un mur subsiste, puisqu'il est appuyé, sur-tout si les pierres sont bien cimentées ; dans le premier cas, l'édifice peut encore rester en cet état, pourvu que le mur soit bien lié avec le corps de l'édifice, pour qu'il ne puisse pas s'en séparer par sa propre pente ; car alors pour juger de la solidité de l'édifice, il ne faut pas tant avoir égard au centre de gravité du mur qui penche, qu'au centre de gravité de tout l'édifice ; d'où il suit par comparaison, que la tour de Bologne en Italie, n'est pas une chose surprenante ; la ligne à plomb, abaissée du haut de la tour, s'éloigne du pied du mur de 9 pieds, & la même ligne à plomb s'éloigne du pied de la tour de Pise de 7 coudées ½. On sait que les anciens bâtimens sont assez solides pour résister à cette pente, & encore plus facilement si le centre de gravité du mur qui est penché, n'a pas sa direction hors de la base. Lorsque les hommes marchent, ils suivent, sans y penser, les regles de la Méchanique, en balançant leurs corps de tous les côtés, sans quoi ils ne pourroient pas mettre un pied l'un devant l'autre. C'est encore sur la connoissance qu'on a de la propriété des centres de gravité, qu'on construit plusieurs machines, comme les meules de moulins, toutes les roues horizontales & même verticales, qui ne sont appuyées, pour ainsi dire, que par leurs centres de gravité, ce qui donne une extrême facilité pour les mouvoir ; en un mot tous les corps qu'on veut mouvoir en rond, & qui par la pesanteur de leur masse, résisteroient trop aux efforts que peuvent employer les hommes, comme les cloches, les portes de maisons, *&c.* sont construits sur le même principe.

Il ne faut pas confondre le volume d'un corps avec sa masse ; le volume est l'espace qu'il occupe, lequel se mesure par les regles de la Géométrie ; la masse est la quantité de matiere que son volume contient. Si tous les corps n'avoient pas plus ou moins de pores, & que tout l'espace qu'ils occupent fût rempll de la matiere propre qui les compose, il ne seroit pas nécessaire de distinguer le volume d'un corps d'avec sa masse; mais on sait que tous les corps sont de vrais cribles, & qu'ils sont percés d'une infinité de trous, que par conséquent le volume ne mesure pas la quantité de matiere ou le nombre de leurs parties solides. Il n'est pas difficile de se persuader qu'un pied cubique de plomb contient plus de sa matiere propre, qu'un pied cubique de liege n'en contient de la sienne, à cause du grand nombre de ses pores; car si on met le pied cube de liege sous la presse, on le réduit à un très-petit volume, ce qui prouve que la matiere du liege occupe un très-petit espace dans ce pied cube. Galilée a observé que tous les corps, ceux même qu'on appelle *légers*, commençoient à descendre dans l'air avec la même vîtesse que les corps pesans. Par exemple, si on laisse tomber deux balles, l'une de plomb & l'autre de liege, elles vont ensemble pendant l'espace de deux pieds, après quoi la balle de plomb dévance de beaucoup celle de liege. On laisse aussi tomber ensemble de la même hauteur de 80 pieds une boule de mail & un boulet de canon d'une même grosseur, ils descendent jusqu'à 25 pieds également vîte; le boulet étant à 50 pieds passe la boule de mail d'environ 2 pieds, & au bas de la chûte, de plus de 4 pieds. Ces expériences démontrent évidemment que la pesanteur imprime à tous les corps la même vîtesse, & que si les plus pesans descendent plus vîte vers la fin de la chûte, & passent ceux qui pesent moins, la différence des vîtesses vient de ce qu'ils trouvent une moindre résistance dans l'air à proportion de ce qu'ils pesent davantage; car l'air résiste aux corps en mouvement, & leur ôte une partie de leur vîtesse; d'où il faut conclure que la pesanteur imprime à tous les corps la même vîtesse, & que sans la résistance de l'air ils tomberoient tous également vîte.

45. DE LA RÉSISTANCE RÉCIPROQUE DES CORPS DANS LE CHOC.

La résistance est une disposition actuelle qui fait qu'un corps étant poussé ou sollicité à se mouvoir, se maintient & persévere dans son état présent, ou s'il le change, ce n'est que proportionnellement à la force qui le pousse; si cette force est grande, le changement qui arrive au corps est considérable, c'est-à-dire que le corps reçoit un grand mouvement; si la force qui lui est appliquée est petite, le changement est moindre, c'est-à-dire que le corps reçoit une moindre vîtesse; or on sait que cette disposition qui fait qu'un corps ne change son état que proportionnellement à la force qui lui est appliquée, est une espece de résistance qu'on peut distinguer en propre & impropre. La résistance propre détruit, diminue ou empêche l'effet que la force motrice tend à produire; telle est la résistance de deux hommes qui se tirent ou qui se poussent en sens contraire. La résistance impropre laisse produire à la force motrice tout l'effet qu'elle peut produire; telle est la résistance d'un corps qui est choqué lorsqu'il est en repos, ou lorsqu'étant en mouvement, on fait effort pour lui donner une plus grande vitesse. On peut démontrer d'une maniere palpable la réalité de cette résistance. Si on frappe d'une même vîtesse avec la main deux corps suspendus, inégaux en pesanteur, on sentira moins de douleur par la rencontre du corps moins pesant; & si l'on suspend une boule de terre molle, & qu'on la laisse aller avec une certaine vîtesse contre une boule de bois en repos suspendue de même & qui soit deux fois plus pesante, on verra qu'elle la fera mouvoir plus lentement, &

qu'elle s'applatira davantage par le choc, que lorsqu'elle en rencontrera une autre qui lui sera égale en poids; & si on la fait choquer contre une boule deux fois moins pesante qu'elle, elle s'applatira encore moins, mais elle la fera aller plus vîte, pourvu qu'elle la rencontre toujours directement avec la même vîtesse.

Si la main est mue avec la même vîtesse, elle a plus de peine à mouvoir un corps plus pesant qu'un corps qui l'est moins; & si une boule de terre molle choque aussi d'une égale vîtesse deux autres boules d'inégale pesanteur, elle s'applatit davantage à la rencontre de la boule qui est la plus pesante; c'est une preuve certaine qu'un corps qui est choqué ou poussé, résiste à la force motrice. La résistance dont il s'agit n'est pas l'effet de la pesanteur, car si les boules étoient posées sur un plan horizontal, la pesanteur n'étant point opposée au choc qui se fait suivant une direction parallele au plan, ne contribueroit en rien à la résistance des boules choquées; or le fil qui tient les boules suspendues fait précisément le même effet que le plan horizontal, qui est de soutenir tout l'effort de la pesanteur; d'ailleurs la direction de la boule qui choque à l'instant de l'impulsion, est horizontale, & c'est à ce moment-là même que la boule qui est choquée, résiste, & avant qu'elle monte par l'arc qu'elle décrit ensuite; la pesanteur n'est donc pas le principe de la résistance que l'expérience fait découvrir dans les corps qui sont choqués. Cette résistance n'est pas plus l'effet de l'air environnant; il est vrai que l'air résiste, & qu'il augmente par conséquent la résistance des corps, mais on ne peut pas dire qu'il en soit le seul principe; car, outre qu'on pourroit faire à l'égard de l'air, la même question que pour les corps fermes, savoir d'où vient qu'il résiste lorsqu'il est choqué, vu qu'il est d'une substance si rare & si peu serrée,

& qu'il est si facile de le diviser & d'en séparer les parties, c'est que, suivant la remarque de M. Mariotte, dans le choc des boules suspendues, une boule de plomb de deux livres résiste plus au mouvement d'une boule de terre molle, qu'une boule de bois d'une livre, quoique le volume de celle-ci étant plus grand elle pousse plus d'air devant elle, & en entraîne plus avec elle que l'autre. La résistance dont il s'agit n'a donc pas pour principe l'air environnant. Cette résistance est indépendante de l'action de la pesanteur, on ne peut pas l'attribuer davantage au fluide environnant comme à son vrai principe. Elle n'est pas l'effet d'une force qui réside dans les corps & qui leur soit comme inhérente & naturelle; car outre que l'on ne conçoit pas comment il peut se faire qu'une pareille force n'agisse qu'au moment du choc, c'est que l'on ne voit pas non plus comment elle peut résister en même tems suivant plusieurs directions, lorsqu'un corps est choqué à la fois par plusieurs côtés, ou comment cette force change de direction suivant le besoin, & suivant que la force motrice en change elle-même. Or puisqu'au-dehors & au-dedans des corps il n'y a rien qui puisse leur donner la résistance que l'expérience y fait découvrir, il s'ensuit qu'elle ne peut être que l'effet d'une premiere impulsion qui a toujours été un moyen pour communiquer du mouvement, & pour que la résistance des corps pût occasionner le choc; or on conçoit où la trouver; car sans la résistance le choc n'est pas bien intelligible; un corps ne s'applique à un autre, & ne le presse qu'autant que celui-ci résiste; ainsi il n'est pas nécessaire de prouver la réalité de la résistance propre, ni quel en est le principe; car chaque équilibre est un exemple de cette résistance, elle consiste ou n'est point différente de l'opposition mutuelle des forces qui agissent les unes contre les autres. La résistance propre diminue, détruit ou empêche l'effet que la force motrice tend à produire, ce qui est évident par l'exemple de deux hommes qui se poussent en sens contraire, comme on l'a dit. Mais la résistance impropre laisse produire à la force motrice tout l'effet qu'elle peut produire, & cet effet subsiste tout entier dans le corps qui fait de la résistance, comme il paroît par l'exemple d'un corps qui est choqué étant en repos; car quoiqu'il résiste, il cede néanmoins au plus petit choc, & reçoit tout le mouvement que le choquant tend à lui imprimer. Si on considere l'une & l'autre résistance par rapport à la force motrice, elles ont des effets entiérement semblables; la résistance propre diminue le mouvement de la force motrice, & rend l'exercice de son action plus pénible & plus difficile; or la résistance impropre a un effet tout semblable, car lorsqu'un corps qui est mu choque un corps en repos, il perd de son mouvement, comme l'on sait, & la résistance qu'il trouve dans le corps choqué, est une vraie difficulté, un vrai obstacle qu'il a à surmonter, en sorte que le corps choqué met le même empêchement que si à l'instant du choc une force contraire le repoussoit contre le corps choquant; en voici la preuve: qu'un corps qui est en repos soit tiré ou poussé, l'effet de la résistance doit être le même. Considérons donc un cheval qui tire, suivant une direction horizontale, une pierre de taille attachée à une corde; au moment qu'il fait effort pour mouvoir la pierre, non-seulement sa vîtesse est retardée, mais il éprouve la même difficulté que si la masse de la pierre étant détruite, il étoit retiré en arriere avec un effort égal à celui qu'il fait sur la pierre, car la corde est bandée de même que si elle étoit tirée en sens contraire par des forces opposées qui seroient appliquées à ses extrémités; donc si la pierre, au lieu d'être tirée, est poussée ou choquée, l'obstacle qu'elle fait est le même que si elle étoit poussée contre le corps qui la choque; donc la résistance impropre a le même effet à l'égard de la force motrice, que si cette résistance détruisoit absolument en tout ou en partie la force motrice. Il est évident que la force de traction, c'est-à-dire, la force que le cheval exerce sur la pierre pour la mouvoir en la tirant, est également appliquée au cheval & à la pierre, mais en sens contraires, & qu'elle détruit dans le cheval la quantité de mouvement qu'elle communique à la pierre; donc pareillement, lorsqu'un corps choque un autre corps en repos, la force du choc, c'est-à-dire, la force par laquelle le corps choquant s'applique au corps choqué, est également appliquée à l'un & à l'autre, elle fait des impressions égales sur les deux corps, mais en sens contraire. M. Newton appelle *force d'inertie* la résistance que les corps font au mouvement; il lui attribue une réaction qui est égale à l'action que la force motrice exerce sur le corps qu'elle meut. Si ces expressions ne signifient rien de plus que le fait que l'on vient d'exposer, rien n'empêche qu'on n'en fasse usage; car lorsqu'un corps est tiré ou poussé, sa résistance est proportionnelle à une réaction; mais on ne peut pas dire que ce soit une véritable réaction, parce qu'elle ne détruit pas absolument l'action de la force motrice, & qu'elle est seulement un moyen d'étendre cette action sur le corps qui est tiré ou poussé, & de lui communiquer une partie de la même force.

Dans le choc des corps mous sans ressort, le mouvement se communique successivement & dans un tems fini. Car si le corps *A* choque le corps *B* en repos, ils sont applatis tous deux, c'est-à-dire que les parties par lesquelles ils se touchent pendant le choc, s'approchent des centres des globes, en supposant que les corps qui se choquent sont de figure sphérique, & parcourent par rapport à ces centres un espace fini : ainsi le choc, & par conséquent la communication du mouvement dure pendant le tems que cet espace est parcouru par les parties affaissées ; mais cet espace qui est fini, ainsi que l'expérience le démontre, n'est parcouru par une vîtesse finie que dans un tems fini : donc la communication du mouvement se fait dans un tems fini, & elle est par conséquent successive. Si les corps sont absolument durs, le mouvement se communique dans un instant au corps choqué ; car le centre du corps *A* qui choque, ne peut aller plus vîte que le centre du corps choqué *B*, puisque ces corps conservent exactement leur figure : donc dès l'instant du choc le corps *B* reçoit tout son mouvement. Lorsque le corps *A* choque le corps *B* en repos, il perd nécessairement de sa vîtesse ; & tant que *A* ira plus vîte que *B*, il ne cessera de perdre de sa vîtesse ; ainsi le corps *B* reçoit tout le mouvement que le corps *A* perd dans le choc. On peut dire que le corps choquant ne perd de son mouvement qu'autant qu'il faut pour écarter l'obstacle qu'il rencontre sur sa route : or cet obstacle est suffisamment ôté, s'il reçoit une vîtesse par laquelle il aille aussi vîte après le choc que le corps qui choque ; donc le choquant & le choqué après le choc iront d'une égale vîtesse, & le corps choquant n'aura perdu de son mouvement que la quantité nécessaire pour établir cette égalité de vîtesse.

La communication du mouvement dans le choc des corps à ressort se fait précisément de la même maniere que dans le choc des corps mous sans ressort ; il y a cependant cette différence que dans les corps mous sans ressort, après avoir été comprimés, les parties demeurent affaissées sans se rétablir ; au lieu que les corps à ressort, aussi-tôt que la compression cesse, reprennent leur premiere figure, parce que le ressort est une force qui réagit autant que la compression a agi, & qui releve la partie enfoncée.

On ne voit pas d'abord comment il se peut faire que le corps qui choque communique au corps choqué tout le mouvement qu'il perd, c'est-à-dire dans la même mesure, & suivant la même proportion que si le choc étoit entre des corps mous & sans ressort. La raison d'en douter est fondée sur ce que le ressort se roidit à mesure qu'on le réduit à occuper un moindre espace, il acquiert une force de plus en plus grande, par laquelle il réagit contre la force qui le comprime, ce qui ne peut se faire sans perte de la part de la force qui assujettit le ressort : d'où il suivroit que tout le mouvement perdu par le choquant ne seroit pas communiqué au choqué, de même que dans le choc des corps mous. Lorsqu'un corps à ressort choque ou qu'il est choqué, l'expérience fait voir qu'il est applati ; or on peut faire voir deux hypotheses à l'égard de cet applatissement. On peut supposer qu'il n'y a que les parties qui reçoivent immédiatement le choc qui sont enfoncées, ou bien supposer que la force du choc se distribue de maniere que non-seulement les parties par lesquelles le choquant & le choqué sont appliqués l'un à l'autre, & sur lesquelles la force du choc porte immédiatement sont dérangées, mais encore que plusieurs autres sont déplacées, tant celles qui sont aux extrémités opposées que celles qui sont à droite & à gauche ; si c'est, par exemple, une boule à ressort qui soit choquée, on peut penser qu'elle est applatie dans sa partie postérieure, comme dans sa partie extérieure ; & que tandis que ces parties s'approchent du centre, les parties latérales s'en éloignent, ensorte que la force du choc fasse prendre à la boule la figure d'un sphéroïde applati : or l'expérience montre que c'est la seconde hypothese

hypothese qui a lieu dans le choc des corps à ressort. L'expérience a été faite par M. Mariotte ; elle est rapportée dans son *Traité de la percussion*, partie premiere. Mais on peut prouver par le raisonnement, d'après cette expérience, qu'une boule à ressort doit prendre par le choc la figure d'un sphéroïde applati.

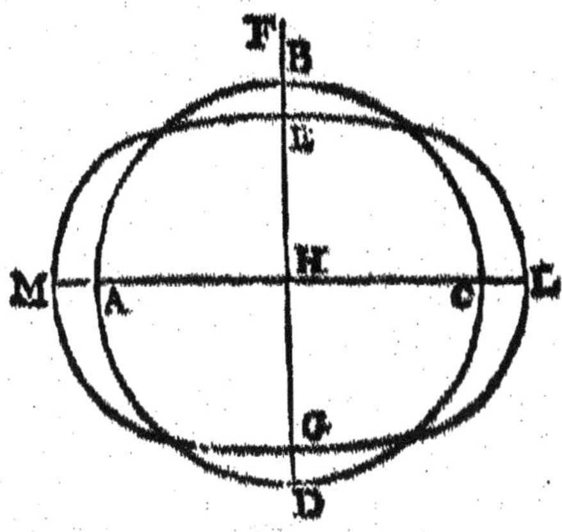

Car l'arc *A D C*, en perdant de sa courbure par la force du choc, a ses parties plus serrées vers le milieu *D* que vers ses extrémités *A* & *C*; il doit donc arriver que ces parties fassent effort sur les parties voisines qui sont à droite & à gauche de ce point, & celles-ci sur d'autres plus proches des points *A* & *C*; & cette force aidée du ressort doit se transmettre jusqu'aux extrémités du diametre *A C*. Lors donc que la boule *A D C B* est choquée, elle se trouve dans le même état que si deux forces appliquées aux points *A* & *C* faisoient effort pour les écarter du centre *H*: or il est évident que si les points *A*, *C*, s'éloignent de ce centre en *M* & *L*, il est nécessaire que les parties en *D* & *B* diamétralement opposées s'en approchent, & par conséquent que la boule soit applatie. Ceci explique assez tous les mouvemens des corps à ressort, sans avoir besoin d'autres démonstrations.

46. DU MOUVEMENT, DE L'ÉCOULEMENT, *& de l'équilibre des eaux & des liqueurs.*

Pour assujettir les liqueurs à suivre un certain cours lorsque quelque force extérieure les presse ou les pousse, il faut qu'elles soient retenues de tous côtés, excepté à l'endroit de leur sortie. On appelle *hydrauliques* les machines qui servent à diriger les liqueurs & à les conduire, les plus ordinaires sont les pompes, on en a déja parlé. C'est pourquoi bornons nous à considérer la vîtesse avec laquelle les liqueurs sont mues, leurs balancemens, & leur mouvement produit par la pression d'un air condensé.

On sait que si un tuyau droit ou recourbé est plein de quelque liqueur, l'air la presse aux deux ouvertures en des sens opposés avec des forces égales, ensorte que si la liqueur n'avoit d'autre principe de mouvement que la pression des colonnes d'air qui répondent aux deux orifices du tuyau, elle ne couleroit point, parce qu'un corps qui est poussé suivant des directions contraires par des forces égales est en équilibre.

Dans les siphons qui ont des branches égales & dont la hauteur n'excede pas 32 pieds lorsqu'ils sont pleins d'eau, il ne se fait aucun flux, aucun écoulement de la liqueur contenue ; mais elle demeure suspendue ; que si les deux branches supposées toujours égales excedent 32 pieds, l'eau coulera de l'une & de l'autre branche jusqu'à ce que sa hauteur perpendiculaire dans le siphon soit de 32 pieds. Il faut concevoir qu'au siphon *A B C*, dont les branches *A B*, *C B*, sont égales, c'est à dire, dont les orifices *A C* sont sur une même ligne horizontale *A C*, on a attaché aux ouvertures *A*, *C*, deux tuyaux *A M*, *C I* de 32 pieds de long remplis d'eau jusqu'à l'horizontale *M I*. Les deux colonnes d'eau *A M*, *C I* causent aux ouvertures *A*, *C*, des pressions égales à celles que l'air y produit, & pressent aussi l'eau du siphon dans le même sens que l'air la presse, c'est-à-dire de bas en-haut : donc l'effet, quant à l'écoulement, doit être le même. Cela posé, si on suppose que la pression de l'air cesse, & que celle des colonnes *A M*, *C I*, lui succede, il faut démontrer que l'eau contenue dans le siphon *A B C* doit être en repos. Le point *B* étant le plus haut du siphon *A B C* divise la liqueur contenue en deux colonnes *B A*, *B C*, de même pesanteur, lesquelles agissent contre les colonnes *A M*, *C I*, & tendent à les surmonter ; les colonnes *A M*, *C I*, réagissent aussi contre les colonnes *B A*, *B C*, & les repoussent vers le haut du siphon ; il se fait donc au point *B* deux efforts contraires, la colonne *A M* tend à faire descendre la colonne *A B* le long de la branche *B C*, & la colonne *C I* tend à faire descendre la colonne *B C* le long de la branche *B A* ; or ces deux efforts sont égaux, c'est-à-dire que les pressions contraires que les colonnes *A M*, *C I*, produisent en *B* sont égales. Cela étant, si les colonnes *B A*, *B C*, ont chacune 32 pieds de haut, elles sont en équilibre avec les colonnes *A M*, *C I* ; il y a donc au point *B* égalité de pressions en sens contraires. Si les colonnes *B A*, *B C*, ont moins de 32 pieds de haut, les colonnes *A M*, *C I*, presseront la lame *B* en sens contraires avec des efforts égaux aux différences de leurs pesanteurs à celles des colonnes *B A*, *B C* ; mais ces différences sont égales ; donc les pressions causées en *B* par les colonnes *A M*, *B C*, étant égales & directement opposées, la colonne *B A* ne pourra descendre dans la branche *B C*, ni la colonne *B C* dans la branche *B A* ; par conséquent l'eau du siphon sera en repos. La seconde partie de la proposition se démontre facilement après ce qui vient d'être dit ; car si les colonnes *BA*, *BC*, encore supposées égales, ont plus de 32 pieds de haut, elles excéderont en hauteur les colonnes *AM*, *CI*, par conséquent elles en surmonteront les efforts ; donc elles couleront dans les branches *BA*, *BC* ; ainsi l'équilibre ne pourra avoir lieu tant qu'elles seront plus hautes ; mais à l'instant que la colonne *BA* se sera mise au niveau de la colonne *AM*, c'est-à-dire aussi-tôt que sa pesanteur égalera celle de la colonne d'air qui répond à l'orifice *A*, il est évident qu'elle n'aura de force que pour contrepeser la colonne *AM* ; il faut dire la même chose de la colonne *BC* à l'égard de la colonne *CI* ; lors donc que les colonnes *BA*, *BC*, seront au niveau des colonnes *AM*, *CI*, c'est-à-dire qu'elles auront précisément 32 pieds de haut, l'écoulement cessera de se faire, & l'eau du siphon sera en repos. Si les branches *BA*, *BC*, sont inégales, il ne peut y avoir d'équilibre ; ainsi si c'est la branche *BA*, qui est la plus longue, l'eau coulera par l'ouverture *A*, quoique les colonnes *BA*, *BC*, aient moins de 32 pieds de haut.

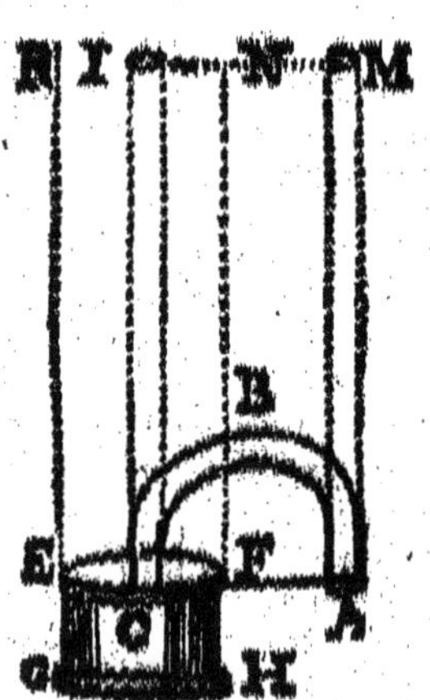

La vitesse avec laquelle l'eau sort de la longue branche d'un siphon quelconque est égale à celle qu'elle acquerroit par une chûte égale qui seroit la différence des longueurs des deux branches. Si l'eau sort de deux siphons, elle a des vîtesses qui sont entr'elles comme les racines quarrées des différences des longues branches à celles qui sont moins longues. On suppose toujours que les longues branches n'excedent pas 32 pieds : car les vîtesses avec lesquelles l'eau sort sont égales à celles qu'elle acquerroit par des chûtes égales à ces différences ; or les vîtesses acquises par deux hauteurs sont entr'elles comme les racines quarrées des mêmes hauteurs ; donc les vîtesses avec lesquelles l'eau sort de deux siphons, sont entr'elles comme les racines quarrées des différences des longues branches aux moins longues. Cette proposition est conforme à l'expérience. Dans un des siphons, la différence des branches est de 714 parties ; & dans l'autre, elle est de 542 ; le premier siphon donne 24 onces d'eau en 20 vibrations, l'autre siphon donne dans le même tems 20 onces $\frac{1}{3}$; or si on tire les racines quarrées des différences 714, 542, elles sont assez exactement entre elles comme les quantités d'eau 24, 20$\frac{1}{3}$ qui expriment les vîtesses, car les orifices des siphons sont égaux, ou plutôt c'est le même siphon dont on raccourcit une des jambes, afin d'avoir des différences inégales. Si de l'eau coule dans un vaisseau cylindrique vertical ou incliné avec les vîtesses qu'elle peut acquérir à mesure qu'elle descend, il ne peut pas se faire qu'elle remplisse exactement le tuyau ; car le solide de liqueur qui coule dans le tuyau devient de plus en plus mince, à mesure que son extrémité inférieure s'éloigne de la source ou de l'orifice supérieur du tuyau, par conséquent la liqueur ne remplit pas exactement le tuyau. Si une liqueur, par exemple de l'eau, coule dans un tuyau cylindrique vertical ou incliné d'une vîtesse uniforme dans toute la longueur du tuyau, elle en remplit exactement la capacité. Car puisque l'eau coule avec la même vîtesse dans toute sa longueur du tuyau, elle coule aussi à l'ouverture inférieure avec la même vîtesse à chaque instant de la sortie, ainsi le tuyau en fournit la même quantité à chaque instant; donc il en passe la même quantité par toutes les sections que l'on peut imaginer dans la longueur du tuyau; donc les petits prismes de liqueur qui passent par ces différentes sections sont tous égaux entr'eux: de plus ils ont tous la même longueur, laquelle représente la vîtesse uniforme avec laquelle l'eau coule dans le tuyau; par conséquent les bases des petits prismes sont égales: or ces bases mesurent la capacité du tuyau suivant la largeur. Donc si de l'eau coule uniformément dans un tuyau cylindrique ou prismatique, elle en remplit exactement la capacité. Si une liqueur, comme de l'eau, remplit un tuyau cylindrique vertical ou incliné dans lequel elle coule, le tuyau étant toujours entretenu plein, elle y est mue d'une vîtesse uniforme. Car puisque le tuyau est entretenu plein, il en sort constamment la même quantité; donc il en passe aussi la même quantité par toutes les sections que l'on peut imaginer dans la longueur du tuyau: donc tous les petits prismes qui passent en même tems par ces sections sont tous égaux entr'eux; d'ailleurs ils ont des bases égales, puisque la liqueur remplit exactement le tuyau; donc les hauteurs sont aussi égales: or ces mêmes hauteurs représentent les vîtesses avec lesquelles ces petits prismes ou cylindres sont mus; par conséquent la liqueur ou toutes les parties qui la composent sont mues dans le tuyau cylindrique d'une vîtesse égale & uniforme. Ainsi on peut conclure que l'eau qui coule dans un siphon y est mue d'une vîtesse uniforme, & qu'elle le remplit exactement. Mais il faut pour cela que l'ouverture soit petite, car si elle étoit grande, l'eau seroit obligée de venir de loin pour fournir à l'écoulement, & il se feroit à l'ouverture & même dans le siphon un vuide semblable à celui qui se forme au-dessus des ouvertures des réservoirs lorsqu'elles sont trop grandes. Si une liqueur coule d'une vîtesse uniforme dans un siphon, & que le vaisseau ou la courte branche demeure toujours plein, on pourra savoir quelle quantité il en peut sortir dans un tems donné en connoissant la différence des longueurs des branches & le diametre du siphon. On peut penser que la liqueur qui sort d'un réservoir ne reçoit la vîtesse avec laquelle elle sort qu'au moment de sa sortie, ou qu'elle la reçoit successivement, & qu'elle est accélérée jusqu'à ce qu'elle soit sortie. La premiere de ces deux hypotheses peut avoir lieu pour les premieres gouttes qui se trouvent à l'ouverture lorsque le flux commence, car on peut supposer la premiere lame si mince, qu'elle sorte au même instant qu'elle reçoit sa vîtesse; mais à l'égard des lames suivantes, il y a tout lieu de croire qu'elles ont reçu une partie de leur vîtesse avant d'arriver à l'ouverture; c'est pourquoi le premieres gouttes doivent sortir avec une moindre vîtesse que les suivantes; ce qui se rapporte beaucoup aux expériences.

A l'égard des balancemens qui arrivent à une liqueur, lorsqu'une puissance après l'avoir contrainte de monter au dessus du niveau, la laisse retomber en l'abandonnant à elle-même; on peut dire que lorsqu'une liqueur est en repos dans un siphon, elle est de niveau dans les deux branches, la surface supérieure est sur un plan horizontal; mais si quelque puissance se joint à la pesanteur de la liqueur, elle lui fera perdre l'équilibre, & la contraindra de monter dans l'une des branches, en l'abaissant dans l'autre.

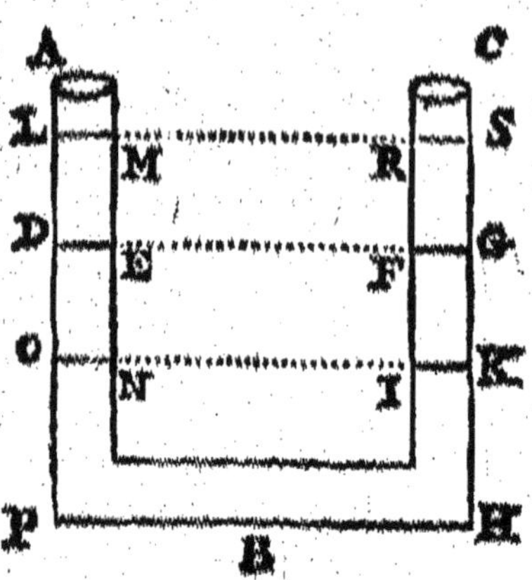

Soit le siphon *A B C* où la liqueur qu'il contient soit en équilibre, la surface *D E F G* est de niveau, que si quelque force pousse la liqueur de haut en bas dans la branche *C H*, elle le fera descendre comme de *F G* en *I K* & la fera monter dans la branche *A P* aussi haut qu'elle est descendue comme en *L M* si le siphon est cylindrique; or si la puissance qui a agi sur la liqueur, la laisse ensuite à elle-même, elle descendra dans la branche *A P*, puisque les liqueurs tendent à se mettre de niveau; ainsi elle descendra en *D E*, mais l'expérience démontre qu'elle ne s'y arrête pas, elle descend au-dessous du niveau *B E F G* dans la branche *A P*; il est évident que la liqueur s'abaissera ensuite dans la branche *C H*, & qu'elle montera dans la branche *A P*, mais elle ne s'arrêtera pas au niveau *D E F G*, elle montera au-dessus dans la branche *A P*, & elle descendra au-dessous dans la branche *C H*; la liqueur continuera à monter & à descendre de la sorte & à se balancer dans le siphon par ses allées & retours alternatifs; or ce sont ces vibrations ou balancemens qui sont toujours réglés suivant une loi semblable à celle des pendules ; voici comment. Si après que la liqueur est descendue dans la branche *CH* au dessous du niveau *DEFG*, & qu'elle est montée dans la branche *AP* en *LM*, elle est abandonnée à elle-même, elle descendra par un mouvement accéléré jusqu'au repos *DEFG*, car tant que la colonne *LP* sera plus haute que la colonne *KH*, elle pourra imprimer par l'excès de son poids de nouveaux degrés de vîtesse ; par conséquent la liqueur descendra jusqu'au repos *DEFG* par un mouvement accéléré. Lorsque la liqueur sera parvenue en *DE*, elle continuera de descendre par un mouvement retardé autant au-dessous du niveau *DEFG* qu'elle étoit montée au dessus. La liqueur descendra au-dessous du niveau du repos *DEFG*, puisqu'elle a toute la vîtesse qu'elle a acquise durant l'accélération par *LD* ; son mouvement sera retardé, car comme elle ne peut descendre au dessous du niveau *DEFG*, dans la branche *AP*, qu'elle ne monte au-dessus dans la branche *CH*, la colonne de cette branche sera plus pesante que celle de la branche *AP* ; donc la liqueur cessera d'être accélérée, puisque la colonne qui descend & qui tend à faire monter la liqueur est moins pesante que la colonne qui monte & qui tend à la faire descendre ; or puisque la liqueur cesse d'être accélérée, & que d'ailleurs elle monte dans la branche *CH* contre l'effort de la pesanteur, il s'ensuit qu'elle sera retardée. La liqueur descendra dans la branche *AP* autant au-dessous du repos *DEFG*, qu'elle étoit montée au-dessus en *LM*, c'est-à-dire qu'après être descendue dans la branche *AP* jusqu'au repos *DEFG*, elle montera au-dessus dans la branche *CH*, & la hauteur *GS* à laquelle elle parviendra est égale à la hauteur *DL*, d'où elle est descendue dans la branche *AP*, car comme un corps peut avec la vîtesse acquise par une certaine hauteur, remonter à l'endroit d'où il a commencé à descendre ; de même la liqueur contenue dans le siphon peut aussi avec la vîtesse acquise par la hauteur *L D*, remonter dans la branche *C H* à la hauteur *G S* égale à *L D*; la pesanteur ôte à la liqueur la vîtesse acquise par les mêmes degrés qu'elle les lui a donnés, & le retardement est semblable à l'accélération; or cela ne peut être ainsi, que la liqueur ne monte en *R S* qui est au même niveau que *L M*.

Lorsqu'une liqueur est laissée à elle-même, qu'aucune cause étrangere n'agit sur elle, & qu'elle n'est poussée ou pressée que par sa propre pesanteur, elle est en équilibre, & ses parties sensibles dans un repos respectif; ses colonnes verticales étant toutes également fortes & pesantes se soutiennent mutuellement, chacune tend à s'affaisser, & aucune ne descend, parce qu'une colonne ne peut descendre & s'accourcir, qu'en même tems elle ne devienne plus large par sa base & dans sa hauteur, & qu'elle n'écarte les colonnes environnantes, ou qu'elle ne les souleve & ne les oblige de monter; or elle trouve tout autour une résistance égale à ses efforts; de-là naît nécessairement l'équilibre entre les parties de la liqueur; mais si une nouvelle force survient, qu'elle presse sur quelque partie de la surface de la liqueur, la colonne qui est immédiatement sous l'effort de la pression, deviendra pour ainsi dire plus pesante, elle agira sur celles qui l'environnent, non-seulement par sa pesanteur propre, mais encore par la force qui lui est ajoutée; elles seront donc trop foibles pour résister à la pression, elles seront contraintes de monter, & la colonne qui est foulée, n'étant plus soutenue comme auparavant, descendra par son propre poids & par l'action de la force qui presse. L'on voit donc que si on met un corps sur la surface d'une liqueur, si peu pesant qu'il puisse être, l'équilibre sera rompu; les corps solides que l'on met sur une liqueur peuvent être de même pesanteur spécifique que la liqueur, ou leur pesanteur ſpécifique eſt plus grande ou moindre que celle de la liqueur. Si on met ſur une liqueur un corps ſolide de même peſanteur ſpécifique qu'elle, il s'enfonce entiérement, il demeure dans l'endroit où on le met, il perd tout ſon poids, c'eſt-à-dire que lorſqu'il eſt une fois enfoncé, la liqueur ſeule le ſoutient ſans le ſecours d'une autre cauſe; d'où il ſuit que le ſolide dont il s'agit étant de même peſanteur que le volume de liqueur dont il tient la place, la colonne où il ſe trouve a une force égale à celle des colonnes environnantes, elle ne peut donc ni les ſurmonter ni être ſurmontée; par conſéquent cette colonne étant retenue en équilibre, il eſt néceſſaire que le corps demeure dans l'endroit où on l'a mis; mais ſi la peſanteur ſpécifique des ſolides eſt plus grande que celle d'une liqueur, il n'eſt pas difficile d'appercevoir qu'ils doivent s'y enfoncer entiérement, puiſque la colonne ſur laquelle ils peſent, étant plus forte que les colonnes latérales, l'équilibre ne peut être rétabli que lorſqu'ils ſont au fond; or il eſt certain que ces corps perdent de leur peſanteur, puiſque la liqueur leur réſiſte, & qu'elle fait effort pour la ſoulever; l'on peut même déterminer quelle partie ils perdent de leur poids, car la partie de leur poids qu'ils perdent, eſt égale au poids du volume de liqueur dont ils tiennent la place.

Plus la peſanteur ſpécifique d'un corps eſt grande, moins il perd de ſa peſanteur lorſqu'il eſt plongé. Si ſa peſanteur ſpécifique eſt double, triple, quadruple en pareil volume, il peſera 2, 3, 4 fois davantage, & étant plongé dans la liqueur, il ne perdra que la moitié, le tiers, le quart de ce poids, parce que celui de la liqueur dont il occupe la place, n'eſt que la moitié, le tiers, le quart de celle du ſolide plongé. Si l'on plonge un même corps dans des liqueurs de différentes peſanteurs ſpécifiques, il perd davantage de ſon poids dans la liqueur la plus pesante, car les pesanteurs spécifiques des liqueurs sont entr'elles comme les pertes qu'il y fait. Si on met sur une même liqueur deux corps de volume égal plus pesans qu'elle, ils perdront également de leurs poids, puisque l'une & l'autre perte est égale au poids du volume de liqueur dont ils tiennent la place. Il est néanmoins vrai que la perte du corps moins pesant a un plus grand rapport à sa pesanteur absolue; ainsi si, en pareil volume, ils pesent l'un 6 livres & l'autre 3, qu'ils perdent une livre; le rapport de 1 à 3 est bien plus grand que celui de 1 à 6. Si on plonge dans une même liqueur deux corps plus pesans qu'elle, & dont les volumes soient inégaux, les pertes seront entr'elles comme les volumes; si les deux corps pesent également, les pesanteurs spécifiques sont entr'elles réciproquement comme les pertes ou les volumes. Si l'on connoît le poids absolu d'un corps & la partie qu'il perd dans une liqueur, on saura que la pesanteur spécifique de la liqueur est à celle du corps plongé, comme la partie perdue est au poids entier du solide: car les pesanteurs spécifiques, ou en volume égal, sont comme les pesanteurs absolues: or la pesanteur absolue de la liqueur en pareil volume est égale à la partie perdue; donc la pesanteur spécifique de la liqueur est à celle du solide plongé, comme la perte qu'il fait est à son poids entier. Puisqu'un corps qui est plongé dans une liqueur perd une partie de son poids, laquelle est égale au poids d'un pareil volume de la même liqueur, il s'ensuit que, pour soutenir ces corps dans la liqueur, il suffit d'employer une force qui soit égale à la différence du poids entier du solide & de la perte qu'il fait: pour peu que cette force augmente son effort, elle fera monter le solide. D'où il suit que plus les pesanteurs spécifiques de la liqueur & du solide approcheront de l'égalité, plus le solide perdra de son poids, & plus la force nécessaire pour le soutenir ou pour le faire monter sera petite. Il suit encore que plus les pesanteurs spécifiques du solide & de la liqueur approcheront d'être égales, moins le solide aura de vîtesse en s'enfonçant dans la liqueur ; car comme il ne descend que par la différence des pesanteurs, plus cette différence sera petite, plus la force qui pousse le solide vers le fond sera aussi petite, & par conséquent la vîtesse qu'il en recevra à chaque instant sera d'autant moindre.

Pour ce qui est de l'écoulement d'une liqueur produit par la condensation de l'air, on sait que l'air se condense dans la proportion des poids ou des forces qui le compriment. Pour condenser de l'air deux, trois fois plus qu'il n'est, il faut employer une force double, triple, & parce que la condensation de l'air auprès de la terre répond au poids d'une colonne de mercure de 28 pouces, ou d'une colonne d'eau de 32 pieds, il s'ensuit que pour condenser l'air que nous respirons au double, au triple, il faudra le charger d'un poids égal à celui d'une colonne de mercure qui auroit une hauteur double, triple de 28 pouces, ou d'une colonne d'eau qui auroit une hauteur double, triple de 32 pieds ; on sait qu'un pied cubique d'air pese environ 9504 fois moins qu'un pied cubique de mercure. Maintenant si un air condensé presse sur la surface d'une liqueur, la pression sera proportionnelle au degré de condensation, car l'air fait effort par son ressort, & tend à se rétablir avec une force égale à celle qui le comprime & le tient assujetti ; s'il est deux fois plus condensé que l'air que nous respirons, il pressera sur la surface de la liqueur avec une force égale au poids d'une colonne d'eau de 64 pieds de haut ou d'une colonne de mercure de 56 pouces ; c'est pourquoi si, dans le vaisseau où se trouve cet air condensé, il y a quelque liqueur, comme de l'eau qu'on perce en quelqu'endroit, l'eau jailliroit à la hauteur de 64 pieds, de même que si elle sortoit d'un réservoir où la surface de l'eau seroit 64 pieds au-dessus de l'ouverture, puisque les pressions sont égales dans les deux suppositions; mais parce que l'air extérieur résiste par son poids & son ressort autant qu'une colonne d'eau de 32 pieds, la moitié de la force de cet air condensé se consommera à surmonter la résistance de l'air extérieur; ainsi quoique l'eau enfermée dans le vaisseau soit autant chargée que si elle avoit au-dessus une colonne d'eau de 64 pieds, elle ne jaillira néanmoins qu'à la hauteur de 32 pieds. En général, pour avoir la hauteur du jet qu'un air condensé peut produire, il faut 1°. trouver la hauteur d'une colonne de la liqueur qui doit jaillir, laquelle puisse donner par son poids à l'air extérieur le degré de condensation qu'il a. Ainsi si c'est du mercure qui doit jaillir, la hauteur de sa colonne qui peut retenir l'air du dehors dans le degré de condensation qu'il a est de 28 pouces. Si c'est de l'eau qui est pressée, la colonne est de 32 pieds. 2°. Le rapport des condensations de l'air extérieur & de l'air enfermé dans le vaisseau étant connu; s'il est, par exemple, égal à celui de 1 à 3, & que la liqueur jaillissante soit du mercure, il faut trouver la hauteur de la colonne de la même liqueur dont le poids peut donner à l'air près de la terre un degré de condensation trois fois plus grand par la proportion $1 . 3 :: 28 . x = 84$. Le quatrieme terme qui est 84 pouces est la hauteur cherchée. 3°. Si de 84 on ôte 28 qui exprime la résistance que l'air extérieur fait au jet, le reste qui est 56 pouces est la hauteur à laquelle le jet de mercure peut monter par la pression d'un air trois fois plus condensé que l'air extérieur; si la liqueur jaillissante étoit de l'eau, le troisieme terme de la proportion seroit 32 pieds, & la hauteur cherchée seroit 96 pieds, & 64 différence de 32 à 96 la hauteur à laquelle l'eau peut monter lorsqu'elle est pressée par un air trois fois plus condensé que l'air libre auprès de la terre. On trouvera de la

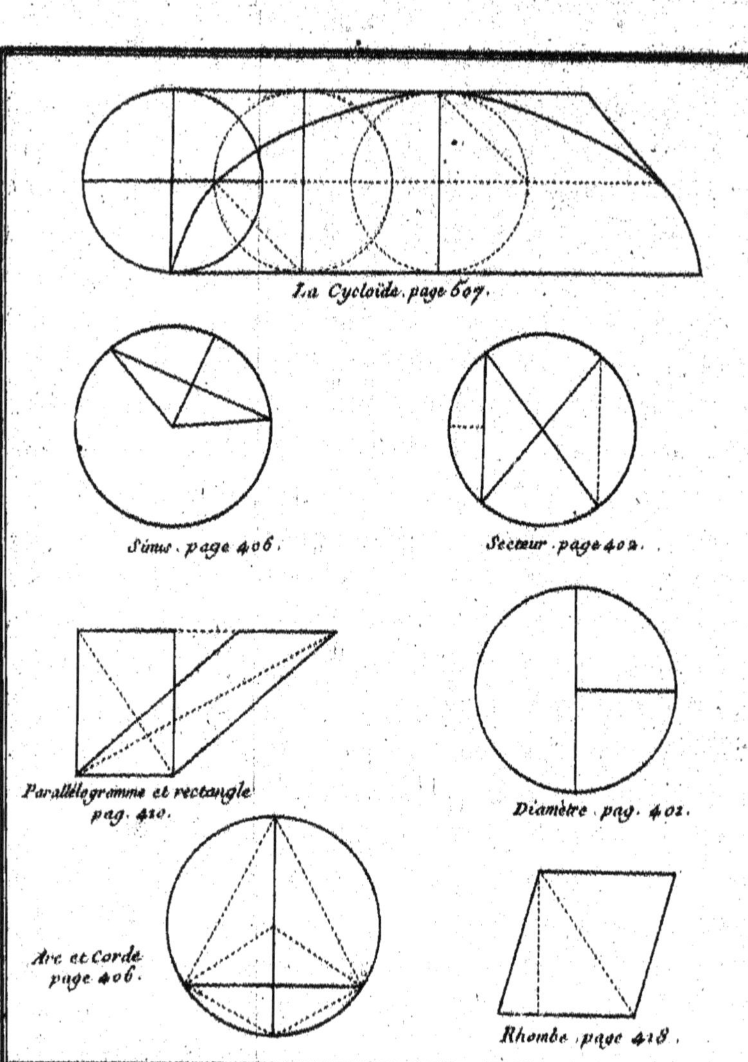
La Cycloïde. page 607.
Sinus. page 406.
Secteur. page 402.
Parallélogramme et rectangle
pag. 410.
Diamètre. pag. 402.
Arc et Corde
page 406.
Rhombe. page 418.

même maniere la hauteur du jet pour toute autre liqueur dont la pesanteur spécifique sera connue, le degré de condensation de l'air comprimé étant donné. Tout ce qu'on a dit dans cet article peut très-bien se rapporter à l'Hydraulique & à l'Hydrostatique.

FIN.

Fautes à corriger.

Page 55, *ligne* 17, cercle, *lisez* cycle.
Page 58, s'attirer, *lisez* s'altérer.
Page 101, *ligne* 4, sans, *lisez* dans.
Page 112, *ligne* 35, de la, *lisez* de sa.
Page 169, *ligne* 18, ne se portent, *lisez* ne se porte.
Page 174, *ligne* 7, est la, *lisez* est à la.
Page 242, *ligne* 34, zon, *lisez* zone.
Page 248, *il manque la lettre* T *au centre de la figure.*
Page 303, *ligne* 16, par, *lisez* que.
Page 317, *ligne* 12, dulcifié, *lisez* dulcifié.
Page 323, *ligne* 20, l'ame, *lisez* la lame.
Page 350, *ligne* 21, particulieres, *lisez* particuliers.
Page 464, *ligne* 5, + 267366, *lisez* * 267366.

PRIVILEGE DU ROI.

LOUIS, PAR LA GRACE DE DIEU, ROI DE FRANCE ET DE NAVARRE, À nos amés & féaux Conseillers, les Gens tenans nos Cours de Parlement, Maitres des Requêtes ordinaires de notre Hôtel, Grand-Conseil, Prévôt de Paris, Baillifs, Sénéchaux, leurs Lieutenans-Civils, & autres nos Justiciers qu'il appartiendra : SALUT. Notre amé le sieur LOTTIN, l'un de nos Imprimeurs-Libraires, Nous a fait exposer qu'il desireroit faire imprimer & donner au Public l'*Abrégé élémentaire d'Astronomie, de Physique, d'Histoire naturelle, de Chymie*, &c. s'il Nous plaisoit lui accorder nos Lettres de Privilege pour ce nécessaires. À CES CAUSES, voulant favorablement traiter l'Exposant, nous lui avons permis & permettons par ces présentes, de faire imprimer ledit Ouvrage autant de fois que bon lui semblera, & de le vendre, faire vendre & débiter par tout notre Royaume, pendant le tems de six années consécutives, à compter du jour de la date des présentes. Faisons défenses à tous Imprimeurs, Libraires &

autres personnes, de quelque qualité & condition qu'elles soient, d'en introduire d'impression étrangère dans aucun lieu de notre obéissance; comme aussi d'imprimer, ou faire imprimer, vendre, faire vendre, débiter, ni contrefaire ledit Ouvrage, ni d'en faire aucuns extraits sous quelque prétexte que ce puisse être, sans la permission expresse & par écrit dudit Exposant, ou de ceux qui auront droit de lui, à peine de confiscation des exemplaires contrefaits, de trois mille livres d'amende contre chacun des contrevenans; dont un tiers à Nous, un tiers à l'Hôtel-Dieu de Paris, & l'autre tiers audit Exposant, ou à celui qui aura droit de lui, & de tous dépens, dommages & intérêts: A LA CHARGE que ces présentes seront enregistrées tout au long sur le registre de la Communauté des Imprimeurs & Libraires de Paris, dans trois mois de la date d'icelles; que l'impression dudit Ouvrage sera faite dans notre Royaume & non ailleurs, en bon papier & beaux caractères; conformément aux Réglemens de la Librairie, & notamment à celui du dix Avril mil sept cent vingt-cinq, à peine de déchéance du présent Privilege; qu'avant de l'exposer en vente, le manuscrit qui aura servi de copie à l'impression dudit Ouvrage, sera remis dans le même état où l'approbation y aura été donnée, ès mains de notre très-cher & féal Chevalier Garde des Sceaux de France le Sieur Hue de Miromenil; qu'il en sera ensuite remis deux exemplaires dans notre Bibliotheque publique, un dans celle de notre Château du Louvre, un dans celle de notre très-cher & féal Chevalier Chancelier de France le Sieur de Maupeou, & un dans celle dudit Sieur Hue de Miromenil, le tout à peine de nullité des présentes: DU CONTENU desquelles vous MANDONS & enjoignons de faire jouir ledit Exposant, & ses ayans cause, pleinement & paisiblement, sans souffrir qu'il leur soit fait aucun trouble ou empêchement. VOULONS que la copie des présentes, qui sera imprimée tout au long, au commencement ou à la fin dudit Ouvrage, soit tenue pour dûement signifiée, & qu'aux copies collationnées par l'un de nos amés & féaux Conseillers-Secrétaires, foi soit ajoutée comme à l'original. COMMANDONS au premier notre Huissier ou Sergent sur ce requis, de faire pour l'exécution d'icelles tous actes requis & nécessaires, sans demander autre permission, & nonobstant clameur de haro, charte normande, & lettres à ce contraires: car tel est notre plaisir. Donné à Paris, le vingtieme jour du mois de Novembre, l'an mil sept cent soixante-seize, & de notre regne le troisieme. Par le Roi en son Conseil.

Signé, LEBEGUE.

Je soussigné reconnois que le présent Privilege expédié en mon nom appartient à Monsieur ***. A Paris, ce vingt-deuxieme de Novembre mil sept cent soixante-seize.

A. M. LOTTIN, l'aîné, Imprimeur-Libraire du Roi, & de la Ville de Paris.

Registré le présent Privilege & ensemble la présente cession sur le Registre XX de la Chambre Royale & Syndicale des Libraires & Imprimeurs de Paris, n°. 757, fol. 247, conformément au Réglement de 1723. A Paris, ce 23 Novembre 1776.

HUMBLOT, *Adjoint.*

De l'Imprimerie de STOUPE, rue de la Harpe.

www.ingramcontent.com/pod-product-compliance
Ingram Content Group UK Ltd.
Pitfield, Milton Keynes, MK11 3LW, UK
UKHW021839190726
13855UKWH00001B/51

9 782013 474542